Les figures de sphères doivent être placées ainsi :

N° 23. Aragonite ; entre les pages 86 et 87.

N° 24. Calcaire; entre les pages 102 et 103.

N° 25. Céruse; entre les pages 154 et 155.

N° 26. Leadhillite; entre les pages 160 et 161.

N° 27. Chessylite; entre les pages 192 et 193.

N° 28. Rutile; entre les pages 196 et 197.

N° 29. Brookite; entre les pages 204 et 205.

MANUEL

DE

MINÉRALOGIE

II

PARIS. — IMPRIMERIE ARNOUS DE RIVIÈRE ET Cie,
Rue Racine, 26.

MANUEL

DE

MINÉRALOGIE

PAR

A. DES CLOIZEAUX

Membre de l'Institut ; Professeur suppléant à la Sorbonne ;
Membre de la Société philomatique et de la Société géologique de France ;
Membre de la Société de physique et d'histoire naturelle de Genève,
de la Société impériale minéralogique de Saint-Pétersbourg ;
Membre correspondant de l'Académie des Sciences de Munich,
de l'Académie impériale des sciences de Saint-Pétersbourg,
de la Société royale des sciences de Göttingen, de la Société des naturalistes de Basle,
de la Société des naturalistes de la Nouvelle-Grenade ;
Membre de la Société académique de l'Oise ;
Membre honoraire de la Société royale de géologie d'Irlande,
de la philosophical Society de Cambridge,
de la Société helvétique des sciences naturelles.

TOME SECOND.

PARIS

DUNOD, ÉDITEUR,

LIBRAIRE DES CORPS DES PONTS ET CHAUSSÉES ET DES MINES.

Quai des Augustins, 49.

—

1874

PRÉFACE.

Des difficultés de diverses natures ont empêché jusqu'ici la publication du second volume de mon *Manuel de minéralogie*, dont le premier a paru en 1862. La principale de ces difficultés ayant été aplanie, grâce à la bienveillante intervention du ministre des travaux publics, je n'ai pas voulu retarder plus longtemps cette publication, dont d'autres travaux m'avaient détourné pendant plusieurs années. Mais, pour conserver à la seconde partie de mon livre le cachet d'actualité que j'avais cherché à donner à la première, et afin de pouvoir tenir compte des travaux minéralogiques exécutés depuis 1862 et dont chaque année voit accroître le nombre, j'ai pris le parti de la partager en quatre fascicules qui se succéderont aussi rapidement que le permettront les circonstances.

Celui qui paraît aujourd'hui contient la famille des borides, comprenant le boroxyde et les borates, la famille des carbonides, comprenant le carbone à ses divers états, les carbures d'hydrogène naturels, les carbonates et les oxalates, et une partie de la famille des titanides, composée des trois espèces d'oxyde de titane.

La description des formes cristallines du calcaire a été l'objet de soins tout particuliers; le tableau de leurs incidences a été revu et corrigé plusieurs fois, et, sur la projection sphérique où sont indiquées les principales zones dont ces formes font partie, j'ai successivement ajouté, autant que cela a été possible, celles qui ont été nouvellement découvertes par divers observateurs et notamment par MM. G. von Rath et Hessenberg. Il en est une cependant que j'ai simplement citée d'après une indication contenue dans le neuvième numéro des *Mineralogische Notizen* de ce dernier savant; c'est $u = (b^{1/8}\, d^{1}\, d^{1/4})$, un des plagièdres du quartz (2R2 de Naumann); mais une lettre de M. Hessenberg vient de m'apprendre que ce solide n'existe réellement pas dans le calcaire, et que c'est par erreur que son symbole 2R2 a été imprimé au lieu du symbole inverse $-2R2 = e_{1/2}$ correspondant à un scalénoèdre connu sur des cristaux de diverses localités.

Afin de rendre plus facile la comparaison des symboles qui exigent l'emploi de trois coefficients, dans la notation de Lévy, avec ceux de Miller et de Naumann, je me suis toujours conformé, pour le calcaire et pour les minéraux rhomboédriques décrits dans ce second volume, aux conventions suivantes :

Les scalénoèdres et les isocéloèdres placés sur les angles culminants du rhomboèdre primitif sont écrits $(b^{1/z} b^{1/x} b^{1/y})$, $z < x < y$; $2x = y + z$, pour les isocéloèdres (1).

Les prismes dodécagones s'écrivent, comme les scalénoèdres situés sur les angles latéraux et dont les arêtes culminantes les plus obtuses se projettent sur les faces du rhomboèdre primitif ($m\mathrm{R}n$, $m <$ ou > 1, de Naumann), $(b^{1/z} d^{1/x} d^{1/y})$; $z = x + y$ pour les prismes dodécagones; $z <$ ou $> y$, en même temps que $m <$ ou > 1, pour les scalénoèdres; x toujours $< y$.

Les isocéloèdres, et les scalénoèdres dont les arêtes culminantes les plus obtuses se projettent sur les arêtes du rhomboèdre primitif ($-m\mathrm{R}n$ de Naumann), s'écrivent $(d^{1/y} d^{1/x} b^{1/z})$; $2x = y - z$, pour les isocéloèdres, et toujours $x < y$ (2).

Dans le système rhomboébrique, les axes employés par M. Miller étant égaux et parallèles aux arêtes du rhomboèdre primitif de Lévy, ses paramètres ne sont autre chose que les dénominateurs des fractions $\frac{1}{z}$, $\frac{1}{x}$, $\frac{1}{y}$, tous affectés du même signe ou deux du même signe et le troisième d'un signe contraire, suivant qu'ils se rapportent à des arêtes de même espèce ou à des arêtes d'espèces différentes; mais il ne sera peut-être pas inutile de rappeler en quelques mots comment se fait le passage des symboles de Lévy aux symboles de Naumann, et réciproquement.

Lorsqu'on veut transformer les symboles de Lévy en symboles de Naumann, pour les formes situées sur les *angles culminants* du rhomboèdre primitif, on doit toujours compter les longueurs $\frac{1}{x}$ et $\frac{1}{y}$ sur les arêtes simultanément et semblablement modifiées, et la longueur $\frac{1}{z}$ sur l'arête modifiée différemment. Pour les formes situées sur les *angles latéraux*, $\frac{1}{x}$ et $\frac{1}{y}$ se comptent sur

(1) Dans le calcaire, on ne connaît jusqu'ici, sur les angles culminants, que des scalénoèdres et un isocéloèdre dont les faces sont parallèles à une arête b et dont, par suite, le symbole général $(b^{1/0} b^{1/x} b^{1/y})$ se réduit au signe abrégé $b^{y/x}$.

(2) Pour faire mieux ressortir le rapport simple qui existe entre deux de leurs exposants, quelques scalénoèdres du calcaire ont été écrits exceptionnellement, page 103, sous la forme $(d^{x/y} d^{1} b^{x/z})$.

les deux arêtes d, et $\frac{1}{z}$ sur la troisième arête b qui vient concourir avec les deux premières à un même angle solide.

Les coefficients du symbole *rhomboédrique* général de Naumann $\pm m \mathrm{R} n$ s'obtiennent alors, pour toutes les espèces de rhomboèdres et de scalénoèdres, à l'aide des relations :
$m = \frac{y - 2x + z}{y + x + z}$; $n = \frac{z - y}{y - 2x + z}$; le signe $\pm$ du symbole $m \mathrm{R} n$ est toujours le même que celui de m.

Pour les prismes dodécagones $\infty \mathrm{R} n$, on a : $n = \frac{z - y}{z + y - 2x}$.

Les coefficients du symbole *hexagonal* des isocéloèdres $m' \mathrm{P} n'$ sont donnés par : $m' = \frac{y - z}{y + x + z}$; $n' = \frac{y - z}{y - x}$.

Dans toutes ces formules, z est affectée du même signe algébrique que x et y, lorsque les trois longueurs $\frac{1}{z}, \frac{1}{x}, \frac{1}{y}$ sont comptées sur les arêtes culminantes, mais elle doit être affectée d'un signe contraire, quand la première est prise sur une arête culminante et les deux autres sur des arêtes latérales.

La transformation des symboles de Naumann en symboles de Lévy se fait au moyen des formules générales que j'ai indiquées au commencement de mon premier volume; mais elle exige quelque attention, pour ne pas confondre la valeur de z avec celle de y et réciproquement. Ainsi, pour les rhomboèdres *directs* ou *inverses* et pour les scalénoèdres *positifs* ou *négatifs* situés sur les *angles culminants*, $\pm m \mathrm{R} n$, on a toujours :

$$
\begin{aligned}
y &= 2 + m + 3mn \\
x &= 2(1 - m) \\
z &= 2 + m - 3mn
\end{aligned}
$$

Les mêmes relations servent encore pour les formes situées sur les angles latéraux, quand il s'agit des rhomboèdres *inverses* ou *négatifs* $-m\mathrm{R}$, des scalénoèdres *positifs* $m \mathrm{R} n$, où $m < 1$ et de tous les scalénoèdres *négatifs* $-m \mathrm{R} n$ ($m <$ ou > 1); mais pour les rhomboèdres *directs* ou *positifs* $m\mathrm{R}$, et pour les scalénoèdres positifs $m \mathrm{R} n$, où $m > 1$, on a :

$$
\begin{aligned}
z &= 2 + m + 3mn \\
x &= 2(1 - m) \\
y &= 2 + m - 3mn
\end{aligned}
$$

Dans ces relations, les valeurs de m et de n doivent être introduites toutes deux avec le signe $+$ ou avec le signe —, suivant qu'on part d'un symbole *positif* $m\mathrm{R}n$, ou d'un symbole *négatif* $-m\mathrm{R}n$.

Pour les prismes dodécagones $\infty\mathrm{R}n$, les formules sont :

$$z = 1 + 3n$$
$$x = -2$$
$$y = 1 - 3n$$

Enfin pour tous les isocéloèdres $m'\mathrm{P}n'$, quelle que soit leur position par rapport au rhomboèdre primitif :

$$y = n' + m' + m'n'$$
$$x = n' - 2m' + m'n'$$
$$z = n' + m' - 2m'n'$$

Par suite des conventions indiquées plus haut, voici comment doivent être écrits les symboles qui accompagnent les *fig.* 268 et 270, pl. XLV, *fig.* 277, pl. XLVI, et *fig.* 278, pl. XLVII, dans la partie de mon Atlas parue avec le 1er vol. de texte :

Fig. 268 : N = $(d^{1/9}\,d^{1/5}\,b^{1/11})$ au lieu de $(d^{1/5}\,d^{1/9}\,b^{1/11})$; $\mu = (d^{1/21}\,d^{1/15}\,b^{1/29})$, préférable à $(d^{1/14}\,d^{1/10}\,b^{1/19})$.

Fig. 270 : $\gamma = (d^{1/5}\,d^{1/2}\,b^{1/3})$ au lieu de $(d^{1/2}\,d^{1/5}\,b^{1/3})$; $\pi = (d^{1/7}\,d^{1/3}\,b^{1/5})$ au lieu de $(d^{1/3}\,d^{1/7}\,b^{1/5})$.

Fig. 277 : $x = (b^{1/4}\,d^{1}\,d^{1/2})$ au lieu de $(d^{1}\,d^{1/2}\,b^{1/4})$; $\beta = (d^{1/5}\,d^{1}\,b^{1/4})$ au lieu de $(d^{1}\,d^{1/5}\,b^{1/4})$.

Fig. 278 : $\beta = (d^{1/5}\,d^{1}\,b^{1/4})$ au lieu de $(d^{1}\,d^{1/5}\,b^{1/4})$

De nouvelles observations optiques et cristallographiques ont conduit à modifier ou à fixer définitivement le système cristallin auquel doivent être rapportés un certain nombre de silicates anciennement connus. Je vais indiquer brièvement les changements que ces observations apportent aux descriptions contenues dans mon premier volume. Un supplément général, placé à la fin du second volume, sera en partie consacré aux espèces de la famille des silicates découvertes depuis une dizaine d'années. Enfin l'errata qui a déjà été publié, a malheureusement besoin d'un complément assez étendu que je donne dès à présent, avec l'espoir qu'il n'y aura plus dorénavant que peu de chose à y ajouter.

ADDITIONS ET MODIFICATIONS

AUX DESCRIPTIONS DU PREMIER VOLUME.

Glace; page 7 du premier volume. M. Reusch, en opérant sur un prisme de glace de 59° 0′ 20″, a trouvé pour les indices de réfraction :

$\omega = 1,30598$ $\varepsilon = 1,30734$ (rouge)
$\omega = 1,31200$ $\varepsilon = 1,31360$ (vert)
$\omega = 1,31700$ $\varepsilon = 1,32100$ (violet extrême)

Randanite; page 27. La randanite ne se trouve pas dans le terrain tertiaire supérieur de Randan, comme je l'avais dit, sur l'autorité de Fournet et de Dufrénoy. Ses dépôts les plus abondants s'exploitent, depuis un ou deux ans, dans de petits bassins tourbeux qui existent au milieu des terrains volcaniques des environs de Randanne, sur la route de Clermont au Mont Dore (Puy-de-Dôme). Son nom doit donc s'écrire randannite.

Phénacite; p. 29. J'ai trouvé pour les indices de réfraction, à 16° C., sur un prisme de 59°6′ taillé parallèlement à l'axe vertical d'un petit cristal de Framont :

$\omega = 1,6508$ $\varepsilon = 1,6673$ (rou. lithine);
$\omega = 1,6540$ $\varepsilon = 1,6697$ (jau. soude).

Forstérite; p. 33. C'est sur des lames de Forstérite, $\dot{M}g^2 \ddot{S}i$, et non sur des lames de Monticellite, $(\dot{C}a, \dot{M}g)^2 \ddot{S}i$, qu'ont été faites les déterminations des constantes optiques dont j'ai publié le détail p. 591 de mon Travail intitulé « *Nouvelles recherches sur les propriétés optiques des cristaux naturels et artificiels* » et inséré au tom. XVIII, année 1867, des Mémoires présentés par divers savants à l'Institut de France. D'après les essais de M. Pisani et les miens, les cristaux d'un blanc jaunâtre, connus dans les collections publiques et privées de Paris sous le nom de *péridot blanc* de la Somma, appartiennent à peu près tous à la Forstérite. La Monticellite, péridot à base de magnésie et de chaux, paraît infiniment plus rare que la Forstérite, péridot à base de magnésie seule, avec laquelle on l'a souvent confondue. Comme je l'ai déjà fait remarquer dans mon premier volume, c'est cette dernière variété qui a été reproduite artificiellement par Ebelmen. (Voir les *Annales de chimie et de physique*, tom. XXXIII, pag. 56, année 1851.

Fayalite; p. 36. Les cristaux noirs presque microscopiques, cités *avec doute* comme du fer titané magnétique dans la *hafnefjordite* d'Islande (p. 317), appartiennent en réalité à un péridot très-riche en fer et probablement voisin de la fayalite. Ces cristaux, dont les faces sont en général assez irrégulièrement développées, m'ont offert la combinaison des formes $h^1\, g^3\, g^1\, p\, a^1\, e^{1/2}\, b^{1/2}\, e_3$, avec des incidences très-voisines de celles qui sont données à la p. 30.

Téphroïte; p. 38. C'est à la téphroïte qu'appartiennent les cristaux roses décrits comme Fowlérite de Franklin, New-Jersey, à la p. 69 de mon 1er volume, et représentés par la *fig.* 61, pl. XI de mon Atlas. Cette figure doit être retournée de manière à placer verticalement la face p, qui devient g^1; les faces m et t correspondent alors au biseau a^1 du péridot, avec les incidences approximatives : $a^1 a^1$ sur $p = 105°$; $a^1 a^1$ en avant $= 75°$. Le plan des axes optiques est normal au clivage difficile qui a lieu suivant g^1, et parallèle au clivage facile placé symétriquement sur l'arête aiguë $\frac{a^1}{a^1}$, comme le serait la face h^1 du péridot. La bissectrice de l'angle aigu des axes est parallèle à l'arête d'intersection des deux clivages; elle a donc la même direction que dans le péridot; seulement elle est *négative*, et autour d'elle j'ai obtenu pour l'écartement apparent, dans l'huile et dans l'air, sur un fragment de l'échantillon original examiné par Breithaupt :

$$2H = \begin{cases} 84°41' \\ 82°59' \end{cases} \quad \text{d'où} \quad 2E = \begin{cases} 161°48' \text{ ray. rouges;} \\ 156°35' \text{ ray. bleus.} \end{cases}$$

La dispersion des axes est donc forte, et $\rho > v$. Par conséquent, on peut dire que la téphroïte $(\dot{M}n, \dot{M}g, \dot{F}e)^2 \ddot{S}i$, chimiquement isomorphe du péridot, diffère de ce minéral par le signe de sa bissectrice aiguë et surtout par la dispersion de ses axes optiques.

Knebélite; p. 39. La Knebélite de Danemora, en masses laminaires à grandes lames, irrégulièrement enchevêtrées, offre des clivages imparfaits, au moins dans trois directions, et des plans de séparation dans deux autres directions, avec des incidences qui ne paraissent pas bien constantes.

Les lames très-minces sont transparentes, d'un gris verdâtre, et légèrement dichroïtes. Les axes optiques s'ouvrent dans un plan parallèle à l'un des plans de séparation, et les anneaux semblent disposés symétriquement autour de la bissectrice aiguë *négative*, avec une dispersion sensible qui indique $\rho > v$. J'ai trouvé, pour la lumière blanche, $2E = 115°$ à $120°$. La substance a une dens. = 3,93 et sa composition est celle d'une *téphroïte* ferrifère, d'après l'analyse suivante de M. Pisani, qui s'accorde avec celle de M Hermann, publiée p. 39.

$\ddot{Si}\,29{,}50$ $\dot{Fe}\,36{,}95$ $\dot{Mn}\,30{,}07$ $\dot{Mg}\,1{,}70$ $\dot{Ca}\,0{,}18$ $\ddot{Al}\,1{,}72 = 100{,}12$.

GADOLINITE; p. 39. Dans un Mémoire publié aux *Annales de chimie et de physique*, 4e série, tom. XVIII, année 1869, j'ai fait voir que l'étude des caractères optiques conduisait à rapporter la Gadolinite au système clinorhombique et à diviser ses échantillons en trois catégories principales :

1° Cristaux biréfringents d'Hitteröe en Norwége et de quelques autres localités, offrant des modifications qui peuvent se dériver d'un prisme rhomboïdal de 116° à très-faible obliquité.

Leurs formes dominantes sont m, h^1, g^1, g^3, p, e^2, e^1, $d^{1/2}$, $b^{1/2}$, faisant partie de combinaisons dont les plus ordinaires sont : $h^1 m g^3 p e^2 e^1 d^{1/2} b^{1/2}$; $h^1 m g^3 p a^{12/5} e^2 e^1 d^{1/2} b^{1/2} x = (b^1 d^{1/3} g^1)$, etc. Les dimensions de la forme primitive et les incidences calculées au moyen des nombres fondamentaux $*m h^1 = 148° 0'$, $*p d^{1/2} = 112° 17'$, $*p m$ post. $= 89° 33'$, sont données dans le tableau suivant :

$$b : h :: 1000 : 1118{,}165 \qquad D = 848{,}038 \qquad d = 529{,}936.$$

Angle plan de la base = 115° 59′ 52″
Angle plan des faces latérales = 90° 16′ 53″

ANGLES CALCULÉS.	ANGLES CALCULÉS.	ANGLES CALCULÉS.
mm 116° avant	pa^4 152°4′	pe^2 146°36′
$*mh^1$ 148°0′	$pa^{12/5}$ 138°27′	pe^1 127°11′
mg^3 160°40′	pa^2 133°11′	$pe^{1/2}$ 110°46′
h^1g^3 128°40′	pa^1 114°55′	e^2e^2 113°12′ sur p
mg^1 122°0′	ph^1 post. 89°28′	e^2e^1 adj. 160°35′
g^3g^1 141°20′	a^4h^1 adj. 117°24′	e^2e^1 93°47′ sur p
	$a^{12/5}h^1$ adj. 131°1′	e^1e^1 74°22′ sur p
po^2 133°45′	a^2h^1 adj. 136°17′	e^1e^1 105°38′ sur g^1
ph^1 antér. 90°32′	a^1h^1 adj. 154°33′	$e^1e^{1/2}$ 163°35′
o^2h^1 136°47′		$e^{1/2}e^{1/2}$ 138°28′ sur g^1

ANGLES CALCULÉS.

pd^1 129°4'
*$pd^{1/2}$ 112°17'
$pd^{1/4}$ 101°48'
pm ant. 90°27'
d^1m adj. 141°23'
$d^{1/2}m$ adj. 158°10'
$d^1d^{1/2}$ 163°13'
$d^{1/4}m$ adj. 168°39'
pb^1 adj. 128°31'
$pb^{1/2}$ adj. 111°30'
$b^1b^{1/2}$ 162°59'
$pb^{1/4}$ adj. 100°56'
*pm post. 89°33'
b^1m adj. 141°2'
$b^{1/2}m$ adj. 158°3'
$b^{1/4}m$ adj. 168°37'
$d^{1/2}b^{1/2}$ 136°13' sur m
$d^{1/2}b^{1/2}$ 43°47' sur p

py 109°25'

pz 114°13'
pg^3 antér. 90°20'
px adj. 106°11'
pg^3 post. 89°40'
xg^3 adj. 163°29'

$h^1d^{1/4}$ adj. 148°22'
$h^1e^{1/2}$ 90°11' sur $d^{1/4}$
$b^{1/4}h^1$ adj. 148°11'

$h^1d^{1/2}$ adj. 142°1'
h^1e^1 90°19' sur $d^{1/2}$
$d^{1/2}e^1$ 128°18'
$d^{1/2}b^{1/2}$ 76°13' sur e^1

ANGLES CALCULÉS.

$e^1b^{1/2}$ adj. 127°55'
$b^{1/2}h^1$ adj. 141°46'
e^1h^1 89°41' sur $b^{1/2}$
$d^{1/2}h^1$ 37°59' sur $b^{1/2}$

h^1d^1 adj. 131°37'
h^1e^2 90°27' sur d^1
d^1e^2 adj. 138°50'
b^1h^1 adj. 131°7'
e^2b^1 138°25'

$g^1d^{1/4}$ 121°15'
$d^{1/4}d^{1/4}$ adj. 117°30'

$g^1b^{1/4}$ 121°21'
$b^{1/4}b^{1/4}$ adj. 117°18'

$g^1d^{1/2}$ 119°22'
$d^{1/2}d^{1/2}$ adj. 121°16'

$g^1b^{1/2}$ 119°32'
$b^{1/2}b^{1/2}$ 120°56' sur a^1
$b^{1/2}a^1$ 150°28'

g^1d^1 114°18'
d^1d^1 131°24' sur o^2
d^1o^2 155°42'

g^1b^1 114°30'
b^1b^1 131°0' sur a^2
b^1a^2 155°30'

$e^{1/2}m$ antér. 119°53'
$mb^{1/2}$ 66°7' sur $e^{1/2}$

ANGLES CALCULÉS.

$e^{1/2}b^{1/2}$ adj. 126°14'

$e^{1/2}m$ post. 119°31'
mz 83°44' sur $e^{1/2}$
$md^{1/2}$ 65°53' sur $e^{1/2}$
$e^{1/2}d^{1/2}$ 126°22' sur z
$zd^{1/2}$ adj. 162°9'

e^1m antér. 115°16'
mb^1 70°14' sur e^1
e^1b^1 adj. 134°58'

mx adj. 154°41'
me^1 114°40' sur x
md^1 69°48' sur e^1
xe^1 adj. 140°1'
e^1d^1 adj. 135°8'

my adj. 158°7'
e^2m antér. 107°21'
ye^2 129°14'

e^2m post. 106°34'
e^1g^3 antér. 128°40'
e^1g^3 post. 128°16'
$g^3b^{1/2}$ adj. 151°12'
$b^{1/2}a^{12.5}$ 142°55'
$e^1d^{1/2}$ opposé 80°42'
$e^1b^{1/2}$ opposé 80°8'
$e^2d^{1/2}$ adj. 125°54'
$e^2b^{1/2}$ adj. 125°16'
$e^2d^{1/2}$ opp. 92°41'
$e^2b^{1/2}$ opp. 91°59'
e^1 sup. : $b^{1/2}$ infér. 99°52',

$x = (b^1 d^{1/3} g^1)$ $y = (d^1 b^{1/5} g^{1/2})$ $z = (d^{1/2} b^{1/6} g^{1/3})$

Plan des axes optiques parallèle au plan de symétrie. Bissectrice aiguë *positive* faisant, pour les rayons jaunes, des angles d'environ
3°30' avec une normale à p;
60°43' avec une normale à l'arête $\frac{d^{1/2}}{d^{1/2}}$.

Dispersion *propre* des axes forte, avec $\rho < v$; une lame mince, un peu oblique à la bissectrice *positive*, m'a donné approximativement, pour l'écartement apparent dans l'huile :

$$2H_a. = \begin{cases} 106°6' \text{ ray. rouges,} \\ 107°18' \text{ ray. jaunes,} \\ 109°27' \text{ ray. bleus.} \end{cases}$$

Dispersion *inclinée* faiblement accusée par une différence dans la forme des anneaux des deux systèmes. Double réfraction énergique. Les lames minces sont transparentes et d'un vert jaune, souvent parsemées de taches irrégulières, brunes, plus ou moins translucides. Dichroïsme peu marqué.

Composition chimique caractérisée par la présence de 9 à 10 p. 100 de glucine et s'exprimant par la formule

$$\dot{R}^3 \ddot{Si}, \quad \dot{R} = (\dot{Y}, \dot{Ce}, \dot{La}, \dot{Di}, \dot{Gl}, \dot{Fe}).$$

Ce résultat, établi d'après les anciennes analyses des cristaux d'Hitteröe par M. Scheerer, est confirmé par deux nouvelles analyses de M. Pisani faites, l'une *a*, sur des cristaux biréfringents de Finbo (dens. = 4,083), faiblement transparents en lames très-minces, offrant un noyau vert entouré d'une croûte jaune; l'autre *b*, sur une petite masse biréfringente brune (dens. = 4,119), d'une localité inconnue, à peine transparente et d'un brun verdâtre en lames excessivement minces.

	$\ddot{Si}$	$\dot{Y}$	($\dot{Ce}$, $\dot{La}$, $\dot{Di}$)	$\dot{Gl}$	$\dot{Fe}$	$\dot{Ca}$	$\dot{Mg}$	$\dddot{Al}$	$\dot{H}$
a.	23,25	42,75	8,65	8,97	12,40	0,83	0,33	2,82	1,03 = 101,03
b.	23,40	35,60	15,40	9,58	10,60	0,85	0,11	3,05	1,10 = 99,39

2° Cristaux monoréfringents d'Ytterby en Suède. Ces cristaux, dont on a découvert de très-beaux échantillons depuis quelques années, offrent en général les mêmes formes et les mêmes combinaisons que les cristaux biréfringents d'Hitteröe; cependant, quelques-unes de ces formes telles que a^4, $e^{1/2}$, d^1, b^1, $y = (d^1\, b^{1/5}\, g^{1/2})$, $z = (d^{1/2}\, b^{1/6}\, g^{1/3})$, etc., leur sont jusqu'ici particulières. Les lames minces qu'on en extrait sont homogènes, très-transparentes, d'un beau vert d'herbe et absolument monoréfringentes. Leur composition, dans laquelle il n'entre plus de glucine, est représentée par la formule du péridot $\dot{R}^2 \ddot{Si}$, $\dot{R} = (\dot{Y}, \dot{Ce}, \dot{La}, \dot{Di}, \dot{Fe})$. On peut donc les regarder comme appartenant à une variété vitreuse, pseudomorphe de la Gadolinite biréfringente.

3° Cristaux d'Ytterby et de Finbo, offrant dans leur intérieur un mélange de plages biréfringentes et de plages monoréfringentes, et contenant une proportion de glucine qui varie de 2 à 6 p. 100.

Leurs analyses fournissent, entre l'oxygène de la silice et celui des bases monoatomiques, des rapports qui ne peuvent être exprimés exactement ni par 3 : 4 ni par 4 : 5. Ces cristaux paraissent donc, aussi bien par leur constitution physique que par leur constitution chimique, indiquer le passage de la Gadolinite biréfringente à la Gadolinite monoréfringente.

Des échantillons de Kårarfvet, à structure hétérogène, renferment un peu plus de 5 p. 100 d'eau, d'après les analyses de Berzélius; leur composition se représente assez bien par la formule $\dot{R}^6 \ddot{Si}^3 + 2\dot{H}$, où $\dot{R} = (\dot{Y}, \dot{Ce}, \dot{Gl}, \dot{Mn}, \dot{Ca})$; la quantité de glucine y varie de 1,7 à 2 p. 100.

Quoiqu'il n'y ait aucune comparaison à établir entre la composition chimique de la Gadolinite et celle de la *datholite*, il est à remarquer que les deux substances sont *géométriquement* isomorphes; mais cet isomorphisme n'a rien de surprenant, puisque la datholite peut être rapportée, comme la Gadolinite, à un prisme rhomboïdal voisin de 120° et presque droit, qui constitue une des formes *limites* les plus fréquentes parmi les cristaux naturels ou artificiels. Il suffit en effet de supposer $h^3 = m$, dans la datholite telle que je l'ai décrite page 167, pour avoir entre ses formes et celles de la Gadolinite les rapprochements suivants :

GADOLINITE.	DATHOLITE.	GADOLINITE.	DATHOLITE.
mm 116°	$h^3 h^3$ 145°21′	$pd^{1/2}$ 142°17′	$p\gamma$ 142°51′
mh^1 148°	$h^3 h^1$ 147°41′	pm ant. 90°27′	ph^3 90°5′
$h^1 g^3$ 128°40′	$h^1 m$ 128°19′	$d^{1/2} m$ 158°10′	γh^3 157°14′
		pb^1 128°31′	$p\varepsilon$ 129°59′
ph^1 ant. 90°32′	ph^1 90°6′	$pb^{1/2}$ 111°30′	$p\alpha$ 112°43′
po^2 133°45′	$po^{1/2}$ 134°53′		
$o^2 h^1$ 136°47′	$o^{1/2} h^1$ 135°43′	$d^{1/2} d^{1/2}$ av^t 121°16′	$\gamma\gamma$ av^t 120°58′
pa^2 133°11′	$pa^{1/2}$ 134°47′	$b^1 b^1$ sur a^2 131°0′	$\varepsilon\varepsilon$ s^r $a^{1/2}$ 131°38′
		$b^{1/2} b^{1/2}$ s^r a^1 120°56′	$\alpha\alpha$ adj. 120°54′
pe^2 146°36′	pe^1 147°32′		
pe^1 127°11′	$pe^{1/2}$ 128°9′		

Enstatite; p. 44. MM. Vict. von Lang et N. Maskelyne ont trouvé (1), dans le fer météorique de Breitenbach, de très-petits cristaux d'enstatite verdâtre qui, d'après leur teneur en oxyde ferreux (13,44 p. 100, moyenne de deux analyses de M. Maskelyne), appartiennent à la variété *bronzite*. La détermination exacte de ces cristaux a conduit M. von Lang à les rapporter à un prisme rhomboïdal droit de 91°44′, dont les angles fondamentaux et les dimensions sont :

$$mh^1 = 135°52' \qquad e^2 e^2 \text{ sur } p = 148°8'$$
$$b : h :: 1000 : 409,800 \qquad D = 717,721 \qquad d = 696,330.$$

Les formes qui se sont présentées le plus fréquemment sont m,

(1) *Sitzungsberichte* de l'Académie des Sciences de Vienne, vol. LIX, avr. 1869.

h^1, g^1, e^2, a_3; elles ont été rencontrées dans les combinaisons suivantes : $m\,h^3 h^1 g^1 e^2 e^{3/2} e^1 e^{1/2} e^{1/3} a_3$; $p\,e^2 b^{1/2} \beta\, a_3\, y\, n\, x$; $m\,h^{7/3} h^1 g^{5/3} g^1 b^{1/4} a_5 \beta\, a_3 e_3\, q$; $m\,h^3 h^2 h^1 a^{1/2} a^{2/5} \beta\, z\, a_3$; $h^3 a^{1/2} e^2 z\, a_3\, n$; $m\,h^3 h^2 e^2 \beta\, a_3\, n$; $h^3 g^1 p\, e^2 a_3\, n$; $m\,h^3 h^1 g^1 a_3\, x\, e_3\, q$; $m\,h^3 h^1 g^4 g^3 g^1 a^{1/2} b^{1/4} \varepsilon\, \beta\, a_3\, y$.

$$\begin{aligned} \beta &= (b^{1/3} b^{1/5} h^{1/2}) & \qquad e_5 &= (b^1 b^{1/5} h^1) \\ z &= (b^{1/4} b^{1/8} h^{1/3}) & \qquad y &= (b^1 b^{1/7} h^{1/2}) \\ n &= (b^1 b^{1/3} h^{1/2}) & \qquad x &= (b^1 b^{1/5} g^{1/2}) \\ a_3 &= (b^1 b^{1/3} h^1) & \qquad e_3 &= (b^1 b^{1/3} g^1) \\ \varepsilon &= (b^{1/2} b^{1/6} h^1) & \qquad q &= (b^{1/3} b^{1/7} g^{1/2}) \end{aligned}$$

Le plan des axes optiques est parallèle à g^1; mais la bissectrice aiguë est *négative* et normale à h^1; elle occupe donc la même position que la bissectrice obtuse de toutes les variétés d'enstatite ou de bronzite provenant des roches terrestres ou des météorites (notamment de celles de Bustee, de Deesa, de Bishopville et de Luontolax) que j'ai examinées jusqu'à ce jour; seulement la dispersion des axes reste $\rho < v$, autour de cette bissectrice, comme elle l'est *invariablement* autour de la bissectrice obtuse de *toutes* les autres variétés.

J'ai en effet obtenu pour l'écartement apparent des axes optiques dans l'huile, sur une lame de Breitenbach, bien normale à la bissectrice *négative* : $2H = \begin{cases} 98^\circ 38' & \text{ray. rouges,} \\ 98^\circ 52' & \text{ray. jaunes,} \\ 99^\circ 43' & \text{ray. verts.} \end{cases}$

M. Vict. von Lang a observé la même dispersion et $2H = 98^\circ$ pour les rayons jaunes.

J'ai examiné les cristaux blancs qui avaient été obtenus par Ebelmen en fondant ensemble de la silice, de la magnésie et de l'acide borique, afin de reproduire un pyroxène purement magnésien (*Ann. de chimie et de physique*, tom. XXXIII, pag. 58, ann. 1851). Ces cristaux, très-facilement clivables suivant les faces d'un prisme de 92°29′, appartiennent d'après leurs caractères optiques au système rhombique et, par suite, à l'enstatite pure $\dot{M}g\ddot{S}i$.

Hypersthène; p. 46. J'ai publié en 1867, au tom. XVIII, p. 573 des *Mémoires des savants étrangers*, les résultats détaillés de l'examen d'un grand nombre de variétés laminaires provenant du Labrador; du Gröenland; de Finlande; de Saxe; de la Prese en Valteline; d'Hitteröe, de Stavanger, d'Egeröe, de Svalestad près Egersund et de Farsund, en Norwége. Cette dernière, qui a été analysée par M. Pisani, ne contient que 15,14 p. 100 d'oxyde ferreux, avec 9 p. 100 d'alumine, et elle fond très-difficilement en scorie noire non magnétique.

Parmi les échantillons connus en Allemagne sous le nom de *muschliger Augit*, on a rencontré à Maar près Lauterbach, en Hesse-Darsmstadt, de petits rognons d'aspect vitreux, offrant deux clivages assez difficiles sous un angle d'environ 92°, d'un vert foncé en masse, d'un brun verdâtre en lames minces, fortement dichroïtes, d'une dens. = 3,34, difficilement fusibles en verre brun non magnétique, qui constituent une variété d'hypersthène encore plus pauvre en oxyde ferreux que la variété de Farsund. Les axes optiques y sont très-écartés et situés dans un plan parallèle à g^1; la bissectrice aiguë *négative* est normale à h^1; la dispersion des axes est assez forte et $\rho > v$.

J'ai obtenu, à 15° C. :

$$2H = \begin{cases} 102^\circ & \beta = 1{,}685 \quad \text{d'où} \quad 2V = 85^\circ 4' \text{ ray. rouges;} \\ 101^\circ 12' & \text{ray. bleus.} \end{cases}$$

Une analyse de M. Damour a donné pour la composition de ces rognons :

$$\ddot{\text{Si}}\ 52{,}17 \quad \dot{\text{Mg}}\ 30{,}97 \quad \dot{\text{Fe}}\ 10{,}62 \quad \dot{\text{Ca}}\ 1{,}65 \quad \ddot{\text{Al}}\ 4{,}78 = 100{,}19.$$

Sous le rapport de la constitution chimique, il paraît donc y avoir passage insensible des hypersthènes aux bronzites. Leur isomorphisme géométrique est également aussi complet que possible, comme on peut s'en assurer par le tableau suivant, qui renferme les angles que j'ai mesurés sur de petits cristaux du rocher du Capucin au Mont Dore, ceux que M. von Rath a calculés, en partant des données * $m h^1 = 135^\circ 50'$, * $m a_3$ opp. $= 105^\circ 42'$, obtenues sur de petits cristaux du lac de Laach (1), et enfin ceux auxquels conduisent les nombres fondamentaux admis par M. Vict. von Lang pour la bronzite de Breitenbach, et que j'ai cités plus haut.

HYPERSTHÈNE DU CAPUCIN. ANGLES OBSERVÉS.		HYPERSTENE DU LAC DE LAACH. ANGLES CALCULÉS.	BRONZITE DE BREITENBACH. ANGLES CALCULÉS.
mm sur h^1	91°32'30" moy.	91°40'	91°44'
mh^1	135°27'30" moy.	*135°50'	*135°52'
mh^1 sur m	43°27'30" moy.	44°10'	44°8'
mg^1	134°6'15" moy.	134°10' 134°7' obs.	134°8'
mm sur g^1	88°1'40" moy.	88°20'	88°16'
$g^1 g^3$	»	152°46'	152°54'
mg^3	»	161°24'30"	161°14'
$h^1 g^3$	»	117°14'30"	117°6'
$g^3 g^3$ sur h^1	»	54°29'	54°12'
$mb^{1/2}$ adj.	»	129°17' 129°15' obs.	129°21'
pa_3	»	127°17'	127°23'
na_3	»	160°25'	160°35'

(1) *Poggendorff's Annalen*, vol. CXXXVIII, page 530, année 1869.

HYPERSTHÈNE DU CAPUCIN. ANGLES OBSERVÉS.	HYPERSTHÈNE DU LAC DE LAACH. ANGLES CALCULÉS.	BRONZITE DE BREITENBACH. ANGLES CALCULÉS.
g^1e^2 105°50′ moy.	»	105°56′
g^1e^4 97°26′	98°6′30″	»
g^1e^4 sur p 82°22′30″ moy.	81°53′30″	»
e^4e^4 sur p »	163°47′ / 163°45′ obs.	»
g^1e^2 sur p 73°55′ moy.	»	74°4′
e^2e^2 sur p 147°43′ moy.	»	*148°8′
h^1x »	114°2′30″	114°5′
h^1a_3 135°48′ moy.	135°34′	135°38′
$h^1b^{1/2}$ 117°20′ moy.	117°1′ / 117° obs.	117°4′
$h^1b^{1/2}$ sur $b^{1/2}$ 63°20′ moy.	62°59′	62°56′
$a_3b^{1/2}$ adj. 161°55′ moy.	161°27′ / 161°30′ obs.	161°26′
a_3h^1 sur $b^{1/2}$ 45°7′30″ moy.	44°26′	44°22′
$b^{1/2}b^{1/2}$ sur g^1 130°40′ ??	125°58′	125°52′
h^1n 119°6′40″ moy.	119°26′ / 119°26′ obs.	119°31′
h^1e^2 90°3′ moy.	»	90°
h^1n sur e^2 60°35′ moy.	60°34′	60°29′
nn sur e^2 121°20′ environ	121°8′	120°58′
g^1a_3 110°7′ moy.	110°17′	110°17′
g^1a_3 sur a_3 69°32′ moy.	69°43′	69°43′
a_3a_3 sur h^1 139°15′	139°26′	139°26′
g^1x 126°2′44″ moy.	126°24′30″	126°26′
$g^1b^{1/2}$ 116°43′20″ moy.	116°11′	116°12′
g^1n 103°41′49″ moy.	103°49′	103°49′
g^1n sur n 76°1′	76°11′	76°11′
$g^1b^{1/2}$ sur n 62°57′	63°49′	63°48′
g^1x sur n 52°20′	53°35′30″	53°34′
xn adj. 157°	157°24′30″	157°23′
$b^{1/2}n$ adj. 167°30′ moy.	167°38′	167°37′
$b^{1/2}n$ sur n 139° environ	140°0′	139°59′
$b^{1/2}x$ adj. »	169°46′	169°46′
xx sur n 106°35′ moy.	107°11′	107°8′
$b^{1/2}b^{1/2}$ sur n 126°40′	127°38′	127°36′
nn sur h^1 152°	152°22′	152°22′
mx adj. »	134°53′30″	134°57′
mn adj. »	121°16′	121°19′
ma_3 adj. »	138°55′	138°59′
ma_3 opp. »	*105°42′	105°45′
ne^4 adj. »	149°39′	»

$n = (b^1 b^{1/3} h^{1/2})$ $a_3 = (b^1 b^{1/3} h^1)$ $x = (b^1 b^{1/5} g^{1/2})$

Les cristaux du lac de Laach, aplatis suivant h^1, ont offert à M. vom Rath la combinaison $m\ h^1\ g^3\ g^1\ e^4\ n\ a_3\ b^{1/2}\ x$: toutes ces formes, à l'exception de e^4, existent dans l'enstatite de Breitenbach; ils sont bruns ou d'un brun rougeâtre, translucides, difficilement fusibles en verre noir, d'une dens. = 3,454.

Les cristaux du rocher du Capucin au Mont Dore, se présentent, dans une sorte de domite caverneuse, sous deux aspects différents; les plus gros, qui ont 2 à 3 millim. de longueur, $\frac{1}{2}$ à 1 millim. d'épaisseur parallèlement à la grande diagonale de la base et 1 à 2 millim. parallèlement à sa petite diagonale, sont bruns ou d'un brun verdâtre, translucides et fortement dichroïtes; ils sont surtout répandus dans les parties de la roche riches en lamelles d'orthose; les autres qui ont 1 à 4 millim. de longueur, mais qui sont excessivement aplatis suivant g^1 et qui offrent souvent, dans la direction de h^1, une épaisseur atteignant à peine $\frac{1}{4}$ ou $\frac{1}{5}$ de millim. sont d'un vert plus ou moins clair, transparents et faiblement dichroïtes; ils sont accompagnés de jolis cristaux de tridymite et tapissent en grande quantité les boursouflures de la roche. Les combinaisons que j'ai observées sur ces cristaux sont : $m\ h^1\ g^1\ e^2\ b^{1/2}\ n\ a_3\ x$; $m\ g^1\ p\ e^2\ n\ a_3$; $m\ h^1\ g^1\ p\ e^4\ e^2\ b^{1/2}\ n\ a_3$.

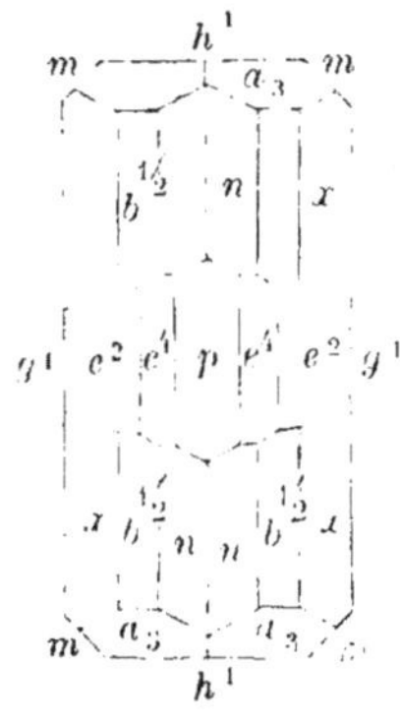

Hypersthène du Capucin.

$n = (b^1\ b^{1/3}\ h^{1/2})$
$a_3 = (b^1\ b^{1/3}\ h^1)$
$x = (b^1\ b^{1/5}\ g^{1/2})$

Leurs axes optiques sont peu écartés, et les deux systèmes d'anneaux correspondant à ces axes sont visibles dans l'air, au microscope polarisant. L'écartement apparent, mesuré sur un cristal brun, autour de la bissectrice aiguë *négative*, normale à h^1, est approximativement, à 15° C. :

$$2E = \begin{cases} 101°47' \text{ ray. rouges;} \\ 101°7' \text{ ray. jaunes;} \\ 100°58' \text{ ray. verts.} \end{cases}$$

La différence essentielle et constante qui existe entre toutes les variétés d'hypersthène, *sans exception*, et les bronzites ou enstatites, réside donc dans la dispersion des axes optiques caractérisée par $\rho > v$ pour les premières et par $\rho < v$ pour les secondes, autour de la bissectrice *négative* perpendiculaire à h^1.

Les cristaux du rocher du Capucin fondent en verre noir magnétique. Leur composition, établie par une ancienne analyse de Laurent, est presque identique à celle des cristaux du lac de Laach, comme le montrent les nombres suivants obtenus, *a*, par Laurent, *b*, par M. vom Rath :

a; $\ddot{Si}$ 48,2 (différ.) $\dot{Fe}$ 28,4 $\dot{Mg}$ 16,7 $\dot{Ca}$ 1,5 $\dot{Mn}$ 5,2 = 100

b: $\ddot{Si}$ 49,80 $\dot{Fe}$ 25,60 $\dot{Mg}$ 17,70 $\dot{Ca}$ 0,15 $\ddot{Al}$ 5,05 = 98,30

Koulibinite; p. 57. Ce minéral, encore peu connu, dont un bel échantillon existant dans la collection du corps des mines de Saint-Pétersbourg offre l'apparence d'un cristal arrondi de pyroxène, paraît être une sorte de *pe hstein*. Transparent et d'un jaune brun en lames minces, il se compose d'une masse monoréfringente traversée par des grains biréfringents; sa dens. = 2,315 (Kokscharow, *Materialen zur Mineralogie Russlands*, 4e vol., p. 281). Au chalumeau, il blanchit et fond sur les bords en émail blanc. Dans le tube, il décrépite un peu et dégage beaucoup d'eau. La poudre, fortement calcinée, perd 6 p. 100 de son poids et s'agglutine un peu. L'acide chlorhydrique l'attaque à peine, avant comme après calcination. Il renferme une quantité notable de *potasse*, reconnaissable à la couleur pourpre que sa poudre, humectée de chlorure de baryum, communique à la flamme d'un bec à gaz de Bunsen, examinée à travers un verre bleu.

Jeffersonite; p. 59. De belles masses laminaires d'un vert sombre, de Franklin, New-Jersey, facilement clivables suivant h^1, difficilement suivant g^1, et très-difficilement suivant m, avec plans de séparation suivant p, ont donné à M. Pisani (1) $m\,h^1 = 133°\,22'$; $p\,h^1 = 105°\,45'$. Plan des axes parallèle à g^1. Bissectrice aiguë *positive* faisant des angles d'environ

36°28′ avec une normale à h^1 antér.
37°47′ avec une normale à p.

$2\,H_{a.} = 84°\,32'$ ray. jaunes. Dispersion des axes inappréciable. Dispersion *inclinée* se manifestant par une différence dans la forme des anneaux des deux systèmes.

Dens. = 3,63. Composition remarquable par la forte proportion d'oxyde de zinc accusée par l'analyse suivante de M. Pisani :

$\ddot{S}i$ 45,95 $\dot{C}a$ 21,55 $\dot{F}e$ 8,91 $\dot{M}n$ 10,20 $\dot{M}g$ 3,61 $\dot{Z}n$ 10,15 $\dddot{A}l$ 0,85

$\dot{H}$ 0,35 = 101,57.

Violane; p. 66. J'ai examiné optiquement deux sortes d'échantillons de ce minéral; les uns étaient de petits cristaux offrant la combinaison $m\,g^1\,p$ et les clivages parallèles aux faces m et g^1 du diopside, avec une couleur d'un violet foncé inégalement répartie; les autres étaient des masses laminaires sur lesquelles on peut reconnaître les formes h^1, m, g^3, g^2, g^1, mais sans terminaisons distinctes; ces masses, aplaties suivant g^1, au lieu de l'être sui-

---

(1) Comptes rendus des séances de l'Académie des sciences, tome LXXVI, janvier 1873.

vant h^1, comme la plupart des cristaux de diopside et d'augite, sont d'un gris violacé pâle et engagées dans du quartz, avec *piémontite* brune; elles proviennent aussi de Saint-Marcel en Piémont, et on les trouve quelquefois dans les collections, parmi les Zoïsites.

Des lames très-minces, taillées parallèlement à h^1 sur les cristaux violets et sur les masses laminaires, montrent au microscope polarisant un beau système d'anneaux excentré, dont la position annonce deux axes optiques compris dans le plan de symétrie et très-écartés autour d'une bissectrice *négative* fortement inclinée sur h^1; ces caractères sont précisément ceux qui se manifestent dans les cristaux de diopside aplatis suivant h^1 et dans les lames de clivage des diallages.

La variété laminaire (dens. = 3,21) a donné à M. Pisani : $\ddot{S}i$ 50,30 $\dot{C}a$ 22,35 $\dot{M}g$ 14,80 $\dot{N}a$ 5,03 $\dot{F}e$ 4,15 $\dot{M}n$ 0,76 $\ddot{A}l$ 2,31 $\dot{H}$ 0,30=100,00.

Fowlérite; p. 70. La véritable Fowlérite de Franklin, en masses cristallines engagées dans le calcaire, offre quelquefois des faces qui paraissent se rapporter aux formes m h^1 t p de la pajsbergite.

Amphibole; p. 77. J'avais adopté, pour représenter la composition de tous les minéraux du groupe des amphiboles, la formule générale $\dot{R}$ $\ddot{S}i$, qui s'applique aussi à toutes les variétés de pyroxène. Mais les analyses exécutées au laboratoire de l'École Normale par M. Lechartier, sur des cristaux de trémolite et d'actinote convenablement purifiés (1), montrent qu'en réalité, dans ces cristaux, le rapport entre la quantité d'oxygène des bases monoatomiques et celle de la silice s'exprime par les nombres 4 : 9 et que les amphiboles ont pour formule $\dot{R}^8$ $\ddot{S}i^9$.

Amphibole anthophyllite. En examinant divers échantillons d'anthophyllite rhombique de Norwége, des États-Unis, du Groënland et du Labrador (2), j'ai été amené à en séparer, sous le nom d'*amphibole anthophyllite*, une variété d'amphibole dont les échantillons, provenant de Kongsberg en Norwége et du Groënland, se présentent en masses lamello-bacillaires qui possèdent à peu près le même aspect extérieur, avec le même clivage, la même cou-

---

(1) Thèses présentées à la Faculté des sciences de Paris, par M. Lechartier juillet 1864.

(2) *Nouvelles recherches sur les propriétés optiques des cristaux naturels et artificiels*; Mémoires présentés par divers savants à l'Institut de France, t. XVIII. pages 541 et 624.

leur et la même composition chimique que l'anthophyllite normale, mais qui doivent être rapportées au système clinorhombique. En effet, dans cette variété, la bissectrice *aiguë* des axes optiques est *positive* et fait avec l'arête verticale $\frac{m}{m}$ un angle de 15° à 17°; elle est donc, comme celle de la pargasite, très-voisine de la bissectrice *obtuse* de la trémolite et de l'actinote; de plus on y observe une dispersion *inclinée* appréciable. L'anthophyllite rhombique et l'amphibole anthophyllite paraissent, en conséquence, constituer deux variétés dimorphes du même silicate magnésico-ferreux $(\dot{M}g, \dot{F}e, \dot{M}n)^8 \ddot{S}i^9$.

Pitkärandite et non Pitkärantite; p. 83. Ce minéral de Pitkäranda, qui se présente quelquefois en grands cristaux fibreux, paraît rentrer dans l'*ouralite*, car il offre l'apparence extérieure du pyroxène avec les clivages de l'amphibole.

Chrysotile; p. 112. D'après M. Reusch (*Poggendorff's Annalen*, vol. CXXVII p. 166, année 1866), la bissectrice *aiguë*, dans le chrysotile de Reichenstein, est *positive* et parallèle à la longueur des fibres. L'écartement apparent des axes optiques dans l'air est $2E = 16°30'$ (lumière blanche), sans dispersion appréciable.

Dioptase; p. 123. Parmi les minerais de cuivre, composés principalement de malachite fibreuse et de chrysocole, qu'on expédie de la côte du Gabon au port du Havre, depuis une douzaine d'années, j'ai trouvé un échantillon de dioptase laminaire dont les cavités sont tapissées de très-petits cristaux offrant la combinaison d^1p. Ces minerais sont accompagnés de mica grisâtre et de clinochlore en grandes lames d'un vert pâle.

Gyrolite; p. 128. Les lames de clivage offrent une double réfraction assez énergique, à un axe *négatif;* au microscope polarisant, la croix noire est plus ou moins divisée suivant les plages que l'on examine.

Cérérite; p. 131. D'après une note de M. A. Nordenskiöld communiquée à la fin de 1873 à l'Académie des sciences de Stockholm, la cérérite appartiendrait au système rhombique. Sa forme primitive serait un prisme droit excessivement voisin de 90° ($mm = 90°4'$)

offrant comme troncatures prédominantes, h^1, g^2, g^1, a^1, avec quelques autres formes imparfaitement déterminables, telles que p, e^1, $a^{1/3}$, $r=(b^1 b^{1/3} h^1)$, etc. De l'incidence $h^1 a^1 = 129°8'$ on déduit pour les dimensions de la forme primitive :

$$b : h :: 1000 : 574,999 \quad D = 707,518 \quad d = 706,695.$$

Les cristaux ont une dens. = 4,86; d'après une nouvelle analyse du Dr Nordström, ils contiennent, abstraction faite de 4,33 p. 100 de bismuth sulfuré et de chalcopyrite :

$\ddot{S}i$ 23,94 $\dot{C}e$ 25,28 $\dot{L}a$ et $\dot{D}i$ 37,46 $\dot{F}e$ 4,42 $\dot{C}a$ 4,57 $\dddot{A}l$ 1,32

$\dot{H}$ 3,61 = 100. La proportion d'eau est variable.

Humite; p. 141. Deux plaques de Humite incolore, bien normales à la bissectrice aiguë *positive*, m'ont fait voir que l'écartement des axes optiques n'était pas bien constant, et que leur dispersion, faible dans l'huile, comme je l'ai dit, est assez forte dans l'air. J'ai en effet trouvé, à 15° C.

Première lame.

$$2H = \begin{cases} 82°6' \\ 82°9' \\ 82°31' \end{cases} \quad \text{d'où} \quad 2E = \begin{cases} 148°38' \text{ ray. rouges,} \\ 149°24' \text{ ray. jaunes,} \\ 154°10' \text{ ray. bleus.} \end{cases}$$

Deuxième lame.

$$2H = \begin{cases} 83°19' \\ 83°27' \\ 84°7' \end{cases} \quad \text{d'où} \quad 2E = \begin{cases} 154°2' \text{ ray. rouges,} \\ 155°24' \text{ ray. jaunes,} \\ 163°52' \text{ ray. bleus.} \end{cases}$$

Leucophane; p. 144. Des cristaux plus complets et plus nets que ceux qu'on avait observés jusqu'ici, offrant les combinaisons de formes $m\,p\,a^2\,a^1\,b^1\,b^{1/2}$, $m\,h^1\,p\,a^1\,e^1\,b^1\,b^{1/2}$ (1), ont permis d'établir les dimensions de la forme primitive. Des données $^*mm = 91°$, $^*p\,b^{1/2} = 118°30'$, on déduit les dimensions $b : h :: 1000 : 920,745$ $D = 713,250$ $d = 700,919$ et les incidences calculées suivantes :

ANGLES CALCULÉS.	ANGLES CALCULÉS.	ANGLES CALCULÉS.
$m h^1$ 135°30′	$p b^1$ 137°21′	$p e^1$ 127°46′
$p a^2$ 146°42′	$^*p b^{1/2}$ 118°30′	$a^1 m$ 124°31′
$p a^1$ 127°17′	$b^1 b^1$ 94°42′ sur p	$b^1 a^1$ 146°19′
$a^2 a^1$ 160°35′	$b^1 m$ 132°39′	$b^1 m$ 90°50′ sur a^1

(1) *Note sur la forme cristalline du leucophane*, par M. Ém. Bertrand ; Annales des mines, t. III, ann. 1873.

Sphène; p. 146. En calculant, par rapport à ma forme primitive, les lois de dérivation des nouvelles formes observées par M. Hessenberg sur les cristaux de sphène de diverses localités, j'ai vu que j'avais donné une mauvaise interprétation du *spinthère* représenté par Phillipps. La *fig.* 242, pl. XLI de mon Atlas, porte donc de fausses indications de symboles, et, en réalité, on doit la retourner bout pour bout et y faire les substitutions suivantes :

ANCIENS SYMBOLES.	SYMBOLES RÉELS.
$a^{2/5}$	p
h^1	o^2
m	$z = (d^{1/5} b^{1/12} g^{1/7})$
$d^{1/2}$	$d^{1/2}$
o^2	h^1

Par suite, à la page 149, la combinaison indiquée $m\, h^1\, o^2\, a^{2/5}\, d^{1/2}$, *fig.* 242, devient $z\, o^2\, h^1\, p\, d^{1/2}$.

J'ai également été conduit à supprimer, à la page 146, 1re colonne des angles calculés et 4e colonne des angles mesurés par Phillips, les incidences $h^1 h^4$, $h^4 h^4$, $h^1 h^7$, $h^1 g^{11/5}$, $h^1 a^{2/5}$, et, sur la projection sphérique, les faces h^4, h^7, $g^{11/5}$, $a^{2/5}$.

La bissectrice *aiguë* des axes optiques éprouve une légère dispersion, sous l'influence de la chaleur. Une lame naturelle, transparente, sensiblement normale à la bissectrice *positive* a été chauffée de 26°.5 à 170°.8 C. L'une des hyperboles, très-nette, s'est écartée de la position initiale de la bissectrice d'environ 0°53′; l'autre hyperbole, moins nette, s'en est écartée de 1°21′; l'angle des axes a donc augmenté de 2°14′ et la bissectrice s'est déplacée de 0°14′ en marchant vers l'axe doué de la plus grande vitesse.

Guarinite; p. 153. D'après M. Vict. von Lang (1), le système cristallin est rhombique. La forme primitive est un prisme rhomboïdal droit voisin de 90°, et les cristaux offrent les combinaisons de formes $h^1\, h^3\, m\, g^3\, g^1\, p$ (von Lang), $h^2\, h^3\, g^1\, p$ (Dx.), avec les incidences calculées suivantes :

*$h^1 h^3$ 153°41′	$h^3 h^3$ 127°22′ sur h^1	$h^2 g^1$ 108°15′
$h^1 m$ 139°19′	$m m$ 90°38′ sur h^1	$m g^1$ 134°41′
$h^1 g^3$ 116°49′	$g^3 g^3$ 53°38′ sur h^1	$g^3 g^1$ 153°21′
$h^1 g^1$ 90°	$h^3 g^1$ 116°19′	$g^3 g^3$ 126°22′ sur g^1

Les axes optiques paraissent compris dans un plan normal aux arêtes verticales et parallèle à p; mais leur écartement est trop

(1) *Mineralogische Mittheilungen* de G. Tschermak, 2e numéro de 1871, p. 81.

grand pour qu'on ait pu s'assurer si la bissectrice aiguë est *positive* ou *négative* et normale à h^1 ou à g^1.

WÖHLÉRITE; p. 162. De nouvelles observations optiques (1) m'ont conduit à rapporter les cristaux de Wöhlérite au système clinorhombique. Le solide primitif qu'il paraît le plus convenable d'adopter est un prisme voisin de 90°, offrant un clivage facile, quoique interrompu, parallèlement à son plan de symétrie g^1, et des clivages difficiles suivant ses faces latérales m et suivant h^1. Les angles fondamentaux et les dimensions qu'on en déduit pour la forme primitive sont : * $m\,h^1 = 135°7'$, d'où $m\,m$ en avant $= 90°14'$; * $o^1\,h^1 = 136°42'$; * $p\,h^1$ antér. $= 109°15'$; $b:h::1000:487{,}8112$ $D = 687{,}8636$ $d = 725{,}7450$. Par suite, au tableau des angles de la page 162, il faut substituer le suivant :

ANGLES CALCULÉS.
$m\,m$ 90°14′ avant
$m\,m$ 89°46′ sur g^1
$h^1\,h^{9/5}$ 164°7′
$h^{9/5}\,g^1$ 105°53′
$h^1\,h^3$ 153°32′
$h^3\,g^1$ 116°28′
*$h^1\,m$ 135°7′
$m\,g^1$ 134°53′
$h^1\,g^3$ 116°39′30″
$g^3\,g^1$ 153°20′30″
$h^1\,g^2$ 108°30′
$g^2\,g^1$ 161°30′
$m\,g^3$ adj. 161°32′30″
$m\,g^3$ 108°13′30″ sur g^1
$m\,g^2$ 153°23′
$g^3\,g^2$ 171°50′30″
$h^1\,g^1$ 90°
*$o^1\,h^1$ 136°42′
$o^1\,p$ 152°33′
*$p\,h^1$ antér. 109°15′
$p\,a^1$ adj. 140°49′
$a^1\,h^1$ adj. 109°56′
$p\,a^{1/2}$ adj. 113°41′
$a^{1/2}\,h^1$ adj. 137°4′
$p\,h^1$ post. 70°45′

ANGLES CALCULÉS.
$p\,e^2$ 161°30′
$e^2\,g^1$ 108°30′
$p\,e^1$ 146°12′
$e^1\,g^1$ 123°48′
$p\,e^{1/2}$ 126°45′
$e^{1/2}\,g^1$ 143°15′
$p\,g^1$ 90°
$p\,d^{1/2}$ 142°57′
$d^{1/2}\,m$ 140°34′
$p\,m$ antér. 103°31′
$p\,b^{1/2}$ adj. 130°10′
$b^{1/2}\,m$ adj. 126°19′
$p\,b^{1/4}$ adj. 106°48′
$b^{1/4}\,m$ adj. 163°12′
$p\,m$ post. 76°29′
$p\,h^3$ ant. 107°10′
$p\,x$ adj. 137°20′
$p\,a_3$ adj. 111°13′
$p\,h^3$ post. 72°50′
$a_3\,h^3$ adj. 141°37′
$p\,y$ 129°30′
$p\,g^3$ ant. 98°30′
$p\,\varphi$ adj. 117°43′

ANGLES CALCULÉS.
$p\,g^3$ post. 81°30′
$\varphi\,g^3$ adj. 143°47′
$p\,g^2$ ant. 96°0′
$e^2\,h^1$ ant. 108°13′
$x\,h^1$ adj. 108°53′
$d^{1/2}\,h^1$ adj. 130°53′
$e^1\,h^1$ ant. 105°54′
$e^1\,h^1$ post. 74°6′
$d^{1/2}\,e^1$ 155°1′
$e^1\,b^{1/2}$ 147°37′
$b^{1/2}\,a_3$ 155°15′
$b^{1/2}\,h^1$ 106°29′ sur a_3
$b^{1/2}\,h^1$ 73°31′ sur e^1
$a_3\,h^1$ adj. 131°14′
$a_3\,d^{1/2}$ 97°53′ sur e^1
$a_3\,h^1$ 48°46′ sur e^1
$y\,h^1$ adj. 121°27′
$e^{1/2}\,h^1$ ant. 101°23′
$e^{1/2}\,h^1$ post. 78°37′
$\varphi\,h^1$ 101°48′ sur $b^{1/4}$
$b^{1/4}\,h^1$ adj. 121°46′

(1) Mémoire sur la forme clinorhombique à laquelle on doit rapporter l'harmotome et la Wöhlérite. *Annales de Chimie et de Physique*, 4e série, tome XIII, page 425, année 1868.

ANGLES CALCULÉS.

$g^1 y$ 134°12′
$g^1 d^{1/2}$ 115°56′
$g^1 o^1$ 90°

$g^1 \varphi$ 113°8′
$g^1 b^{1/2}$ 123°41′
$\varphi b^{1/2}$ 160°33′
$g^1 x$ 108°26′
$g^1 a^1$ 90°
$b^{1/2} a^1$ 146°19′
$x a^1$ 161°34′

$g^1 b^{1/4}$ 134°1′
$g^1 a_3$ 115°47′
$g^1 a^{1/2}$ 90°

$o^1 m$ adj. 121°2′30″
$o^1 m$ 58°57′30″ sur e^1
$e^1 m$ post. 104°26′
φm adj. 135°12′

$e^2 m$ ant. 116°27′

$y m$ adj. 149°30′

ANGLES CALCULÉS.

$e^1 m$ ant. 125°55′
$a^1 m$ 76°1′ sur e^1
$a^1 m$ 103°59′ sur a_3
$a_3 m$ adj. 140°43′
$a^1 a_3$ 143°16′

$e^{1/2} m$ ant. 134°51′
$b^{1/2} m$ 100°58′ sur $e^{1/2}$
$a^{1/2} m$ adj. 121°15′

$o^1 h^3$ adj. 130°39′
$o^1 e^2$ 147°18′
$e^2 h^3$ 82°3′ sur $b^{1/2}$
$b^{1/2} h^3$ adj. 120°5′

$o^1 g^3$ adj. 109°4′
$o^1 e^{1/2}$ 122°5′
$e^{1/2} g^3$ post. 128°51′

$d^{1/2} g^3$ ant. 133°12′
$e^1 g^3$ ant. 128°49′

$d^{1/2} h^3$ ant. 141°20′
$e^2 h^3$ 114°55′ sur $d^{1/2}$

ANGLES CALCULÉS.

$a^1 h^3$ 72°14′ sur e^2
$a^1 h^3$ adj. 107°46′

$e^{1/2} g^3$ ant. 143°34′
$a^1 g^3$ 82°29′ sur $e^{1/2}$
$a^1 g^3$ 97°31′ sur $b^{1/4}$
$b^{1/4} g^3$ adj. 149°0′

$e^1 h^3$ ant. 119°33′
$x h^3$ 98°33′ sur e^1
$a^{1/2} h^3$ 49°3′ sur e^1
$a^{1/2} h^3$ adj. 130°57′

φg^3 ant. 128°33′
$\varphi a^{1/2}$ 122°16′
$a^{1/2} g^3$ adj. 109°14′

$d^{1/2} g^2$ ant. 128°30′
$e^1 g^2$ ant. 130°21′
$e^1 g^2$ post. 116°8′
$e^{1/2} m$ post. 115°11′
$b^{1/2} g^3$ post. 128°32′
φm ant. 114°48′
φg^2 ant. 133°55′
φg^2 post. 145°26′

$y = (d^1 b^{1/3} g^1)$ $\quad a_3 = (b^1 b^{1/3} h^1)$
$x = (b^1 b^{1/3} h^{1/2})$ $\quad \varphi = (b^1 d^{1/3} g^1)$

Les formes qui se sont rencontrées le plus fréquemment sur les cristaux, souvent incomplets, que j'ai eus à ma disposition, sont: h^1, h^3, m, g^3, g^2, o^1, p, a^1, e^1, $d^{1/2}$, $b^{1/2}$, a_3. Les principales combinaisons qu'elles présentent sur ces cristaux sont: $h^1 h^3 m g^3 g^1 p o^1 a^1$; $h^1 h^3 m g^3 p e^1 d^{1/2} b^{1/2}$; $h^1 m g^3 g^1 p a^1 e^1 d^{1/2} b^{1/2}$; $h^1 h^3 m g^1 e^1 d^{1/2} b^{1/2}$; $h^1 g^2 g^1 p a^1 e^1 d^{1/2} b^{1/2} a_3$; $h^1 h^3 m g^3 g^2 g^1 e^1 d^{1/2} b^{1/2} a_3$; $h^1 h^3 m g^3 g^1 p a^1 a^{1/2} e^1 d^{1/2} a_3$; $h^1 h^3 m g^3 g^1 o^1 e^{1/2}$; $h^1 h^3 m g^3 g^2 g^1 e^1 b^{1/2} \varphi = (b^1 d^{1/3} g^1)$. Les formes $h^{9/5}$, $a^{1/2}$, $e^{1/2}$, φ, sont assez rares; e^2 et $y = (d^1 b^{1/3} g^1)$ n'ont été citées que par Dauber; x et $b^{1/4}$ sont douteuses. Les formes p et a^1, o^1 et $a^{1/2}$, e^2 et x, e^1 et $b^{1/2}$, $d^{1/2}$ et a_3, $e^{1/2}$ et φ, y et $b^{1/4}$, font avec h^1 des angles presque égaux, comme on peut s'en assurer sur le tableau des incidences. Il en résulte pour les cristaux un aspect orthorhombique qui, vu le peu de netteté de leurs faces et l'incertitude régnant dans les mesures d'angles, ne permet souvent de distinguer ces formes les unes des autres qu'en observant, sur une petite lame de clivage parallèle à g^1, l'orientation du plan des axes optiques. Ce plan est normal à g^1 et presque exactement parallèle à o^1, pour les rayons jaunes. La bissectrice aiguë *négative* est perpendiculaire à la diagonale horizontale de la base. Les axes optiques ont un écartement très-grand, et un peu variable avec les échantillons; les anneaux colorés ne peuvent donc être aperçus que dans l'huile; mais, en les examinant avec soin, on y reconnaît une faible dispersion *horizontale*, autour de la bissectrice aiguë, et une faible dispersion *tournante*, autour de la bissectrice obtuse. La dispersion *propre* des axes est au contraire très-forte et $\rho < v$, car dans un cristal où les axes *rouges* offrent un écartement apparent dans l'air de 170°53' (nombre déduit de $2H = 85°41'$), les axes *bleus* éprouvent la réflexion totale.

Par suite du changement de forme primitive, les symboles placés sur les *fig.* 234, 235 et 236, pl. XL de mon Atlas, doivent être ainsi modifiés :

Fig. 235.

SYMB. ANCIENS;	SYMB. NOUVEAUX.
—	—
h^2 à droite	h^3
h^1 et g^1	m
h^2 et g^2	g^3
h^3 et g^3	g^2
m	g^1
a_2	e^1
e_2	$b^{1/2}$
e_4	$\varphi = (b^1 d^{1/3} g^1)$

Fig. 236.

SYMB. ANCIENS;	SYMB. NOUVEAUX.
—	—
m centrale	h^1
m latérales	g^1
g^3 et h^3	g^2
g^2 et h^2	g^3
g^1 et h^1	m
g^2 et h^2 centrales	h^3
b^1	p
$b^{1/3}$	a^1
e^1 et a^1	e^2
e_2 et a_2	e^1
χ et k	$d^{1/2}$
σ et s	$y = (d^1 b^{1/3} g^1)$

Les faces $g^{7/4}$ et $h^{7/4}$, p, φ et v doivent être supprimées.

La *fig.* 234 doit être retournée, de manière à placer verticalement sa partie la plus allongée, et la correspondance des symboles est alors :

SYMB. ANCIENS;	SYMB. NOUVEAUX.
—	—
m	h^1
$b^{2/11}$	h^3
$b^{7/20}$	m
b^1	g^2

SYMB. ANCIENS;	SYMB. NOUVEAUX.
—	—
p	g^1
h^1	o^1
h^3	p
g^3	a^1
g^1	$a^{1/2}$

TANKITE; p. 178. Ce minéral, fort mal connu à l'époque où j'ai publié mon premier volume, doit être regardé, d'après l'étude cristallographique et optique que j'en ai faite sur des cristaux appartenant à la collection de l'Académie de Berlin, et d'après l'analyse des masses laminaires que l'on doit à M. Pisani (1), comme une anorthite hydratée. L'altération que ce minéral a subie paraît analogue à celle que présentent la Villarsite, le malacon, l'aspasiolite, etc.; mais elle est assez profonde pour que, malgré l'existence de deux clivages dont l'un assez facile s'observe suivant la base p, et l'autre plus difficile suivant g^1, la cassure offre un aspect cireux bien en rapport avec la structure microcristalline qu'on reconnaît en soumettant des lames très-minces au microscope polarisant. Ces lames ne possèdent du reste qu'une transparence assez imparfaite et elles exercent sur la lumière polarisée une action faible et irrégulière.

Les formes que j'ai rencontrées sur les cristaux sont presque toutes connues dans l'anorthite; cependant quelques-unes, telles que $(a^{4/3})$?, e^3, $(e^{1/3})$?, $(i^{3/2}$ ou $i^1)$?, $i^{1/8}$, $n=(d^{1/2}\,b^{1/4}\,g^1)$, n'y ont pas encore été citées; u est très-voisine de $v=(b^{1/2}\,d^{1/6}\,g^1)$ par sa position et ses incidences, seulement elle est un peu en dehors de la zone $g^1\,a^{1/2}$ dont v fait partie; n se trouve dans la zone $m\,e^{1/2}$ comme x de l'anorthite, dont elle paraît différente par ses incidences. L'un des cristaux, ayant 28 millimètres de longueur sur 44 millimètres de largeur et 26 millimètres d'épaisseur, offre la combinaison $m\,t\,g^2\,{}^2g\,g^1\,p\,a^{1/2}\,e^{1/2}\,i^{3/2}\,i^{1/2}\,b^{1/2}\,c^{1/2}\,w=(c^{1/2}\,f^{1/6}\,g^1)$ et ressemble à la *fig.* 125, pl. XXI de mon Atlas; les autres combinaisons que j'ai rencontrées sont : $m\,t\,g^2\,g^1\,p\,a^{1/2}\,e^{3/2}\,e^{1/2}\,e^{1/3}\,e^{1/6}\,i^1\,i^{1/2}\,i^{1/8}\,b^{1/2}\,c^{1/2}\,q$; $m\,t\,g^1\,p\,a^{4/3}\,a^{1/2}\,e^3\,e^{3/2}\,e^{1/2}\,e^{1/3}\,b^{1/2}\,c^{1/2}\,n\,q$; $m\,t\,g^1\,p\,a^{4/3}\,a^{1/2}\,e^{3/2}\,e^{1/2}\,b^{1/2}\,c^{1/2}\,n\,q\,u$. La couleur est d'un gris légèrement rosé; la dens. = 2,897 (Pisani); la substance est en partie attaquée par les acides, et sa composition ne diffère de celle de l'anorthite du Vésuve que par la présence de 4,8 p. 100 d'eau et de fluor. Les cristaux, jusqu'ici excessivement rares, ont été rapportés en 1825 des environs d'Arendal, par M. Tank.

Le tableau suivant contient les angles mesurés sur les cristaux de Tankite, et l'on peut voir que ces angles sont très-voisins des incidences calculées de l'anorthite placées en regard.

TANKITE; ANGLES MESURÉS.	ANORTHITE; ANGL. CALCULÉS.	TANKITE; ANGLES MESURÉS.	ANORTHITE. ANGL. CALCULÉS.
mt 120° à 120°12′	120°30′	$pa^{4/3}$? 142°15′	$pa^{4/3}$ 140°48′
${}^2gm$ 147° à 149° (g. o.)	148°33′		$pa^{3/2}$ 145°14′
${}^2gg^1$ 151° env. (g. o.)	149°1′	$pa^{4/3}$? 37°25′ s^r h^1	$pa^{4/3}$ 39°12′ s^r h^1
g^1m adj. 118° env.	117°34′		$pa^{3/2}$ 34°46′ s^r h^1
mg^1 62°15′ sur t	62°26′	$pa^{1/2}$ adj. 98°48′	98°46′
tg^2 152° (g. o.)	151°25′	$pa^{1/2}$ 81°12′ sur h^1	81°14′
tg^1 adj. 122°5′	121°56′		
g^2g^1 149° à 150° (g. o.)	150°31′	pe^3 170°40′	170°33′

(1) *Nouvelles recherches sur les propriétés optiques*, etc. Mémoires des savants étrangers, tome XVIII, page 195.

TANKITE ; ANGLES MESURÉS.	ANORTHITE ; ANGL. CALCULÉS.
$pe^{3/2}$ 160° à 161°	161°22′
$pe^{1/2}$ adj. 133°10′ à 25′	133°14′
$pe^{1/2}$ 46°22′ sur g^1	46°46′
$pe^{1/3}$? 56°40′ sur g^1	58°56′
$pe^{1/6}$ 75°40′ sur g^1	75°10′
pg^1 gauche 86°5′	85°50′
$e^{1/2}g^1$ adj. 133° (g. o.)	132°36′
$pi^{3/2}$ 161°30′ (g. o.)	162°11′
pi^1? 156°40′	154°31′
$pi^{1/2}$ 137°40′	137°21′
$pi^{1/8}$ 108°30′ à 109°	108°4′
pg^1 droit 93°54′ à 94°	94°10′
$i^{1/2}g^1$ adj. 136° env. (g. o.)	136°49′
$i^{3/2}i^{1/2}$ 155°0′ (g. o.)	155°10′
$e^{1/2}i^{1/2}$ 90°0′ sur p (g. o.)	90°35′
$i^{1/2}e^{1/2}$ 89°30′ sur g^1 (g. o.)	89°25′
pm ant. 110°30′ à 50′	110°40′
$pc^{1/2}$ adj. 125°30′	125°43′
$c^{1/2}m$ adj. 124°40′	123°37′
$c^{1/2}p$ 54°34′ sur m	54°17′
pt ant. 114°10′	114°7′
$pb^{1/2}$ adj. 121° à 122°30′ (g. o.)	122°9′
$b^{1/2}t$ adj. 128°34′?	123°44′
$b^{1/2}p$ 57°50′ sur t	57°51′
pn 128°	127°30′
$b^{1/2}c^{1/2}$ 127° sur a^1 (g. o.)	127°6′
g^1u adj. 142°15′	g^1v 141°44′
$g^1a^{1/2}$ 90°35′ sur u	90°23′
$ua^{1/2}$ 126°10′ à 20′	$va^{1/2}$ 128°39′

TANKITE ; ANGLES MESURÉS.	ANORTHITE. ANGL. CALCULÉS.
mw adj. 143° (g. o.)	144°44′
$mi^{1/2}$ 94°30′ sur w (g. o.)	94°8′
$wi^{1/2}$ 130° (g. o.)	129°24′
$ma^{1/2}$ adj. 136°18′ à 23′	136°22′
$mb^{1/2}$ 100°35′ sur $a^{1/2}$	98°35′
$me^{1/2}$ 52°50′ sur $a^{1/2}$	53°14′
$a^{1/2}b^{1/2}$ 143°48′	142°13′
$a^{1/2}e^{1/2}$ 97°40′ sur $b^{1/2}$	96°52′
$b^{1/2}e^{1/2}$ 134°30′	134°39′
$e^{1/2}n$ adj. 160°9′	158°3′
$e^{1/2}m$ adj. 126°50′	126°46′
nm adj. 145°40′ à 50′	148°43′
$e^{1/2}a^{1/2}$ 83°10′ sur m	83°8′
tq adj. 156°20′ à 164°24′	160°22′
$ta^{1/2}$ adj. 134°35′	134°36′
$tc^{1/2}$ 94°30′ sur $a^{1/2}$	94°24′
$a^{1/2}c^{1/2}$ 140° (g. o.)	139°48′
$qa^{1/2}$ adj. 150°4′ à 158°10′	154°14′
$c^{1/2}i^{1/2}$ 135°30′ (g. o.)	135°50′
$i^{1/2}t$ adj. 129°55′	129°46′
$i^{1/2}a^{1/2}$ 84° sur t	84°22′
${}^2gw$ adj. 160°30′ (g. o.)	159°5′
${}^2gc^{1/2}$ adj. 128°0′	126°44′
$wc^{1/2}$ 149°0′	147°39′

$n = (d^{1/2}b^{1/4}g^1)$

u très-voisine de $v = (b^{1/2}d^{1/6}g^1)$

$w = (c^{1/2}f^{1/6}g^1)$

$q = (b^{1/2}c^{1/6}h^1)$

Les nombres suivis de (g. o.) ont été obtenus à l'aide du goniomètre d'application sur le gros cristal semblable à ma *fig.* 125.

L'analyse de M. Pisani a fourni :

$\dddot{\text{Si}}$ 42,49 $\dddot{\text{Al}}$ 34,70 $\dddot{\text{Fe}}$ 0,74 $\dot{\text{Ca}}$ 15,82 $\dot{\text{Mg}}$ 0,30 $\dot{\text{Na}}$ et $\dot{\text{Li}}$ 1,60 $\dot{\text{K}}$ 0,63 $\dot{\text{H}}$ et Fl 4,80 = 101,08.

Sillimanite; p. 179. La chaleur augmente l'écartement des axes optiques, qui est d'ailleurs un peu variable suivant les diverses plages d'un même cristal. Sur une lame bien normale à la bissectrice, j'ai trouvé pour les rayons rouges :

$$2E = \begin{cases} 44°4' \text{ à } 15° \text{ C.} \\ 46°8' \text{ à } 175° \text{ C.} \end{cases}$$

Staurotide; p. 182. Les recherches analytiques, exécutées depuis 1862 par divers chimistes sur la staurotide, semblent prouver la nécessité de séparer ce minéral des silicates alumineux proprement dits et de le reporter parmi les silicates des bases $\dddot{R}$ et $\dot{R}$. En effet, le fer, qui paraît être un élément essentiel de la staurotide, y existe sinon en totalité, au moins pour la plus grande partie, à l'état d'oxyde ferreux associé à environ 2 p. 100 de magnésie. Quant à la proportion de silice, regardée autrefois comme très-variable, le travail de M. Lechartier que j'ai cité p. 552 de mon 1er volume et qui a paru dans sa Thèse de 1864, fait voir qu'elle est constamment de 28 à 29 p. 100 dans les cristaux de toutes provenances, convenablement purifiés par l'acide fluorhydrique étendu. Ce travail a montré en outre que la silice contenait toujours un peu d'acide titanique et que les cristaux les plus purs perdaient 1 à 2 p. 100 d'eau par la calcination. En supposant le fer tout entier à l'état de protoxyde, le rapport entre les quantités d'oxygène des bases et de la silice, à la fois le plus simple et le plus rapproché des résultats de l'analyse des meilleurs cristaux, s'exprime par $\dot{R}^4$, $\dddot{Al}^8$, $\dddot{Si}^7$ qui conduit aux nombres : $\dddot{Si}$ 27,40 $\dddot{Al}$ 53,79 $\dot{Fe}$ 18,81.

Cyphoïte (Kuphoit de Breithaupt); p. 191. Cette substance, dont on ne connaît pas encore la composition et que j'ai placée à la suite de la pholérite, a des propriétés optiques analogues à celles d'un mica. Elle offre une double réfraction assez énergique à deux axes dont la bissectrice est *négative* et normale au plan de clivage des lames. La mesure de l'écartement dans l'air m'a donné, sur une lame, 2E = 59°21' (ray. rouges); mais cet écartement varie suivant les plages d'un même échantillon et suivant les échantillons. La dispersion est sensiblement nulle.

Chauffée avec du nitrate de cobalt, la substance devient gris blanchâtre, sans trace de bleu; dans le matras, elle décrépite, dégage de l'eau empyreumatique, noircit et devient opaque; au chalumeau, elle blanchit et fond assez difficilement en émail blanc bulleux. Ces caractères paraissent se rapporter à un silicate de magnésie hydraté.

Mizzonite; p. 222. M. de Kokscharow, dans ses « *Materialen zur Mineralogie Russlands*, vol. II », a publié des mesures qu'il a prises sur un cristal de mizzonite et qui s'accordent, à quelques minutes près, avec celles de M. Scacchi. M. G. von Rath (1) a observé et analysé des cristaux de la même substance qui offraient la combinaison de formes $m\,h^2\,h^1\,p\,a^1$. Ils se clivent parallèlement à m; leur dur. =5,5 à 6; leur dens. =2,623. La moyenne de deux analyses a fourni :

$\ddot{S}i$ 54,70 $\ddot{A}l$ 23,80 $\dot{C}a$ 8,77 $\dot{M}g$ 0,22 $\dot{K}$ 2,14 $\dot{N}a$ 9,83 $\dot{H}$ 0,13 = 99,59.

Ces nombres conduisent aux rapports $\dot{R}:\ddot{A}l:\ddot{S}i$ :: 1 : 2 : 5 qui ressortent aussi des analyses d'une *scapolite* de Gouverneur et de la *couseranite* de Pouzac, citées à la p. 225 de mon 1er volume.

Sur des cristaux de meïonite du lac de Laach, qui présentent les combinaisons $m\,h^1\,a^1\,b^1$, $m\,h^2\,h^1\,a^1\,b^1\,a_3$, M. von Rath a obtenu pour l'angle $a^1\,a^1$ adj. la valeur 135°58'; cette valeur se rapproche beaucoup plus du nombre 135°56' donné par M. Scacchi pour l'incidence correspondante de la *mizzonite*, que de 136°11' trouvé par M. de Kokscharow sur la meïonite du Vésuve. La densité de ces cristaux est de 2,769. Leur composition, comme celle des Ekebergites et scapolites dont j'ai rapporté les analyses p. 225, s'exprime par la formule $\dot{R}^3, \ddot{A}l^2, \ddot{S}i^6$, ainsi que le montre la moyenne suivante de deux analyses dues à M. von Rath :

$\ddot{S}i$ 45,13 $\ddot{A}l$ 29,83 $\dot{C}a$ 18,98 $\dot{M}g$ 0,13 $\dot{K}$ 1,40 $\dot{N}a$ 2,73 $\dot{H}$ 0,41 = 98,61.

Kokscharowite; p. 231. La Kokscharowite, que j'ai citée comme faisant partie des minéraux associés à l'outremer du lac Baïkal, est une amphibole blanche ou incolore qui se présente en petites masses fibro-bacillaires intimement entremêlées à l'outremer. Ces masses offrent deux clivages faciles, éclatants, se coupant sous un angle de 124°; elles sont transparentes en lames minces et possèdent les mêmes caractères optiques que la trémolite. Leur dens. =2,97. Au chalumeau, elles fondent facilement en un verre bulleux incolore. Leur composition serait celle d'une trémolite très-alumineuse, d'après une analyse de M. Hermann qui a fourni :

$\ddot{S}i$ 45,99 $\dot{M}g$ 16,45 $\dot{C}a$ 12,78 $\dot{F}e$ 2,40 $\dot{N}a$ 1,53 $\dot{K}$ 1,06 $\ddot{A}l$ 18,20 $\dot{H}$ 0,60 = 99,01.

Zoïsite; p. 239. Dans la plupart des cristaux de Zoïsite, le plan qui contient les axes optiques est celui du clivage facile ou g^1;

(1) *Poggendorff's Annalen*, tome CXIX, page 254.

dans quelques-uns cependant, comme dans ceux des États-Unis qui sont transparents, légèrement rosés, et terminés par des sommets où j'ai rencontré la forme nouvelle $e^{1/2}$, avec $e^{1/2}e^{1/2} = 112°$ envir. sur p (une erreur typographique m'a fait écrire sur g^1 dans mes *Nouvelles recherches sur les propriétés optiques*, etc., p. 617), la séparation des axes a lieu dans un plan normal à g^1, la bissectrice restant *positive* et perpendiculaire à h^1, et la dispersion devenant $\rho > v$. Certains échantillons très-vitreux de la Sau Alpe en Carinthie offrent des plages à écartement variable; ainsi les axes *bleus* y sont en quelques points séparés dans un plan parallèle à g^1 et les axes *rouges* presque réunis, tandis qu'en d'autres points, les axes *verts* sont réunis et les *rouges* plus ou moins écartés dans une direction normale à g^1. Une augmentation de température rapproche fortement les axes orientés parallèlement à g^1 et écarte ceux qui lui sont perpendiculaires. Une plaque assez transparente, extraite d'un cristal des États-Unis dont l'indice moyen était à la température ordinaire, $\beta = 1,69$ (ray. rouges), m'a donné pour l'écartement apparent des axes *rouges* dans l'air :

$$2E = \begin{cases} 94°59' \text{ à } 21°.5 \text{ C.} \\ 107°28' \text{ à } 195°.8 \text{ C.} \end{cases}$$

Épidote; p. 248. Des lames taillées, suivant la direction du plan de symétrie, sur de beaux cristaux du Brésil maclés parallèlement à h^1, comme le représente la *fig.* 119, pl. XX de mon Atlas, m'ont fourni, pour l'orientation de la bissectrice aiguë *négative*, les nombres suivants :

AVEC UNE NORMALE À p ;	AVEC UNE NORMALE À h^1 ANTÉRIEURE.
29°43'	94°46' ray. rouges;
29°41'30"	94°14'30" ray. jaunes;
29°20'	93°53' ray. bleus.

Une augmentation de température paraît faire varier un peu la position de cette bissectrice, car j'ai trouvé sur une belle plaque tirée d'un cristal transparent de la Caroline du Nord (*Nouvelles recherches sur les propriétés optiques, etc.*, p. 642), qu'entre 36°.5 et 146°.5 C., l'un des axes s'avançait d'environ 1°30' vers la bissectrice aiguë, tandis qu'entre 33°.5 et 170°.8 C., l'autre axe s'en éloignait de 0°32'. La bissectrice, entrainée par le mouvement de l'axe qui s'est le plus déplacé, a donc éprouvé une dispersion d'environ 1 degré.

Erdmannite; p. 266. Une Erdmannite noire, accompagnant le

mélinophane d'Aarö près Brevig (dens. $=3,44$), a donné à M. Michaelson :

$$\ddot{S}i\ 29,21\ \ddot{Z}r\ 5,44\ \ddot{A}l\ 2,81\ \ddot{F}e\ 6,42\ \dot{C}e\ 9,79\ \dot{L}a\ \text{et}\ \dot{D}i\ 15,60\ \dot{Y}\ 1,63$$

$$\dot{G}l\ 4,27\ \dot{C}a\ 14,93\ \dot{M}g\ 0,45\ \dot{N}a\ 2,45\ \dot{H}\ 5,50 = 98,50.$$

Grenat grossulaire; p. 268. De petits cristaux d'un jaune rosé, offrant les combinaisons de formes inconnues jusqu'ici, $a^1\ b^1$, $a^1\ b^1\ a^2$, et reposant sur un gangue serpentineuse de l'île d'Elbe, ont fourni à M. Pisani (1) :

$$\ddot{S}i\ 39,38\ \ddot{A}l\ 16,11\ \ddot{F}e\ 8,65\ \dot{C}a\ 36,04\ \dot{M}g\ 1,00\ \dot{H}\ 0,31 = 101,49.$$

Colophonite; p. 274. Parmi les échantillons de grenat colophonite qui se présentent en pseudopolyèdres ou en grains cristallins arrondis, il s'en trouve qui appartiennent à l'idocrase. On les reconnaît à ce qu'ils possèdent la double réfraction à un axe *négatif*, et à ce qu'ils fondent au chalumeau avec bouillonnement. Quelques-uns de ces grains m'ont en outre offert les formes g^1 $b^{1/2}$ p et les incidences $h^1\ b^{1/2} = 115°19'$, $b^{1/2}\ b^{1/2}$ adj. $= 129°21'$ de l'idocrase. Leur dilatation, déterminée par M. Fizeau, s'accorde aussi entièrement avec celle de ce minéral.

AMPHIGÈNE; p. 290. M. G. von Rath a annoncé en 1872 (2) que les fissures régulières dont j'avais signalé l'existence dans les cristaux d'amphigène étaient dues à la présence de lames minces hémitropes, et il a reconnu que ces lames se trahissaient par des stries plus ou moins fines et par des angles rentrants, visibles sur les faces de cristaux brillants qui tapissent des druses dans certaines roches rejetées par le Vésuve.

Il en a conclu que la forme habituelle des cristaux d'amphigène n'était pas un icositétraèdre du système cubique, mais qu'elle offrait une combinaison d'un octaèdre et d'un dioctaèdre du système quadratique. Si, pour rappeler la ressemblance de cette forme composée avec l'icositétraèdre a^2, on désigne l'octaèdre culminant par le symbole a^2, le dioctaèdre devient $a_2 = (b^1\ b^{1/2}\ h^1)$, et les petites troncatures qu'on remarque quelquefois sur les angles E de l'icositétraèdre (voy. *fig.* 2, pl. I de mon Atlas), se partagent en huit faces de l'octaèdre b^1 et en quatre faces verticales du prisme h^1. Les dimensions du prisme primitif sont, d'après les mesures de M. von Rath, $b:h$ :: 1000 : 1052,716. Les angles cal-

---

(1) Comptes rendus des séances de l'Académie des sciences, t. LV, p. 216.
(2) *Monatsbericht* de l'Académie des sciences de Berlin, août 1872, p. 623.

culés, comparés aux angles observés par M. von Rath, sont compris dans le tableau suivant :

ANGLES CALCULÉS.	ANGLES OBSERVÉS.	ANGLES CALCULÉS.	ANGLES OBSERVÉS.
—	—	—	—
a^2a^2 sur p 106°40′	»	b^1h^1 sur a_2 120°51′	»
a^2a^2 sur h^1 73°20′	»	a_2h^1 adj. 150°50′	»
		a_2a_2 opp. sur h^1 121°40′	»
a^2a^2 adj. 130°3′	130°6′		
		a^2a_2 adj. 146°37′	146°36′
b^1b^1 sur a^2 118°19′	»	*a_2a_2 ar. basiq. 133°58′	133°58′
b^1a^2 149°9′30″	»	a_2a_2 ar. culm. s^r h^1 146°10′	146°8′
a^2a_2 sur b^1 119°10′	119°13′	a_2a_2 ar. culm. s^r m 131°24′	131°23′
b^1a_2 adj. 150°1′	»		

Le plan d'hémitropie des lames minces est parallèle à b^1; il fait un angle de 43°31′44″ avec l'axe vertical et un angle de 46°28′16″ avec une des diagonales de la base du prisme primitif. Les divers angles rentrants et sortants qu'on observe dans les macles entre des faces a^2 et des faces a_2 sont de 174°42′, 175°8′30″, 179°10′ et 179°25′.

Désirant m'assurer si de nouvelles observations optiques viendraient confirmer l'opinion de M. G. von Rath, j'ai fait tailler sur des cristaux transparents de Frascati plusieurs parallélipipèdes ayant leur faces orientées comme celui que j'ai cité dans le mémoire intitulé « *Nouvelles recherches sur les propriétés optiques, etc.*, p. 513, » c'est-à-dire perpendiculaires aux trois axes octaédriques de ces cristaux considérés comme des icositétraèdres. Les parallélipipèdes les plus transparents m'ont constamment offert les phénomènes décrits dans mon mémoire. Ces phénomènes consistent en ce que, à travers un des trois couples de faces parallèles on voit seulement, dans la lumière convergente, des espèces de croix vagues et imparfaites qui se disloquent et changent d'aspect à chaque déplacement du parallélipipède, en rappelant avec exagération les irrégularités du béryl, tandis qu'à travers les deux autres couples de faces, le microscope polarisant fait voir deux systèmes d'hyperboles croisés à angle droit. Ces hyperboles sont d'autant plus nettes qu'on opère sur des plages plus dépourvues des lames minces dont la présence s'accuse si nettement à l'aide de la lumière polarisée parallèle et, sous l'influence de la compensation exercée par une lame mince de quartz, elles se meuvent dans le même sens que le feraient celles qu'on voit à travers des plaques parallèles à l'axe vertical d'un cristal biréfringent à un axe positif. L'extinction est d'ailleurs très-nette lorsque l'axe vertical des parallélipipèdes est dirigé parallèlement ou perpendiculairement au plan de polarisation. De plus, un prisme de 60°6′, ayant son arête réfringente parallèle à l'axe vertical d'un cristal supposé quadratique, offre avec la lumière jaune de la soude deux spectres presque entièrement superposés, mais qui cependant se dédoublent en deux images, l'une ordinaire, l'autre extraordinaire, écartées de 4 minutes environ, à l'aide d'un prisme de Nicol dont la section principale est successivement placée normalement et parallèlement à l'arête du prisme. La déviation minima de ces images fournit pour les deux indices de réfraction : $\omega = 1,508$ $\varepsilon = 1,509$. Il semble donc très-probable que mes parallélipipèdes ont en réalité deux faces normales et quatre faces parallèles à l'axe principal du prisme carré auquel M. von Rath propose de rapporter les cristaux d'amphigène, et que ces cristaux jouissent d'une double réfraction *positive* très-faible, dont les effets sont en grande partie masqués par la présence des lames hémitropes.

J'ajouterai toutefois que les cristaux de Frascati sont jusqu'ici les seuls qui m'aient fourni des parallélipipèdes suffisamment transparents pour se prêter aux observations optiques, et que l'un de ces parallélipipèdes offre dans l'huile, en une seule plage étroite, au lieu des hyperboles dont j'ai parlé plus haut, deux systèmes d'anneaux brouillés, ayant leurs centres écartés d'environ 66° pour les rayons rouges, et alignés parallèlement à l'axe vertical du parallélipipède ; ces anneaux sont accompagnés de lemniscates assez bien caractérisées pour faire supposer que le phénomène est produit par l'interposition de quelque lame biaxe sensiblement normale à la bissectrice aiguë *négative* de ses axes optiques. D'un autre côté, M. Hessenberg m'a récemment annoncé qu'il n'avait pu constater, sur des cristaux très-nets du Vésuve, les différences signalées par M. von Rath entre les incidences a^2a^2 (adj.), a_2a_2 (sur m), a^2a_2 (adj.) et a_2a_2 (sur h^1) de son pseudo-icositétraèdre. Il est donc prudent d'attendre de nouvelles et plus nombreuses observations pour décider si l'on doit admettre qu'il existe des cristaux d'amphigène dérivant, les uns du cube, les autres d'un prisme carré très-voisin du cube, ou si les phénomènes de double réfraction qui paraissent se manifester dans les cristaux de Frascati ne seraient pas dus à l'enchevêtrement régulier, dans ces cristaux, de lamelles étrangères très-minces, d'*orthose* par exemple.

Ersbyite; p. 310. Un échantillon original de l'ancienne *scolésite anhydre* de Nordenskiöld, sans forme cristalline appréciable, mais clivable suivant deux directions rectangulaires (dens. = 2,723), a donné à M. G. von Rath, comme moyenne de deux analyses (1) :

$$\dddot{Si}\ 44,26\quad \dddot{Al}\ 30,37\quad \dot{C}a\ 20,17\quad \dot{M}g\ 0,15\quad \dot{K}\ 1,15\quad \dot{N}a\ 2,75 = 98,85.$$

Ces nombres conduisent aux rapports exprimés par la formule $\dot{R}^3$, $\dddot{Al}^2$, $\dddot{Si}^5$ qui, pour $\dot{R} = (\frac{7}{8}\dot{C}a + \frac{1}{8}\dot{N}a)$, exige : $\dddot{Si}\ 44,39$ $\dddot{Al}\ 30,42$

(1) *Poggendorff's Annalen*, tome CXLIV, p. 384, année 1871.

$\dot{C}a$ 21,75 $\dot{N}a$ 3,44. M. von Rath en conclut que la véritable ersbyite appartient au groupe des Wernérites et non à celui des feldspaths.

Orthose; p. 328. J'ai observé les formes nouvelles $a^{8/9}$ et $z = (b^{1/5}\, b^{1/60}\, h^1)$ sur un cristal d'un blanc d'émail de l'île d'Elbe offrant la combinaison $h^1\, m\, g^1\, p\, a^1\, a^{8/9}\, z$. Les incidences sont, pour ces nouvelles formes :

	CALCULÉ.	OBSERVÉ.		CALCULÉ.	OBSERVÉ.
$p\,a^{8/9}$	124°19′	123°57′	$z\,m$ adj.	175°59′	175°55′
$a^{8/9}\,h^1$ adj.	119°34′	118°56′	$a^1\,z$ adj.	113°7′	113°0′
$a^1\,a^{8/9}$	174°39′	174°22′			

Sur la *fig.* 149, pl. XXV de mon Atlas, qui représente une macle de l'île d'Elbe, j'ai indiqué par erreur, pour l'angle rentrant compris entre les deux cristaux composants, 129°40′ au lieu de $116°7' = p\,h^1$.
En réalité, ce groupement, décrit au bas de la p. 328, est formé par l'application d'une face h^1 du cristal déjà maclé parallèlement à p contre une face $a^{3/4}$ de l'individu simple; les bases p des deux cristaux, l'un composé, l'autre simple, sont parallèles entre elles et il ne doit rester à l'intérieur qu'un très-petit remplissage; en effet, la somme des angles $p\,h^1$ et $a^{3/4}\,h^1$ plus l'angle rentrant de 116°7′ est égale à 360° — 0°25′.

J'ai retrouvé le clivage $a^{1/7}$ de la Murchisonite (p. 342), avec un reflet chatoyant argentin, sur quelques cristaux d'un blanc d'émail de l'île d'Elbe.

Il existe de l'orthose aventuriné au moins dans deux localités authentiques et peut-être dans trois; les deux premières sont, le village d'Outotchkina, près Werchne Oudinsk, gouvernement d'Irkoutsk (Sibérie), et Mineral Hill, comté Delaware en Pennsylvanie; la troisième est l'île Cedlovatoi près Arkangel, dont j'ai cité la *pierre de soleil* p. 317, à la suite de l'oligoclase, sur l'autorité de M. Scheerer. Les reflets cuivrés et les jeux de lumière dus en grande partie à l'interposition de petites lamelles d'oligiste, sont très-prononcés sur les échantillons de Werchne Oudinsk, un peu moins sur ceux de l'île Cedlovatoi, et seulement disséminés en quelques points peu abondants sur ceux de Mineral Hill.
Tous ces échantillons possèdent d'ailleurs les deux clivages rectangulaires et les propriétés optiques de l'orthose (*Nouvelles recherches sur les propriétés optiques*, *etc.*, p. 663).

Pierre des Amazones; p. 339. J'ai rassemblé depuis quelques années une série d'échantillons de pierre des Amazones de diverses localités, en cristaux ou en masses laminaires, sur lesquels j'ai exécuté des recherches optiques dont j'espère pouvoir bientôt publier les résultats complets. Ces recherches conduisent à admettre qu'il existe, parmi les feldspaths verts connus sous le nom de pierre des Amazones, deux variétés appartenant, par l'orientation du plan de leurs axes optiques et de leurs bissectrices, l'une à l'orthose, l'autre à un feldspath triclinique.

Dans les échantillons de cette dernière variété, les deux clivages principaux font entre eux un angle qui ne diffère de 90° que de 10 à 20 minutes; ils constitueraient donc le véritable *microcline* de Breithaupt dont le type principal, le feldspath opalisant de la syénite zirconienne de Fredrikswärn, a tous les caractères d'un orthose, comme je l'ai dit page 341.

Obsidienne capillaire; p. 350. La variété nommée *cheveux de Pélée*, des îles Havaii, se présente en filaments capillaires transparents, sans action sur la lumière polarisée et facilement fusibles en un verre brun noir, non magnétique; d'après un essai qualitatif de M. Pisani, elle contient de la silice, de l'alumine et de l'oxyde ferrique en quantités à peu près égales, de la chaux, de la magnésie et des traces de potasse; elle ne peut donc être rapprochée de la Breislakite, comme je l'avais supposé. Quant à l'analyse de B. Silliman que j'ai rapportée page 350 et qui annonce la composition d'une hypersthène, il n'est guère admissible qu'elle ait été faite sur une matière semblable aux échantillons monoréfringents, fusibles, que j'ai trouvés à l'exposition universelle de 1867; elle semble plutôt annoncer qu'il existe aux îles Havaii de très-petits cristaux d'hypersthène analogues à ceux du rocher du Capucin au Mont Dore. (Voy. p. XVI.)

Castor; p. 354. Dans un Mémoire publié en 1864 aux *Annales de chimie et de physique*, 4e sér., t. III, j'ai fait voir l'identité qui existe entre les caractères cristallographiques et optiques du castor et du pétalite. Ils appartiennent au système clinorhombique, et leur forme primitive est un prisme rhomboïdal oblique de 86°20′ dont les dimensions sont : $b : h :: 1000 : 487,099$ $D = 655,067$ $d = 755,570$.

Angle plan de la base = 81°50′58″
Angle plan des faces latérales = 106°45′26″

Le tableau suivant renferme les angles calculés.

ANGLES CALCULÉS.	ANGLES CALCULÉS.	ANGLES CALCULÉS.
mm 86°20′ avant	po^1 154°26′	$o^{1/2}h^1$ 151°3′
mh^1 133°10′	$po^{3/4}$ 149°7′	$pa^{5/9}$ adj. 117°27′
*mg^1 136°50′	*$po^{1/2}$ 141°23′	$o^{1/2}a^{5/9}$ 101°10′ sur h^1
g^1g^3 154°52′	*ph^1 ant. 112°26′	p : ar. $\frac{x}{x}$ 113°5′
g^3g^3 50°15′ sur h^1	$o^1o^{1/2}$ 166°57′	

ANGLES CALCULÉS.	ANGLES CALCULÉS.	ANGLES CALCULÉS.
$pa^{1/4}$ adj. 90°23′	pm ant. 105°8′	g^1x 154°46′
	pm post. 74°52′	xx adj. 50°28′
$pe^{1/2}$ 126°2′		$o^{1/2}m$ ant. 126°46′
$e^{1/2}g^1$ 143°58′	pg^3 ant 99°19′	$e^{1/2}m$ ant. 138°1′
pg^1 90°	px adj. 99°37′	xm adj. 149°47′

$$x = (b^{1/2}d^{1/6}g^1)$$

Les principales combinaisons de formes que j'ai observées sur les cristaux de castor de l'île d'Elbe sont : $h^1\,m\,g^3\,g^1\,p\,o^{3/4}\,o^{1/2}\,e^{1/2}$; $m\,g^1 p\,o^{1/2} e^{1/2}$; $p\,g^3 x = (b^{1/2} d^{1/6} g^1)$; $p\,o^1 o^{1/2} g^3$. Ils offrent deux clivages faciles, l'un suivant p, donnant des surfaces à éclat nacré, l'autre suivant $o^{1/2}$, fournissant des surfaces vitreuses. Outre ces deux clivages, le pétalite en possède un troisième plus difficile, à éclat vitreux, qui serait parallèle à la forme assez compliquée $a^{5/9}$ inconnue dans le castor.

Le plan des axes optiques est perpendiculaire au plan de symétrie, ainsi que leur bissectrice aiguë *positive*. J'ai trouvé, pour l'orientation de ce plan, a la température ordinaire :

AVEC UNE NORMALE À p;	AVEC UNE NORMALE À $o^{1/2}$;	AVEC UNE NORMALE À h^1 ANTÉRIEURE.
92°30′	53°53′	24°56′ ray. rouges.
93°4′	54°27′	25°30′ ray. bleus.

La double réfraction est énergique; les axes, très-écartés, ont une dispersion *propre* assez faible, avec $\rho < v$, et une dispersion *tournante* produisant des effets peu sensibles sur les couleurs des anneaux vus dans l'huile. J'ai obtenu, pour l'écartement des axes optiques, et pour l'indice moyen mesuré sur un prisme dont l'arête réfringente était normale à leur plan :

CASTOR.			PÉTALITE.
2 H = 86°27′30″	β = 1,5078	2 V = 83°30′	2 H = 86°24′ ray. rouges;
2 H = 86°30′30″	β = 1,5096	2 V = 83°34′	2 H = 86°28′ ray. jaunes;
2 H = 86°42′	β = 1,5180	2 V = 83°52′	2 H = 86°43′ ray. bleus.

D'après M. Damour, la densité du castor varie de 2,397 à 2,405; mais celle du pétalite offre des variations encore plus considérables qui semblent faire croire qu'on doit regarder le pétalite d'Utö comme un mélange, en proportions variables, de castor (pétalite pur), de quartz et de minéraux feldspathiques. M. Damour a en effet trouvé : 2,412; 2,420; 2,465 sur des morceaux d'Utö de diverses grosseurs; 2,448; 2,583 sur deux fragments du même échantillon; 2,558 à 2,562 sur de petits grains passés au tamis.

Le castor et le triphane appartiennent au même type cristallin; ils possèdent des formes semblables dont les angles correspondants ont des valeurs très-rapprochées; ils sont donc *géométriquement* isomorphes, mais ils présentent dans la direction de leurs clivages, dans leurs densités et dans leurs propriétés optiques biréfringentes, des différences aussi tranchées que dans leur constitution chimique. Toutefois, les proportions de l'oxygène contenu dans la lithine, l'alumine et la silice étant entre elles comme 1 : 4 : 10 dans le triphane, il semble préférable de substituer aux nombres 1 : 4 : 18, que j'avais adoptés pour le pétalite (p. 353), le rapport $\dot{L}i : \dddot{A}l : \ddot{S}i$ :: 1 : 4 : 20, d'où l'on tire, pour la composition théorique du castor et du pétalite, $\ddot{S}i$ 78,19 $\dddot{A}l$ 17,90 $\dot{L}i$ 3,91.

ESMARKITE; p. 359. Faute de renseignements suffisamment précis, on a donné le nom d'Esmarkite à plusieurs substances différentes. Celle que Dufrénoy a décrite, d'après un échantillon de M. Adam, est une véritable paranthine offrant deux clivages rectangulaires, une dens. = 2,69 et une composition qui a fourni à M. Pisani : $\ddot{S}i$ 48,78 $\dddot{A}l$ 32,65 $\dddot{F}e$ 0,87 $\dot{C}a$ 13,32 $\dot{M}g$ 1,15 $\dot{N}a$ 2,59 $\dot{K}$ 0,63 $\dot{H}$ 1,30 = 101,29.

L'Esmarkite d'Erdmann, dont j'ai donné les caractères physiques et chimiques p. 359, est une altération de la Cordiérite, très-voisine de la Bonsdorffite.

Quant à la véritable Esmarkite (1), les échantillons qui m'en ont été remis par le pasteur Esmark, et qui viennent de Bräkke, près Brevig en Norwége, paraissent constituer une simple variété d'anorthite. Ces échantillons se présentent en effet sous forme de masses laminaires, souvent pénétrées par du quartz, de la Wernérite, de la praséolite ou du mica; ils offrent trois clivages inégalement faciles, parallèles aux faces p, g^1, m, d'un feldspath triclinique et faisant entre eux des angles très-voisins de ceux de l'anorthite, comme le montre le tableau suivant :

ESMARKITE; ANGLES OBSERVÉS.	ANORTHITE; ANGLES CALCULÉS.
mg^1 117°53′ moyenne	117°34′
pg^1 droit 93°51′ moy.	94°10′
pg^1 gauche 86° environ	85°50′
pm 111°38′ moy.	110°40′

(1) Note sur la véritable nature de l'Esmarkite, *Annales de Chimie et de Physique*, tome XIX, page 176, février 1870.

La base p est sillonnée, parallèlement à son intersection avec g^1, par des stries fines dues à l'interposition de nombreuses lames hémitropes excessivement minces et parallèles à g^1. La matière est d'un gris verdâtre, tirant sur le bleu; sa cassure est esquilleuse; elle est transparente en lames très-minces et jouit de la double réfraction; sa dens. $=2{,}737$. Au chalumeau, elle blanchit et fond difficilement en verre incolore. L'acide azotique bouillant l'attaque en partie. Une analyse de M. Pisani montre que sa composition se rapproche beaucoup de celle de l'anorthite, dont elle ne diffère que par une proportion de silice un peu trop forte; les nombres obtenus par ce chimiste sont :

$\ddot{\text{Si}}$ 47,50 $\ddot{\text{Al}}$ 33,70 $\dot{\text{Ca}}$ 15,40 $\dot{\text{Mg}}$ 0,56 $\dot{\text{Na}}$ 1,84 $\dot{\text{K}}$ 0,59 $\dot{\text{H}}$ 0,94 = 100,53.

POLLUX; p. 369. Le pollux ne possède pas la double réfraction, comme je l'avais annoncé sur l'autorité de Breithaupt. En lames minces, il est d'une transparence et d'une homogénéité parfaites, et il n'exerce aucune action sur la lumière polarisée. Son indice de réfraction, que j'ai mesuré sur un prisme de 58°21′ est, à 20° C. :

$$n = \begin{cases} 1{,}515 \text{ ray. rouges;} \\ 1{,}517 \text{ ray. jaunes;} \\ 1{,}527 \text{ ray. bleus.} \end{cases}$$

Les quelques cristaux qu'on en connaît maintenant offrent la combinaison du cube et de l'icositétraèdre a^2. Sa dens. $= 2{,}901$ en fragments. Sa composition, remarquable par la présence d'une grande quantité de cœsium, a été établie par l'analyse suivante de M. Pisani :

$\ddot{\text{Si}}$ 44,03 $\ddot{\text{Al}}$ 15,97 $\ddot{\text{Fe}}$ 0,68 $\dot{\text{Cs}}$ et trace de $\dot{\text{K}}$ 34,07 $\dot{\text{Ca}}$ 0,68 $\dot{\text{Na}}$ et $\dot{\text{Li}}$ 3,88 $\dot{\text{H}}$ 2,40 = 101,71.

Savite; p. 386. J'ai trouvé que les axes optiques de la Savite sont très-écartés et que leur bissectrice aiguë est *positive* et parallèle à l'arête verticale $\frac{m}{m}$, comme dans la mésotype.

Analcime; p. 392. Sous le nom d'*euthalite*, M. H. M. Th. Esmark m'a remis, il y a quelques années, une substance qui paraît être une variété compacte d'analcime. Cette substance, d'un blanc verdâtre ou d'un gris violacé, se présente ordinairement en nodules à couches concentriques alternativement blanchâtres ou verdâtres, au milieu de l'élæolite de Brevig, où elle est accompagnée d'astrophyllite, de catapléïte, etc. Sa texture est compacte, avec une cassure esquilleuse, mate ; elle est transparente en lames très-minces et elle offre, au microscope polarisant, une masse monoréfringente traversée par de très-petites aiguilles biréfringentes. Au chalumeau, elle fond en verre bulleux et elle dégage de l'eau dans le tube. Sa composition est celle d'une analcime pure, d'après une analyse de M. Pisani, qui a donné :

$$\ddot{Si}\ 55,8\quad \dddot{Al}\ 24,1\quad \dot{Na}\ 12,8\quad \dot{H}\ 8,8 = 101,5.$$

HARMOTOME ; p. 412. Une nouvelle étude des propriétés optiques biréfringentes (1) faite sur des plaques suffisamment transparentes, tout en confirmant mon ancienne opinion sur la non-existence de cristaux simples d'harmotome, m'a permis d'établir que ces cristaux n'offraient pas des formes hémièdres d'un prisme rhombique, comme je l'avais cru d'abord, mais bien des formes holoèdres appartenant au système clinorhombique. Le prisme primitif d'où ces formes dérivent par des lois très-simples est de 120°1' et ses dimensions, calculées à l'aide des deux angles fondamentaux $^*p\,h^1$ ant. 124°50', $^*p\,a^1 = 90°$ (a^1 étant un des plans d'assemblage des macles simples), sont les suivantes :

$$b : h :: 1000 : 1007,0 \quad D = 818,02 \quad d = 575,19.$$

Angle plan de la base = 109°46'27"

Angle plan des faces latérales = 109°10'50"

Le tableau des incidences de la page 413 doit alors être remplacé par :

ANGLES CALCULÉS.	ANGLES CALCULÉS.	ANGLES CALCULÉS.
$^*mm$ 120°1'	$p\,o^1$ 144°18'	
$m\,h^1$ 150°0'30"	$o^1\,h^1$ 160°32'	$p\,e^1$ 134°42' (face voisine du plan d'assemblage des macles en croix.)
$m\,g^1$ 119°59'30"	$p\,o^{27}$ 131°49'	
$h^{5.3}\,h^1$ 171°47'	$^*p\,h^1$ ant. 124°50'	
$h^{5.3}\,g^1$ 98°13'	$o^1\,{}_1o$ 71°24' sur h^1	$p\,m$ 119°39'
$h^{7/3}\,h^1$ 167°0'	$h^1\,{}_1\eta$ adj. 110°20'	$m\,u$ adj. 120°42'
$m\,h^{7/3}$ 163°0'	$h^1\,{}_1\eta$ 69°40' sur p	
$h^1\,g^1$ 90°	$^*p\,a^1$ 90° (plan d'assemblage des macles simples.)	$m\,u$ 89°23' sur g^1

Les combinaisons de formes observées sont : $h^1\,h^{5.3}\,m\,g^1\,p$ (*mor-*

---

(1) Mémoire sur la forme clinorhombique à laquelle on doit rapporter l'harmotome et la Wöhlérite ; *Annales de Chimie et de Physique*, 4e série, tome XIII, avril 1868.

vénite d'Écosse, en petits cristaux incolores et transparents, formés de deux individus enchevêtrés suivant des faces parallèles à p et à a^1; $h^1\, m\, g^1\, p\, o^1$; $h^1\, m\, g^1\, p$ (*morvénite* en gros cristaux blancs, translucides, de Strontian en Écosse, et harmotome d'Oberstein, offrant la même macle que les précédents); $m\, g^1 p$; $h^1 m\, g^1 p$ (harmotome d'Andréasberg, présentant la double macle en croix la plus ordinaire).

Au lieu des formes $h^{5/3}$ de Phillips et o^1 de MM. Greg et Lettsom, j'ai souvent rencontré, sur les gros cristaux laiteux de Strontian, $h^{7/3}$ et $o^{2/7}$, dont les incidences mesurées sont : $h^1\, h^{7/3} = 166°30'$; $m\, h^{7/3} = 162°50'$ à $163°$; $p\, o^{2/7} = 131°$ à $132°$.

Il existe deux clivages principaux, l'un facile et assez net, parallèle au plan de symétrie, l'autre moins facile, parallèle à la base p.

Par suite du changement de forme primitive, les *fig.* 185, pl. XXXI, et 186, pl. XXXII de mon Atlas, doivent être retournées de manière à ce que les faces marquées p, portant deux systèmes de stries croisées, deviennent verticales et les arêtes $\frac{m}{m}$ et $\frac{m}{m}$ horizontales. La *fig.* 187, qui représente l'hémitropie à angle droit de deux cristaux déjà maclés par enchevêtrement, reste dans la même position. Les symboles placés sur ces figures subissent alors les transformations suivantes :

ANC. SYMBOLES.	NOUV. SYMBOLES.		ANC. SYMB.		NOUV. SYMB.
fig. 185, 186 et 187.	*fig.* 185 et 186.	*fig.* 187.	*fig.* 187.		*fig.* 187.
$b^{1/2}$ et ${}_{2/1}q$	m et $ɯ$	m et $ɯ$	m et $ɯ$	av^t	h^1 et ${}_1ɥ$
m et $ɯ$ de droite	h^1 et ${}_1ɥ$	h^1 et ${}_1ɥ$	m et $ɯ$	côté	p et d
m et $ɯ$ de gauche	p et d	p et d	$b^{1/2}$ et $b^{1/2}$		m et $ɯ$
p et d	g^1 et ${}_1ɓ$	g^1 et ${}_1ɓ$	p et d		g^1 et ${}_1ɓ$

Le plan qui comprend les axes optiques et leur bissectrice aiguë *positive* est normal au plan de symétrie, et il fait approximativement des angles de :

25°42′ (ray. rouges), 25°5′ (ray. bleus), avec une normale à p;
29°28′ (ray. rouges), 30°5′ (ray. bleus), avec une normale à h^1 ant.

L'écartement des axes, un peu variable avec les échantillons, est toujours considérable et ne peut se mesurer que dans l'huile; leur dispersion *propre* est inappréciable. La dispersion *tournante* est au contraire assez notable. Une plaque mince, normale à la bissectrice aiguë, observée dans l'étuve du microscope polarisant, offre à la fois, entre 15° et 160° C., un rapprochement sensible des axes, et une rotation de leur plan d'environ 3 à 4°.

Brewstérite; p. 421. L'écartement apparent des axes optiques augmente légèrement par la chaleur. J'ai obtenu pour les rayons rouges, sur une lame de clivage extraite d'un cristal de Strontian en Écosse, et normale à la bissectrice aiguë *positive* :

$$2E = 93°43' \text{ à } 8°.8 \text{ C.}; \quad 95°26' \text{ à } 105°.5 \text{ C.}$$

De son côté, la dispersion *tournante* éprouve une modification très-notable. Entre 21°.5 et 146°.5 j'ai trouvé que le plan des axes *rouges* tournait d'environ 4°54'.

Kämmerérite; p. 440. La Kämmerérite de Texas en Pennsylvanie et de Bissersk dans l'Oural paraît décidément n'être qu'une pennine chromifère, car ses lames offrent, comme celles de la pennine, une double réfraction faible, tantôt *positive*, tantôt *négative*, et les deux propriétés inverses se trouvent quelquefois réunies sur les diverses plages d'un même cristal.

Clinochlore; p. 445. Une élévation de température n'augmente pas seulement l'écartement apparent des axes optiques, comme je l'ai déjà dit; elle produit aussi une dispersion des bissectrices. Ainsi, sur une lame de Chester en Pennsylvanie, j'ai trouvé que de 21°.5 à 146°.5 C. le déplacement de l'hyperbole à couleurs vives était d'environ 2°7' tandis que celui de l'hyperbole à couleurs pâles n'était que de 1°2'. La bissectrice aiguë s'est donc avancée du côté de l'hyperbole qui s'est le plus déplacée et elle a éprouvé une dispersion de 0°32'30".

Les lames d'un vert émeraude à double réfraction *négative*, entremêlées au clinochlore *positif* de Traverselle, et décrites à la page 447, appartiennent très-probablement à la *pennine*, dont elles se rapprochent beaucoup par leur composition. J'ai observé que ces lames montrent, au microscope polarisant, des anneaux colorés toujours brisés et irréguliers, et traversés tantôt par une croix assez nette, tantôt par une croix disloquée dont les branches paraissent symétriquement disposées autour d'une normale au plan du clivage principal. De plus, une lame où les branches de la croix étaient écartées d'environ 14°42' pour les rayons rouges, à 6°.6 C., a été chauffée jusque vers 218°, sans que cet écartement ait éprouvé de modification sensible. Or, dans tous les véritables clinochlores examinés jusqu'ici, la bissectrice aiguë est toujours *positive* et l'écartement des axes optiques varie avec la température.

SAPHIRINE; p. 462. Après beaucoup de tâtonnements, je suis parvenu à obtenir une plaque normale au plan des axes optiques et à leur bissectrice aiguë, qui est *négative*. Ce plan est parallèle à la face brillante suivant laquelle les grains de saphirine sont presque toujours aplatis, et au plan de symétrie du prisme *clinorhombique*, de dimensions encore inconnues, qui constitue la forme primitive de ce minéral; car on observe dans l'huile une dispersion *inclinée* des plus nettes, se manifestant par une différence tranchée dans la disposition et la vivacité des bordures des hyperboles qui traversent les deux systèmes d'anneaux, à 45° du plan de polarisation. La dispersion *propre* des axes est assez forte et leur écartement dans l'huile est, à 14° C.

$$2H = \begin{cases} 83°29' \text{ ray. rouges;} \\ 83°55' \text{ ray. jaunes;} \\ 84°34' \text{ ray. verts.} \end{cases}$$

Astrophyllite; p. 497. D'après M. Scheerer, l'astrophyllite appartiendrait au système clinorhombique (1); mais les caractères optiques que j'ai décrits page 497 paraissant être ceux d'un prisme rhombique, il est probable que ce prisme offre des formes hémièdres, comme la plupart des cristaux de mica. Sa composition n'est pas encore établie d'une manière bien certaine; car, d'après l'analyse *a*, de M. Scheerer, elle ne renferme pas de zircone et contient environ 4 p. 100 d'eau, tandis que d'après l'analyse *b*, de M. Pisani (2), on y rencontre au contraire de la zircone, et à peine 2 p. 100 d'eau.

	a	*b*	OXYGÈNE.		RAPP.
Silice	32,21	33,23	17,72		
Acide titanique	8,24	7,09	2,80	21,83	5
Zircone	»	4,97	1,31		
Alumine	3,02	4,00	3,49	4,61	1
Ox. ferrique	7,97	3,75	1,12		
Ox. ferreux	21,40	23,58	5,24		
Ox. manganeux	12,63	9,90	2,23		
Chaux	2,11	1,13	0,32		
Magnésie	1,64	1,27	0,50	9,93	2
Potasse	3,18	5,82	0,99		
Soude	2,24	2,51	0,65		
Lithine	»	trace			
Eau	4,41	1,86			
	99,05	99,11			
Dens.	»	3,324			

(1) *Poggendorff's Annalen*, tome CXXII, 1864. Ueber den Astrophyllit, etc.
(2) Comptes rendus de l'*Académie des Sciences*, tome LVI, p. 846, année 1863.

Corundophilite; p. 497. Ce minéral, que j'avais placé à la suite des micas, doit être reporté au groupe des clinochlores (1). La bissectrice aiguë *positive* est oblique au plan des lames. Les axes optiques, plus ou moins écartés, suivant les plages, offrent une dispersion assez notable, avec $\rho < v$. Une de ces plages m'a donné à 22° C., pour la lumière blanche, $2E = 64°59'$. Cet écartement augmente légèrement avec la température. La composition paraît être celle d'un clinochlore pauvre en silice, mais riche en alumine et en oxyde ferreux, d'après l'analyse suivante, due à M. Pisani :

$$\ddot{S}i\ 24{,}00 \quad \ddot{\ddot{A}}l\ 25{,}90 \quad \dot{F}e\ 14{,}80 \quad \dot{M}g\ 22{,}70 \quad \dot{H}\ 11{,}90 = 99{,}30.$$

Diphanite; p. 502. Les lames sont tellement enchevêtrées qu'elles n'offrent, au microscope polarisant, que des hyperboles trop confuses et trop déformées pour permettre une mesure exacte d'écartement. On voit seulement que les axes optiques sont très-écartés, autour d'une bissectrice *négative* qui paraît normale au plan des lames.

Zeuxite; p. 514. De petites aiguilles transparentes, brunes, fortement dichroïtes et donnant au chalumeau la réaction de l'acide borique, confirment l'opinion de M. Greg que j'ai rapportée page 514. Une de ces aiguilles m'a en effet offert un prisme d^1, terminé par une face du rhomboèdre p et par deux faces du rhomboèdre e^1 appartenant, par leurs incidences, à la tourmaline.

Eulytine; p. 528. M. G. vom Rath (*Poggendorff's Annalen*, t. CXXXVI, p. 416) a observé le nouveau solide $\frac{1}{2}a^5$ entre $\frac{1}{2}a^2$ et p et il admet la formule $\ddot{B}i^2\ \ddot{S}i^3$ à laquelle conduisent deux analyses qui lui ont donné :

Silice	16,52	15,93
Oxyde bismuthique	82,23	80,61
Acide phosphorique	1,15	0,28
Oxyde ferrique		0,52
	99,90	97,34
Densité :	6,106	

---

(1) *Nouvelles recherches sur les propriétés optiques*, etc., page 638 du volume et 128 du tirage à part.

Atélestite; p. 528. D'après M. G. von Rath (2), les cristaux clinorhombiques d'atélestite offrent la combinaison de formes $h^1\ m\ o^{5/2}\ b^{1/2}$ et les angles :

CALCULÉS.	CALCULÉS.	CALCULÉS.
mm 97°52′ avant	$o^{5/2}h^1$ 143°48′30″	$b^{1/2}b^{1/2}$ adj. 114°5′30″
*mh^1 138°56′	*$b^{1/2}m$ 158°16′	$o^{5/2}m$ adj. 127°29′
mm 82°8′ côté	*$h^1b^{1/2}$ adj. 139°18′	$o^{5/2}b^{1/2}$ adj. 113°52′

Schorlomite; p. 530. Cette substance n'est probablement qu'un grenat plus ou moins titanifère. Sa forme appartient donc au système cubique, comme je l'ai dit page 530. Les lames les plus minces que j'aie pu extraire d'un grand nombre d'échantillons sont ou opaques ou translucides et d'un rouge brun foncé; celles-ci n'exercent aucune action appréciable sur la lumière polarisée.

Turnérite; p. 533. Le rapprochement de la Turnérite et de la monazite, proposé en 1866 par M. Dana, a été pleinement confirmé par les nouvelles mesures d'angles de M. G. von Rath. Tout récemment, j'ai constaté les caractères optiques de la monazite sur une petite lame de Tavetsch, et M. Pisani a pu s'assurer que les cristaux de cette localité renfermaient de l'acide phosphorique et du cérium. Les angles mesurés, donnés à la page 533 de mon 1er volume, devront donc être transportés à la monazite. Quant aux *fig.* 249 et 250, pl. XLII de mon Atlas, si on leur fait subir un retournement de 180°, elles offrent, entre les symboles de la Turnérite et ceux de la monazite rapportés à la forme primitive qu'on lui attribue généralement, les relations suivantes :

TURNÉRITE;	MONAZITE.	TURNÉRITE;	MONAZITE.
p	h^1	h^3	e^2
e^2	h^3	m	e^1
e^1	m	g^3	$e^{1/2}$
$e^{1/2}$	g^3	$d^{1/2}$	$d^{1/2}$
g^1	g^1	$b^{1/2}$	$b^{1/2}$
o^1	o^1	b^1	$\lambda=a_3=(b^1 b^{1/3} h^1)$
a^1	a^1	$b^{3/2}$	$z=(b^{1/2} b^{1/4} h^1)$
		w	$w=(b^1 d^{1/3} g^1)$

---

(2) *Poggendorff's Annalen*, tome CXXXVI, page 422, année 1869.

Röttizite; p. 551. D'après Breithaupt, la röttizite, dont l'analyse rapportée page 551 offrait quelque incertitude, n'est qu'une variété amorphe de la *konarite* (1) avec laquelle on la trouve, et qui avait d'abord été regardée comme un hydrophosphate de nickel. La comarite se présente en petites lames enchevêtrées offrant un clivage facile, ou en masses amorphes d'un vert pistache, à trait vert serin, translucides sur les bords, d'une dens. = 2,54 à 2,62. Sa composition est, d'après M. Winkler :

$$\ddot{\mathrm{Si}}\ 43,6\quad \dot{\mathrm{N}}\mathrm{i}\ 35,8\quad \dot{\mathrm{C}}\mathrm{o}\ 0,6\quad \dot{\mathrm{F}}\mathrm{e}\ 0,8\quad \dddot{\mathrm{A}}\mathrm{l}\ 4,6\quad \overset{\cdot\cdot\cdot\cdot\cdot}{\mathrm{P}}\mathrm{h}\ 2,7\quad \overset{\cdot\cdot\cdot\cdot\cdot}{\mathrm{A}}\mathrm{s}\ 0,8\quad \dot{\mathrm{H}}\ 11,1 = 100,0.$$

(1) La véritable orthographe est *komarit* ou *comarite*, et il doit s'être glissé une faute d'impression dans le mémoire original de Breithaupt publié en 1859 dans le *Berg*-und *hüttenmännische Zeitung*, et suivi depuis par tous les auteurs; en effet, comme l'a dit lui-même l'éminent professeur de Freiberg dans son Mémoire, il a voulu donner au nouveau silicate de nickel de Röttis en Voigtland un nom signifiant en grec *toujours vert*; or l'arbousier, arbre *toujours vert*, s'appelle κομαρος et non κοναρος, que l'on traduit par *gros*, *gras*, *bien nourri*.

ADDITIONS

A L'ERRATA DU PREMIER VOLUME.

INTRODUCTION.

Page	Ligne	Au lieu de :	Lisez :
X	12 en descend[t]	que z	que y
XV, 3e col.	1 en remont[t]	$d^{\frac{1}{2}}$	$d^{\frac{1}{2}}$
XXIV	7 en remont[t]	roit	droit
XXXV	14 en descend[t]	et elles offrent alors des exemples remarquables d'hémimorphie.	appartenant au système clinorhombique.
XXXVIII	12 en remont[t]	*Effacez :*	le béryl

TEXTE.

Page	Ligne	Au lieu de :	Lisez :
3, 4e col.	10 en remont[t]	angles O	angles E
8, 2e col.	20 en remont[t]	$e^{1/2} e^{5/8}$	$e^{1/2} c^{5/3}$
10, 2e col.	14 en descend[t]	119°51′	119°50′
10, 1re col.	4 en remont[t]	$e^{1/2} 0$	$e^{1/2} \theta$
11, 2e col.	20 en remont[t]	$(d^5 d^{3/10} b^{1/2})$	$(d^1 d^{3/10} b^{1/2})$
11, 3e col.	entre 7 et 8 en rem[t]	*Ajoutez :*	$\sigma = (b^{1/4} d^1 d^{1/8})$
17	7 en descend[t]	améthiste	améthyste
21	22 en descend[t]	arragonites	aragonites
21	30 en descend[t]	Gates,	Gate,
21	8 en remont[t]	Kosemütz	Kosemitz
22	7 en descend[t]	aggrégation	agrégation
24	19 en descend[t]	Randanite	randannite
27	16 en remont[t]	Randan	Randanne
27	17 en remont[t]	randanite	randannite
29	3 en descend[t]	*Effacez :*	Les faces p et b^2 offrent souvent l'hémiédrie à faces inclinées.
29	4 en descend[t]	faces	formes
29	12 en descend[t]	Framont :	l'Oural :
32	9 en descend[t]	42,17	42,57
32	9 en remont[t]	Sassbach	Sasbach

Page	Ligne	Au lieu de :	Lisez :
33	11 en descend[t]	Habichtswalde	Habichtswald
34	14 en descend[t]	Massachusets	Massachusetts
Après le folio 37		58	38
39	*Supprimez* le bas de la page à partir de la ligne 8 en remontant.		
40	*Supprimez* le haut de la page à partir de la ligne 21 en remontant.		
42	10 en descend[t]	variétés qui	variétés, qui
46	1 en descend[t]	cristaux qui	cristaux, qui
47	1 en descend[t]	Leipersville	Leiperville
47	9 en descend[t]	$2V_0 = 97°8'$	$2V_0 = 99°8'$
48	6 en descend[t]	Thuringerwalde;	Thuringer Wald;
48	14 en descend[t]	Leipersville,	Leiperville en Pennsylvanie,
50	17 en remont[t]	*positive*	*négative*
52	5 en descend[t]	399,089 674,442 738,328	399,193 674,435 738,334
52	6 en descend[t]	84°49'18"	84°49'14"
52	7 en descend[t]	101°45'3"	101°45'17"
55	10 en descend[t]	22°55'	22°53'
56	9 en remont[t]	jaune,	jaunes,
81	4 en descend[t]	cilcillaires	cillaires
89	17 en remont[t]	Gates	Gate
90	8 en remont[t]	Gates	Gate
90	14 en remont[t]	de Zillerthal et de Pusterthal	du Zillerthal et du Pusterthal
92	6 en descend[t]	apr. Bacher *ajoutez :*	en Styrie
128	4 en descend[t]	Odontschelon	Adun-Tschilon
146, 4[e] col.	3 en descend[t]	113°30'	113°24'
146, 1[e] et 4[e] c.	*Supprimez* les lignes 8, 9, 10, 11 et 9, 10, 11, 12.		
146, 1[e] et 4[e] c.	*Supprimez* la ligne 22.		
147, 1[re] col.	25 en descend[t]	119°13'	119°7'
147, 1[re] col.	26 en descend[t]	95°51'	95°57'
148, 1re col.	16 en remont[t]	112°57'	112°58'
149	29 en remont[t]	$o^{5/2} d^{1/2} p^{1/4} b^{1/2}$	$o^{5/2} d^{1/2} d^{1/4} b^{1/2}$
149	31 et 30 en remont[t]	$m h^1 o^2 a^{2/5} d^{1/2}$	$z o^2 h^1 p d^{1/2}$
155	4 en remont[t]	analyse	analyses
162	*Supprimez* tout, à partir de la ligne 19 en descendant, jusqu'au bas de la page.		
163	*Supprimez* la page entière.		
164	*Supprimez* depuis la 1re ligne jusqu'à *fig.* 235, ligne 5 en remontant.		
164	4 en remont[t]	m	h^1
164	3 et 2 en remont[t]	*Supprimez :* à laquelle j'ai seulement ajouté les formes $h^{7/4}$, $g^{7/4}$, v et φ.	
165	1 en descend[t]	Clivage net et assez facile suivant les deux faces m.	Clivages : l'un facile quoique interrompu, suivant g^1, les deux autres difficiles, suivant m et h^1.
165	4 en descend[t]	g^1 ?	o^1

Page	Ligne	Au lieu de :	Lisez :
165	5 et 6 en descendt	parallèle à la base.	normale à la diagonale horizontale de la base.
165	1 en remontt	*m*	h^1
176	19 en descendt	Unst,	Unst ;
186	7 en remontt	horizontale	*croisée*
187	2 en descendt	après ordre. *ajoutez :*	La dispersion *inclinée* est donc faiblement indiquée.
197	2 en remontt	Écla	Éclat
217	1 en descendt	Humboldtilite en	Humboldtilite, en
233	18 en descendt	environ	environs
242, 4e col.	1 en remontt	2,365	3,365
248, 2e col.	28 en descendt	36°46′	92°20′
248, 2e col.	29 en descendt	37°24′	91°42′
248, 2e col.	30 en descendt	37°50′	94°16′
262	23 en descendt	d'une	d'un
267	4 en remontt	Alumine 32,84	Alumine 22,84
270	14 et 15 en descendt, *supprimez : y*, brun rouge, amorphe, de Haddam en Connecticut, par Rammelsberg.		
270, 8e col.	à partir de la ligne 16 en descendant, *supprimez* l'analyse *y*		
271	1 en descendt	Gates	Gate
279, 3e col.	24 en descendt	150°54′	140°54′
287	18 et 19 en remontt	Friedrikswärn	Fredrikswärn
289	4 en descendt	Friedrikswärn	Fredrikswärn
296, 1re col.	4 en descendt	z	$t\,z$ } sur q. q. exemplres
296, 1re col.	5 en descendt	$a^{3/2}$	$t\,a^{3/2}$ } sur q. q. exemplres
299	8 en remontt	Amikok	Amitok
308	En tête	SAUSSURITE.	LABRADORITE.
309	En tête	MORNITE. SILICITE. CARNATITE.	SAUSSURITE. MORNITE. SILICITE.
310	En tête	ANDÉSINE.	CARNATITE. ERSBYITE. ANDÉSINE.
317	1 en remontt	100°28′9″	100°28′4″,9
317	2 en remontt	107°4′54″	107°4′54″,9
317	3 en remontt	115°19′9″	115°19′7″,8
317	4 en remontt	1029,931 : 478,099	1029,938 : 478,107
317	4 en remontt	D=857,566 d=543,101	D=857,567 d=543,106
318, 1re col.	5 en descendt	150°2′	150°3′
318, 1re col.	6 en descendt	90°49′	90°50′
318, 1re col.	7 en descendt	149°38′	149°37′
318, 1re col.	12 en descendt	127°43′	127°45′
318, 1re col.	13 en descendt	52°17′	52°15′
318, 1re col.	16 en descendt	166°49′	166°47′
318, 1re col.	20 en descendt	133°14′	133°15′
318, 1re col.	23 en descendt	136°46′	136°45′
318, 1re col.	24 en descendt	86°24′	86°25′
318, 1re col.	25 en descendt	93°36′	93°35′

Page	Ligne	Au lieu de :	Lisez :
318, 1re col.	26 en descend[t]	172°48′	172°50′
318, 3e col.	20 en descend[t]	106°16′	106°12′30″
318, 3e col.	22 en descend[t]	101°47′	101°48′
318, 3e col.	23 en descend[t]	156°26′	156°24′
318, 3e col.	25 en descend[t]	86°21′	86°20′
318, 3e col.	26 en descend[t]	120°11′	119°33′
318, 3e col.	27 en descend[t]	59°49′	60°27′
319, 1re col.	2 en descend[t]	153°28′	154°7′
319, 1re col.	3 en descend[t]	152°40′	152°39′
319, 1re col.	4 en descend[t]	53°52′	53°14′
319, 1re col.	6 en descend[t]	172°42′	172°40′
319, 1re col.	7 en descend[t]	119°38′	120°54′
319, 1re col.	14 en descend[t]	87°39′30″	87°40′
319, 1re col.	15 en descend[t]	92°20′30″	92°20′
319, 1re col.	17 en descend[t]	175°19′	175°20′
319, 1re col.	19 en descend[t]	65°45′	65°46′
319, 1re col.	20 en descend[t]	114°15′	114°14′
319, 1re col.	21 en descend[t]	149°38′	149°39′
319, 1re col.	22 en descend[t]	125°14′	125°5′30″
319, 3e col.	5 en descend[t]	69°39′	69°40′
319, 3e col.	6 en descend[t]	149°58′	149°59′
319, 3e col.	12 en descend[t]	140°43′	140°42′
319, 3e col.	18 en descend[t]	141°21′	141°20′
319, 3e col.	29 en descend[t]	106°43′	106°44′
319, 3e col.	31 en descend[t]	145°12′	145°13′
Après le folio 322		23	323
328	2 en remont[t]	*pa*[1]	0°25′
328	3 en remont[t]	après parallèles, *ajoutez :*	et il ne doit rester à l'intérieur qu'un très-faible remplissage,
328	3 en remont[t]	$a^1 h^1$ est précisément égale	$a^{3/4} h^1$, plus l'angle rentrant, est égale
328	5 en remont[t]	a^1 du cristal	$a^{3/4}$ du cristal
357, 1re col.	7 en descend[t]	haux	chaux
357	15 en remont[t]	*Supprimez :* au cap de Gate et	
357	15 en remont[t]	après Alhamilla *ajoutez :* , province d'Almeria	
359	En tête	ESMARKIT	ESMARKITE.
362	1 en remont[t]	toute	toutes
369	10 et 11 en remont[t]	Double réfraction à deux axes.	monoréfringent.
375	9 et 10 en descend[t]	*Supprimez :*	Électrique par la chaleur.
375	20 en descend[t]	$2(\dot{R}, \dddot{Al}, \ddot{Si}^4)$	$2(\dot{R}, \dddot{Al}, \ddot{Si}^2)$
377	15 en descend[t]	des Feroë	des Feroë,
383	12 en remont[t]	après $\ddot{Si}^3$ *ajoutez :*	$+ 2\dot{H}$;
390	7 en descend[t]	après tés; *ajoutez :*	leur bissectrice est *négative*.

Page	Ligne	Au lieu de :	Lisez :
413	*Supprimez* depuis la lig. 1 jusqu'à la lig. 23 (voy. *fig.* 185 et 186.)		
413	25, 26, 27, 28, 29, 30 en descendt	hémiédres sont d'abord placés dans des positions semblables et que l'un d'eux, après avoir fait une révolution complète autour d'une arête $\frac{p}{m}$, vient s'enchevêtrer avec l'individu resté fixe, de manière à avoir un premier plan de contact parallèle à m et un second perpendiculaire au premier, mais ne coïncidant avec aucune modifi- simple connue ou possible.	s'enchevêtrent en conservant leurs bases sur un même plan, et de manière à avoir une première surface de contact parallèle à p et une seconde normale à la première, coïncidant avec la forme simple a^1, inobservée jusqu'ici.
413	7 en remontt	55°13′	51°24′
414	1 en descendt	qui n'est encore parallèle à aucune face connue ou possible.	voisin de la forme inobservée e^1;
414	15 en descendt	m et p.	p et g^1.
414	18 et 19 en descendt	parallèle à la petite diagonale de la base.	normal au plan de symétrie g^1.
414	19 en descendt	la base.	ce plan.
420	15 en descendt	celui présentent	celui que présentent
421	14 en descendt	sectrice parallèle	sectrice *positive*, parallèle
429	5 en descendt	$\dddot{F}e$	$\dddot{F}e$
435	1 en descendt	d	de
436	14 en descendt	p an	plan
441 note	4 en remontt	$e^{7.2}$	e^{87}
452	5 en descendt	$(\dot{F}e^3\ \dot{M}g^6)$	$(\dot{F}e^3, \dot{M}g^6)$
455	2 en remontt	2,35	3,35
457	4 en remontt	Harper s	Harper's
480, 1re col.	22 en descendt	133°58°	133°58′
485, 2e col.	13 en descendt	Ba K.	Ba, K.
485, 1re col.	14 en descendt	pa^1 125°2′	pa^1 99°57′
486	3 en remontt	parallèles	parallèle
488	13 en descendt	Maravie.	Moravie.
490	15 en remontt	générae	générale
Après le folio 499		00	500

Page	Ligne	Au lieu de :	Lisez :
505 note	6 en remont[t]	a	La
Après le folio 518		51	519
522	3 en remont[t]	OUTREMER.	OUTREMER.
526	7 en rèmont[t]	$\dddot{F}e$	$\dddot{F}e$
542	18 en remont[t]	analysé	analysée

PLANCHES.

Pl.	Au lieu de :	Lisez :
XXVII, *fig.* 161, partie infér.	$e^{8/11}$	$e^{3/5}$
	$e^{3/5}$	$e^{8/11}$
XLIII, *fig.* 257, entre b^1 et a^1	b^2	$a^{1/2}$

MANUEL

DE MINÉRALOGIE

FAMILLE DES BORIDES.

BOROXYDE.

SASSOLINE. Acide boracique; Haüy. Native boracic acid; Phillips. Prismatische Borax-Saüre; Mohs. Sassolin; Hausmann et Haidinger. Natürliches Sedativsalz; Estner.

Prisme doublement oblique.

$b : c : h$ :: 1000 : 1004,599 : 458,576. D = 868,117 d = 500,997.

Angle plan de la base = 120° 1′ 14″
Angle plan de la face m = 103° 37′ 22″
Angle plan de la face t = 78° 56′ 8″

ANGLES CALCULÉS.	ANGLES CALCULÉS.	ANGLES CALCULÉS.
*mt 118°30′	$pd^{1/2}$ 131°34′	*pt ant. 99°27′
118°4′ obs. Kenngott.	*$d^{1/2}m$ 133°23′	$pb^{1/2}$ 129°7′
mg^1 adj. 120°30′	*pm ant. 84°57′	$b^{1/2}t$ 48°34′ sur p
120°50′ obs. Kenngott.	$pc^{1/2}$ 136°46′	pt post. 80°33′
*tg^1 adj. 121°0′	$c^{1/2}m$ 41°43′ sur p	
pi^1 155°40′	pm post. 95°3′	me^1 adj. 100°16′
i^1g^1 adj. 128°37′		ti^1 adj. 110°43′
pg^1 droit 104°17′	$pf^{1/2}$ 138°54′	$mf^{1/2}$ 105°9′
pe^1 149°33′	$f^{1/2}t$ 140°33′	$td^{1/2}$ 118°34′
e^1g^1 adj. 106°10′		
pg^1 gauche 75°43′		

Combinaisons de formes observées sur des cristaux obtenus artificiellement : $m\,t\,g^1\,p$ (très-ordinaire); $m\,t\,g^1\,p\,d^{1/2}\,f^{1/2}\,b^{1/2}\,c^{1/2}$; $m\,t\,g^1\,p\,e^1\,i^1\,d^{1/2}\,f^{1/2}\,b^{1/2}\,c^{1/2}$ *fig.* 251, Pl. XLII.

Les faces $e^1, i^1, d^{1/2}, f^{1/2}, b^{1/2}, c^{1/2}$, observées par M. Miller, étaient petites et peu brillantes. Les cristaux, ordinairement très-aplatis suivant la base, sont quelquefois fortement allongés dans la direction du prisme mt. Quelques gouttes d'acide phosphorique, d'acide nitrique ou d'acide sulfurique ajoutées à une dissolution dans l'eau pure suffisent pour modifier la forme dominante des cristaux.

Macles fréquentes autour d'un axe parallèle à l'axe de la zone $m\,t\,g^1$. Plan d'assemblage, tantôt voisin de g^1, avec un angle entre les bases de deux individus contigus $pp = 150°58'$ (Miller), tantôt parallèle à m. Clivage suivant p très-facile et très-net. Transparente ou translucide. Double réfraction assez énergique. Plan des axes optiques moyens sensiblement perpendiculaire à la base et faisant un très-petit angle avec la grande diagonale de cette face. Bissectrice aiguë *négative* faiblement inclinée sur une normale au clivage basique. Aucun genre de dispersion appréciable. 2E = 8° (Miller); 10° à 12° (Dx), pour la lumière blanche. Cet écartement ne paraît éprouver aucune modification par la chaleur. Éclat nacré. Incolore; blanche; blanc jaunâtre; blanc grisâtre. Poussière blanche. Tendre. Onctueuse au toucher. Dur. = 1. Dens. = 1,48.

Goût faiblement acide et amer. Dans le matras, dégage de l'eau. A la simple flamme d'une lampe, se gonfle et fond en un verre clair qui, sans être isolé, acquiert par le frottement l'électricité résineuse. Colore la flamme du chalumeau en vert. Soluble dans 26 part. d'eau à 19° C. et dans 3 part. d'eau bouillante. Soluble dans l'alcool; la liqueur brûle avec une flamme verte.

$$\dddot{B} + 3\dot{H}\,;\quad \text{Acide borique } 56{,}45 \quad \text{Eau } 43{,}55.$$

Klaproth a trouvé dans les croûtes de sassoline de Toscane 86 p. 100 d'acide borique hydraté, 11 p. 100 de sulfate manganeux et 3 p. 100 de sulfate de chaux. Plus tard, Stromeyer a reconnu que la sassoline de l'île Vulcano était de l'acide borique pur avec une trace d'acide sulfurique.

La sassoline se présente dans la nature en petites écailles cristallines, ou en croûtes granulaires et stalactitiques. On la rencontre : mélangée à du soufre dans des crevasses des îles de Vulcano et de Stromboli, où elle paraît avoir été entraînée par la vapeur d'eau et s'être déposée par sublimation; aux environs de Sasso, de Monte Cerboli, de Castel Nuovo, de Monte Rotondo en Toscane, dans de nombreuses fumerolles presque exclusivement composées de vapeur d'eau qui se dégage à une très-haute température (140°) et sous une forte pression (l'acide borique qu'elle tient en suspension est recueilli dans de petits lacs artificiels connus sous le nom de *lagoni*); dans les eaux de quelques lacs de l'Asie.

BORATES.

RHODIZITE. Rhodicit; Hausmann.

Cubique.

$(\frac{1}{2}a^1)(\frac{1}{2}a^1)$ 70°32′
$(\frac{1}{2}a^1)b^1$ 144°44′
b^1b^1 120°

L'octaèdre a^1 offre l'hémiédrie à faces inclinées.

Combinaison de formes observée, $b^1(\frac{1}{2}a^1)$. Les faces du tétraèdre $(\frac{1}{2}a^1)$ sont unies et brillantes; celles du dodécaèdre rhomboïdal b^1 sont souvent courbes. Plus ou moins translucide. Éclat vitreux, inclinant à l'adamantin. Blanche; jaunâtre ou grisâtre.

Dur. = 8 environ. Dens. = 3,416 (G. Rose).

Pyroélectrique. Les angles du cube modifiés par les faces du tétraèdre sont les pôles *antilogues;* les angles non modifiés sont les pôles *analogues*.

Difficilement fusible au chalumeau, en colorant la flamme d'abord en vert et ensuite en rouge. Un éclat mince fond sur les bords en un émail blanc qui se gonfle et émet une forte lueur phosphorescente d'un rouge jaunâtre. Avec le borax et le sel de phosphore, donne un verre transparent. Difficilement soluble dans l'acide chlorhydrique.

Composée, d'après G. Rose, d'acide borique et de chaux.

Ce minéral excessivement rare n'a encore été trouvé qu'en petits cristaux implantés sur de la tourmaline rouge bacillaire et du quartz, à Sarapulsk et à Schaitansk près Mursinsk, Oural.

BORACITE. Magnésie boratée; Haüy. Borazit; Werner. Tetraedrischer Borazit; Mohs. Cubischer Quarz; Lasius. Würfelstein.

Cubique.

ANGLES CALCULÉS.	ANGLES CALCULÉS.
pa^2 144°44′	pb^1 adj. 135°
pa^1 125°16′	pv adj. 147°41′
pb^1 90° sur a^1	b^1v adj. 162°59′
a^2a^1 160°32′	b^1a^1 90° sur b^2
a^2b^1 125°16′ sur a^1	va^1 adj. 151°26′ (1)

$$v = (b^1 b^{1.3} b^{1.5})$$

Les formes a^1, a^2, v offrent l'hémiédrie à faces inclinées.

(1) Voir pour les autres incidences des formes a^2 et v le 1er volume, p. 2 et 3.

Combinaisons observées : p; $p\,b^1$; $p(\frac{1}{2}a^1)$; $p\,a^1\,b^1$; $p(\frac{1}{2}a^1)\,b^1$; $p\,a^1\,b^1$ $(\frac{1}{2}a^2)$, *fig.* 252, Pl. XLII; $p\,a^1\,b^1(\frac{1}{2}v)$, *fig.* 253, Pl. XLIII; $p(\frac{1}{2}a^1)\,(\frac{1}{2}a^2)$ $b^1(\frac{1}{2}v)$. Lorsque les deux tétraèdres composant la forme a^1 existent ensemble, les faces de l'un sont ordinairement plus grandes que celles de l'autre, comme le montre la figure 252 ; celles qui sont combinées aux faces $(\frac{1}{2}v)$ sont unies et brillantes, tandis que celles qu'accompagnent les faces $(\frac{1}{2}a^2)$ sont ternes et raboteuses. Clivage imparfait parallèlement à a^1, souvent plus distinct suivant les plans d'un des tétraèdres que suivant ceux de son opposé; traces parallèlement au cube. Cassure conchoïdale ou inégale. Transparente; translucide sur les bords; opaque. Action irrégulière sur la lumière polarisée, due à une structure intérieure fibreuse et très-complexe (1) produite par l'interposition des lamelles biréfringentes qui paraissent exister dans les cristaux les plus transparents. $n = 1,663$ ray. rouges, 1,667 ray. jaunes, 1,675 ray. bleus, à 15° C., sur un cristal transparent offrant à la surface et dans l'intérieur un grand nombre de petites vacuoles. Éclat vitreux inclinant à l'adamantin dans la cassure. Incolore; blanche; grisâtre; brunâtre; jaunâtre ou verdâtre.

Dur. = 7. Dens. = 2,955 (cristaux transparents); 2,935 (cristaux

---

(1) Des plaques carrées provenant de cubes transparents, amincis sur une de leurs faces, ou de petits cubes suffisamment minces, montrent dans la lumière polarisée parallèle, à l'aide d'un grossissement moyen, des lamelles excessivement minces normales aux faces du cube et disposées suivant quatre secteurs triangulaires plus ou moins réguliers ayant leurs sommets vers le centre. En employant la lumière polarisée convergente, on voit dans certaines plages de ces secteurs de nombreux anneaux colorés, parfaitement réguliers et traversés par une barre noire, ce qui indique la présence d'une substance biréfringente à deux axes optiques dont l'un des axes serait presque perpendiculaire aux faces du cube. Les barres noires ont d'ailleurs diverses orientations, suivant les plages que l'on considère, et l'axe optique auquel elles correspondent est lui-même plus ou moins rapproché de la normale à la face du cube. De petits cubes naturels, examinés successivement à travers leurs trois couples de faces, manifestent en général des anneaux du même genre à travers deux de ces couple,s mais ils n'en manifestent pas à travers le troisième couple. En taillant des plaques dans une direction voisine de celle de l'octaèdre, on parvient, après quelques tâtonnements, à voir que la substance biréfringente possède, autour d'une bissectrice *positive*, deux axes optiques trop écartés pour être aperçus dans l'air, mais visibles dans l'huile. La dispersion de ces axes est à peu près nulle, et leur écartement a été trouvé de 98°14′ pour les *rayons rouges*, dans une huile dont l'indice était 1,466. A travers la boracite seule, l'écartement ne serait que de 83°34′. En élevant la température des plaques jusque vers 75° C., on n'observe aucun changement dans la position des axes optiques. (Voir mes *Nouvelles recherches sur les propriétés optiques des cristaux*, etc., à l'article « *Parasite* ». Savants étrangers, tome XVIII.)

D'après des dessins publiés par M. Volger dans son *Versuch einer Monographie des Borazites*, les cristaux troubles ou opaques n'offriraient guère, dans la lumière ordinaire, que des fibres normales aux faces du dodécaèdre rhomboïdal. La disposition de ces fibres, qui m'a toujours paru moins régulière que ne l'a figuré M. Volger, est analogue à celle qu'on voit dans l'aragonite de Bastennes, fig. 303, pl. LI.

troubles, intérieurement fibreux), Rammelsberg; 2,946 (cristaux entiers, transparents); 2,913 (cristaux entiers, d'un blanc mat), Damour.

Pyroélectrique. Les pôles *antilogues* sont situés aux angles du cube tronqués par les faces du tétraèdre brillant; les pôles *analogues,* aux angles tronqués par le tétraèdre terne.

Au chalumeau, bouillonne, colore la flamme extérieure en vert et fond difficilement en une perle blanche à surface fibreuse, cristalline. Avec le sel de phosphore, donne un verre transparent qui se trouble lorsqu'il est saturé. Avec la soude, fournit une masse claire dont la surface cristallise par le refroidissement. En poudre fine, se dissout difficilement dans l'acide chlorhydrique.

D'après de nouvelles recherches qui ont fait reconnaître la présence du chlore, la formule peut s'écrire :

$2\dot{M}g^3\dddot{B}^4 + MgCl$; Acide borique 62,33 Magnésie 27,03 Chlore 7,91 Magnésium 2,73.

Analyses de la boracite de Lünebourg : *a*, par Siewert (moyenne de deux opérations); *b*, par Geist (moyenne de deux opérations); *c*, en cristaux transparents, *d*, en cristaux opaques, par Potyka.

	a	*b*	*c*	*d*
Acide borique	»	»	62,91	62,19
Magnésie	30,74	30,21	25,24	26,19
Oxyde ferreux	1,33	1,44	1,59	1,66
Chlore	8,53	8,46	8,15	7,78
Magnésium	»	»	2,75	2,63
Eau	»	»	0,55	0,94
			101,19	101,39

D'après Heintz et Siewert, une calcination forte et prolongée fait éprouver à la boracite une perte en poids de 3 p. 100 qui consiste en chlore et en un peu d'acide borique.

La boracite se trouve en cristaux de diverses grosseurs engagés dans du gypse et de la Karsténite, au Kalkberg et au Schildstein près Lünebourg en Hanovre, avec sel gemme, quartz enfumé, fer oligiste écailleux et pyrite de fer (ces deux dernières substances pénétrant quelquefois les cristaux); près de Segeberg en Holstein (cristaux très-petits, mais très-nets et très-transparents), et à Stassfurt en Prusse (très-petits cristaux engagés dans la Carnallite et offrant, dans la lumière polarisée, les mêmes phénomènes que ceux de Lünebourg).

La structure fibreuse que la lumière polarisée permet de constater à l'intérieur des cristaux les plus transparents est beaucoup plus prononcée dans les cristaux troubles ou opaques. La densité des premiers est plus forte que celle des seconds; ceux-ci renferment une petite quantité d'eau et, selon G. Rose, ils se dissolvent dans l'acide chlorhydrique plus facilement que les cristaux transparents.

Les uns et les autres ont d'ailleurs très-souvent toute leur masse traversée par de petites cavités irrégulières.

La boracite cubique tout à fait pure ne paraît donc pas connue jusqu'ici, puisqu'elle est toujours pénétrée en plus ou moins grande proportion par des lamelles d'une substance biréfringente à deux axes optiques ayant une tendance marquée à devenir opaque en s'hydratant. Cette substance, qu'on peut regarder comme constituant un état dimorphe peu stable de la boracite, a été désignée par M. Otto Volger sous le nom de *parasite*.

M. Heintz a obtenu par la voie sèche de la boracite artificielle en cristaux microscopiques octaèdres et tétraèdres, pyroélectriques, insolubles à froid dans l'acide chlorhydrique, mélangés à un borate de magnésie prismatique soluble à froid dans l'acide chlorhydrique concentré, et ne contenant que des traces de chlore.

Stassfurtite. Nom donné par G. Rose à de petites masses terreuses à grains très-fins, onctueuses au toucher, offrant sous le microscope, à l'aide d'un fort grossissement, une agrégation de petites baguettes cristallines, transparentes, qui, d'après mes observations, sont sans *aucune action* sur la lumière polarisée. Couleur d'un blanc de neige. Dur. = 4 environ. Dens. = 2,913 (Karsten); 2,667 (F. Bischof).

De petits fragments, chauffés sur une plaque métallique, s'attirent, se repoussent, se pelotonnent, comme le ferait de la poudre de boracite.

Cette substance qui, au chalumeau, fond beaucoup plus facilement que la boracite, qui est en partie soluble dans l'eau et facilement soluble dans l'acide chlorhydrique à chaud, avait d'abord été regardée comme une boracite hydratée; mais d'après les recherches de M. F. Bischof, lorsqu'on l'a complétement lavée et séchée à 100°, l'eau disparaît, ainsi que le chlorure de magnésium qui lui est mélangé accidentellement, et sa formule est celle de la boracite ordinaire.

Voici les principales analyses qui ont été faites : *a*, par Heintz; *b*, par Siewert; *c*, par Rey; *d*, par Potyka; *e*, par F. Bischof.

	a	*b*	*c*	*d*	*e*
Acide borique	61,39	59,91	59,91	60,77	62,35 (différence)
Magnésie	25,55	26,68	26,45	26,15	27,04
Oxyde ferrique	0,43	0,52	0,32	$\dot{F}e$ 0,40	»
Chlore	8,14	8,06	8,39	8,02	7,89
Magnésium	2,76	2,73	2,84	2,71	2,72
Eau	1,73	2,10	2,09	1,95	»
	100,00	100,00	100,00	100,00	100,00

Découverte en 1846 dans les couches de sel gemme et de Karsténite de Stassfurt près Magdebourg, à l'état de nodules isolés, tantôt microscopiques, tantôt gros comme la tête, et renfermant ordinairement un noyau concentrique de *Carnallite* ou de *tachydrite*, la stassfurtite est pénétrée par du chlorure de magnésium hydraté, difficile à lui enlever. Malgré la forme allongée des particules dont elle se compose, on ne peut pas l'assimiler à la parasite de M. Volger, comme l'avait proposé G. Rose, et elle ne constitue pas même une variété dimorphe de la boracite cubique, puisque ces particules sont monoréfringentes.

D'après Huyssen, on a trouvé à Stassfurt une stassfurtite ferrifère (*Huyssénite*) dans laquelle la moitié de la magnésie serait remplacée par de l'oxyde ferreux.

BORAX. Soude boratée; Haüy. Borate of soda; Phillips. Tinkal; Hausmann. Prismatisches Borax-Salz; Mohs. Swaga des Thibétains.

Prisme rhomboïdal oblique de 87°.

$b : h :: 1000 : 754{,}173. \quad D = 672{,}826 \quad d = 739{,}801$

Angle plan de la base = 84°34'16"
Angle plan des faces latérales = 102°11'35".

ANGLES CALCULÉS.	ANGLES MESURÉS.	ANGLES CALCULÉS.	ANGLES MESURÉS.
*mm 87° avant	86°30' Phillips	*pm ant. 101°20'	101°30' Phil.
mh^6 170°28'	171° env. Dx.		102° env. Dx.
mh^1 133°30'	133° env. Dx.	pb^1 139°39'	139°15' Phil.
h^6h^1 143°2'	143° Dx.	b^1m adj. 119°1'	120° env. Dx.
h^6g^1 126°58'	128° env. Dx.	$pb^{1/2}$ 116°1'	115°30' Phil.
mg^1 136°30'	137° env. Dx.	$b^{1/2}m$ adj. 142°39'	143° env. Dx.
mm 93° sur g^1	93° Dx.	$b^1b^{1/2}$ 156°22'	155° env. Dx.
h^1g^1 90°	»	pm post. 78°40'	79° env. Dx.
ph^1 ant. 106°35'	106°30' Phil.	b^1b^1 adj. 122°45'	»
pa^1 adj. 125°58'	126° Dx.	$g^1b^{1/2}$ 131°40'	133° env. Dx.
a^1h^1 adj. 127°27'	128° env. Dx.	$b^{1/2}a^1$ 138°20'	139° env. Dx.
ph^1 post. 73°25'	»	g^1a^1 90°	»
$pe^{1/2}$ 114°58'	114°28' Phil.	*$b^{1/2}b^{1/2}$ 96°40' sur a^1	95° env. Dx.
$e^{1/2}g^1$ 155°2'	155°30' Dx.	$e^{1/2}m$ ant. 137°47'	136° env. Dx.
pg^1 90°	»	$mb^{1/2}$ 99°46' sur $e^{1/2}$	98° env. Dx.
$e^{1/2}e^{1/2}$ 59°56' sur p	»	$e^{1/2}b^{1/2}$ 141°59'	142° Dx.

Principales combinaisons de formes : mh^1p; mh^1g^1p; $h^1g^1pb^1$; $mh^1g^1pb^1b^{1/2}$; $mh^1g^1pe^{1/2}b^1b^{1/2}$ *fig.* 254, Pl, XLIII; $mh^6h^1g^1pa^1e^{1/2}b^1b^{1/2}$ (très-gros cristaux de Californie, m'ayant offert les formes nouvelles h^6 et a^1, mais ne permettant que des mesures au goniomètre d'application). Macles par hémitropie autour d'un axe normal à h^1.

Les faces m, $b^{1/2}$, b^1, sont ordinairement striées parallèlement à leur intersection mutuelle. Clivage parfait suivant h^1, moins parfait suivant m; traces suivant g^1. Cassure conchoïdale. Transparent ou translucide. Les axes optiques correspondant aux différentes couleurs sont situés dans des plans notablement écartés les uns des autres, mais tous perpendiculaires au plan de symétrie; la dispersion *croisée* ou *tournante* est donc des plus marquées, et elle produit, dans les couleurs des anneaux vus dans la lumière blanche polarisée, une dissymétrie caractéristique (1er vol., pag. XXXII de l'Introduction). Le plan des axes *rouges* fait à 15° C. des angles d'environ :

106° 35′ avec une normale à p,
33° 10′ avec une normale à h^1 antér.

Le plan des axes *bleus* fait respectivement avec les mêmes normales des angles d'environ 108° 35′ et 35° 10′.

La bissectrice aiguë *négative* est toujours parallèle à la diagonale horizontale de la base. La dispersion propre des axes optiques est très-marquée et $\rho > v$. J'ai trouvé en moyenne à 17° C.

$$2E = 59°30' \text{ ray. rouges; } 56°50' \text{ ray. bleus.}$$

De 17° à 56°.5 C. l'écartement apparent dans l'air augmente d'environ 1°26′. La chaleur modifie aussi notablement l'orientation du plan des axes optiques; entre 21°.5 et 86° le plan des axes rouges éprouve une rotation de 3°26′.

En opérant avec les rayons *jaunes* (soude), j'ai obtenu pour la valeur des trois indices principaux, à 14° C.

$$\alpha = 1,473 \quad \beta = 1,470 \quad \gamma = 1,447 \quad \text{d'où} \quad 2V = 39°14' \quad 2E = 59°8'.$$

La mesure directe prise sur la plaque où étaient taillés les trois prismes réfringents a fourni 2E = 58°59′.

Éclat résineux. Incolore ; blanc avec des teintes de gris, de jaune ou de vert. Poussière blanche. Assez fragile.

Dur. = 2 à 2,5. Dens. = 1,5 à 1,8.

Dans le matras, dégage de l'eau. Au chalumeau, gonfle et donne un verre transparent, incolore, qui humecté d'acide sulfurique ou mélangé de fluorine et de bisulfate de potasse colore la flamme en vert. Saveur alcaline douceâtre. Soluble dans deux parties d'eau bouillante et dans douze parties d'eau froide.

$\dot{N}a\,\dddot{B}^2 + 10\dot{H}$; Acide borique 36,65 Soude 16,23 Eau 47,12.

Klaproth a trouvé dans un borax naturel du Thibet : $\dddot{B}$ 37 $\dot{N}a$ 14,5 $\dot{H}$ 47 plus environ 3 p. 100 d'impuretés mélangées.

Le borax existe en dissolution dans les eaux de certains lacs ou en petites couches cristallines sur les bords et au fond de ces lacs, dans les montagnes du Népaul et du Thibet; la principale localité est à 15 jours de marche au nord de Teschou Lombou, Grand-Thibet

On l'exploite aussi depuis peu d'années, à l'aide de bateaux plats munis de fonds mobiles, dans des lacs de Californie d'où M. Sœmann avait reçu quelques très-gros cristaux à la fin de 1865. On le cite encore à Ceylan, en Chine, dans la Tartarie méridionale, en Perse, dans les eaux des mines d'Escapa près Potosi, Mexique, et dans les sources minérales de Chambly, Saint-Ours, etc., Canada occidental.

La surface du borax brut venant de l'Inde sous le nom de *tincal* paraît recouverte d'une matière grasse particulière ; il est mélangé de substances terreuses et organiques. Le *tincal* raffiné est employé comme fondant, dans une multitude d'opérations chimiques et industrielles.

M. Bechi a trouvé dans une efflorescence des lagoni de Toscane :

$$\dddot{B}\ 43,56 \quad \dot{N}a\ 19,25 \quad \dot{H}\ 37,19 = 100.$$

LARDERELLITE; Bechi.

Prisme rhomboïdal oblique dont l'angle plan de la base est d'environ 113° à 114°. Ordinairement en lamelles microscopiques qui offrent des triangles isocèles, des losanges et des hexagones produits par la troncature symétrique des angles aigus ou des angles obtus des losanges. Suivant Amici, on observerait quelquefois la forme ph^1g^1, avec $ph^1 = 110°$. Transparente. Produisant l'extinction complète de la lumière polarisée suivant la direction des deux diagonales des losanges, mais ne manifestant pas d'anneaux qui permettent d'assigner l'orientation du plan des axes optiques. Blanche ou jaunâtre. Faible éclat gras.

Sur une lame de platine, à la simple flamme de l'alcool, fond facilement en se gonflant un peu et dégageant de l'ammoniaque. Soluble dans l'eau chaude et y formant de nouvelles combinaisons cristallines.

L'ancienne analyse de Bechi conduisant à la formule $\dot{A}m\ \dddot{B}^4 + 4\dot{H}$ et celles que M. Fouqué a faites récemment prouvent, comme l'examen microscopique, que les divers échantillons de Larderellite sont des mélanges, en proportions variables, d'acide borique, de borate d'ammoniaque et probablement d'autres borates. On n'est pas encore parvenu, en dissolvant ces mélanges dans l'eau chaude, à reproduire les lames rhombes de 113° qui existent dans la substance naturelle. L'une des nouvelles combinaisons cristallisées aurait pour formule, d'après M. Fouqué, $\dot{A}m\ \dddot{B}^6 + 6\dot{H}$. Il est donc impossible pour le moment d'établir la véritable composition de la Larderellite.

On la trouve aux lagoni de Toscane, en incrustations ou en masses cristallines friables assez semblables à du gypse niviforme. La sassoline répandue dans ces masses en quantité plus ou moins grande se reconnaît facilement, au microscope polarisant, par les anneaux très-rapprochés et la croix noire disloquée que laissent voir ses lames, malgré leur petitesse.

HAYÉSINE. Borocalcite. Hydroborocalcite. Tiza, en partie. Borate of lime; Hayes.

Aiguilles soyeuses appartenant probablement au système clinorhombique et offrant, d'après Teschemacher, un prisme rhomboïdal oblique de 97°30′. Transparente en aiguilles isolées; translucide en masse. Les aiguilles agissent fortement sur la lumière polarisée parallèle, mais elles ne m'ont jamais laissé voir d'anneaux colorés dans la lumière convergente (1). Blanc de neige. Éclat soyeux. Très-tendre. Flexible sans élasticité. Saveur légèrement salée. Absorbant de l'eau par l'exposition à l'air. Gonflant beaucoup dans l'eau chaude. La composition de la substance pure paraît pouvoir se rapporter à la formule,

$\dot{C}a\,\dddot{B}^2 + 6\dot{H}$ exigeant : Acide borique 46,05 Chaux 18,42 Eau 35,53; toutefois la quantité d'eau ne paraît pas parfaitement constante.

Analyses de la Hayésine : *a*, des environs d'Iquique au Pérou, par Hayes; *b* et *c* en échantillons très-purs importés de Lima en Allemagne, par Reichardt.

	a	*b*	*c*	
Acide borique	46,11	52,06	50,41	(par différence)
Chaux	18,89	11,56	12,10	
Eau chassée au rouge	35,00	33,53	33,67	
Eau chassée à 100°	»	1,38	0,87	
Acide sulfurique	»	0,53	1,07	
Soude	»	trace	trace	
Chlore	»	0,94	1,21	
Matière insoluble	»	»	0,67	
	100,00	100,00	100,00	

Les aiguilles forment des faisceaux asbestiformes agglomérés en rognons de grosseurs variables (depuis celle d'une noisette juqu'à celle d'un œuf) qu'on rencontre avec Pickeringite dans les plaines des environs d'Iquique au Pérou.

---

(1) Si l'on soumet à un microscope ordinaire surmonté d'un prisme de Nicol, éclairé par de la lumière polarisée et grossissant environ cent fois, une certaine quantité de Hayésine noyée dans de la térébenthine et comprimée entre deux lames de verre, on voit une multitude de longues aiguilles transparentes, limitées par des arêtes latérales bien parallèles. L'extinction maximum de la lumière a lieu, tantôt parallèlement à la longueur des aiguilles, tantôt un peu obliquement à cette longueur. Il est donc probable que la forme primitive est bien un prisme rhomboïdal oblique et que certaines aiguilles présentent à l'observateur leur plan h^1 tandis que d'autres lui présentent, soit les faces latérales du prisme, soit une face parallèle au plan de symétrie.

La **Béchilite** de Dana est une substance analogue, qui a donné à M. Bechi : $\ddot{B}$ 51,13 $\dot{C}a$ 20,85 $\dot{H}$ 26,25 $\ddot{S}i$, $\dddot{A}l$, $\dot{M}g$ 1,75 = 99,98.

M. Dana lui attribue la formule $\dot{C}a\,\ddot{B}^2 + 4\dot{H}$ exigeant : Acide borique 52,24 Chaux 20,89 Eau 26,87. Elle a été trouvée par M. Bechi en incrustations dans les *lagoni* de Toscane.

M. B. Silliman a nommé **Pricéite** un borate de chaux qui a l'aspect de la craie, mais dont la poudre paraît, au microscope, composée de cristaux rhombiques. Sa dens. = 2,262 à 2,298. Insoluble dans l'eau, la matière se dissout complétement dans l'acide chlorhydrique étendu. Elle paraît devoir être rapportée à la formule $\dot{C}a^3\ddot{B}^4 + 6\dot{H}$, qui exige : $\ddot{B}$ 50,36 $\dot{C}a$ 30,21 $\dot{H}$ 19,43.

La moyenne de trois analyses opérées par l'acide fluorhydrique sur des échantillons séchés à 100°, a donné à M. Silliman :

$\ddot{B}$ 49,00 (différ.) $\dot{C}a$ 31,83 $\dot{H}$ 18,29 NaCl, avec $\ddot{F}e$ et $\dddot{A}l$ 0,96 = 100,08.

On l'a trouvé en Californie, avec de l'aragonite radiée. (*American Journ. of Science and Arts*, vol. VI, août 1873.)

La **Howlite** de Dana (silicoborocalcite de How) offre une texture compacte ou terreuse, une cassure unie. Translucide en écailles minces. Éclat subvitreux, micacé. Blanche. Plus ou moins tendre suivant sa texture. Dens. = 2,55.

Peut être regardée comme un mélange d'un bisilicate et d'un borate hydraté de chaux, avec excès d'acide borique, ou d'un borosilicate et d'un borate, d'après la moyenne de deux analyses de How qui, abstraction faite d'un peu de gypse, a donné :

$\ddot{S}i$ 15,25 $\ddot{B}$ 44,22 (par différ.) $\dot{C}a$ 28,69 $\dot{H}$ 11,84. Les rapports s'expriment par $\dot{C}a^4\,\ddot{S}i^2\,\dddot{B}^5 + 5\dot{H}$.

Forme des nodules plus ou moins gros, généralement de la taille d'une noisette, engagés dans l'anhydrite ou le gypse, avec l'*Ulexite*, à Brookville près Windsor en Nouvelle-Écosse.

ULEXITE. Boronatrocalcite. Natroborocalcite. Tiza.

Fibres soyeuses se comportant comme la Hayésine dans la lumière polarisée. Blanc de neige. Tendre. Flexible. Dens. = 1,8.

A peine soluble dans l'eau froide; donnant avec l'eau chaude une liqueur alcaline. Facilement soluble dans les acides. Au chalumeau, se boursoufle et fond facilement en un verre transparent.

$(\dot{C}a, \dot{N}a)\,\dddot{B}^2 + 6\dot{H}$. En admettant que les proportions relatives de chaux et de soude soient constantes et que l'oxygène correspondant à la chaux soit double de celui qui correspond à la soude, cette formule exige :

Acide borique 45,75 Chaux 12,20 Soude 6,75 Eau 35,30.

Analyses d'échantillons plus ou moins purs du Pérou : *a*, par Ulex ; *b*, par Allan Dick ; *c*, par Helbig ; *d* et *e*, par Salvétat ; *f*, par Phipson ; *g*, par Rammelsberg.

	a	*b*	*c*	*d*	*e*	*f*		*g*
Acide borique	(49,5)	(45,42)	(46,30)	30,18	35,00	34,71		(42,12)
Chaux	15,8	14,32	14,03	11,00	15,78	14,45		12,46
Soude	8,8	9,63	5,17	7,24	8,33	11,95		6,52
Eau	25,9	27,42	32,61	45,54	35,00	34,00		34,40
Potasse	»	0,51	»	»	»	»	K Cl	1,26
Chlore	»	1,60	1,15	1,73	0,49	1,34		»
Sodium	»	»	0,74	1,13	0,32	»	Na Cl	1,66
Acide sulfurique	»	1,10	»	1,72	0,34	1,40	$\dot{C}a\,\dddot{S}$	0,77
Matières terreuses	»	»	»	2,50	2,90	2,60	$\dot{N}a\,\dddot{S}$	0,81
	100,00	100,00	100,00	101,04	98,16	100,15		100,00

La boronatrocalcite, qui n'est sans doute qu'une Hayésine sodifère plus ou moins impure, se trouve comme cette substance et avec elle en nodules de diverses grosseurs, principalement aux environs d'Iquique, province de Tarapaca au Pérou, dans les gisements de nitratine et de Pickeringite. Ces nodules, dont la surface est ordinairement souillée par une matière terreuse brunâtre, offrent à l'intérieur une cassure fibro-soyeuse et une couleur d'un blanc éclatant; ils renferment souvent des cristaux plus ou moins complets et quelquefois très-nets de Glaubérite, de quartz et de gypse, et ils sont irrégulièrement imprégnés de sel marin et, d'après M. Salvétat, d'azotate de soude.

Des nodules blancs, à cassure fibro-soyeuse, entièrement analogues à ceux du Pérou, ont été rapportés en 1785 par le botaniste voyageur André Michaux, comme provenant des environs d'Ispahan en Perse et servant à l'extraction du borax.

Le professeur H. How a décrit et analysé de petites masses mamelonnées de Hayésine fibreuse blanche, à éclat soyeux, d'une dur. = 1, d'une dens. = 1,65. Le minéral séché à l'air lui a fourni :

$\dddot{B}$ 44,10 $\dot{C}a$ 14,20 $\dot{N}a$ 7,21 $\dot{H}$ 34,49. Ces masses, acccompagnées de sel de Glauber, forment de petites veines dans le gypse des environs de Windsor, Nouvelle-Écosse.

De petits tubercules irréguliers ou des plaques minces circulaires, de 5 à 15 millimètres de diamètre, formées de fibres entrelacées d'un blanc soyeux qui m'ont présenté au microscope polarisant les mêmes phénomènes que celles de Hayésine, ont aussi été signalées vers 1825 par le Dr Gaillardot, dans une chaux sulfatée compacte du terrain *keupérien* des environs de Lunéville, département de la Meurthe. Ces tubercules, dont aucune analyse n'a pu être faite jusqu'ici, faute d'une quantité suffisante, avaient été regardés comme de la boracite fibreuse; mais à l'essai, j'ai trouvé qu'ils dégageaient de l'eau dans le matras, qu'ils se dissolvaient facilement dans l'acide azotique et que la liqueur contenait de la chaux et pas de magnésie.

Sous le nom de tinkalzite ou *boraxkalk*, M. W. Kletzinsky a décrit des nodules légers, de diverses grosseurs, pesant de 5 à 35 grammes, offrant dans la cassure des fibres prismatiques, une couleur blanche et un éclat soyeux. Leur dur. = 1,5. Leur dens. = 1,921. La poudre est en partie soluble dans l'eau, à laquelle elle donne une réaction alcaline, et entièrement soluble dans l'acide acétique. L'analyse a fourni :

$\dddot{B}$ 36,91 $\dot{C}a$ 14,02 $\dot{N}a$ 10,13 $\dot{H}$ 37,40 $\dddot{S}$ 0,50 Cl 1,33 = 100,29.

Ces nodules, qu'on peut regarder comme une Ulexite impure, offrent une croûte extérieure contenant çà et là un peu de sel gemme; à l'intérieur ils renferment quelquefois des cristaux de gypse ou d'anhydrite? On les donne dans le commerce comme provenant de la côte ouest d'Afrique.

M. H. How a nommé cryptomorphite, de petites masses arrondies de la grosseur d'un pois ou d'une fève, dont la structure a paru au professeur Robb, à l'aide d'un grossissement de 360 diamètres, distinctement cristalline, rhombique et différente de celle de la Hayésine de la même localité. La substance est blanche, sans éclat, tendre, mais tenace; elle résiste un peu sous la dent. Au chalumeau, elle fond facilement en un verre clair. Elle est insoluble dans l'eau, mais soluble dans l'acide chlorhydrique. Elle perd 18,36 p. 100 d'eau par l'exposition à l'air. L'analyse, faite après dessiccation à l'air, a donné :

$\dddot{B}$ 53,98 $\dot{C}a$ 14,21 $\dot{N}a$ 7,25 $\dot{H}$ 19,96 $\dot{M}g$ 0,62 $\dddot{S}$ 3,98 = 100.

La cryptomorphite a été trouvée dans le gypse près de Windsor, Nouvelle-Écosse.

SZAIBÉLYITE; Peters.

Aiguilles microscopiques appartenant au système rhombique ou au système clinorhombique, mélangées de très-petits grains irréguliers, transparentes et agissant énergiquement sur la lumière polarisée. L'extinction complète a lieu parallèlement et perpendiculairement à la longueur des aiguilles, mais je n'ai jamais pu apercevoir aucun anneau avec le microscope polarisant. Incolore; blanc de neige en masse. Dur. = 3,5 environ. Dens. = 2,7 (Stromeyer).

En faisant abstraction d'une très-petite quantité de chlorure de magnésium (0,64 p. 100) et d'hydrate de peroxyde de fer (1,95 p. 100) M. Stromeyer propose la formule

$3\dot{M}g^5\dddot{B}^2 + 4\dot{H}$ exigeant : Acide borique 37,24 Magnésie 56,38 Eau 6,38.

Deux analyses, *a*, par Stromeyer, *b*, par Sommaruga, ont fourni :

a. $\dddot{B}$ 36,66 $\dot{M}g$ 52,49 $\dot{H}$ 6,99 $\dddot{F}e$ 1,66 Cl 0,49 Quartz 0,20 = 98,49.

b. $\dddot{B}$ 37,38 $\dot{M}g$ 53,25 $\dot{H}$ 6,77 $\dddot{F}e^2\dot{H}^3$ 1,78 Cl 0,51 $\dddot{S}i$ 0,31 = 100.

Les aiguilles sont groupées en petites masses sphéroïdales dans l'intérieur d'un calcaire grenu, blanc, traversé par des veinules grisâtres qui lui donnent l'aspect bréchiforme, à Werksthal près de Rézbánya en Hongrie. On les isole facilement de leur gangue à l'aide d'un acide étendu employé à froid.

En opérant avec de l'acide azotique faible, M. Stromeyer a séparé d'un échantillon de calcaire 16,6 p. 100 d'aiguilles microscopiques et 14,8 p. 100 de grains de la grosseur d'une lentille, à structure fibreuse radiée, translucides, jaunâtres, d'une dur. = 3,5, d'une dens. = 3, qui ne paraissent être qu'un mélange d'aiguilles et d'une matière jaunâtre vitreuse. Leur composition serait représentée par la formule $3\dot{M}g^5\dddot{B}^2 + 8\dot{H}$, d'après une analyse qui a donné à M. Stromeyer :

$\dddot{B}$ 34,60 $\dot{M}g$ 49,44 $\dot{H}$ 12,37 $\dddot{F}e$ 3,20 Cl 0,20 = 99,81.

HYDROBORACITE ; Hess.

Forme cristalline appartenant probablement au système clinorhombique. Structure lamello-fibreuse. Les fibres paraissent se cliver suivant une ou deux directions et être aplaties parallèlement au plan de symétrie d'un prisme rhomboïdal oblique de 50° à 58°. Translucide ; transparente en lames minces. Double réfraction à deux axes. On peut conclure, de la position où l'extinction *maximum* a lieu dans la lumière polarisée parallèle et de l'orientation de l'hyperbole qui traverse un système d'anneaux visible dans la lumière convergente, à travers certaines lames très-minces, que le plan des axes optiques est parallèle au plan de symétrie et que l'une des bissectrices s'incline assez fortement sur les arêtes verticales de la forme primitive. Blanche ; quelquefois colorée en rougeâtre par de l'oxyde de fer. Éclat vitreux.

Dur. = 2. Fragile ; s'écrasant facilement sous l'ongle. Dens. = 1,9.

Dégage de l'eau dans le matras. Au chalumeau, colore légèrement la flamme en vert et fond facilement en un verre incolore, transparent, qui ne se trouble pas par le refroidissement. Soluble à chaud dans les acides azotique et chlorhydrique ; les liqueurs modérément étendues laissent déposer de l'acide borique lorsqu'elles se refroidissent. Légèrement soluble dans l'eau, avec réaction alcaline.

$\dot{C}a^3 \dddot{B}^4 + \dot{M}g^3 \dddot{B}^4 + 18\dot{H}$; Acide borique 47,49 Chaux 14,25 Magnésie 10,79 Eau 27,47.

Deux analyses *a* et *b* ont donné à M. Hess :

	$\dddot{B}$	$\dot{C}a$	$\dot{M}g$	$\dot{H}$
a.	49,22	13,74	10,71	26,33 = 100
b.	49,94	13,30	10,43	26,33 = 100

Localité exacte inconnue. La substance, excessivement rare, n'a été rencontrée jusqu'ici qu'en petites masses cristallines formées de fibres lamellaires faiblement agrégées et percées de petites cavités remplies d'argile, dans une collection de minéraux du Caucase (1).

SUSSEXITE; Brush.

Forme appartenant peut-être au système rhombique. Structure fibreuse, souvent asbestoïde. Clivage paraissant beaucoup plus facile suivant une direction que suivant une seconde, normale à la première, et fournissant des lamelles minces, fibreuses. Translucide; transparente sur les bords minces. Double réfraction assez énergique. L'extinction maximum de la lumière polarisée semble avoir lieu sur toutes les fibres, parallèlement à leur longueur. Blanchâtre, avec une teinte de jaune ou de brun. Éclat soyeux.

Dur. = 3 envir. Dens. = 3,42.

Dans le matras, prend une couleur plus foncée et dégage un peu d'eau entraînant avec elle une trace d'acide borique. Fond à la flamme de l'alcool. Au chalumeau, colore la flamme en vert jaunâtre et donne un globule noir, cristallin. Avec le borax et le sel de phosphore, verre violet au feu d'oxydation qui devient incolore au feu de réduction. Avec la soude, forte coloration verte. Soluble dans l'acide chlorhydrique. Un fragment humecté d'acide sulfurique montre au spectroscope le spectre caractéristique de l'acide borique.

$\dot{R}^2\dddot{B}+\dot{H}$, qui exige, en supposant $\dot{R}=(\frac{3}{5}\dot{M}n+\frac{2}{5}\dot{M}g)$: Acide borique 34,04 Oxyde manganeux 41,46 Magnésie 15,75 Eau 8,75.

L'analyse d'un échantillon légèrement altéré, a donné en moyenne à M. Brush :

$\dddot{B}$ 31,89 $\dot{M}n$ 40,10 $\dot{M}g$ 17,03 $\dot{H}$ 9,59 = 98,61.

---

(1) C'est à mon ami le général Nic. de Kokscharow, Directeur de l'École Impériale des mines de Saint-Pétersbourg, que je suis redevable des quelques fragments sur lesquels j'ai pu déterminer une partie des caractères cristallographiques et optiques.

Trouvée dans un filon de Franklinite, avec Franklinite, spartalite, Willémite, téphroïte, calcaire, carbonate double de manganèse et de magnésie, diallogite rose, et un peu d'oxyde hydraté de manganèse, à Mine Hill, comté de Sussex, New-Jersey.

LAGONITE; Bechi. Borate de fer; d'Omalius d'Halloy. Sideroborine; Huot.

Masses terreuses d'un jaune d'ocre.

$\dddot{Fe}\dddot{B}^3+3\dot{H}$; Acide borique 49,53 Oxyde ferrique 37,73 Eau 12,74.

Analyse par Bechi :

$\dddot{B}$ 47,95 $\dddot{Fe}$ 36,26 $\dot{H}$ 14,02 $\dot{Mg}$, $\dot{Ca}$ et perte 1,77 = 100.

Forme des incrustations peu abondantes dans les *lagoni* de Toscane.

BOROTITANATES.

WARWICKITE; Shepard. Enceladite; S. Hunt.

Prisme rhomboïdal droit ou oblique? d'environ 91°20'. Ordinairement en cristaux allongés ou en petites baguettes, à sommets arrondis et indéterminables, offrant les combinaisons de formes $h^1 m g^2 g^1$ ou $h^1 h^2 m g^2 g^1$, pour lesquelles j'ai trouvé approximativement :

	CALCULÉ.	OBSERVÉ.
mm	91°20'	»
$h^1 h^2$ adj.	161°58'	162°5' moy.
*$h^1 m$ adj.	135°40'	135°40'
$h^1 g^2$	108°50' sur m	109°
$h^1 g^1$	90°	90°20' à 30'
$m g^1$	134°20'	134°20' à 35'
$m m$	88°40' sur g^1	»
$g^2 g^1$ adj.	161°10'	161°20' à 25'
$g^1 h^2$	108°2' sur m	108°40'

Les arêtes des cristaux sont généralement arrondies, et leurs surfaces ne fournissent que des réflexions imparfaites.

Clivage net et facile suivant h^1. Cassure inégale. Opaque. Éclat métalloïde, et couleur rouge brun rappelant celle de l'hypersthène du Labrador, sur les surfaces de clivage. Éclat vitreux et couleur brun foncé ou noirâtre, à l'extérieur des cristaux. Poussière noir-bleuâtre. Très-fragile.

Dur. = 3 à 4. Dens. = 3,35 (petits cristaux); 3,42 (gros cristaux), d'après M. Brush, 3,355; (Damour).

Au chalumeau, dégage de l'eau et reste infusible. Humectée d'acide sulfurique, colore légèrement la flamme en vert. Avec le sel de phosphore, donne, au feu d'oxydation, un verre jaune à chaud, incolore à froid, et au feu de réduction, sur le charbon, avec de l'étain, la coloration de l'acide titanique. Avec la soude, légère réaction de manganèse. Décomposée par l'acide sulfurique. La solution mélangée d'alcool brûle avec une flamme verte et devient violette lorsqu'on la fait bouillir avec de l'acide chlorhydrique et de l'étain.

Borotitanate de magnésie et de fer, dont la composition, quoique encore imparfaitement connue, s'exprime probablement par la formule,

$\dot{Mg}^6 \dddot{B}^3 + \dot{Fe} \ddot{Ti}^2$ qui exige : $\dddot{B}$ 30,57 $\ddot{Ti}$ 23,58 $\dot{Mg}$ 35,36 Fe 10,49.

M. Lawr. Smith a en effet obtenu : $\dddot{B}$ 27,80 $\ddot{Ti}$ 23,82 $\dot{Mg}$ 36,80 $\dddot{Fe}$ 7,02 $\dddot{Al}$ 2,21 $\ddot{Si}$ 1,00 = 98,65.

La silice provient d'un mélange accidentel, et l'alumine est due à de très-petits spinelles impossibles à séparer.

Se trouve engagée dans un calcaire cristallin, avec spinelle, chondrodite, serpentine, etc. au S. O. d'Edenville, État de New-York. Les plus gros cristaux sont ceux que M. Hunt avait nommés *enceladite*.

FAMILLE DES CARBONIDES.

CARBONE.

DIAMANT. Diamond; Phillips. Oktaedrischer Demant; Mohs. Demant; Werner. Adamas, en partie; Pline.

Cubique.

ANGLES CALCULÉS.

pa^1 125°16′
$a^1a^{1/2}$ 164°12′
$pa^{1/2}$ 109°28′ sur a^1

$pb^{3/2}$ 146°19′
$pb^{4/3}$ 143°8′
pb^1 135°

ANGLES CALCULÉS.

$a^{1/2}b^1$ 160°32′
$a^{1/2}a^{1/2}$ 141°4′ sur b^1

$a^{1/2}a^{1/2}$ 152°44′ ar. obliq.
$b^{3/2}a^1$ 143°12′
$b^{4/3}a^1$ 143°56′
$b^{4/3}b^{4/3}$ 129°48′ ar. obliq.

ANGLES CALCULÉS.

ps adj. 143°18′
$pa^{1/2}$ adj. 131°49′

sa^1 157°48′
ss adj. 158°13′

$sb^{3/2}$ 164°30′
ss 149°0′ sur $b^{3/2}$
$sb^{4/3}$ 164°11′

$s = (b^1 b^{1/2} b^{1/3})$.

Les formes a^1, $a^{1/2}$, s, offrent souvent l'hémiédrie à faces inclinées.

Formes et combinaisons observées : a^1 (rare à l'état parfait) ; b^1 ; $b^{4/3}$, $a^{1/2}$ (*fig.* 258, Pl. XLIII) ; s ; pa^1 ; pb^1 ; a^1b^1 ; $pb^{4/3}$ (*fig.* 255) ; $a^1b^{4/3}$; $sb^{4/3}$ (*fig.* 259) ; ($\frac{1}{2}$ a^1) ($\frac{1}{2}$ s) ; pa^1b^1, dans laquelle dominent tantôt les faces du cube comme *fig.* 256, tantôt celles de l'octaèdre ; $pa^1b^{4/3}$; $a^1b^{4/3}s$; b^1 ($\frac{1}{2}$ a^1) ($\frac{1}{2}$ s) ; $pa^1b^1b^xa^{1/2}$ (*fig.* 257) (1). Macles et hémitropies fréquentes. Plan d'assemblage parallèle à une face de l'octaèdre a^1. 1° Axe de rotation normal au plan d'assemblage. Le plus souvent, chaque individu de la macle offre la combinaison a^1b^1 et est fortement aplati parallèlement au plan d'assemblage, *fig.* 261, Pl. XLIV, ou bien il ne présente qu'un seul angle hexaédrique de la combinaison $a^1 s$, dont les sept faces ont fait disparaître toutes les autres par leur extension ; quelquefois il n'est composé que du dodécaèdre rhomboïdal et très-rarement du cube avec ses arêtes arrondies ; dans ce dernier cas, les faces p d'un des individus coïncident avec les troncatures qui, sur l'autre individu, auraient pour symbole $a^{1/2}$, *fig.* 260 (2). 2° Axe de rotation perpendiculaire à une face p. Les deux cristaux dont se compose cette macle assez commune, présentent habituellement la combinaison ($\frac{1}{2}$ a^1) ($\frac{1}{2}$ s) ; ils sont parfaitement égaux entre eux et se pénètrent complétement à angle droit, en laissant des angles rentrants entre leurs faces s, *fig.* 262, comme si, après avoir été d'abord dans une position parallèle, l'un d'eux restant fixe, l'autre avait tourné de 90° autour d'un axe octaédrique. Les faces a^1 sont en général unies et miroitantes ; quelquefois elles portent de petites saillies ou des cavités ayant la forme de triangles équilatéraux ; les faces p, $b^{3/2}$, $b^{4/3}$, $a^{1/2}$, s, sont rugueuses et souvent arrondies ; la détermination des quatre dernières laisse donc un peu d'incertitude.

Clivage très-net suivant les faces de l'octaèdre. Cassure conchoïdale. Transparent ; quelquefois translucide et même opaque. Certains échantillons opalins offrent des jeux de lumière analogues à ceux de la véritable opale, mais moins vifs que dans ce minéral. Un petit nombre de cristaux ont une constitution assez homogène pour n'exercer aucune action sur la lumière polarisée ; la plupart manifestent des couleurs irrégulières et une extinction plus ou moins complète, suivant l'azimut où le cristal est placé ; quelques-uns montrent une sorte de réseau noirâtre formé par de nom-

---

(1) Cette combinaison est figurée dans l'atlas qui accompagne la *Description d'une collection de minéraux*, etc., par Lévy. L'hexatétraèdre indéterminé b^x est probablement $b^{4/3}$. Quant au trioctaèdre $a^{1/2}$ qui tronque les arêtes $\frac{b^1}{a^1}$, il est aussi noté b^x sur ma *fig.* 257, Pl. XLIII, par suite d'une faute du graveur dont je ne me suis aperçu qu'après le tirage des planches.

(2) MM. Halphen ont donné à la collection du Muséum un groupe de cette espèce, d'une forme parfaite, composé de deux petits cubes incolores de dimensions égales, ayant leurs faces p rugueuses et pointillées et portant sur leurs arêtes des traces d'un hexatétraèdre très-inégal.

breuses stries qui se croisent sous des angles de 109° et 71° comme les faces du clivage octaédrique. Une plaque incolore très-pure, taillée en prisme, m'a donné à 20° C. :

$n = 2{,}4135$ ray. rouges; 2,4195 ray. jaunes; 2,4278 ray. verts.

M. Fizeau a trouvé sur un autre diamant incolore, $n = 2{,}4168$ ray. jaunes.

Éclat gras particulier, dit *adamantin*. Incolore ou offrant diverses nuances de vert, de bleu, de rose, de gris, de jaune, de brun; noir. Lorsque la couleur bleue, rose, ou verte est suffisamment prononcée, la pierre a une grande valeur. Poussière gris de cendre.

Dur. = 10, supérieure à celle de tous les autres corps. Dens. = 3,50 à 3,53 (Dumas); 3,524 cristaux du Brésil (Damour); 3,520 à 3,524 cristaux incolores ou jaunes du Cap (von Baumhauer); 3,492 cristaux incolores de Bornéo (Grailich).

Dilatation très-faible par la chaleur.

$\alpha_{\theta = 40^\circ}^{\text{cub.}} = 0{,}00000354 \quad \frac{\Delta\alpha}{\Delta\theta} = 4{,}32$. D'après les expériences de M. Fizeau (1), il y aurait un maximum de densité ou un point où la dilatation serait nulle, à $-42^\circ{,}3$ C.

Acquiert l'électricité vitreuse par le frottement. Phosphorescent par insolation. M. Edm. Becquerel a trouvé que certains cristaux conservaient assez longtemps leur phosphorescence et émettaient une lueur jaunâtre ou verdâtre. Fluorescent dans les rayons ultra-violets.

J'ai décrit, en 1845 (*Annales de Chimie et de Physique*, 3e série, t. XIV), deux petites lames clivées parallèlement à une face de l'octaèdre qui offrent dans leur intérieur une substance fuligineuse grise; cette substance est disposée dans une des lames, suivant six rayons palmés formant une étoile régulière et dans l'autre, suivant trois secteurs demi-elliptiques qui rappellent la forme d'un trèfle; son interposition paraît avoir eu lieu parallèlement aux lignes qui joindraient le milieu des arètes opposées de l'octaèdre, de sorte que le phénomène présente une grande analogie avec celui qu'on observe dans certains cristaux de quartz, de spath calcaire, etc. On cite également comme corps étrangers enfermés dans le diamant : de petits cristaux de diamant d'une couleur différente de l'enveloppe; de petites aiguilles carrées de pyrite ?, des lamelles d'or et des particules noires d'oligiste ?. Les cristaux incolores du Brésil sont assez souvent pénétrés par une matière d'un vert foncé analogue à la *ripidolite* vermiculée. On y remarque aussi des cavités irrégulières de diverses grosseurs, et Brewster a observé une bulle d'air autour de laquelle le diamant agissait sur la lumière polarisée. Il en a conclu que ce minéral devait avoir été formé, comme le succin, par

---

(1) *Comptes rendus des séances de l'Académie des sciences*, t. LXII, séances du 21 et du 28 mai 1866.

la solidification et la cristallisation lente d'une substance d'origine organique.

Le diamant brûle au chalumeau, sur la feuille de platine, sans résidu lorsqu'il est pur et en laissant une petite quantité de cendres lorsqu'il renferme des matières étrangères. Dans une atmosphère d'oxygène, il paraît entouré d'une petite flamme extérieurement bleue comme celle de l'oxyde de carbone, et il fournit de l'acide carbonique (1). A l'abri du contact de l'air, il peut être chauffé au blanc clair sans subir d'altération. Certains cristaux, pénétrés d'une substance verte, prennent une teinte jaune pâle après une calcination à blanc dans l'hydrogène; les cristaux bruns deviennent en général plus ou moins grisâtres. Les diamants jaunes, comme le sont la plupart de ceux du Cap, ne changent pas sensiblement de teinte (2). Inattaquable par les acides, et par un mélange oxydant de chlorate de potasse et d'acide nitrique tiède (Berthelot).

C; Carbone pur.

On le rencontre en cristaux isolés ou engagés dans diverses gangues et en grains roulés, de grosseurs très-variables.

Il se trouve dans un conglomérat quartzeux, dans des couches d'argile et de sable contenant de l'oxyde de fer et dans des alluvions, sur la limite orientale du plateau du Dekkan. Mais l'Inde ne fournit pour ainsi dire plus de diamants; les principales localités qu'on y a citées étaient : sur le fleuve Pannar, entre Cuddapah et Gandicotta; entre le Pannar et le Kistnah, près Nandial; sur le bas Kistnah, près Ellore; Sumbhulpur, sur le Mâhânaddy; Pannah, entre les rivières Sonar et Sone, dans le district de Bandelkhand; la péninsule de Malacca; l'île de Bornéo, sur le versant occidental des monts Ratu, au nord de Pulo Ari, au pays de Landak, à Sekajam et à Tajan; les Célèbes ?.

Au Brésil, d'après C. Heusser et G. Claraz, il est engagé dans un itacolumite schisteux et dans des amphibolites schisteuses formant des couches alternantes; mais il est surtout répandu dans le *cascalho* et le *canga*, conglomérats ferrugineux provenant de la désagrégation de l'itacolumite, et dans le *barro*, masse argilo-schisteuse formée par la décomposition de l'amphibolite schisteuse; il est accompagné par des oxydes de fer (oligiste, martite), de l'or, du platine, du quartz

---

(1) D'après des observations microscopiques de G. Rose, la surface mate des diamants qui ont subi un commencement de combustion offre des empreintes triangulaires en rapport avec la forme cristalline du minéral et rappelant les figures qui prennent naissance à la surface des cristaux exposés pendant quelques instants à l'action d'un acide.

(2) En 1867, on voyait à Paris, chez M. Martin Coster, un superbe *brillant* de 27 carats, presque incolore, qui, chauffé à l'abri du contact de l'air, prenait une couleur rose intense qu'il conservait pendant plusieurs jours lorsqu'on le maintenait dans l'obscurité. A la lumière diffuse et surtout à la lumière directe du soleil, cette couleur disparaissait promptement pour se reproduire après une nouvelle calcination.

hyalin, de l'améthyste, du péridot, du zircon, du disthène, de la staurotide, de l'andalousite verte, du grenat, du béryl, de l'euclase, des topazes, des tourmalines (feijaõ), du xénotime, du spinelle, de la cymophane, du corindon rose, de l'anatase, du rutile, de la Brookite, etc. On l'exploite ou on l'a exploité dans le lit du rio Jequitinhonha, sortant de la *serra* de Antonio et dans celui du rio Arassuhay, district de Cerro do Frio, province de Minas Geraes; sur la rive droite du rio San-Francisco (épuisé), du Cuyaba, province de Matto Grosso, et dans le lit du rio Pardo, du rio Velhas et de diverses autres rivières qui toutes se jettent dans le San-Francisco après avoir parcouru les pentes orientales de la *serra* de Matta da Corda, où domine l'itacolumite; dans les mines de Riven et de Cuithé; dans la *serra* de Arraras, dans le ruisseau Capivary et la rivière Paranan, capitainerie de Goyas; dans le rio Tibagy, district de San-Paulo et dans quelques-uns des affluents du rio Doce; sur les rives de la Cachoina. Des cristaux engagés dans l'*itacolumite* ont été découverts sur la rive gauche du *corrego* dos Rois; dans la *serra* de Grammagoa, à environ 113 kilomètres au nord de Tijuco et à Canga de Riberao das Datas, à 53 kilomètres de Tijuco. On en a trouvé de petites quantités dans les lavages d'or des comtés de Rutherford et de Franklin, Caroline du Nord et dans ceux du comté de Hall, État de Georgia, où la roche dominante est aussi l'itacolumite; dans les alluvions aurifères d'Ophir, près Bathurst, Nouvelle-Galles du Sud, dans la vallée du Turon, dans le lit du Macquarie, à Freemantle, etc., en Australie. Quelques lavages d'or de l'Oural, entre autres ceux de la Poludennaja et de l'Adolfskoi, non loin de Bissersk, de Kuschaisk, de Medscher, à environ 16 kilomètres de Katharinenburg, passent pour avoir fourni une faible quantité de petits diamants (d'après C. Zerrener, la plupart de ceux de l'Adolfskoi avaient la forme de trapézoèdres).

Depuis quelques années, on exploite en plusieurs points des districts septentrionaux du Cap et notamment sur les bords de la rivière Waal, près de Hope Town, des gisements qui fournissent des cristaux dont l'aspect rappelle celui des échantillons de Golconde. On y rencontre fréquemment des octaèdres portant sur leurs faces des empreintes triangulaires plus ou moins profondes. Ces cristaux sont quelquefois incolores, plus souvent d'un jaune pâle; mais c'est surtout leur volume qui les rend remarquables. En juin 1873, j'ai vu chez M. Coster plusieurs *brillants* très-purs, pesant de 50 à 100 carats. La plus grosse pierre trouvée jusqu'ici au Cap figure en ce moment (août 1873) à l'exposition universelle de Vienne, sous le nom de *Stewart*. C'est un cristal complet, d'une forme à peu près octaédrique, à faces striées parallèlement aux arêtes de l'octaèdre, de 35 millimètres de hauteur, jaune, mais pur, qui pèse 289 carats.

Autrefois les plus gros diamants étaient originaires de l'Inde. Le *Koh-i-Noor*, tel qu'on le voyait à Londres en 1851, pesait 186 carats 1/16; il offrait quatre clivages parallèles aux faces de l'octaèdre, mais sa forme générale était irrégulière. On l'a retaillé en forme de *brillant*, et il a perdu, dans cette opération, un peu plus du tiers de son poids; il provient sans doute des anciennes mines de Golconde. Le Rajah de Mattan, à Bornéo, possédait un diamant pesant, dit-on, 376 carats. Le *Régent* ou *Pitt*, l'un des diamants de la couronne de France, trouvé dans le district de Golconde, pèse 136 carats; comme forme et comme pureté, c'est un des plus beaux diamants connus.

Le Brésil, et notamment la localité de Bagagem, province de Minas Geraes, a fourni l'*Étoile du Sud* qui se voyait en 1855 à l'Exposition universelle de Paris et qui pesait, brut, 254$^{car.}$,5. Sa densité a été trouvée = 3,529 par M. Jos. Halphen. Sa forme générale était celle d'un solide à 48 faces, un peu irrégulier et offrant des surfaces trop rugueuses pour se prêter à une détermination exacte; l'une des faces paraissait avoir été clivée et elle portait une empreinte octaédrique d'environ 5 millimètres de côté. La taille a réduit ce diamant à 125$^{car.}$,25; il est un peu plus allongé que le *Régent* et il mesure 35 millimètres de longueur, 29 millimètres de largeur, sur 19 millimètres d'épaisseur; il a une teinte légèrement rosée.

Le *Sancy*, remarquable par sa belle eau, pèse 53$^{car.}$,5; il a été vendu en 1830 à la Russie pour 500 000 francs. L'empereur de Russie possède en outre l'*Orlow*, de 194$^{car.}$,75 et le *Schah*, de 86 carats. Le *grand-duc* ou *Florentin*, diamant d'un jaune citron, qui fait partie du trésor de l'empereur d'Autriche, pèse 133$^{car.}$,6 ou 27$^{gr.}$,454. Sa densité à 19° C. est 3,5213 (Schrauf). D'après Petzhold, un diamant appartenant au Roi de Portugal pèse 205 carats. Un beau diamant vert, conservé dans le musée de Dresde, pèse 48 carats. Le fameux diamant bleu de M. Hope, à Londres, pèse 177 grains ou environ 44 carats (1).

Diamant noir. On exploite depuis 1845 ou 1846, en différents points de la province de Bahia, notamment aux mines de Baranco, de Grupiara, de Gruna de Mosquitos, de Surua et de Sincora, avec des diamants cristallisés d'une qualité inférieure, une variété noire, qui a reçu des mineurs le nom de *carbonado*, à cause de sa ressemblance avec le charbon. On la rencontre en morceaux roulés dont la grosseur varie depuis celle d'un pois jusqu'à celle d'un petit œuf. Sa structure est tantôt cristalline avec des formes octaédriques, tantôt saccharoïde ou compacte et amorphe, tantôt légèrement poreuse, tantôt enfin complétement spongieuse et présentant dans ce dernier cas un tissu rempli de nombreuses vacuoles ovales parfaitement discernables à l'œil nu. La surface des morceaux est en général noire et luisante, mais leur cassure est terne et offre différentes teintes de gris brun, de gris cendré, de gris verdâtre, etc. J'ai eu l'occasion d'examiner de grandes quantités de *carbonado* venues dans ces dernières années à Paris; j'y ai rencontré quelques cubes très-rares à arêtes émoussées et de petites sphères hérissées de

(1) 1 carat { français = 0,2055 grammes; viennois = 0,2057 —; hollandais = 0,20613 — } d'après M. Schrauf.

pointes cristallines. J'ai aussi observé plusieurs morceaux pénétrés par de petits grains d'or, ce qui semblerait annoncer que l'or a pu être injecté dans les pores du diamant. D'après M. Damour, le diamant noir fuse quand on le chauffe avec du nitre. Rivot a obtenu, pour la composition des échantillons de Bahia :

	I	II	III
Carbone	96,84	99,10	99,73
Cendres	2,03	0,27	0,24
	98,87	99,37	99,97
Densité :	3,141	3,255	3,416

Divers morceaux poreux, chauffés dans l'eau pour chasser, autant que possible, l'air logé dans leurs pores, ont donné à M. von Baumhauer 3,155 à 3,297 pour leur densité.

On a aussi annoncé récemment la découverte d'une variété massive, noire, dans la *sierra* Madre, au Mexique.

Le diamant a été recherché de tout temps, à cause de sa dureté et de son inaltérabilité ; mais c'est seulement depuis la découverte des procédés propres à le tailler et à le polir au moyen de sa propre poussière, faite en 1456 par Louis van Berquem ou Berguem, de Bruges, qu'on a connu toute sa beauté et qu'il a acquis toute sa valeur comme pierre d'ornement. Les premiers échantillons taillés étaient de simples *tables;* en 1520, on obtint les *roses*, dont la base est une face de clivage ; en 1650, le cardinal Mazarin fit tailler les premiers *brillants*. Les petits cristaux irréguliers, en forme de solides à 24 ou à 48 faces arrondies, servent à couper le verre et à graver les pierres fines.

Les lapidaires nomment *bord* les cristaux irrégulièrement maclés qui ne peuvent être clivés pour se prêter à la taille, et diamants *de nature* ceux qui sont confusément groupés.

Autrefois, c'était à l'aide de la poudre (*égrisée*) provenant de la pulvérisation des pierres de rebut et des fragments recueillis dans l'opération du *clivage* que se travaillaient les diamants et la plupart des gemmes dures ; mais la poudre de diamant noir ou *carbonado*, à cause de son prix moins élevé, tend à se substituer généralement à celle des diamants cristallisés, dans toutes les opérations où son usage est nécessaire. Des fragments de *carbonado*, convenablement choisis, sont maintenant utilisés pour former des burins propres à tourner des vases et des colonnes en granite, en porphyre ou autres roches dures et à percer les grands trous de mine.

GRAPHITE, Rhomboëdrischer melan-Graphit ; Mohs. Graphit ; Hausmann et Haidinger. Plombagine. Carbure de fer. Mine de plomb. Plumbago. Black lead. Bleischweif. Reissblei des Allemands. Blyerz des Suédois.

Rhomboèdre aigu de 85° 29′ (Kenngott).

ANGLES CALCULÉS.	ANGLES MESURÉS. KENNGOTT.
* pa^1 122°0′	122°
b^2a^1 137°16′	137°
va^1 109°50′	110°
vd^1 160°10′	160°
pp 85°29′ au sommet	»

$v = (d^1 d^{1/3} b^{1/2})$ isocéloèdre.

M. Kenngott a observé la combinaison $pa^1 d^1 b^2 v$, *fig*. 263, sur des tables minces très-nettes, de Ticonderoga, État de New-York; mais la forme la plus habituelle est celle de lames hexagonales $a^1 d^1$. La base porte des stries normales à trois de ses arêtes alternes et parallèles à son intersection avec les faces du rhomboèdre primitif. Clivage parfait suivant la base; imparfait suivant p. Cassure inégale. Opaque. Éclat métalloïde prononcé. Noir de fer ou gris d'acier foncé. Trait noir, lustré. Sectile. Onctueux au toucher. Laissant une trace noire sur le papier ou sur la porcelaine. Flexible en lames minces.

Dur. = 1 à 2. Dens. = 2,09 à 2,23 suivant le degré de pureté; 2,229 cristaux de Ticonderoga (Kenngott). Conduisant l'électricité.

Infusible au chalumeau et brûlant avec difficulté en laissant des cendres ferrugineuses. Inattaquable par les acides étendus qui ne dissolvent que le fer et les autres impuretés. Sous l'action réitérée d'un mélange de chlorate de potasse et d'acide nitrique, employé au-dessous de 50° C., certains échantillons se changent en oxyde graphitique jaune, composé explosif (Brodie), d'autres paraissent se comporter comme le graphite de la fonte.

C; Carbone, mélangé de quantités variables de fer (quelquefois 10 p. 100) qu'une digestion dans les acides suffit pour enlever, et souvent de très-petites proportions de silice, d'alumine, de chaux et d'oxyde de titane.

D'après A. Nordenskiöld, le graphite d'Ersby en Finlande laisse après incinération un résidu de 1,8 p. 100 consistant en silice, oxyde de fer et petits grains de hornblende. Celui de Ceylan a donné à Fritzsche 0,9 p. 100, et celui de Wunsiedel dans le Fichtelgebirge a fourni à Fuchs 0,33 p. 100 de cendres. Prinsep a trouvé dans des échantillons d'Angleterre et des Indes jusqu'à 8 p. 100 de fer, 1,2 à 3 p. 100 d'alumine et de chaux et un peu de silice.

Le graphite est rarement cristallisé. Il se présente ordinairement en masses réniformes, en grains aplatis ou en écailles formant des veines ou des amas intercalés dans différentes roches dont il paraît contemporain. On le rencontre dans le granite, à Mendioude, au port de la Quore de Betmale, au pic de la Tronque dans les Pyrénées; au mont Fouilly, vallée de Chamouni; aux environs de Miask, Oural;

en masses feuilletées accompagnées de sphène et de pyroxène à Ticonderoga, État de New-York (on trouve aussi dans cette localité des cristaux engagés dans le calcaire cristallin); dans la syénite, à Saint-John, Nouveau-Brunswick; dans la diorite, à Baréges, Hautes-Pyrénées; dans le gneiss, au Saint-Gothard; à Passau en Bavière, où il remplace le mica; à Krems et à Gastein en Autriche; à Leoben en Styrie; à la Seefelder Alp en Tyrol; à Saint-Dié, Vosges; à Olivadi en Calabre; à Ceylan; au cap Wilson, Nouvelle-Hollande; à Sturbridge, Massachusetts, où il offre une structure écailleuse ou finement granulaire passant quelquefois à une cristallisation distincte; à Swojanow et Schwarzbach en Bohême; à Slucz près Bilizaki en Podolie; à Strathferran près Beuly, Aberdeenshire, où il est associé à du grenat, et à Kilkenny en Irlande; à Arendal en Norwége, accompagnant des couches de fer magnétique; dans le micaschiste à Kaiserberg en Styrie; à Cummington, à Chester et Worthington, Massachusetts; à Blausteinberg près Freywalde en Silésie; à Petrow en Moravie; dans la grauwacke à Chemnitz en Saxe; dans la serpentine, à Pinheiro en Portugal; dans le trapp, à Borrowdale, Cumberland, localité presque épuisée maintenant, d'après Greg et Lettsom, mais renommée autrefois pour la pureté de ses produits; dans la formation carbonifère, à Craigman, Ayrshire; dans les terrains anthraxifères du col du Chardonnet près Briançon, où il est accompagné d'empreintes végétales et où il paraît provenir du métamorphisme opéré sur l'anthracite par des filons de porphyre amphibolique; dans le calcaire cristallin à Wunsiedel en Bavière; aux carrières d'Ersby et de Storgård, paroisse de Pargas en Finlande; à Amity, comté d'Orange, État de New-York, associé à du spinelle, de la Brucite et de l'amphibole; à Grenville, Canada inférieur, avec sphène et Wollastonite; à 3 milles d'Attleboro, comté de Bucks en Pennsylvanie, avec Wollastonite, pyroxène et scapolite; à Brandon en Vermont; à Wake, Caroline du Nord; à l'arroyal de Bareiras, province de Minas Geraes au Brésil, en couche puissante associée à du quartz, etc., etc. Il existe aussi dans quelques fers météoriques, notamment dans celui de Cranburn en Australie; ce graphite, d'après M. Berthelot, est identique avec celui de la fonte et se distingue de la plupart des graphites naturels par les propriétés de l'oxyde graphitique qui en dérive (1).

Depuis quelques années on exploite dans une sorte de gneiss, à la mine Mariinskoi, située à 400 werstes ouest d'Irkutsk, Sibérie, une couche puissante de très-bon graphite découverte par M. Alibert. Ce graphite a une structure tantôt compacte, tantôt fibreuse ou bacillaire; il offre aussi quelques groupes de cristaux tabulaires peu nets; les échantillons fibreux ressemblent à du bois; la variété bacillaire a l'aspect d'une agrégation de cristaux pseudomorphiques. Il est associé à du zircon, du fer magnétique, de la Cancrinite, de

(1) *Comptes rendus*, tome LXXIII, page 494, année 1871.

la sodalite, de l'apatite, de la fluorine, du pyroxène, de la pyrite, etc. Suivant sa pureté, il renferme de 3 à 15 p. 100 de cendres consistant en silice, alumine, oxyde de fer, magnésie et chaux (1).

Le graphite suffisamment pur est employé, soit à l'état de baguettes rectangulaires découpées à la scie, soit en poudre agglutinée par une très-forte pression, à la fabrication des crayons dits *mine de plomb*. Il a longtemps servi à faire des creusets réfractaires; mais pour ce dernier usage, on lui préfère aujourd'hui le coke provenant des cornues à gaz. Les variétés terreuses sont utilisées pour adoucir le frottement de quelques machines, et elles fournissent une couleur noire commune qui sert à noircir l'intérieur des cheminées et à garantir le fer de la rouille.

Il se produit souvent des quantités considérables de graphite lamellaire dans les hauts-fourneaux et notamment dans ceux du pays de Siegen. M. H. Sainte-Claire Deville en a également obtenu en faisant passer un courant de chlorure de carbone à travers un bain de fonte de fer liquide.

La *Tremenheerite* de Piddington paraît être une variété impure de graphite. Sa structure est écailleuse; sa couleur noir foncé; son éclat fortement métallique. Elle brûle avec une grande difficulté et se consume très-lentement. D'après Piddington, cette substance contient : Carbone 85,70 Eau et soufre 4,00 Peroxyde de fer 2,50 Silice et matières terreuses 7,50 Perte 0,30 = 100.

CHARBONS FOSSILES.

Complétement solubles, en formant des acides bruns, sous l'action réitérée d'un mélange de chlorate de potasse et d'acide nitrique employé au-dessous de 50° C. (Berthelot).

ANTHRACITE. Anthrazit; Hausmann. Mineralische Holzkohle; Werner. Harzlose Stein-Kohle; Mohs. Kohlenblende. Stangenkohle; Glanzkohle des Allemands. Welsh Culm du pays de Galles.

Amorphe. Cassure conchoïdale. Éclat résineux faiblement métalloïde. Couleur noir jaunâtre analogue à celle de l'encre de Chine; souvent irisée à la surface. Rayure noire. Fragile.

Dur. = 2 à 2,5. Dens. = 1,3 à 1,75. Conduisant parfaitement l'électricité.

Infusible au chalumeau; brûlant plus ou moins difficilement avec une flamme courte sans odeur sensible. Dans le matras, dé-

(1) *Materialen zur Mineralogie Russlands*, par Nic. de Kokscharow, 4e vol., p. 158; Saint Pétersbourg, 1861.

gageant un peu d'humidité, mais pas d'huiles volatiles. Détonant avec le nitre. Inattaquable par les acides, la potasse caustique, l'éther et l'essence de térébenthine.

C; Carbone renfermant ordinairement de petites quantités d'hydrogène, d'oxygène, d'azote et de matières terreuses.

Analyses de l'anthracite : *a*, de Pennsylvanie; *b*, de Herzogenrath près Aix-la-Chapelle; *c*, du département de la Mayenne; *d*, de la Mure, département de l'Isère, toutes par Regnault; *e*, de Sablé, département de la Sarthe, par Jacquelain; *f*, du Pembrokeshire, par Schafhäutl; *g*, bacillaire du Meissner, par Kühnert.

	a	*b*	*c*	*d*	*e*	*f*	*g*
Carbone	90,45	91,45	91,98	89,77	87,22	94,100	70,119
Hydrogène	2,43	4,18	3,92	1,67	2,49	2,390	3,190
Oxygène }	2,45	2,12	3,16	3,63	1,08	1,336	7,594
Azote }				0,36	2,31	0,874	H 3,630
Cendres	4,67	2,25	0,94	4,57	6,90	1,300	15,470
	100,00	100,00	100,00	100,00	100,00	100,000	100,000
Densité :	1,462	1,343	1,367	»	»	»	»

L'anthracite se trouve en couches ou en amas plus ou moins puissants, enclavés dans les grauwackes et les micaschistes et souvent en contact avec des roches éruptives. Elle constitue la formation anthraxifère qu'on rencontre quelquefois à la base du terrain houiller. Elle paraît en général devoir son origine à l'action d'une haute température sur des matières végétales privées ainsi de leurs parties bitumineuses. On la rencontre en quelques points des Alpes ; dans les Pyrénées, dans les départements de l'Isère, de la Mayenne, de la Sarthe, etc. en France; dans le Rhode Island, la Pennsylvanie, le Massachusetts, etc. aux États-Unis; en Bohème, en Silésie; en Saxe; au Meissner en Hesse; dans le Staffordshire, le Brecknockshire, le Carmarthenshire, le Pembrokeshire, etc. en Angleterre; à Cumnock et Kilmarnock en Écosse; à Kilkenny en Irlande.

Elle est utilisée comme combustible dans les fours à chaux et à briques, dans la clouterie et dans certains hauts-fourneaux, principalement en Amérique ; mais son emploi exige des dispositions particulières, parce qu'elle décrépite au feu et qu'elle ne brûle bien qu'en grandes masses et à l'aide d'un grand volume d'air et d'un très-fort tirage.

De petits nodules fissurés, à texture compacte, paraissant contenir dans leur intérieur quelques grains assez durs pour rayer le verre et même le corindon? avaient été regardés, il y a quelques années, comme une variété de diamant noir. Sous le poli, ils prennent un éclat remarquable qui tient le milieu entre celui du diamant et celui de l'anthracite ; mais leur faible densité, la manière dont ils se dissolvent dans le mélange de chlorate de potasse et d'acide nitrique, et leur composition, prouvent qu'ils appartiennent bien à l'anthracite. Cette composition, un peu variable avec les échantillons, est en effet, *a*, d'après M. Dumas, abstraction faite de 4 p. 100 de cendres (1), *b*, d'après M. Friedel :

	a		*b*
Carbone	97,6		87,57
Hydrogène	0,7		1,31
Oxygène	1,7	Cendres	11,27
	100,0		100,15
Densité	1,66		1,665

M. le comte de Douhet, qui a fait connaître ces nodules, pense qu'ils proviennent du Brésil.

HOUILLE. Schwarzkohle; Werner et Hausmann. Harzige Steinkohle; Mohs. Charbon de terre. Charbon de pierre. Mineral Coal; Dana. Bituminous Coal. Brown Coal. Common Coal. Black Coal.

Amorphe. Cassure conchoïdale ou inégale. Structure plus ou moins compacte ou feuilletée, rappelant quelquefois la texture ligneuse; la structure feuilletée résulte ordinairement d'une succession de petites couches, les unes spéculaires, très-éclatantes, les autres ternes, friables et tachant les doigts. Éclat vitreux ou résineux. Noir de velours; brune (cannel coal). Rayure noire. Se coupant assez facilement, mais fragile.

Dur. 2 à 2,5. Dens. = 1,25 à 1,35.

Au chalumeau, brûle facilement avec flamme, fumée noire et odeur bitumineuse. A la distillation, donne des huiles volatiles hydrocarbonées, du goudron, de l'eau, des gaz, fréquemment de l'ammoniaque, et laisse pour résidu un charbon poreux, brillant, ayant souvent l'éclat métalloïde et dont les fragments sont soudés entre eux (*coke*). Quelques minutes de calcination à l'air libre font dégager de 30 à 40 p. 100 de matières volatiles.

Carbone renfermant des proportions assez variables d'hydrogène et d'oxygène avec une légère quantité d'azote. Les variétés les plus pures ne donnent que 2 à 4 p. 100 de cendres.

Les houilles ont des propriétés très-différentes suivant les quantités relatives d'hydrogène et d'oxygène qu'elles renferment; ces propriétés sont caractérisées par les usages industriels auxquels elles s'adaptent le mieux. On peut les diviser de la manière suivante :

---

(1) *Comptes rendus de l'Academie des sciences*, année 1867.

	C	H	O et Az.	DENSITÉ.
1. Houilles anthraciteuses contenant en moyenne	92	4,28	3,19	1,34
2. Houilles demi-grasses	90	4,90	5,10	1,32
3. Houilles grasses riches en carbone	89	5,31	6,00	1,31
4. Houilles grasses maréchales	85	5,35	9,65	1,28
5. Houilles demi-grasses à gaz	82	5,35	12,50	1,25
6. Houilles maigres flambantes	78	5,35	16,60	1,25

Les nos 2 et 3 perdent par une calcination de quelques minutes à l'air libre 20 à 25 p. 100 de matières volatiles et donnent un charbon dur, poreux, faiblement boursouflé, d'un éclat métalloïde; ils conviennent parfaitement pour les hauts-fourneaux.

Le n° 4 perd de 25 à 30 p. 100 par la calcination et il laisse comme résidu un charbon très-boursouflé. Les fragments s'agglutinent fortement et se soudent par la combustion, ce qui le rend précieux pour les forgerons.

Le n° 5 perd à la calcination environ 30 p. 100; le charbon qu'il laisse est poreux et ses fragments se soudent faiblement entre eux. Il est surtout employé pour la fabrication du gaz, pour le chauffage domestique et pour la grille de la plupart des fourneaux.

Le n° 6 perd au moins 40 p. 100 par la calcination et il laisse un charbon poreux dont les fragments restent à peu près isolés. Il est bon pour les chaudières d'évaporation.

Analyse de quelques houilles : *a*, de la mine Hundsnocken à Essen Werdenschen en Westphalie, par Karsten; *b*, grasse et dure d'Alais; *c*, grasse, *maréchale*, de Rive-de-Gier; *d*, grasse à longue flamme, du Flénu de Mons; *e*, *cannel coal* du Lancashire; *f*, de Commentry; *g*, maigre, de Blanzy, toutes par Regnault.

	a	*b*	*c*	*d*	*e*	*f*	*g*
Carbone	96,02	89,27	87,45	84,67	83,75	82,72	76,48
Hydrogène	0,44	4,85	5,14	5,29	5,66	5,29	5,23
Oxygène et azote	2,94	4,47	5,63	7,94	8,04	11,75	16,01
Cendres	0,60	1,41	1,78	2,10	2,55	0,24	2,28
	100,00	100,00	100,00	100,00	100,00	100,00	100,00
Densité	»	»	1,298	1,276	1,317	»	1,362

La houille se trouve en couches d'épaisseurs très-variables, alternant avec des lits de roches arénacées, de grès à gros ou à petits grains et de schistes bitumineux dont l'ensemble constitue le terrain houiller. Ce terrain, plus ou moins puissant, est en général déposé dans des bassins d'une très-grande étendue reposant ordinairement sur le calcaire *carbonifère* reconnaissable à ses caractères minéralogiques et paléontologiques, ou bien dans des bassins plus circonscrits s'appuyant immédiatement sur les granites, les gneiss, les micaschistes, etc. On rencontre de nombreux exemples des bassins de la première espèce en Angleterre, en Belgique et dans le nord de la France; ceux de la seconde espèce sont très-développés dans les départements de Saône-et-Loire, de la Nièvre, de l'Allier, de la Loire, du Rhône, etc., autour du massif granitique qui s'élève au centre de la France.

Les grès et les schistes qui accompagnent la houille renferment un grand nombre de débris végétaux et principalement des tiges et des empreintes de feuilles de grandes fougères et d'équisétacés, de sorte qu'on est amené à regarder l'origine de la houille comme due à l'enfouissement sur place d'immenses forêts douées d'une végétation ultra-tropicale.

Elle est répandue dans un grand nombre de lieux où le sol appartient aux terrains inférieurs de sédiment. L'Angleterre en renferme une abondance extrême. La France, la Belgique, le Luxembourg, la Prusse, le centre de l'Allemagne, les États-Unis du Nord, la Chine, le Japon, la Nouvelle-Galles du Sud, la Nouvelle-Zélande, la Perse, etc., etc., en possèdent des dépôts considérables. Les contrées les plus pauvres sont celles dont le sol est occupé par les terrains de cristallisation comme la Suède, la Norwége et la Russie, ou par des sédiments très-modernes, comme une partie de l'Italie.

Indépendamment de ses usages comme combustible et pour la fabrication du gaz d'éclairage, on l'utilise encore pour en extraire des huiles volatiles, de la naphtaline, de la benzine, et cette extraction a, depuis un petit nombre d'années, donné naissance à la belle industrie des couleurs d'aniline. Sa présence est donc une source de grandes richesses pour tous les pays qui en possèdent; mais sa consommation va toujours en augmentant, et dans certains centres d'exploitation, on ne prévoit pas sans inquiétude l'époque relativement assez rapprochée où les mines seront épuisées.

LIGNITE. Braunkohle ; Werner et Hausmann. Harzige Steinkohle ; Mohs. Γαγατης λιθος; Dioscoride. Thracius lapis ; gemma Samothracia : Pline.

Cassure conchoïdale ou terreuse. Structure compacte (Pechkohle, Gagat) ; fibreuse et ligneuse (jayet, bois bitumineux, Erdkohle, Moorkohle) ; feuilletée ou terreuse. Éclat cireux ; terne. Noir de velours (jayet) ; noir brunâtre ou brun de diverses nuances. Poussière brune. Dur. = 1 à 2. Dens. = 0,5 à 1,25.

S'allume et brûle facilement avec flamme, fumée noire et odeur bitumineuse. A la distillation, donne des matières bitumineuses, de l'oxyde de carbone, de l'acide carbonique, de l'eau contenant ordinairement de l'acide acétique, etc. et laisse un charbon brillant, compacte, qui conserve à peu près la forme des fragments employés. Par la calcination à l'air libre, il se dégage de 50 à 70 p. 100 de matières volatiles et il reste un charbon assez analogue à la braise, qui continue à brûler jusqu'à se réduire en cendres. Colore en brun une solution de potasse.

Renferme de 55 à 75 p. 100 de carbone, avec de l'oxygène, de l'hydrogène, de l'azote et des matières terreuses.

Analyses de quelques lignites : *a*, commun, d'Uttweiler au nord du Siebengebirge, bords du Rhin, par Karsten; *b*, compacte (*pechkohle*) de Saint-Girons ; *c*, terreux, de Cologne ; *d*, à structure ligneuse, d'Uznach en Suisse, toutes trois par Regnault ; *e*, à structure ligneuse, du Hirschberg près Gross-Almerode en Hesse, par Kühnert.

	a	*b*	*c*	*d*	*e*
Carbone	77,10	72,94	63,29	56,04	51,70
Hydrogène	2,55	5,45	4,98	5,70	5,25
Oxygène et azote	19,35	17,53	26,24	36,07	30,37
Eau à 100° C.	»	»	»	»	11,39
Cendres	1,00	4,08	5,49	2,19	1,29
	100,00	100,00	100,00	100,00	100,00

Les lignites parfaits, communs ou *piciformes*, ont beaucoup d'analogie avec la houille; les lignites fibreux ou *ligneux* (bois bitumineux) présentent tous les caractères du bois. On les rencontre quelquefois sous la forme de branches d'arbre qui, à l'intérieur, offrent le tissu des plantes dicotylédones.

Ils forment des dépôts plus ou moins puissants qui commencent à se montrer dans les grès verts situés à la base de la craie, mais qui sont surtout abondants dans la série des terrains tertiaires. Les débris organiques végétaux qui les accompagnent sont uniquement des débris de dicotylédones, et les impressions de feuilles qui y sont communes, différant totalement de celles de la houille, ont un air de famille avec les feuilles des arbres actuels. Les coquilles fossiles répandues dans les roches environnantes sont analogues à celles qui vivent dans nos eaux douces.

On les rencontre à peu près partout où existent des terrains tertiaires très-développés, aux environs de Paris, à Auteuil, Marly, Bagneux, etc.; en divers points du département de l'Aisne ; à Voreppe dans l'Isère ; à Saint-Paulet près le Pont-Saint-Esprit, Gard ; à Piolen près d'Orange, département de Vaucluse; à Gardanne, Roquevaire, etc., Bouches-du-Rhône ; aux environs de Dax, département des Landes; à Sisteron et à Forcalquier, Basses-Alpes, etc.; entre Tenès et Orléansville, Algérie; à Artern en Thuringe (contenant la mellite); près de Cologne; au Meissner, au Hirschberg près Gross-Almerode et à l'Habichtswald près Cassel en Hesse, en contact avec le basalte; en Saxe, en Silésie, en Bavière, en Styrie et en un grand nombre d'autres parties de l'Allemagne; en Suisse; en Angleterre; en Écosse; à l'île de Skye; à Antrim en Irlande, dans le trapp; à Suderöe l'une des Féröe; en divers points de l'Islande où il est connu sous le nom de *surturbrand* et où il se présente au milieu des roches amygdaloïdes, en petits dépôts contenant de gros troncs de conifères.

Les variétés piciformes ou fibreuses sont employées avec avantage pour chauffer et évaporer les liquides, pour cuire la chaux, etc. Le *jayet*, à structure fibro-compacte a été pendant longtemps travaillé en bijoux de deuil et en objets de fantaisie. Celui de Sainte-Colombe sur l'Hers, département de l'Aude, où cette industrie, maintenant abandonnée, a été jadis florissante, contient : Charbon 61,4 Matières volatiles 37,9 Cendres 1,7 = 100. Les variétés terreuses chargées de pyrite, comme celles des départements de l'Aisne et de l'Oise, servent à la préparation de l'alun et du sulfate de fer; les résidus de ces fabrications, ou les lignites eux-mêmes, sont utilisés pour l'amendement des terres sous le nom de *cendres rouges* et de *cendres noires*.

La *terre d'Ombre* ou *terre de Cologne* est un lignite terreux, à grains fins, friable, doux au toucher, d'un brun clair, presque aussi léger que l'eau. Il brûle à la manière de l'amadou en répandant une fumée d'une odeur désagréable. Il contient : Carbone 37,4 Liquides volatils 31,3 Gaz 25,6 Cendres 5,7 = 100. Il forme des couches de 2 à 3 mètres de puissance qui renferment souvent des débris de végétaux et des fruits de la grosseur d'une noix provenant d'une espèce de palmier. On l'emploie surtout comme couleur.

Le dysodile de Cordier (houille papyracée, Merda di Diavolo) est une sorte de lignite schisteux contenant beaucoup de matières terreuses. Il se présente sous forme de feuillets minces, papyracés, se séparant facilement les uns des autres, à cassure terreuse et mate, d'un jaune ou d'un gris verdâtre, renfermant quelquefois des empreintes de poissons et de plantes dicotylédones. Il est flexible et légèrement élastique. Sa dens.=1,14 à 1,25. A l'air humide, il se boursoufle et tombe en morceaux. Il brûle avec une flamme vive en répandant une fumée dont l'odeur est très-désagréable et rappelle celle de l'*assa-fœtida*, en laissant un résidu rouge composé de silice, d'alumine et d'oxyde ferrique.

M. Delesse a trouvé, dans le dysodile de Glimbach :

Carbone			5,5
Eau, matières bitumineuses volatiles et azotées			49,1
Résidu	Oxyde ferrique	11,0	45,4
	Silice soluble dans la potasse	17,4	
	Argile	17,0	
			100,0

Le dysodile a été d'abord rapporté par Dolomieu, de Sicile où il existe en couches minces entre des bancs de calcaire, à Melili près Syracuse. Depuis, on l'a retrouvé à Glimbach près Giessen et dans quelques autres dépôts de lignites. On a cité des matières analogues à Châteauneuf près Viviers, département du Rhône, et à Saint-Amand en Auvergne. M. Ehrenberg a reconnu dans plusieurs variétés des carapaces siliceuses d'infusoires et des débris de plantes, et il regarde leur formation comme analogue à celle du *tripoli* (Polirchiefer).

TOURBE. Torf. Moor.

Sorte de terreau formé par l'accumulation et l'altération de diverses plantes et particulièrement de *sphagnum* et de conferves, mélangées de parties terreuses. Structure compacte ou limoneuse dans les parties inférieures des dépôts qui ont été fortement comprimées; grossière ou fibreuse dans les parties supérieures remplies de débris visibles d'herbes sèches; quelquefois papyracée. Couleur brune plus ou moins foncée. Tendre et facile à écraser.

Dens. = 1 environ.

Brûle facilement mais lentement, avec ou sans flamme, en dégageant une fumée qui a une odeur *sui generis*. A la distillation, donne, comme le bois, de l'eau chargée d'acide acétique, des matières huileuses, des gaz combustibles et presque toujours de l'ammoniaque; le charbon qui reste a la même forme que la tourbe, mais son volume est beaucoup moindre, le retrait étant ordinairement des deux tiers.

Analyses de la tourbe : *a*, du Fichtelgebirge, par Fickenscher; *b*, des environs d'Abbeville, par Regnault; *c*, de Hollande, par Malder.

	a	*b*	*c*
Carbone	66,55	57,03	50,85
Hydrogène	10,39	5,63	4,64
Oxygène	18,59	29,67	30,25
Azote	2,76	2,09	»
Cendres	1,70	5,58	14,25
	99,99	100,00	99,99

La tourbe, dont la formation se continue de nos jours dans les vallées marécageuses et dans les lieux très-humides, couvre des espaces immenses dans les parties basses de nos continents. Souvent ses dépôts sont encore sous l'eau, mais d'autres fois ils sont à sec et il s'est formé au-dessus d'eux des couches de sable et de limon portant de belles prairies.

En France les plus grandes tourbières sont celles de la vallée de la Somme, entre Amiens et Abbeville; de la vallée du Thérain, aux environs de Beauvais, Oise; de la vallée de l'Ourcq; de la vallée d'Essone, près Paris; des environs de Dieuze, Meurthe. La Hollande, qui n'a pas d'autre combustible, la Westphalie, le Hanovre, la Prusse, la Silésie, etc., en renferment de grandes quantités.

Exploitée, à l'aide d'un louchet à ailette ou à la drague, suivant qu'elle est émergée ou immergée, la tourbe est employée comme combustible, dans son état naturel, en petits parallélipipèdes simplement séchés au soleil et en briquettes agglomérées par une forte compression, ou après carbonisation dans des fourneaux spéciaux. Le charbon ainsi obtenu sert avantageusement pour la génération de la vapeur, pour la cuisson de la chaux et même pour le puddlage de la fonte.

DOPPLÉRITE ; Haidinger.

Amorphe. Cassure conchoïdale.

A l'état frais, gélatineuse et élastique comme du caoutchouc. En lames très-minces, montrant au microscope des restes de fibres organiques, mais ne manifestant aucune trace de cristallisation dans la lumière polarisée. Eclat plutôt vitreux que gras. Noir brunâtre. Plus tendre que le talc. Dens. $=1,089$ (Fœtterle). A peu près sans odeur. Au contact de l'air, surtout dans une chambre chaude, ou par compression entre deux linges, diminue beaucoup de volume, et tombe en petits fragments amorphes, à cassure parfaitement conchoïdale. Ces fragments sont opaques et d'un noir de velours en masse, un peu translucides et d'un brun rougeâtre en esquilles minces ; ils ont un éclat un peu adamantin ; ils sont fragiles, possèdent une dur. $=2$ à $2,5$ et une dens. $=1,466$.

Brûle sans flamme en dégageant une odeur analogue à celle de la tourbe et s'éteint peu à peu en laissant 6 à 7 p. 100 de cendres. Séchée à 100° C, perd 78,5 p. 100 d'eau (Schrötter). Insoluble dans l'alcool et l'éther, mais se dissolvant presque entièrement dans la potasse caustique qui forme une liqueur brune, d'où l'acide chlorhydrique précipite une masse entièrement semblable, après dessiccation, à la substance naturelle desséchée.

Abstraction faite des cendres et d'un peu d'azote, la composition s'exprime par la formule $C^{16} H^{10} O^{10}$ qui donne : Carbone 51,61 Hydrogène 5,38 Oxygène 43,03.

M. Schrötter a obtenu : C 48,06 H 4,98 O 40,07 Az 1,03 Cendres 5,86=100.

Cette substance, qui peut être regardée comme une tourbe plus homogène qu'à l'ordinaire, contient quelquefois des fragments de tourbe, des restes de feuilles *Phragmites communis*, d'après C. von Ettingshausen, et de petites racines. On l'a rencontrée en masse compacte, à 6 ou 8 pieds de profondeur, dans une couche puissante de tourbe, au S. O. d'Aussee en Styrie où elle est connue des habitants sous le nom de *Modersubstanz*, et, suivant M. Tschudi, près des bains de Gonten à une demi-heure d'Appenzell en Suisse.

M. Gümbel a signalé, dans la tourbe de Berchtesgaden en Autriche, une matière brune d'une dens. $=1,439$, tout à fait semblable à la Dopplérite dont elle ne diffère que parce qu'elle brûle avec une flamme jaune et que l'alcool absolu lui enlève une quantité notable de résine.

M. J. C. Deicke a annoncé qu'on trouvait dans la tourbe de Hägnetswyll, canton de Saint-Gall en Suisse, une masse terreuse, plastique à l'état humide, d'un brun rouge, qu'il regarde aussi comme de la Dopplérite. Séchée à l'air, elle durcit, brûle avec une flamme claire et produit beaucoup de chaleur. Elle renferme d'après Aschbach 83,25 de substances inflammables, 12,5 d'eau et 4,25 de cendres. La partie volatile se composerait en majorité de gaz d'éclairage. Comme le fait remarquer M. Kenngott, ces caractères se rapprochent plutôt de ceux de la *pyropissite* ou du *mélanchyme* (voir plus loin, pages 63 et 69).

CARBURES D'HYDROGÈNE.

CIRES FOSSILES.

Substances généralement cristallisées, en partie isomères de l'essence de térébenthine, différant surtout les unes des autres par la température de leur point de fusion, provenant fréquemment d'arbres résineux enfouis dans les tourbières, et rarement des lignites ou des formations houillères.

SCHEERÉRITE ; Stromeyer. Naphtaline résineuse prismatique ; Könlein.

Clinorhombique. Forme primitive indéterminée. M. Kenngott a observé sur de très-petits cristaux plusieurs faces qui peuvent être rapportées aux symboles m, g^1, p, $b^{1/2}$ et il a trouvé approximativement pour les angles plans :

$$p : \frac{m}{m} = 101° \, 30' \qquad p : \frac{b^{1/2}}{b^{1/2}} = 135° \qquad \frac{b^{1/2}}{b^{1/2}} : \frac{m}{m} = 123° \, 30'.$$

Les cristaux sont fortement aplatis suivant g^1. Cassure conchoïdale. Transparente ou translucide. Des lames hexagonales très-minces, parallèles à g^1, d'Uznach en Suisse, exercent une action très-marquée sur la lumière polarisée qui fait reconnaître dans leur intérieur des enchevêtrements irréguliers. Les plages les plus transparentes m'ont laissé entrevoir des anneaux annonçant deux axes optiques très-écartés autour d'une bissectrice *positive*, mais insuffisants pour établir la relation du plan qui contient ces axes avec les axes cristallographiques. Éclat résineux ou adamantin. Blanche avec des teintes de gris, de jaune ou de vert. Poussière blanche. Fragile. Onctueuse au toucher. Tendre. Dens. = 1 à 1,2 (Breithaupt). Sans saveur.

Émettant une faible odeur aromatique lorsqu'on la chauffe. Fusible à 44° C. en une huile incolore qui se prend en masse cristalline radiée par le refroidissement. A 92° C. distille sans changement. Un peu au-dessus de 100° se volatilise et se sublime en aiguilles. Brûle avec une flamme fuligineuse et une légère odeur aromatique, sans résidu. Insoluble dans l'eau et les alcalis ; soluble dans l'alcool, l'éther, les huiles grasses et les acides azotique et sulfurique ; cristallisant par l'évaporation du liquide.

Une analyse approximative de la Scheerérite d'Uznach a donné à Macaire Prinsep :

Carbone 73 Hydrogène 24 Perte 3 = 100. Il est probable qu'il y a eu une erreur sur le dosage de l'hydrogène.

Les cristaux, agglomérés, ont été rencontrés sous forme d'enduits minces, entre les fentes d'un bois bitumineux jaunâtre, dans une couche de lignite à Uznach, canton de Saint-Gall en Suisse.

OZOCÉRITE. Ozokerit ; Haidinger. Erdwachs. Paraffine naturelle.

Cassure conchoïdale dans une direction ; écailleuse dans les autres directions. Transparente en écailles minces ; translucide. Éclat cireux plus ou moins prononcé sur la cassure conchoïdale ; brillant sur les cassures écailleuses. Vert poireau foncé inclinant au brunâtre, par réflexion ; brun jaunâtre, jaune de miel ou rouge hyacinthe, par transmission. Poussière blanc jaunâtre. Tendre, flexible et se laissant couper comme la cire ; se pétrissant entre les doigts lorsqu'on l'échauffe un peu. Dégageant une odeur aromatique et bitumineuse qu'on augmente par le frottement. S'électrisant négativement par friction.

Fusible vers 62° C. en un liquide huileux clair qui se prend en masse en refroidissant. Brûlant avec une flamme éclairante légèrement fuligineuse et laissant quelquefois un faible résidu charbonneux. Entièrement soluble dans l'essence de térébenthine et le naphte ; plus ou moins soluble dans l'éther ; peu soluble dans l'alcool bouillant, d'où la matière se sépare à l'état cristallin, par le refroidissement de la liqueur. Malaguti a trouvé, pour les variétés de Moldavie et de Gallicie, que la portion soluble, fusible à 75° C., avait une dens.=0,845 et que la portion insoluble, fusible à 90°, avait une dens.=0,957. La variété d'Urpeth, en grande partie insoluble dans l'alcool, se dissout aux $\frac{1}{6}$ dans l'éther froid qu'elle colore en brun (M. Dana nomme *urpéthite* la matière dissoute). Inattaquable par l'acide sulfurique.

Composition voisine de celle que représente la formule générale appartenant à un terme élevé de la série des hydrocarbures saturés $C^{2n} H^{2n+2}$. La formule $C^{30} H^{62}$ exigerait C 85,3 H 14,7.

Analyses de l'ozocérite : de Slanik en Moldavie, *a*, par Magnus ; *b*, par Schrötter ; de Zietrisika en Moldavie (*cire fossile* de Magnus, *zietrisikite* de Dana), *c*, par Malaguti (moyenne de 3 opérations) ; de Boryslaw en Gallicie (variété brun noirâtre en masse, brun rougeâtre en lames minces), *d*, par Hofstädter (moyenne de 2 opérations) ; de Truskawicz en Gallicie (*cire fossile*), *e*, par Walter ; de la mine Urpeth près Newcastle, *f*, par Johnston.

	a	*b*	*c*	*d*	*e*	*f*
Carbone	85,75	86,20	86,07	85,36	84,62	86,80
Hydrogène	15,15	13,79	13,95	14,58	14,29	14,06
	100,90	99,99	100,02	99,94	98,91	100,86
Densité	»	0,953	0,946	0,944	»	»
Point de fusion	»	62° à 63°	84°	60° à 65°	59°	60°
Point d'ébullition	»	210°	300°	»	350°	121°

On rencontre l'ozocérite en masses irrégulières, quelquefois fibreuses, souvent assez volumineuses : dans les terres de la tribu Abadseh au Caucase ; en divers points de la côte occidentale de la mer Caspienne, et notamment dans une île voisine de Bakou où l'on cite une couche puissante d'une variété brune qui, d'après Petersen, fond à 79° C., possède une dens. = 0,903, est peu soluble dans l'alcool, en grande partie soluble dans l'éther, la benzine et l'essence de térébenthine et fournit à la distillation sèche un produit qui consiste presque uniquement en *paraffine*. Son analyse a donné : Paraffine 81,82 Gaz 13,82 Résidu charbonneux 4,36=100.

Les autres gisements les plus connus sont : dans un grès bitumineux voisin de couches de houille et de sel gemme, à Slanik et à Zietrisika en Moldavie ; dans le grès des Carpathes, principalement sur le versant oriental du Nagy-Sandor-Berg en Transylvanie ; dans des grès et des argiles bitumineux, à Boryslaw près Stebnik, vallée du Tysmenica, et à Truskawicz en Gallicie (les cristaux de sel gemme de Boryslaw en renferment quelquefois des grains jaunâtres) ; dans le grès de Vienne, non loin d'une couche de houille, à Gresten près Gaming en Autriche ; dans une marne inflammable d'où sort une source sulfureuse, entre Neutitschein et Libisch en Moravie ; dans le grès houiller, à Urpeth, près Newcastle-sur-Tyne en Angleterre.

En Moldavie, l'ozocérite est employée directement pour l'éclairage. On en extrait des bougies de paraffine et elle peut être utilisée pour la fabrication du gaz.

Le neft-gil (naphtadil, néphatil, neftedegil, steintalg) est noir brunâtre. Il possède un faible éclat gras, colle aux doigts, fond à 75° (Fritzsche) ou 81° (Hermann) et brûle avec une flamme claire, peu fuligineuse. Traité par l'éther, qui n'en dissout qu'une faible portion, il se comporte, d'après Fritzsche, comme l'ozocérite de Gallicie. M. Hermann a annoncé que l'alcool le partageait en : Résine 13,33 Cire soluble dans l'alcool bouillant 17,77 Cire insoluble 66,28=97,38 ; il a nommé *keron* le produit de la distillation sèche qui différerait de la paraffine par la manière dont il se comporte avec l'acide sulfurique. On trouve le neft-gil en grains engagés dans les sables et les argiles qui avoisinent les sources de naphte de l'île Tschelekän dans la mer Caspienne, où il est souvent confondu avec une autre substance nommée *kir* (voir page 47). M. Fritzsche pensait que le naphte de Tschelekän qui, après évaporation, abandonne des nodules de neft-gil, en contient aussi à l'état de dissolution, parce qu'il traverse probablement une couche intérieure d'ozocérite, avant d'arriver au jour.

La baïkérite d'Hermann est d'un brun chocolat. Elle se ramollit à la chaleur de la main, fond à 52° C. en un liquide oléagineux et, à une température plus élevée, distille en laissant un faible résidu charbonneux. Elle est soluble à chaud dans l'éther, le naphte et l'essence de térébenthine et ne se dissout qu'en partie dans l'alcool. Elle a donné à M. Hermann : Cire soluble dans l'alcool 60,18 Cire insoluble 7,02 Résine visqueuse 32,41 Matières terreuses 0,39=100. Cette substance, qu'on peut réunir à l'ozocérite, paraît être abondante dans les fissures de certaines roches des environs du lac Baïkal.

La Hatchettine de Conybeare (Mineral Adipocire ; Mineral Tallow) appartient probablement au système rhombique. Traces de clivage dans une direction. Transparente en lames minces ou translucide. Dans une lame blanche, très-molle, du Glamorganshire, j'ai observé au microscope polarisant deux axes très-voisins (2E=10° env.) autour d'une bissectrice *positive*, avec écartement variable suivant les plages et dispersion à peu près nulle. Dans une lame brunâtre des environs de Liége, les axes étaient encore peu écartés ; les anneaux colorés étaient très nets et symétriquement disposés autour de la bissectrice qui paraissait normale au plan de clivage. La dispersion des axes était sensible, avec $\rho < v$. En promenant la lame dans son plan, la forme des anneaux et l'écartement des axes variaient un peu par suite d'enchevêtrements intérieurs. Blanc jaunâtre ou verdâtre ; brune. Éclat nacré. Très-tendre. Consistance de la cire ou du spermaceti. Dens=0,608 (0,983 après fusion) ; 0,839 (0,904 après fusion), variété des environs de Liége, d'après Chandelon ; 0,892 variété de Rossitz en Moravie, d'après Patera. Fusible à 46° C. (du Glamorganshire), à 47° (de Loch Fyne), à 50° (des environs de Liége), à 71° (de Rossitz), à 76°.6 (de Merthyr Tydvil).

Peu soluble dans l'alcool bouillant ; peu soluble dans l'éther en laissant un résidu visqueux, inodore. A peine attaquée par l'acide azotique, mais complétement carbonisée par l'acide sulfurique concentré.

Composition identique à celle de l'ozocérite.

Johnston a trouvé dans la variété du Glamorganshire :

Carbone 85,91 Hydrogène 14,62 = 100,53.

Suivant Chandelon, la variété des environs de Liége se dissout dans 21 parties d'alcool bouillant. On en sépare par cristallisation 70 p. 100 d'une matière solide, analogue à la *paraffine*, mais fusible à 56° C., ayant une dens. = 0,97 et contenant : C 83,45 H 14,92 =98,37. Le reste forme une matière huileuse, bouillant à 150° et qui paraît être un mélange.

Associée à des cristaux de calcaire, de quartz et quelquefois de dolomie, la Hatchettine remplit les fentes du fer carbonaté lithoïde dans les terrains houillers de Merthyr-Tydvil, pays de Galles; de Loch Fyne et d'Inverary en Écosse ; de Baldaz-Lalou, commune de Chockier, province de Liége en Belgique; de Rossitz en Moravie, et de Brandeisl en Bohême. Dans la mine *Segen Gottes*, à Rossitz, la substance est assez abondante pour être employée à l'éclairage des mineurs. Le *mineral tallow* (*suif minéral*) avait été rencontré pour la première fois, sur les côtes de Finlande, en 1736. Une substance analogue a été trouvée dans un lac de Suède. M. Dunker a constaté l'existence d'une variété semblable à celle de Merthyr-Tydvil, dans le fer carbonaté lithoïde (sphérosidérite argileux) des couches inférieures de la formation *wealdienne*, à Sooldorf près Rodemberg, comté de Schaumbourg. Cette variété, d'apparence fondue ou stalactitique, a un éclat gras et une couleur jaune de miel plus ou moins foncée, avec des taches verdâtres. Elle est plus légère que l'eau, tendre comme du beurre, inodore. Elle fond facilement et brûle en dégageant une odeur ambrée particulière. MM. Joubert de Beaulieu et Desvaux ont découvert en 1836, en petits nids dans le calcaire de transition du département de Maine-et-Loire, une matière du même genre qui avait été nommée naphtéine à cause de son odeur analogue à celle du naphte. Fraîche, elle est transparente et d'un jaune verdâtre; mais par une longue exposition à la lumière elle devient rousse et translucide. Elle a un aspect gélatineux, est molle et onctueuse au toucher. Sa densité est inférieure à celle de l'eau. Elle fond à 51° C. Elle brûle avec flamme en répandant une odeur désagréable. Elle est soluble dans l'essence de térébenthine, l'éther et l'alcool bouillant.

Le nom de chrismatine a été donné par M. Germar à une sorte d'ozocérite engagée avec calcaire dans les fentes d'un grès du district houiller de Wettin près Halle en Prusse. Elle forme des enduits minces, visqueux, collant aux doigts à 12° ou 15° C., transparents ou translucides, d'un jaune verdâtre ou d'un vert poireau, fondant immédiatement au contact de la flamme de l'alcool et brûlant avec une flamme sans odeur.

La Dinite de Meneghini offre une agrégation de petits cristaux ayant l'apparence de la glace. Sa couleur est blanche avec une teinte jaune due à une matière étrangère. Elle est fragile, facile à pulvériser, sans odeur ni saveur, fusible à la chaleur de la main. Fondue, elle ressemble à une huile jaunâtre qui, en refroidissant, donne de grands cristaux transparents. Chauffée en vase clos, elle distille sans altération.

Peu soluble dans l'alcool, elle est très-soluble dans l'éther, et la solution éthérique laisse déposer de larges cristaux.

Elle a été trouvée par le professeur Dini, dans une couche de lignite, à Lunigiana, en Toscane.

FICHTÉLITE; Bromeis.

Clinorhombique. Forme primitive indéterminée. Des cristaux obtenus par T. E. Clark en traitant par l'éther le bois de pin enfoui dans les tourbières de Redwitz, se présentent en prismes allongés offrant les combinaisons mh^1p et mh^1pa^1, avec les incidences approximatives suivantes :

$mm = 83°$ $ph^1 = 127°$ pa^1 adj. $= 105°$ a^1h^1 adj. $= 128°$.

Les cristaux sont ordinairement allongés suivant la diagonale horizontale de la base, et la combinaison mh^1p prend l'apparence de lames hexagonales, lorsque la base est prédominante. Transparente. Des lamelles isolées manifestent une forte action sur la lumière polarisée; mais je n'ai pu parvenir à les disposer convenablement pour y voir des anneaux. Incolore ou jaunâtre. Éclat nacré. Onctueuse au toucher. Plus légère que l'eau, mais plus lourde que l'alcool. Sans odeur ni saveur. Fond à 46° C., et, à 36°, se prend en masse cristalline; distille à peu près sans altération, quoique en dégageant une odeur agréable et laissant un faible résidu; cristallise par condensation. Brûle avec une flamme claire. Peu soluble dans l'alcool absolu; facilement soluble dans l'éther. Soluble dans l'acide azotique fumant; complétement décomposée par l'acide sulfurique anhydre.

En traitant par l'éther la substance extraite des pins enfouis de Redwitz, M. Schrötter y a reconnu deux corps, inégalement fusibles, la xylorétine cristallisable (voyez plus loin, page 57) et un liquide huileux jaunâtre à odeur de benjoin, ayant la composition et les propriétés de la fichtélite.

$C^{20}H^{16}$; Carbone 88,23 Hydrogène 11,77 (isomère de l'essence de térébenthine).

Analyses de la fichtélite : solide, *a*, par Bromeis; *b*, par Clark (moyenne de 3 opérations); liquide, *c*, par Schrötter.

	a	b	c
Carbone	88,07	87,13	88,58
Hydrogène	10,70	12,87	11,34
	98,77	100,00	99,92

M. Clark, qui a opéré sur la substance préalablement distillée, a proposé la formule $C^{80}H^{70}$ exigeant : C 87,27 H 12,73.

Se rencontre en enduits très-minces, composés d'une superposition de petites lamelles éclatantes, entre les couches d'accroissement annuel des pins enfouis dans la tourbe de Redwitz, Fichtelgebirge en Bavière, avec la Könleinite, et, suivant M. Reuss, dans celle de Franzenbad en Bohème; accompagne la Scheerérite d'Uznach, d'après M. Clark.

La técorétine de Forchammer est une des substances que l'on obtient quand on traite par l'éther la matière blanche cristalline associée au bois des pins fossiles des tourbières de Holtegaard en Danemark. Elle offre de beaux cristaux appartenant au prisme rhomboïdal oblique. Elle fond à 45° C. et bout au point d'ébullition du mercure. Elle se dissout facilement dans l'éther et difficilement dans l'alcool. Elle contient :

Carbone 87,19 Hydrogène 12,81 = 100.

On peut donc la rapporter à la même formule que la fichtélite, $C^{20}H^{16}$, quoique Forchammer ait préféré $C^{20}H^{18}$ qui exige : C 86,96 H 13,04.

La seconde substance extraite des bois fossiles de Holtegaard a été nommée phyllorétine à cause des lamelles micacées qu'elle présente. Elle fond à 86° ou 87° C. et est un peu plus soluble dans l'alcool que la técorétine. Forchammer y a trouvé en moyenne :

Carbone 90,17 Hydrogène 9,24 = 99,41.

Cette composition, qui se rapproche de celle de la Könleinite, s'exprime assez bien par la formule de Forchammer $C^{20}H^{12}$ donnant, C 90,90 H 9,10.

Hartite; Haidinger. Clinorhombique? ou triclinique? d'après M. Rumf. Une solution alcoolique et éthérée laisse déposer des lames cristallines à quatre côtés offrant, d'après M. Kenngott, des angles d'environ 99°30′ et 80°30′, des lames hexagones produites par une troncature placée sur l'angle aigu des premières et faisant avec leur plus grand côté un angle de 117°30′ et des lames octogones. Clivage parallèle au plan des lames. Cassure conchoïdale. Transparente ou translucide. Au microscope polarisant, on peut constater l'existence de deux axes optiques très-écartés autour d'une bissectrice *positive* qui paraît normale au clivage. Éclat gras faible.

Blanche. Très-tendre et s'écrasant facilement. Dens. = 1,046 (Haidinger); 1,036 à 1,060 (Kenngott). Fusible à 74° C. (72° selon Baumert) en un liquide clair qui se prend en masse par le refroidissement. Commençant à émettre des vapeurs à 100° avec une odeur ambrée. Distillant à peu près sans altération à une température plus élevée. Brûlant avec une flamme fuligineuse. Très-facilement soluble dans l'éther, moins facilement dans l'alcool. A l'état naturel, souillée, d'après Baumert, par une matière oxygénée dont on la débarrasse à l'aide de cristallisations répétées.

Composition pouvant être représentée par la formule de la fichtélite $C^{20}H^{16}$.

Analyses de la hartite : *a* et *b*, de Gloggnitz en Autriche, par Schrötter; *c*, de Köflach en Styrie, par Baumert (moyenne de trois opérations).

	a	*b*	*c*
Carbone	87,07	87,50	87,77
Hydrogène	12,05	12,10	12,26
	99,12	99,60	100,03

M. Baumert a proposé, pour représenter le résultat de ses analyses, la formule $C^{24}H^{20}$ exigeant : C 87,80 H 12,20.

La hartite, qui ne diffère de la fichtélite que par son point de fusion, a été trouvée en fragments anguleux et en lamelles écailleuses dans les lignites ligneux d'Oberhart, près Gloggnitz en Autriche; de Rosenthal près Köflach et de Voigtsberg en Styrie; de Prävali en Carinthie. Il est probable qu'on doit aussi lui rapporter une substance semblable à la Scheerérite, mais fusible à 75° C., que W. Caselmann a rencontrée dans les lignites de la mine Wilhelmszeche en Westerwald.

La branchite de Savi est probablement de la hartite. Cassure inégale. Transparente. Double réfraction assez faible. Deux axes optiques très-écartés. Enchevêtrements irréguliers reconnaissables dans la lumière polarisée. Incolore. Grasse au toucher. Dens. = 1,04 à 18° C. (Piria). Sans odeur ni saveur. Devient électrique par le frottement. Fond à 75° C. en jaunissant; ne cristallise pas en se refroidissant. Brûle sans résidu avec fumée et odeur faible. Soluble dans l'alcool d'où elle se sépare en écailles fines. Soluble dans les huiles grasses ou volatiles. D'après Piria, la composition des lames que laisse déposer la solution alcoolique s'exprimerait par la formule $C^{18}H^{16}$ donnant : C 87,10 H 12,90. Forme, avec calcédoine et pyrite, de petites veines dans un lignite du Monte Vaso en Toscane.

On pourrait peut-être placer encore ici la résine de Settling Stones (*settlingite*). Elle est dure, fragile, mais difficile à pulvériser. Sa couleur varie du jaune pâle au rouge foncé. Elle est opaline. Sa dens. = 1,16 (Johnston). Elle ne fond pas à 200°C., mais elle brûle à la flamme d'une chandelle. Chauffée dans le matras, elle dégage des produits empyreumatiques. Elle est un peu soluble dans l'alcool.

En négligeant les 3,26 p. 100 de cendres laissées par la combustion à l'air libre, sa composition s'exprimerait, comme celle de la fichtélite, par $C^{20}H^{16}$ ($C^{20}H^{15}$ suivant Johnston), donnant C 88,23 H 11,77.

Johnston a trouvé : C 85,13 H 10,85 Cendres 3,26 = 99,24 ou, abstraction faite des cendres; C 88,01 H 11,23.

Cette substance s'est présentée, sous forme de gouttes ou de fragments aplatis, dans les fissures d'un calcaire, près de la mine de plomb de Settling Stones en Northumberland, au contact d'une masse de basalte. Elle a quelque ressemblance avec la *copaline* dont sa composition la rapprocherait beaucoup, si de nouvelles recherches venaient à y constater la présence de l'oxygène.

IXOLYTE; Haidinger. Amorphe. Cassure conchoïdale ou terreuse. Éclat résineux dans la cassure. Rouge hyacinthe. Poussière brun jaunâtre ou jaune d'ocre. Tendre. Dur. = 1. Se laissant écraser entre les doigts en dégageant une odeur aromatique. Dens. = 1,008. Se ramollissant à 76°C.; à 100° devenant visqueuse et se laissant étirer en fils.

Remplit des fentes dans le bois bitumineux et accompagne la hartite dans les couches de lignite d'Oberhart, près Gloggnitz en Autriche.

KÖNLITE; Schrötter. Könleinite; Hausmann.

Probablement rhombique (Kenngott). Blanche ou jaunâtre. Transparente ou translucide.

Fond à 114°C. (var. d'Uznach); à 108° C. (var. de Redwitz). Bout vers 200° et distille en se colorant en brun et laissant un résidu charbonneux. Brûle avec une flamme fuligineuse et une odeur empyreumatique, sans laisser de cendres. La majeure partie de la substance dissoute dans l'alcool bouillant s'en sépare par le refroidissement ou après évaporation, sous forme d'écailles cristallines à éclat gras; elle est précipitée par l'eau, de sa dissolution dans l'acide azotique, à l'état de masse blanche cristalline.

$C^{36}H^{18}$; Carbone 92,30 Hydrogène 7,70.

Analyses de la Könlite extraite à l'aide de l'alcool : *a*, d'Uznach, par Kraus; *b*, de Redwitz, par Trommsdorff.

	a	b
Carbone	92,49	90,90
Hydrogène	7,42	7,58
	99,91	98,48
Densité	»	0,88

D'après Kraus, le premier produit de la distillation de la Könlite est incolore, solide à froid, fusible à la simple chaleur de la main, et il contient en moyenne : C 87,45 H 11,16 = 98,61 ; il serait, comme la fichtélite, isomère de l'essence de térébenthine $C^{20}H^{16}$.

Se trouve en plaquettes très-minces, cristallines ou grenues, à l'intérieur du bois bitumineux, dans les lignites d'Uznach, canton de Saint-Gall en Suisse, avec la Scheerérite, et dans une couche de tourbe près Redwitz, Fichtelgebirge, avec fichtélite ; forme, d'après Kenngott, des enduits minces cristallins entre les couches d'accroissement annuel d'un bois bitumineux, dans les lignites de Fossa, vallée d'Eger en Bohême.

IDRIALITE ; Schrötter. Branderz, en partie. Mercure inflammable. Braunes Erd-Harz ; Mohs.

Amorphe. Cassure inégale ou imparfaitement schisteuse. Opaque. Éclat gras. Couleur noir grisâtre, brunâtre ou rougeâtre. Rayure brun noirâtre, brillante. Tendre ; se laissant couper au couteau. Un peu grasse au toucher. Dens. = 1,4 à 1,6 (Schrötter). Fusible à 250° ou 300° C. en dégageant, selon M. Schrötter, du gaz oléifiant, des vapeurs de mercure et de soufre, et laissant un résidu de charbon poreux. S'enflammant au contact d'une bougie et brûlant avec une flamme fortement fuligineuse et dépôt de cendres rougeâtres.

Abandonnant, par l'ébullition avec de l'essence de térébenthine, des huiles grasses ou de la créosote, la substance désignée par M. Dumas sous le nom d'*idrialine*. Cette substance, qui se présente en masses cristallines blanches, difficilement fusibles, se décomposant en partie par sublimation, très-difficilement solubles dans l'alcool et l'éther et colorant en bleu l'acide sulfurique concentré, a pour formule :

nC^6H^2 ; Carbone 94,74 Hydrogène 5,26.

Son analyse, *a*, par Dumas, *b*, par Schrötter (moyenne de deux opérations), a donné :

a : C 94,9 H 5,1 = 100,0
b : C 94,65 H 5,34 = 99,99.

Des recherches ultérieures de Bödecker sembleraient prouver que l'idrialite est oxygénée; toutefois il faut remarquer que la matière sur laquelle il a opéré a été extraite, du minerai de mercure, par sublimation dans une atmosphère d'acide carbonique. Elle contiendrait, d'après la moyenne de 4 analyses :

C 91,83 H 5,30 O 2,87 = 100.

Sa formule serait donc $C^{84}H^{28}O^{2}$ exigeant : C 91,97 H 5,11 O 2,92.

L'*idrialine* de Dumas et Schrötter correspondrait, selon Bödecker, à un carbure d'hydrogène solide (*idryl*) qu'on peut extraire par l'alcool de la matière noire connue sous le nom de *Stupp* à Idria, où elle se dépose dans les récipients qui servent à condenser les produits de la distillation du minerai de mercure bitumineux. Cet *idryl*, en petites lames sans odeur ni saveur, fond à 86° C., se solidifie à 79°, se sublime à une plus haute température et se dissout, difficilement à froid, facilement à chaud, dans l'alcool, l'éther, l'essence de térébenthine et l'acide acétique, en formant une liqueur à reflet bleu. L'acide sulfurique bouillant fournit une solution d'un jaune vert foncé. La moyenne de 4 analyses a donné à Bödecker, pour sa composition :

Carbone 94,09 Hydrogène 5,54 = 99,63.

L'idrialite, mélangée de cinabre, d'argile, de gypse et de pyrite, n'a encore été trouvée qu'à Idria en Frioul, en lits minces dans les schistes qui forment le toit et le mur des riches couches de cinabre de cette localité. Son mélange intime avec le cinabre constitue le *Quecksilber-Lebererz* des Allemands.

BITUMES.

Corps liquides ou solides, à composition mal définie, résultant en général du mélange de divers hydrocarbures en proportions variées et constituant plutôt des espèces de roches que des minéraux.

NAPHTE. Νάφθα; Strabon et Dioscoride. Bitumen candidum; Pline. Bitume liquide; Haüy. Erdöl, en partie; Werner. Huile de napthe. Bergöl. Bergbalsam. Steinöl. Pétrole. Mineral Oil. Bergtheer.

Liquide plus ou moins visqueux. Transparent ou translucide. Blanc jaunâtre; jaune clair; jaune rougeâtre; brun rougeâtre ou verdâtre; plus ou moins dichroïque. Onctueux au toucher.

Dens. = 0,7 à 0,94.

Répandant une odeur bitumineuse plus ou moins forte. Peu soluble dans l'alcool; facilement soluble dans l'éther et les huiles essentielles. Composé, d'après les recherches de Pelouze et Cahours, de nombreux hydrocarbures de la formule générale $C^{2n} H^{2n+2}$ homologues du *gaz des marais* et mélangés avec d'autres carbures moins hydrogénés et altérables par l'acide sulfurique qui n'agit pas sur les carbures $C^{2n}H^{2n+2}$. Le tout constitue des mélanges d'*huiles lourdes* et d'*huiles légères* qui possèdent des points d'ébullition plus ou moins élevés et qu'on peut séparer en grande partie à l'aide d'une distillation fractionnée. Les huiles *légères*, parmi lesquelles se range le *naphte* proprement dit, dissolvent les résines, les bitumes, le soufre, le phosphore, l'iode, etc. Elles s'enflamment facilement, par l'intermédiaire de leur vapeur, au contact d'un corps en ignition, et brûlent avec une flamme fuligineuse. Les huiles lourdes s'enflamment difficilement, leur flamme est très-fuligineuse et répand une forte odeur bitumineuse.

On rencontre le pétrole dans des roches appartenant à peu près à toutes les époques géologiques, depuis le silurien inférieur jusqu'aux terrains les plus modernes. Il pénètre principalement des grès, des sables et des calcaires auxquels il communique une odeur bitumineuse; il en exsude souvent, et apparaît à la surface des lacs qui recouvrent ces roches ou mélangé à des sources jaillissantes d'eau salée. Il est fréquemment associé aux dépôts de combustibles minéraux, et ses principaux réservoirs paraissent être dans les calcaires *siluriens* ou *dévoniens* ou dans des grès recouverts par les couches inférieures du terrain carbonifère, d'où on l'extrait au moyen de puits ou de trous de sondage. D'autres fois, on ne voit pas de relations entre ces dépôts et les sources de pétrole, par exemple lorqu'elles sourdent dans des porphyres ou des terrains volcaniques. Son origine est donc encore fort obscure; toutefois, l'absence de la benzine dans les produits de sa distillation peut faire croire qu'il est dû à une sorte de fermentation lente des plantes marines et des détritus animaux de la période palæozoïque plutôt qu'à une action de la chaleur sur des charbons bitumineux.

On pourrait aussi admettre, avec M. Berthelot, que les pétroles résultent des actions successives des métaux alcalins sur l'acide carbonique et sur la vapeur d'eau.

On recueille du pétrole plus ou moins clair, aux environs de Rangoon, dans l'empire Birman; à Ye-nan-gyoung, en Chine; aux environs de Bakou dans la péninsule Apcheron, sur la côte ouest de la mer Caspienne, où la substance sort de couches tertiaires argileuses et calcaires et offre, tantôt du naphte pur, tantôt du pétrole visqueux passant à l'asphalte; à l'île Tschelekän, côte Est de la Caspienne; sur les bords des rivières Tscherek et Kuban, au Caucase; près de la Samara, un des affluents du Volga; à Irkoutsk près du lac Baïkal. On rencontre aussi quelques sources de naphte à Starasol, Boryslaw, Truskavice, Sloboda et autres points de la Gallicie situés sur la pente orientale des Carpathes, mélangés à des eaux sortant du *grès des Carpathes* ou des terrains salifères; dans la vallée Soos Mezö et dans quelques autres localités de la Transylvanie; à Tegernsee en Bavière (variété brune connue sous le nom de *Quirinusöl* et renfermant, d'après M. de Kobell, une huile volatile, une substance résineuse et de la paraffine); à Colebrook Dale en Staffordshire et dans plusieurs mines du Derbyshire; à Salies, Basses-Pyrénées; à Gabian, département de l'Hérault (huile de Gabian préconisée autrefois comme vermifuge), en relation avec le terrain houiller; au Puy de la Poix en Auvergne; à Neufchâtel en Suisse, en rapport avec des lignites tertiaires; à Amiano près Parme et en quelques autres points de l'Italie; à Zante, une des îles Ioniennes (sources déjà mentionnées par Hérodote).

En Amérique, qui depuis plusieurs années a fourni d'immenses quantités d'huiles lourdes et légères, les principales localités sont : dans le *silurien inférieur*, la rivière à la Rose, Pakenham, etc., au Canada; Guilderland près Albany, du groupe de la rivière Hudson; Watertown, État de New-York; les environs de Chicago; le Kentucky et le Tennessee; dans le *dévonien inférieur*, Enniskillen (où une variété visqueuse atteint parfois $0^m,66$ d'épaisseur) et Rainham, au Canada; le lac Erié, où des coquilles de *Pentamarus aratus* sont quelquefois remplies de pétrole: dans le *dévonien moyen*, Old Creek, comté de Venango en Pennsylvanie; la vallée de Kenawha et divers autres points de la Virginie orientale, de l'Ohio et du Michigan; les environs de Fredonia, comté de Chatauque, et Rockville, comté d'Alleghany, État de New-York; en rapport avec des coquilles tertiaires, la Californie méridionale. A Cuba, comté d'Alleghany, le pétrole était connu et employé en médecine depuis très-longtemps, sous le nom d'huile de *Seneca;* ce nom lui est probablement venu des Indiens Seneca qui le recueillaient autrefois à la surface du lac Seneca.

Les huiles légères, soit naturelles (naphte), soit provenant de la distillation du pétrole, sont employées pour la dissolution des résines, pour la préparation de certains vernis, pour la conservation du potassium et du sodium, etc.; mais c'est surtout pour l'éclairage que leur usage a pris une énorme extension.

Les huiles lourdes servent surtout pour lubrifier les machines. On peut les utiliser pour la fabrication du gaz d'éclairage, et en les faisant brûler à l'aide d'un fort courant d'air, pour le chauffage des locomotives et des fourneaux de laboratoire.

Le *kir*, dont les variétés impures appelées *katran* ne peuvent servir que comme combustible, est plus lourd que l'eau, et il diffère du *neft-gil* (voir p. 37) par la manière dont il se comporte avec les dissolvants; il est en effet soluble dans l'éther, en laissant des parties terreuses, il ne donne pas de matière cristallisée après dissolution dans l'alcool, et il ne renferme pas d'ozocérite; il paraît formé par de la terre imbibée du goudron provenant de l'évaporation du naphte exploité aux environs de Bakou.

C'est probablement au pétrole que doit être rapporté un liquide observé par Davy dans les cavités de cristaux de quartz du Dauphiné. Ce liquide a la viscosité de l'huile de lin; il est brun, devient solide et opaque à 13° C., répand une odeur qui ressemble à celle du naphte, bout à une température élevée, et brûle en produisant une flamme accompagnée de fumée blanche.

Le **malthe** (Πιττασφαλτος de Dioscoride; pissasphaltus de Pline; poix minérale; goudron minéral; pétrole tenace; pissasphalte; bitume glutineux; Bergpech; Bergtheer; Schwarzes Erd-Harz de Mohs; Mineral Tar) est toujours mou et glutineux, opaque ou à peine translucide, noir ou brun noirâtre. Il contient beaucoup de naphte et ne diffère guère du pétrole que par sa consistance. Il s'écoule par les fissures de calcaires, de grès ou de roches volcaniques, et il en recouvre la surface à l'état de pellicules ondulées, de mamelons ou de stalactites; plus généralement, il imprègne des matières terreuses ou arénacées et il constitue des grès bitumineux et des argiles bitumineuses.

On le rencontre dans les schistes bitumineux et les calcaires de Raibl et de Bleiberg en Carinthie; dans des sables et des argiles tertiaires qu'il agglutine plus ou moins, à Peklenicza et aux environs de Mikoska en Croatie; en Moravie, près Hotzendorf (avec calcédoine et silex), près Wermsdorf, Stramberg, Friedland, etc. (formant des enduits sur du fer carbonaté lithoïde), entre Malenowitz et Zlin au N. O. de Napagedl (dans un grès des Carpathes bréchiforme); en Hongrie, près Tataros et Bodonas (imprégnant des sables tertiaires), près Kapnik (dans un grès marneux); au Hartz, à la mine du Rammelsberg et à Iberg près Grund (variété visqueuse appartenant peut-être à l'élatérite); près de Peina, de Verden, d'Œdesse, de Häningsen, de Steinförde, etc., en Hanovre; aux environs de Brunswick. Il forme des gîtes assez considérables dans la *molasse*, à Caupenne et à Bastennes, département des Landes; à Orthez, Basses-Pyrénées; à Gabian, département de l'Hérault; à Seyssel, département de l'Ain, près la perte du Rhône; à Lobsann, Lampertsloch, Bechelbronn et Hatten en Alsace; à Neufchâtel en Suisse. Il pénètre des tufs basaltiques à Pont-du-Château (avec quartz et calcédoine) et au Puy-de-la-Poix, en Auvergne. On le cite aussi à l'île de Zante; aux Barbades; en Chine; au Japon; à Rangoon (*Rangoon tar*, fusible à 61° et offrant la composition de l'ozocérite, d'après une analyse d'Anderson qui a fourni C 85,15 H 15,29 = 100,44).

A la Trinidad, l'une des petites Antilles, il forme un lac d'environ 2 kilomètres et demi de circonférence dans lequel sa température et sa fluidité vont toujours en croissant depuis les bords jusqu'au centre.

On emploie le malthe, comme le goudron végétal, pour enduire les cordages et les bois qui doivent servir dans l'eau; pour graisser les voitures, pour fabriquer des vernis dont on recouvre le fer, et des peintures grossières très-solides. On en imprègne des toiles pour faire des couvertures légères, et surtout on le mélange avec du sable pour en faire des tuyaux de conduite, des garnitures de réservoirs et des dalles qui servent à recouvrir les terrasses, les trottoirs, etc.

En distillant à 230° C. le *malthe* de Bechelbronn, M. Boussingault a obtenu une huile d'un jaune pâle (*pétrolène*), d'une dens. = 0,89 bouillant à 280° et renfermant en moyenne, C 87,14 H 12,27 = 99,41.

ÉLATÉRITE. Sub terranean Fungus; Lister. Elastic Bitumen; Hatchett. Elastisches Erdpech; Werner. Bitume élastique; Haüy. Schwarzes Erd-Harz; Mohs. Mineral Caoutchouc. Caoutchouc fossile. Dapèche.

Solide, mais mou et cédant facilement à la pression. Cassure conchoïdale ou unie. Translucide sur les bords ou opaque. Terne ou offrant un éclat gras, faible. Noir; brun noirâtre; vert noirâtre; brun rougeâtre. Facile à couper au couteau; élastique comme du caoutchouc. Dens. = 0,90 à 1,23. Odeur bitumineuse.

Facilement fusible. Brûlant avec une flamme fuligineuse éclairante et une odeur bitumineuse, et laissant plus ou moins de cendres. A la distillation sèche, donnant, d'après Henry, de l'eau, une huile semblable au pétrole, facilement soluble dans l'éther, et une matière brune, visqueuse, qui, par la chaleur, dégage une huile brune analogue à celle du succin et se transforme en charbon brillant. L'éther et l'essence de térébenthine dissolvent environ la moitié de la substance et laissent après évaporation une matière molle, d'un jaune brun, amère. Le résidu non dissous est solide, gris, difficile à brûler, en partie soluble dans la potasse.

La masse principale paraît être un carbure d'hydrogène voisin de l'ozocérite, mélangé à une combinaison oxygénée.

Johnston a trouvé : *a*, sur une variété collante du Derbyshire qui, à 100° C., perd déjà de son poids par le dégagement d'un corps volatil, odorant; *b*, sur une variété de la consistance du caoutchouc, qui abandonne à l'eau bouillante une matière blanche et qui, avant l'analyse, avait été traitée une fois par l'éther et trois fois par l'alcool bouillant (moyenne de deux opérations); *c*, sur une variété cassante, devenant élastique par la chaleur (moyenne de deux opérations) :

a.	Carbone	85,47	Hydrogène	13,28 = 98,75
b.	Carbone	84,03	Hydrogène	12,56 = 96,59
c.	Carbone	86,07	Hydrogène	12,38 = 98,45

La perte des analyses *a* et *c* est peut-être due à de l'oxygène. D'anciennes analyses de Henry, faites sur l'élatérite de Montrelais, département de la Loire-Inférieure, et sur celle de la mine Odin ce Derbyshire, indiquaient de 36 à 40 p. 100 d'oxygène, mais ces résultats paraissent inexacts.

Se rencontre en rognons, en masses fungiformes et quelquefois en enduits minces, dans les filons de galène de la mine Odin, à Castleton en Derbyshire, associée à du calcaire et à de la fluorine ; dans un petit filon de quartz et de calcaire traversant le grès carbonifère de Montrelais, département de la Loire-Inférieure. On le cite également à Saint-Bernard's Well près Édimbourg, et à Woodbury, Connecticut.

Le nom de wollongongite a été donné par M. Silliman à un hydrocarbure de la Nouvelle-Galles du Sud qui se trouve en blocs cubiques, à cassure largement conchoïdale, d'une couleur verdâtre ou noir bleuâtre, d'un éclat résineux, translucide en copeaux minces et paraissant jaune d'ambre sous le microscope.

Dans le matras, il décrépite sans fondre et dégage de l'huile et du gaz. Il brûle facilement en laissant 11 p. 100 de cendres. Chauffé à l'abri de l'air, il fournit 82,5 de matières volatiles et 6,5 de coke. Insoluble dans l'éther et la benzine, il se dissout un peu dans le sulfure de carbone.

CARBURES D'HYDROGÈNE OXYGÉNÉS.

RÉSINES.

COPALINE. Copal fossile. Résine de Highgate. Retinit; Haidinger.

Amorphe. Cassure conchoïdale. Semi-transparente ou translucide. Éclat cireux. Jaune; brun jaunâtre. Poussière blanche. Fragile.

Dur. = 2,5. Dens. = 1,045 (de Highgate) ; 1,053 (des Indes).

Dégage, lorsqu'on la chauffe, une odeur résineuse, aromatique. Fond en un liquide clair. Brûle avec une flamme jaune, brillante, fuligineuse, sans presque laisser de résidu. Très-peu soluble dans l'alcool ou l'éther où elle blanchit en perdant sa transparence. L'acide sulfurique la noircit; l'acide azotique la transforme en une matière rouge et en dissout une portion que l'eau précipite.

$C^{80}H^{64}O^{2}$; Carbone 85,71 Hydrogène 11,43 Oxygène 2,86.

Analyses de la copaline : *a* et *b*, de Highgate, par Johnston; *c*, des Indes Orientales, par Duflos.

	a	*b*	*c*
Carbone	85,41	85,68	85,73
Hydrogène	11,79	11,47	11,50
Oxygène	2,67	2,85	2,77
Cendres	0,13	»	»
	100,00	100,00	100,00

On l'a rencontrée en fragments irréguliers assez abondants, dans l'argile bleue de Highgate-Hill près Londres. M. Kenngott en a observé un galet, remarquable par les débris de plantes et d'animaux qu'il contient, indiqué comme provenant des Indes Orientales.

C'est peut-être à la copaline que devraient être rapportées la *résine de Settling Stone* décrite précédemment page 42, et le *Succinasphalte de Bergen en Bavière*.

MIDDLETONITE; Johnston.

Amorphe. Transparente en fragments minces. Éclat résineux. Brun rougeâtre par réflexion; rouge foncé par transmission. Poussière brun clair. Fragile. Facile à rayer au couteau. Dens.=1,6. Inodore. Fond à 222° C. environ. Brûle comme une résine sur les charbons ardents en laissant un charbon poreux qui se consume sans laisser presque de cendres A peine soluble dans l'alcool, l'éther et l'essence de térébenthine. S'amollit par l'ébullition avec l'acide azotique, en donnant une liqueur brune d'où l'eau précipite la matière dissoute. Soluble à froid dans l'acide sulfurique concentré, avec dégagement d'acide sulfureux.

$C^{40}H^{22}O^{2}$; Carbone 86,33 Hydrogène 7,91 Oxygène 5,76.

La moyenne de trois analyses faites par Johnston a donné :

C 86,54 H 8,03 O 5,77 = 100,34.

Trouvée en petites masses arrondies ou en lits minces, entre les couches de houille de Middleton près Leeds et de Newcastle en Angleterre.

EUOSMITE; Gümbel. Kampherharz, Erdharz.

Amorphe. Cassure écailleuse. Transparente en éclats minces. Jaune rougeâtre ou brunâtre. Fragile. Dur. = 1,5. Dens. = 1,2 à 1,5. Exhalant une odeur qui rappelle à la fois le camphre et le romarin. Fusible à 77° C. Aisément soluble dans l'alcool et l'éther.

$C^{34}H^{28}O^{2}$; Carbone 82,26 Hydrogène 11,29 Oxygène 6,45.

Abstraction faite de 0,84 de cendres, le professeur Wittstein a trouvé :

C 81,89 H 11,73 O 6,38 = 100.

Se présente, d'après C. W. Gümbel (*Jahrbuch* de Leonhard et Bronn, année 1864) en masses pulvérulentes ou en petits fragments, dans les fentes du lignite de Thumsenreuth en Bavière, où le nom de *Kampherharz* lui a été donné à cause de son odeur.

La bucaramangite (Dana), résine de Bucaramanga, décrite par M. Boussingault (*Annales de chimie et de physique*, année 1842), se rapproche beaucoup de la précédente. Elle offre l'apparence du succin, est transparente et d'un jaune pâle. Sa densité est un peu supérieure à celle de l'eau. Elle devient électrique par le frottement. Elle fond facilement et brûle sans résidu, avec une flamme peu éclairante. Elle ne donne pas d'acide succinique à la distillation. Insoluble dans l'alcool, elle se gonfle et devient opaque dans l'éther. Sa composition peut être rapportée à la formule :

$C^{34}H^{26}O^{2}$; Carbone 82,93 Hydrogène 10,57 Oxygène 6,50.

M. Boussingault a obtenu : C 82,7 H 10,8 O 6,5 = 100.

On l'a trouvée en quantité considérable dans une alluvion porphyrique aurifère exploitée à Giron près Bucaramanga, province de Socorro, Nouvelle-Grenade.

ROSTHORNITE; Höfer.

En masses lenticulaires ressemblant extérieurement à la *jaulingite*. Éclat gras. Couleur brune, avec des reflets rouge grenat; jaune clair en écailles minces. Dens. = 1,076. A 96° C., commence à fondre en une masse visqueuse rouge brunâtre; bouillonne à 160°, et donne des fumées blanches à 205°. A 225° le dégagement du gaz cesse, et il reste un liquide rouge pourpre foncé. Soluble à froid dans la benzine, à chaud dans l'essence de térébenthine et l'éther. Insoluble dans l'alcool, l'acide azotique étendu ou la potasse.

Se rapprochant de l'euosmite par sa composition que représente assez bien la formule $C^{48}H^{40}O^{2}$: Carbone 83,72 Hydrogène 11,63 Oxygène 4,65

M. Mitteregger a obtenu : C 84,42 H 11,01 O 4,57 = 100.

Les lentilles sont engagées dans un lignite, au Sonnberg près Guttaring en Carinthie.

WALCHOWITE; Haidinger. Retinit de Walchow; Schrötter.

Amorphe. Cassure conchoïdale. Translucide, quelquefois sur les bords seulement. Éclat gras plus ou moins prononcé. Jaune paille ou jaune de cire, avec des bandes brunes. Poussière blanc jaunâtre. Fragile. Dur. = 1,5 à 2. Dens. = 1,035 à 1,069 (Schrötter). Devient translucide et élastique à 140° C.; fond en une huile jaune à 250°. Brûle avec une flamme fortement fuligineuse et une odeur aromatique, en ne laissant que des traces de cendres. A la distillation sèche, fournit des gaz et de l'eau chargée de goudron et d'acide formique.

Abandonne à l'alcool seulement 1,5 et à l'éther 7,5 p. 100. A peine soluble dans le sulfure de carbone, mais toutefois y devenant molle et translucide. Formant une solution brune avec l'acide sulfurique à froid.

Abstraction faite d'une petite quantité d'azote, la composition peut se représenter par la formule :

$C^{24}H^{18}O^{2}$; Carbone 80,90 Hydrogène 10,11 Oxygène 8,99.

M. Schrötter a obtenu, comme moyenne de trois analyses :

C 80,39 H 10,68 O 8,92 Az 0,18 = 100,17.

D'après la manière dont la substance se comporte avec l'éther, elle paraît être un mélange de plusieurs résines. On la trouve en Moravie, en morceaux arrondis plus ou moins purs et de différentes grosseurs, offrant quelquefois des zones assez régulières de diverses nuances, dans des schistes alunifères très-pyriteux alternant avec les lignites de Walchow et d'Obora; dans les couches inférieures d'un lignite près Uttigsdorf, et dans les parties supérieures arénacées d'un grès tertiaire de Klobauk.

KRANTZITE; Bergemann.

Jaunâtre dans les parties pures; brunâtre ou noirâtre dans les parties mélangées de matières terreuses. Translucide. A l'état frais, molle, facile à couper au couteau, élastique. Durcissant au contact de l'air. Dens. = 0,968. Fusible à 228° C. sans changer de couleur; parfaitement fluide à 288°; distillant à 300° une huile brunâtre d'une odeur désagréable et pénétrante. Brûlant avec une flamme éclairante et fuligineuse sans résidu. Suivant Bergemann, cédant à l'alcool 4 p. 100 et à l'éther 6 p. 100. Insoluble dans l'essence de térébenthine, le sulfure de carbone, le chloroforme, etc., où elle ne fait que se gonfler comme la *walchowite*, en donnant une masse transparente, jaune, élastique. A la température ordinaire, soluble dans l'acide sulfurique concentré, en une liqueur brun rougeâtre.

Après avoir subi un commencement de fusion, une portion se dissout dans l'alcool, le reste dans l'éther. La partie soluble dans l'éther, déjà molle à 12° C. devient élastique comme du caoutchouc à une température plus élevée et fond à 150°. Sa composition se rapporte à la formule du succin, $C^{20}H^{16}O^{2}$. Elle contient d'après Landolt : C 79,25 H 10,41 O 10,34 = 100.

Cette résine, regardée comme un succin impur, a été trouvée en petits grains arrondis qui paraissent avoir été liquides, dans les lignites de Lattorf près Bernburg, duché d'Anhalt.

TASMANITE ; Church.

Petits disques ou écailles à cassure conchoïdale, translucides, à éclat résineux, d'un brun rougeâtre.

Dur. = 2. Dens. = 1,18.

Partiellement fusible, en donnant une huile et des produits solides, d'une odeur désagréable. Brûlant facilement avec une flamme fuligineuse. Insoluble, même à chaud, dans l'éther, l'alcool, la benzine, l'essence de térébenthine ou le sulfure de carbone. Inattaquable par l'acide chlorhydrique ; lentement oxydée par l'acide azotique ; carbonisée par l'acide sulfurique avec dégagement d'hydrogène sulfuré.

Composition voisine de celle du succin, avec remplacement d'une partie de l'oxygène par du soufre. $C^{80}H^{62}O^{4}S^{2}$ exigeant :

Carbone 79,21 Hydrogène 10,23 Oxygène 5,28 Soufre 5,28.

Analyse par Church, abstraction faite de 8,14 p. 100 de cendres :

C 79,34 H 10,41 O 4,93 S 5,32 = 100.

Se trouve abondamment disséminée dans un schiste laminaire de la rivière Mersey, au nord de la Tasmanie.

M. Tschermak a nommé trinkérite une matière analogue, compacte et amorphe, transparente ou translucide, d'un éclat gras, d'un rouge hyacinthe ou d'un brun de châtaigne.

Dur. = 1,5 à 2. Dens. = 1,025. Fusible de 168° à 180° C. et donnant une fumée désagréable, à une température plus élevée. Lentement soluble dans l'alcool et l'éther ; soluble dans la benzine chaude.

Analyses de la trinkérite : *a*, de Carpano, par Hlasivetz ; *b*, de Gams, par Niedzwiedzki :

	Carbone.	Hydrogène.	Oxygène.	Soufre.
a.	81,1	11,2	3,0	4,7 = 100
b.	81,9	10,9	3,1	4,1 = 100

Forme de grandes masses dans le lignite de Carpano près Albona en Istrie ; s'observe aussi à Gams près Hieflau en Styrie.

SUCCIN. Ambre jaune. Karabé. Amber; Phillips. Gelbes Erd-Harz; Mohs. Bernstein; Werner et Hausmann. Succinit; Haidinger. Agtstein. Ηλεκτρον; Homère. Λυγκύριον; Théophraste. Succinum, electrum, lyncurium; Pline. Glessum des anciens Germains.

Amorphe. Cassure conchoïdale. Transparent; translucide. $n = 1{,}5$ (rayons moyens). Dans la lumière polarisée, se comportant, d'après Brewster, comme une résine végétale. Éclat résineux plus ou moins vif. Jaune de diverses teintes; rouge hyacinthe; brun; blanc; ces couleurs étant quelquefois disposées par bandes ou par mouchetures irrégulières. Quelques variétés ont un reflet opalin bleuâtre. Poussière blanc jaunâtre. Peu fragile.

Dur. = 2 à 2,5. Dens. = 1,061 à 1,112 (Damour); 1,081 (variété jaune de miel, Mohs). Acquiert l'électricité résineuse par frottement.

Fond à 287° C. Brûle avec une flamme claire, fuligineuse, et une odeur agréable particulière, en laissant un résidu charbonneux. Fournit à la distillation sèche, de l'eau, de l'*acide succinique* qui se sublime dans le matras en petites aiguilles blanches à réaction acide, groupées en étoiles, une huile jaune et des gaz inflammables; lorsque la température n'a pas été trop élevée, il reste une résine noire à peine soluble dans l'alcool, en partie soluble dans l'éther, mais se dissolvant complétement dans les huiles grasses et essentielles.

Paraît être un mélange à composition constante d'une résine principale qui résiste à tous les dissolvants, de deux résines solubles dans l'alcool et l'éther, d'un peu d'acide succinique et d'une huile essentielle; les diverses résines seraient isomères, d'après Schrötter.

$C^{20}H^{16}O^{2}$; Carbone 78,95 Hydrogène 10,53 Oxygène 10,52.

L'analyse du succin de Trahenières, en Hainaut, a fourni à M. Schrötter :

$$C\,78{,}82 \quad H\,10{,}23 \quad O\,10{,}95 = 100.$$

Le succin, dont l'origine organique ne peut être mise en doute, serait d'après Göppert la résine fossile d'une espèce éteinte de conifère, le *pinites succinifer*. Il se présente en morceaux arrondis ou roulés, offrant encore les formes qu'affecte une résine en coulant, et contenant souvent des restes de végétaux ou d'insectes. Brewster y a observé des cavités remplies d'un liquide jaune, monoréfringent après dessication. Il se trouve principalement au milieu des bois bitumineux et dans les couches d'argile et de sable qui accompagnent les lignites tertiaires. On l'a aussi rencontré en certains endroits dans les grès verts de la partie inférieure de la craie, dans des marnes et dans du gypse. Assez souvent il a été transporté hors de son gisement primitif, dans des alluvions tertiaires de sables et d'argiles. Il est surtout abondant sur les côtes prussiennes de la mer Baltique qui le charrie avec les *algues*. Sa principale récolte se fait entre Palmnicken et Gross-Hubnicken, mais elle s'étend de Danzig à Memel. Elle a lieu également en Poméranie; dans le Holstein et le Mecklembourg; en Danemark; en Norwége; en Scanie; en Courlande; près de Riga en Livonie; en Esthonie; sur les côtes des comtés de Norfolk, d'Essex et de Suffolk, en Angleterre. On l'a indiqué à Ava, pays des Birmans; en Chine; au Kamschatka; sur les bords de la mer Caspienne; à Kaltschedanskoi, dans l'Oural; au village d'Ingo, paroisse d'Ingarskila en Finlande (dans une prairie située à 1 kilomètre de la mer); près Trzebinia, Podhorodgysze, Mizun, Solotwina, etc., en Gallicie; près Märisch-Trübau, Uttigsdorf, Boskowitz, etc., en Moravie; à Grünlas près Elbogen, Boden près Falkenau et Skutsch en Bohême; près Wilhelmsburg et en quelques autres localités de l'Autriche; à Mühlgraben près Brandenberg en Tyrol; à Schweidnitz et près Paschkerwitz (dans une couche de tourbe) en Silésie; à Trahenières dans le Hainaut; en France, dans les lignites, à Lobsann, Bas-Rhin; à Auteuil près Paris; à Sisteron et à Forcalquier, Basses-Alpes; à Saint-Symphorien, Loire; à Saint-Paulet, Gard; à Noyers près Vesly, Eure; à Villers en Prayères près Soissons, et en plusieurs autres points du département de l'Aisne. Il est également cité à Alicante en Espagne; aux environs de Catane et de Semito en Sicile (variété opaline); à Ratlin en Irlande; aux environs de Londres; à l'île du Lièvre (Hasen Island) au Groënland; près Trenton et à Campden, dans le New-Jersey; au cap Sable, près la rivière Magothy en Maryland, et en divers autres points des Etats-Unis; à Madagascar, etc. Mais il est probable qu'une partie des variétés trouvées dans les lignites ne renferme pas d'acide succinique et appartient plutôt à la copaline.

Le succin a été recherché de tout temps et il était très-estimé dans l'antiquité. De nos jours on le travaille en grains de colliers, de bracelets ou de chapelets, en bouts de pipes, en fume-cigarres, en boutons, en coffrets, etc. On en extrait aussi de l'acide succinique et on l'emploie pour la fabrication de quelques vernis.

L'ambrosine de Shepard a une cassure conchoïdale, un éclat résineux, une couleur jaunâtre ou brun de girofle. Elle devient électrique par le frottement. Elle fond à 238° C. environ, avec une agréable odeur balsamique, en un liquide clair, jaunâtre. Elle brûle sans laisser de cendres. Avant de fondre, elle dégage de l'*acide succinique*. Elle se dissout en grande partie dans l'essence de térébenthine, l'alcool, l'éther, le chloroforme et la potasse.

Observée en masses arrondies dans les couches de phosphates appartenant à la formation *éocène* des environs de Charleston. Caroline du Sud.

HARTINE; Schrötter. Psathyrite; Glocker.

Système cristallin indéterminé. Ressemblant extérieurement à la hartite. Blanche. Dens. = 1,115. Sans odeur ni saveur. Se ramollit à 200° C. et fond à 210° en un liquide jaunâtre, dont une partie se décompose. Au-dessus de 210°, devient d'une couleur foncée en produisant une vapeur empyreumatique et se prend par le refroidissement en une masse brune, soluble dans l'éther. A 260°, dégage de l'oxyde de carbone et des gaz hydrocarbonés, pendant qu'une liqueur acide distille avec un produit oléagineux qui consiste en un goudron foncé et en une substance blanche cristalline, soluble dans l'éther. Brûle avec une flamme fuligineuse.

Peu soluble dans l'alcool et l'éther; soluble dans le naphte d'où elle se sépare en longues aiguilles. Décomposée à chaud par l'acide sulfurique.

Composition s'exprimant par la même formule que celle du succin :

$C^{20}H^{16}O^{2}$; Carbone 78,95 Hydrogène 10,53 Oxygène 10,52.

La moyenne de trois analyses, faite par M. Schrötter sur des hartines dont une extraite par le naphte et deux par l'éther, a donné :

C 78,35 H 10,92 O 10,73 = 100.

La hartine existe dans les mêmes lignites que la *hartite* (voy. pag. 41) à Oberhart près Gloggnitz en Autriche. On l'en extrait en traitant ces lignites par l'éther ou par le naphte, et après évaporation de la liqueur on obtient deux autres résines qui peuvent se séparer à l'aide de l'alcool. L'une α, soluble dans l'alcool, est molle à 100° C. et liquide à 120°; elle se décompose par la chaleur et elle contient en moyenne, d'après deux analyses de M. Schrötter : C 78,48 H 9,17 O 12,35 = 100. L'autre β, ne se ramollit qu'à 205° C. et elle se décompose en se gonflant, un peu au-dessus de 205°. Deux analyses de M. Schrötter donnent en moyenne pour sa composition : C 75,65 H 8,56 O 15,79 = 100.

La xylorétine, matière cristalline extraite des pins fossiles par M. Schrötter et par Forchammer, à l'aide de l'alcool, paraît à peu près identique à la hartine. Elle fond à 165° C. Sa composition se représente bien par la formule $C^{20}H^{16}O^{2}$, car Forchammer a obtenu comme moyenne de deux analyses : C 78,83 H 10,87 O 10,30 = 100.

JAULINGITE; von Zepharovich.

Cassure conchoïdale. Fortement translucide ou transparente en écailles minces. Éclat cireux. Rouge hyacinthe à l'état frais.

Poussière jaune isabelle ou jaune d'ocre. Très-fragile; s'écrasant entre les doigts en dégageant une faible odeur résineuse. Dur. = 2,5. Dens. = 1,098 à 1,111.

Fond facilement à la flamme d'une bougie, prend feu et brûle avec une flamme éclairante, jaune rougeâtre, fortement fuligineuse, en laissant comme résidu un charbon scoriacé. Dans le matras, fond en produisant une vapeur grise d'une odeur empyreumatique désagréable, distille en partie, et laisse un liquide jaune qui devient brun noir en refroidissant.

D'après Fr. Ragsky, se compose de deux résines en quantités presque égales. L'une α, extraite par le sulfure de carbone, est d'un jaune brun, cassante à froid, molle et collante à 50° C., visqueuse à 70°, facilement soluble dans l'alcool et l'éther, rappelant à chaud l'odeur du bois de cèdre. L'autre β, séparée par l'éther du résidu laissé par la solution de sulfure de carbone, est jaune brun, cassante, molle à 135° C., visqueuse à 160°, facilement soluble dans l'alcool et l'éther.

Les formules sont : { pour α, $C^{20}H^{16}O^2$; C 78,95 H 10,53 O 10,52.
pour β, $C^{18}H^{12}O^4$; C 71,05 H 7,89 O 21,06.

La moyenne de deux analyses par Ragsky a donné :

α. C 77,97 H 10,14 O 11,89 = 100,
β. C 70,89 H 7,93 O 21,18 = 100.

Cette substance, dont les parties les plus foncées ressemblent à l'*ixolyte* et les parties les plus claires au *succin*, s'est présentée en masses arrondies, irrégulières, remplissant les fentes d'un bois bitumineux appartenant à une sorte de pin. Les gros troncs de ce bois ont été rencontrés en 1854 dans une mine de lignite, maintenant abandonnée, à Jauling près Sant-Veit, Basse Autriche.

RÉFIKITE; la Cava.

Amorphe; quelquefois en masses fibreuses radiées. Translucide en petites écailles; opaque en masse. Couleur entre le blanc de la cire et le blanc de la stéarine. Rayée par le gypse. Fragile; facile à pulvériser. Fusible à 181° C., en un liquide transparent et légèrement jaunâtre qui cristallise par refroidissement.

Soluble dans l'éther et dans l'alcool concentré et bouillant d'où elle se sépare en masses ou en très-petits cristaux qui paraissent être des prismes rhomboïdaux droits. Soluble dans une solution bouillante de potasse.

$C^{20}H^{16}O^2$; Carbone 78,95 Hydrogène 10,53 Oxygène 10,52.

M. le D[r] La Cava a obtenu comme moyenne de trois analyses :

C 77,77 H 11,18 O 11,05 = 100.

Cette substance paraît tenir le milieu entre la copaline et la Scheerérite. Elle a été nommée en l'honneur de Réfik-Bey par le D[r] La Cava, professeur à Constantinople, qui l'a découverte vers la fin de 1847, en tubercules de 4 à 10 millimètres d'épaisseur ou en petites veines, dans le lignite des environs de Montorio près Feramo, Abruzzes (*Journal des connaissances médicales ;* Paris 1852).

SCLÉRÉTINITE ; Mallet.

Cassure conchoïdale. Translucide en écailles minces. Éclat prononcé, tenant le milieu entre celui de la cire et celui du verre. Noire par réflexion ; brun rougeâtre par transmission. Poussière brun cannelle. Fragile ; facile à pulvériser. Dur. = 3. Dens. = 1,136. Dégage sous le pilon une légère odeur résineuse.

Chauffée sur la feuille de platine, se gonfle et brûle avec une flamme fuligineuse d'une odeur empyreumatique désagréable, en laissant un charbon d'une combustion difficile, et finalement un peu de cendres grises. Insoluble dans l'alcool, l'éther, les alcalis et les acides étendus. Attaquée lentement par l'acide azotique concentré.

Abstraction faite des cendres, la composition s'exprime par la formule $C^{20}H^{14}O^{2}$: Carbone 80,00 Hydrogène 9,33 Oxygène 10,67.

J. W. Mallet a obtenu, comme moyenne de deux analyses :

C 76,95 H 8,95 O 10,42 Cendres 3,68 = 100, ou sans les cendres : C 79,89 H 9,29 O 10,82 = 100.

Provient des mines de houille des environs de Wigan, dans le Lancashire, où elle se présente sous forme de petits grains arrondis qui atteignent la grosseur d'une noisette et sont quelquefois soudés ensemble.

PYRORÉTINE ; Reuss.

Éclat gras de la poix. Noir brunâtre. Très-fragile ; facile à réduire en une poudre brun foncé. Dureté du gypse. Dens. = 1,05 à 1,18. S'allume facilement à la flamme d'une bougie, brûle avec une flamme jaune rougeâtre, fortement fuligineuse, en dégageant une odeur très-marquée, analogue à celle du succin et laisse un résidu charbonneux difficile à incinérer. Fond avec facilité, noircit et commence à se décomposer en produisant une vapeur grisâtre. La matière refroidie offre une masse noire, poreuse, ressemblant à de l'asphalte.

En partie soluble dans l'alcool bouillant. La liqueur en se refroidissant laisse déposer une petite quantité d'un précipité pulvérulent *a*; après évaporation, on obtient une masse brune *b*, semblable à de la colophane, à peu près complètement soluble dans l'éther.

A 100° C., ces deux produits se ramollissent et absorbent de l'oxygène. Leur composition, sensiblement identique, peut être rapportée à la formule de la *sclérétinite* $C^{20}H^{14}O^{2}$.

M. Staněk a obtenu : { *a*; C 80,02 H 9,42 O 10,56 = 100.
{ *b*; C 81,09 H 9,47 O 9,44 = 100.

La partie insoluble dans l'alcool l'est également dans l'éther et dans la potasse. Sa composition répond à la formule $C^{38}H^{22}O^{6}$, exigeant : Carbone 76,51 Hydrogène 7,38 Oxygène 16,11.

Deux analyses dues à M. Staněk ont fourni comme moyenne, abstraction faite d'une petite quantité de cendres consistant en silicate alumineux, oxyde ferrique, magnésie et traces de chaux et de sufate de potasse :

C 76,7 H 7,3 O 16,0 = 100.

Trouvée dans le lignite parfait de la mine Segen Gottes-Zeche, entre Salesel et Proboscht près Aussig en Bohême, en rognons irréguliers d'une grosseur qui varie entre celle d'une noix et celle de la tête, ou en masses aplaties de plusieurs pouces d'épaisseur, suivant la stratification du lignite.

GUAYAQUILITE; Johnston.

Amorphe. Opaque. Jaune clair. Se laissant facilement entamer au couteau et réduire en poussière. Dens. = 1,092. Fond à 69°.5 C. et coule parfaitement à 100°; par le refroidissement, devient visqueuse, translucide et prend un éclat résineux. Facilement soluble dans l'alcool en formant une liqueur jaune très-amère. Soluble dans une lessive étendue de potasse et dans l'acide sulfurique concentré.

$C^{40}H^{26}O^{6}$; Carbone 76,43 Hydrogène 8,28 Oxygène 15,29.

Johnston a obtenu comme moyenne de deux analyses :

C 77,01 H 8,18 O 14,81 = 100.

Trouvée en masses considérables à Guayaquil, république de l'Équateur.

AMBRITE; Hochstetter et von Hauer.

Amorphe. Cassure conchoïdale. Éclat gras. Translucide. Gris jaunâtre. S'électrisant fortement par friction.

Dur. = 2. Dens. = 1,034. Brûle avec une flamme jaune fuligineuse, en laissant des cendres qui contiennent du fer, de la chaux et de la soude. Insoluble dans l'alcool, l'éther, l'essence de térébenthine, la benzine, le choroforme et les acides étendus.

$C^{80}H^{66}O^{10}$ qui exige : C 76,68 H 10,54 O 12,78.

Une analyse de R. Maly a fourni : C 76,53 H 10,58 O 12,70 Cend. 0,19 = 100.

Observée en masses grosses comme la tête, dans la province d'Auckland, Nouvelle-Zélande, où on la confond quelquefois avec la résine du *Dammara australis*.

Le butyrite (Glocker) ou *beurre des tourbières* (bog-butter, moor-butter) se rapproche de l'ambrite. Il est blanc jaunâtre, un peu friable à la surface, mais gras au toucher à l'intérieur, et il possède une odeur urineuse. Il est légèrement soluble dans l'eau chaude et facilement soluble dans l'éther et l'alcool, en formant une liqueur acide d'un jaune foncé d'où il se sépare sous forme de cristaux blancs ou d'aiguilles soyeuses. La matière brute fond à 45° C. d'après James S. Brazier; mais lorsqu'elle est débarrassée de sa partie huileuse par cristallisation ou par saponification avec la potasse, son point de fusion est 53°. Sa composition se rapporte alors à la formule $C^{16}H^{16}O^{2}$ exigeant : Carbone 75,0 Hydrogène 12,5 Oxygène 12,5.

Williamson a obtenu, *a*, pour l'acide gras provenant de la saponification par la potasse, *b*, pour les aiguilles cristallines fusibles à 51° (moyenne de deux analyses) :

a.	C 75,05	H 12,56	O 12,39 = 100
b.	C 73,83	H 12,44	O 13,63 = 100

Les aiguilles correspondraient à la formule $C^{14}H^{14}O^{2}$; C 73,68 H 12,28 O 14,04.

On l'a trouvé dans les tourbières des environs de Belfast en Irlande.

ANTHRACOXÈNE; Reuss.

Cassure conchoïdale ou inégale. Éclat faiblement adamantin à la surface. Translucide et d'un rouge hyacinthe en écailles minces; noire brunâtre en masse. Poussière jaune brun. Dur. = 2,5. Dens. = 1,181. Très-aisément fusible, avec gonflement, en une scorie bulleuse, éclatante, difficile à incinérer. Brûle avec une flamme jaune, fortement fuligineuse et une odeur assez agréable.

En partie soluble dans l'éther. La portion insoluble est une poudre noire qui laisse après incinération 11 p. 100 de cendres consistant en oxyde de fer, chaux, acide sulfurique et silice, et dont la composition, abstraction faite des cendres, peut s'exprimer par la formule $C^{86}H^{40}O^{16}$ exigeant : Carbone 75,44 Hydrogène 5,85 Oxygène 18,71.

Deux analyses ont fourni comme moyenne à M. Th. Laurentz :

C 75,27 H 6,19 O 18,54 = 100.

La portion soluble, séparée de la liqueur éthérée réduite à moitié par distillation, est une poudre brune qui correspondrait à la formule $C^{86}H^{52}O^{8}$ et qui contient, d'après la moyenne de deux analyses de M. Laurentz : C 81,47 H 8,71 O 9,82 = 100.

Forme de petits lits de 1/2 à 2 1/2 lignes d'épaisseur entre les couches d'une houille schisteuse, à Brandeisl près Schlan, et au puits *Berthold* près Schatzlar, en Bohême.

BERENGÉLITE; Johnston.

Amorphe. Cassure conchoïdale. Éclat résineux. Brun foncé avec une teinte de vert. Poussière jaune. Fragile; s'écrasant sous l'ongle. Odeur résineuse désagréable. Saveur amère. Fusible à 100° C. et, après refroidissement, restant molle et onctueuse au toucher. Soluble à froid dans l'alcool, en donnant une liqueur amère, ainsi que dans l'éther.

$C^{40}H^{30}O^{8}$; Carbone 71,85 Hydrogène 8,98 Oxygène 19,17.

Deux analyses de Johnston ont donné en moyenne :

C 72,40 H 9,28 O 18,32 = 100.

Provient de la province de San Juan de Berengela, dans l'Amérique du Sud, où il paraît qu'il en existe de grands dépôts. A Arica, cette subtance est employée au calfatage des navires.

PYROPISSITE; Kenngott.

Cassure terreuse et inégale. Opaque. Mate; éclat gras dans la râclure. Gris brun clair. Friable; facile à réduire en poudre entre les doigts où elle devient un peu grasse ou collante. Dens. = 0,493 à 0,522. Prend une couleur foncée par la chaleur et fond au-dessus de 100° C., avec bouillonnement et dégagement de vapeur blanche, en une masse un peu poreuse, semblable à de l'asphalte, peu soluble dans l'alcool, en grande partie soluble dans l'essence de térébenthine; la matière fondue brûle avec une flamme claire, fortement fuligineuse, répandant une odeur faiblement aromatique, et elle laisse un petit résidu de cendres siliceuses. Abandonne à l'alcool bouillant environ 30 p. 100 d'une substance blanche ou jaunâtre, cireuse, facile à allumer. Se dissout presque entièrement dans l'acide sulfurique.

A la distillation sèche, donne, d'après Marchand, 62 p. 100 de paraffine et du gaz d'éclairage (3 pieds cubes pour une livre). Ludwig Brückner y a indiqué un mélange de 7 ou 8 cires et résines acides ou neutres qui sont des carbures d'hydrogène plus ou moins oxygénés. Un échantillon d'une densité = 0,9 contenant 13,5 à 13,6 p. 100 de cendres a fourni à C. Karsten :

Carbone 68,92 Hydrogène 10,30 Oxygène 20,78 = 100.

Cette composition correspondrait à la formule $C^{18} H^{16} O^{4}$ qui exige :

C 69,23 H 10,26 O 20,51.

Se présente en masses semblables à un lignite terreux qui, selon C. Andrae, forment un dépôt de 1/2 pied à 3 pieds d'épaisseur à la partie supérieure d'une couche de lignite près Weissenfels, non loin de Halle en Prusse, et qu'on retrouve près d'Helbra, entre Mansfeld et Eisleben en Thuringe.

On peut rapporter à la pyropissite, une masse terreuse d'un brun jaune, que la chaleur transforme en partie en une sorte d'asphalte, et qui recouvre un calcaire compacte de Mettenheim (collection du docteur Schneider, à Breslau), et le lignite terreux de Gerstewitz près Merseburg, analysé par Wackenroder.

Une *résine* ressemblant à la guayaquilite, et provenant aussi de l'Amérique du Sud, a été examinée par A. Bertolio (*Jahrbuch* de Leonhard et Bronn pour 1861). Elle est homogène, avec une cassure un peu conchoïdale, brillante, d'un jaune de paille, grasse au toucher. Sa dens. = 0,98. Elle fond à 85° C., se solidifie à 78°, commence à bouillir à 245° en brunissant, dégage une odeur grasse qui n'est pas désagréable, et brûle avec une flamme assez éclairante, sans résidu. Elle se dissout complétement dans l'alcool bouillant d'où elle se précipite par le refroidissement sous forme d'une poudre blanche qui, après dessiccation, offre des lamelles jaunâtres translucides. Elle contient en moyenne, d'après trois analyses de Bertolio : C 69,82 H 12,32 O 17,86 = 100. Sa composition peut donc s'exprimer par la formule $C^{10} H^{10} O^{2}$ qui exige : Carbone 69,77 Hydrogène 11,63 Oxygène 18,60.

URANÉLAÏNE ; Hermann. Neige inflammable.

Transparente. Jaune de vin. Molle et élastique. Dens. = 1,1. Émettant une odeur d'huile rance. Fusible en vase clos en donnant les produits ordinaires des substances végétales et laissant un charbon brillant. Brûlant avec une flamme bleue sans fumée. Soluble dans l'alcool et le carbonate de soude.

$C^{42} H^{28} O^{16}$; Carbone 61,76 Hydrogène 6,86 Oxygène 31,38.

L'analyse a donné à M. Hermann : C 61,5 H 7,0 O 31,5 = 100.

Indiquée comme tombée du ciel le 11 avril 1832, à 13 kilomètres de la ville de Wolokalamsk, gouvernement de Moscou (Poggendorff's Annalen, t. 28, p. 566).

PIAUZITE; Haidinger.

Amorphe. Cassure imparfaitement conchoïdale. Translucide sur les bords très-minces. Éclat gras. Noir de velours, devenant brun noirâtre par le frottement. Poussière brun jaune. Fragile. Facile à écraser entre les doigts en dégageant une odeur aromatique particulière. Tendre. Dur. = 1,5 à 2. Dens. = 1,186 à 1,22.

Fond à 315° C., brûle avec une flamme jaune éclairante, produit beaucoup de fumée d'une odeur empyreumatique et aromatique, et laisse un résidu poreux qui, incinéré au chalumeau, devient gris et fond en une boule verdâtre formée par un silicate ferrico-alcalin. Dans le matras, distille en donnant un peu d'eau et des gaz gris et bruns qui déposent sur les parois un liquide oléagineux jaune verdâtre, à réaction acide. En partie soluble dans l'alcool absolu. Soluble dans l'éther, la potasse caustique et l'acide sulfurique concentré.

D'après G. Faller, contient à l'état naturel 3,25 p. 100 d'eau hygroscopique et fournit 5,96 p. 100 de cendres, après dessiccation.

La piauzite, dont la structure est tantôt compacte avec une multitude de cavités parallèles qui la traversent, tantôt schisteuse et bacillaire, ce qui lui donne de la ressemblance avec certaines variétés de houille, est souvent pénétrée d'une grande quantité de pyrite qui, par sa décomposition, la fait tomber en poussière. Elle forme des nids ou de petits bancs de quelques pouces de puissance, en Carniole, au milieu des lignites tertiaires de Piauze et de Polchizza-Graben au N. O. de Krainburg; en Styrie, dans presque toutes les exploitations établies sur la formation de lignite qui s'étend de Tüffer, par Gouze et Hrastnigg, jusqu'à Trifail et Sagor.

On utilise la grande masse de noir de fumée qu'elle donne en brûlant, pour noircir les moules employés à couler la fonte.

RÉTINASPHALTE. Rétinite, en partie. Résinite; Haüy. Bernerde; Werner. Erdharz.

Sous le nom de rétinasphalte sont comprises plusieurs substances imparfaitement déterminées, mais présentant un certain nombre de caractères semblables.

Amorphe. Cassure conchoïdale ou inégale, quelquefois terreuse. Éclat cireux plus ou moins prononcé. Translucide ou opaque. Jaune; brun jaunâtre ou rougeâtre; gris ou verdâtre. Poussière brun jaunâtre. Fragile. Dur.=1 à 2. Dens.=1,05 à 1,20. Acquiert l'électricité résineuse par le frottement. Fusible à des températures généralement peu élevées, mais variables avec les échantillons de diverses provenances. Brûlant avec flamme et odeur bitumineuse aromatique. En partie soluble dans l'alcool.

Une variété de Halle en Prusse, moins fusible que la plupart des résines, donne à la distillation sèche une huile épaisse, brune, de l'eau contenant un peu d'acide acétique, de l'acide carbonique et des gaz carburés. Suivant Bucholz, elle contient 91 p. 100 d'une résine soluble dans l'alcool absolu et 9 p. 100 d'une résine insoluble. Ni l'une ni l'autre ne se dissolvent dans l'éther pur, mais elles sont dissoutes par les alcalis.

Une variété de Bovey en Devonshire, d'un jaune brun, souvent élastique à l'état frais, devenant dure et cassante à l'air, examinée autrefois par Hatchett, brûle, d'après Johnston, avec une flamme éclairante jaune et laisse comme résidu 13,23 p. 100 d'un silicate d'alumine. Indépendamment des cendres, elle renferme 68,4 p. 100 d'une résine soluble dans l'alcool et 31,6 d'une résine insoluble. La matière précipitée par évaporation de la solution alcoolique est d'un brun clair, fusible à 121° C., complétement liquide à 160° et soluble dans l'éther. Il n'est pas prouvé que ce ne soit pas un mélange; cependant Johnston lui attribue la formule $C^{42}H^{28}O^{6}$.

Enfin une variété de Cap-Sable en Maryland (c'est probablement la substance désignée comme *succin* de cette localité), contient d'après Troost : Résine soluble dans l'alcool 55,5 Résine insoluble 42,5 Matière terreuse 1,5 = 99,5.

Le rétinasphalte, en morceaux arrondis à surface plus ou moins rugueuse, se trouve engagé : dans la tourbe, aux environs d'Osnabrück en Westphalie; dans les lignites tertiaires, près de Halle en Prusse; à Laubach, Vogelsgebirge; à Hohenmölsen en Saxe; à Wiegand près Westerburg, duché de Nassau; à Czeitsch en Moravie (var. terreuse, *Bernerde*); à Bovey en Devonshire; à Cap-Sable en Maryland; en Sibérie; au Groënland, etc.; dans le grès vert à *ostrea columba*, à Briollay près Angers, Maine-et-Loire; dans la houille schisteuse (rare), à Radnitz en Bohême.

Alex. Brongniart avait nommé *succinite* une résine fossile ressemblant extérieurement au succin, mais en différant par l'absence d'acide succinique, et appartenant en général aux lignites de la formation crétacée inférieure. Une de ces variétés, friable, brunâtre ou roussâtre, contenant *peu* ou *point* d'acide succinique, a été observée au milieu des sables et des marnes à lignites de l'île d'Aix, Charente-Inférieure. On pourrait probablement la rapporter à la copaline, comme beaucoup de soi-disant succins.

APPENDICE.

ASPHALTE. Ἄσφαλτος; Aristote, Strabon et Dioscoride. Erdpech; Werner. Bitume solide: Haüy. Poix minérale scoriacée. Bitume de Judée. Karabé de Sodome. Baume de momie.

Solide et amorphe. Cassure conchoïdale. Opaque. Éclat vitreux ou résineux. Noir ou brun. Poussière brune.

Dur. = 2. Dens. = 1,1 à 1,2. Acquiert l'électricité résineuse par le frottement. Fond un peu au-dessus de 100° C.; s'enflamme facilement et brûle avec une flamme éclairante, fortement fuligineuse, à odeur bitumineuse, en laissant une petite quantité de cendres. A la distillation sèche, donne de l'eau légèrement ammoniacale, une huile empyreumatique, des gaz inflammables et un tiers de son poids de charbon qui, après incinération, laisse un peu de silice, d'alumine, d'oxyde de fer, etc. Peu soluble dans l'alcool; en grande partie soluble dans le naphte et l'essence de térébenthine.

Mélange en proportions variables de carbures d'hydrogène et de substances oxygénées, qui peut être considéré comme une oxydation du pétrole.

D'après M. Boussingault, l'asphalte cède à l'alcool absolu environ 5 p. 100 d'une résine jaune facilement soluble dans l'éther; et à l'éther 70 p. 100 d'une résine noire soluble dans les huiles essentielles. Le résidu de 25 p. 100, qui est *l'asphalte* proprement dit, est noir; il se dissout dans l'essence de térébenthine et le naphte; il se ramollit et commence à fondre sans décomposition à 300°; il contient, C 75,5 H 9,9 O 14,8 et a pour formule $C^{40}H^{32}O^{6}$. C'est ce résidu qui paraît constituer presque exclusivement l'asphalte de Caxitambo au Pérou.

D'après Kersten, l'asphalte de l'île Brazzo en Dalmatie fond à 90°; distillé avec de l'eau, il donne 5 p. 100 d'une huile semblable au naphte; l'alcool lui enlève 1 p. 100 d'une résine jaune, l'éther 20 p. 100 d'une résine brune, et il reste 74 p. 100 d'un asphalte soluble dans l'essence de térébenthine.

Analyses de l'asphalte : de Caxitambo près Cuença au Pérou, *a*, par Boussingault moyenne de 2 opérations ; de Cuba, *b*, par Regnault, *c*, par Wetherill; *d*, de Pont-du-Château en Auvergne (fusible à 100°); *e*, des Abruzzes (fusible à 140° C.); *f*, de Pontnavey, département de l'Ain, toutes trois par Ebelmen.

	Carbone.	Hydrogène.	Oxygène.	Azote.	Cendres.
a.	88,66	9,69	1,65		» = 100
b.	75,85	7,25	12,96		3,94 = 100
c.	82,67	9,14	8,19		» = 100
d.	76,13	9,41	10,34	2,32	1,80 = 100
e.	77,64	7,86	8,35	1,02	5,13 = 100
f.	55,48	6,15	21,42	1,12	15,83 = 100

L'asphalte forme des masses flottantes à la surface de la *mer Morte* (lac Asphaltique) où, d'après M. Louis Lartet, sa présence paraît liée à des sources thermales et salines et à des commotions souterraines qui disloquent de temps à autre les calcaires dolomitiques fortement bitumineux répandus le long de la côte occidentale de cette mer. Il accompagne assez souvent, à l'état de petits globules noirs ou brunâtres, divers minéraux de filons tels que galène, chalcopyrite, barytine, calcaire, quartz, etc.; il imprègne des roches volcaniques, des grès ou des calcaires appartenant à divers étages géologiques et contenant des restes animaux ou végétaux, et il constitue quelquefois des nids ou de petites couches au milieu de ces roches. On le rencontre en France, à Seyssel et à Pontnavey près Belley, département de l'Ain, à Lobsann, département du Bas-Rhin, à Dax, département des Landes, dans des grès ou des sables tertiaires; à Monestier, département du Cantal et à Pont-du-Château, Puy-de-Dôme, dans des tufs basaltiques, etc.; en Suisse, au val Travers, canton de Neuchâtel, et à Bex; en Tyrol, à Häring, dans un calcaire bitumineux; entre Seefeld, Scharnitz et Reith, dans un calcaire schisteux du lias inférieur contenant des plantes et des poissons fossiles, etc.; en Dalmatie, à l'île Brazza, aux environs de Trau près Porto-Mandoler, etc., dans un calcaire dolomitique caverneux; en Moravie, aux environs de Misteck, de Lettowitz, de Nikolsburg, etc.; en Bohême, près d'Aussig; en Gallicie, à Truskawicz, avec soufre et galène; en Hanovre, à Lauenstein, dans le gypse; en Thuringe, à Kamsdorf; et dans plusieurs autres parties de l'Allemagne; en Suède, dans les schistes cristallins et les couches de fer magnétique qui leur sont subordonnées; dans le Derbyshire, à Matlock, en masses réniformes et stalactitiques; en Cornwall, à la mine Poldice, dans des filons cuivreux, avec quartz et fluorine; dans le Shropshire, à Haughmond Hill; dans le Somersetshire et en quelques autres points de l'Angleterre; à l'île de Cuba; à Caxitambo, Pérou. On en a cité également au Caucase (formant d'après R. Hermann une couche considérable dans la petite Tschetschna, entre le Terek et l'Argun); dans l'Oural; en Albanie, etc.

La walaïte de W. Helmhacker paraît composée de cristaux microscopiques indéterminables. Cassure inégale. Éclat très-prononcé. Noire. Poussière noire. Dureté inférieure à 1,5. Maniée entre les doigts, elle dégage une odeur aromatique.

Au chalumeau, gonfle, se change en une masse poreuse et brûle en laissant une cendre grisâtre. Elle se rapproche de l'asphalte dont elle diffère par son apparence cristalline, son peu de dureté et ses caractères pyrognostiques. Elle forme des croûtes minces sur une dolomie, ou de petites agglomérations tapissant des druses dans un calcaire et une dolomie de la formation houillère de Rossitz Oslawan en Moravie.

Le mélanasphalte de Wetherill (Albert coal) ressemble extérieurement à l'asphalte, mais il n'en a pas la fusibilité. Il s'électrise fortement par friction. D'après les analyses de B. Silliman, du professeur Booth et du docteur Wetherill, sa composition paraît assez variable. Suivant le docteur Wetherill, il cède 4 p. 100 à l'éther et 30 p. 100 à l'essence de térébenthine, et il contient : C 82,67 H 9,14 O et Az 8,19 = 100. Il provient de la mine Albert près New-Brunswick en Nouvelle-Écosse et doit probablement être regardé comme un charbon fossile.

Le torbanite (Boghead coal; Boghead mineral; Torbane-Hill-Kohle; bitumenite de Trail; argillo-bitumen; argilole) semble plutôt appartenir aux bitumes qu'aux charbons. Il a une cassure sub-conchoïdale; il est translucide sur les bords, avec une couleur rouge par transmission, sans éclat. Il est d'un brun de girofle; sa poussière est jaune. Il est tenace et se laisse couper au couteau. Il s'allume facilement et il brûle avec une flamme brillante, très-fuligineuse, d'une odeur empyreumatique, en laissant une masse friable qui conserve la forme de l'échantillon essayé. Sa dur.=2. Sa dens.= 1,18 (Heddle). D'après M. Matter, l'éther n'en dissout que des traces; l'essence de térébenthine en sépare une résine analogue au copal. Une analyse de Fife a donné : C 60,25 H 8,80 O 3,60 Az 1,50 S 0,13 Cendres 25,60 = 99.88. Les cendres se composent essentiellement d'un silicate d'alumine, avec un peu d'oxyde ferrique, de chaux, de potasse et de soude.

On le rencontre en Écosse, à Boghead, à Bathvale, à Torbane Hill et près de Bathgate dans le Linlithgowshire, formant un lit de 20 à 24 pouces d'épaisseur et paraissant résulter d'une action calorifique exercée par le trapp sur une couche inférieure de houille (1). On l'emploie pour l'extraction de la paraffine et du naphte, et pour la fabrication d'un gaz d'éclairage excellent, contenant 4 à 5 fois plus de gaz oléifiant que celui qu'on retire du *cannel coal.*

Le *charbon huileux* (Oehlkohle) examiné par H. How, qui se rencontre dans les formations houillères de Pictou, de la mine Fraser et de Hillsborough en Nouvelle-Écosse, se rapproche beaucoup du torbanite. Il a une cassure hachée; il est terne, brun ou noir, à poussière brun chocolat foncé; sa dens. = 1,103. Il s'allume facilement et brûle avec une flamme éclairante, fuligineuse, en lançant des gouttelettes fondues. Sa poudre colore à peine la benzine et l'éther. Il contient d'après une analyse de Seessov : C 80,96 H 10,15 Az 0,68 Cendres 8,21 = 100.

---

(1) *Manual of the mineralogy of Great Britain and Ireland,* par Greg et Lettsom.

MÉLANCHYME; Haidinger.

Cassure terreuse. Terne. Brun jaunâtre. Friable. En partie soluble dans l'alcool. La dissolution évaporée laisse une masse résineuse, transparente, brun rouge, friable, fusible au-dessus de 100° C., brûlant avec une flamme claire, fuligineuse et odorante, comme le succin, et contenant, d'après Rochleder : C 76,79 H 9,06 O 14,15 = 100. Cette composition correspond à la formule $C^{42} H^{28} O^{6}$ qui exige : C 76,83 H 8,54 O 14,63.

La partie insoluble est noire, gélatineuse et se compose de C 67,14 H 4,79 O 28,07 = 100.

On l'a trouvé en masses atteignant quelquefois la grosseur de la tête ou en couches pénétrées de pyrite, dans les lignites de Zweifelsreuth, vallée d'Eger, et de Cehnitz près Strakonitz, en Bohême. On le cite aussi à Walderberg près Bonn en Prusse.

Sous le nom de hircine, Piddington a décrit (*Arch. der Pharm.*, LXXIV, 318) une sorte de résine fossile qu'il regarde comme nouvelle. Cassure conchoïdale. Opaque ou faiblement translucide sur les bords. Brune à l'extérieur; brun jaune à l'intérieur. Tenace et élastique. Dens. = 1,10. Fond à la flamme d'une bougie, brûle avec une flamme jaunâtre, fuligineuse, en dégageant beaucoup de gaz, et laisse en s'éteignant un globule de charbon tenace, d'une odeur particulière, à peu près animale; après incinération complète, ce charbon laisse des cendres. Se ramollit dans l'eau bouillante, en lui communiquant son odeur propre. L'alcool bouillant en dissout environ la moitié, en donnant une liqueur jaune d'or, d'où l'évaporation précipite une résine soluble dans l'éther. L'acide sulfurique la dissout en prenant une couleur rouge sang.

Le Dr Nic. Mill a observé un minéral terreux et bitumineux contenant de l'*acide benzoïque*. Il a une cassure terreuse et inégale, une couleur noir brunâtre; il est rayé par l'ongle et laisse des traces sur le papier, comme le graphite. Il est plus léger que l'eau. En poudre, il a une odeur piquante et une saveur brûlante et particulière. Au chalumeau, il brûle avec une fumée épaisse et une odeur de benjoin et il laisse un charbon noir éclatant. Sa distillation fournit de l'acide benzoïque. Il est en partie soluble dans l'eau et dans l'alcool et il paraît composé d'une résine, d'acide benzoïque et de matières terreuses. Il a été trouvé près Murindo, aux environs de Navita, province de Choco, dans la Nouvelle-Grenade.

Il n'est pas inutile de remarquer que les charbons fossiles peuvent être considérés comme de véritables roches et que la plupart des résines et des bitumes, avec leur composition variable, ne constituent guère des espèces minérales proprement dites. C'est donc uniquement pour me conformer à un usage généralement adopté jusqu'à ce jour que, dans les pages précédentes, j'ai inséré la description de ces matières. Je ferai remarquer aussi que les formules indiquées, manquant entièrement de contrôle, représentent seulement les données de l'analyse et ne peuvent prétendre à aucune valeur théorique.

MELLATES.

MELLITE. Honigstein; Werner. Pyramidales Melichron-Harz; Mohs.

Prisme droit à base carrée.

$$b : h :: 1000 : 527,713 \quad D = 707,107.$$

ANGLES CALCULÉS.	ANGLES CALCULÉS.	ANGLES CALCULÉS.
mh^1 135°	$pb^{1/2}$ 133°27′	$h^1b^{1/2}$ 120°53′
h^1h^1 90°	pm 90°	h^1a^1 90° sur $b^{1/2}$
	$b^{1/2}m$ 136°33′	$b^{1/2}a^1$ 149°7′
pa^1 143°16′	$b^{1/2}b^{1/2}$ 86°54′ sur p	$*b^{1/2}b^{1/2}$ 118°14′ sur a^1
a^1h^1 adj. = 126°44′	$b^{1/2}b^{1/2}$ 93°6′ sur m	118°13′30″ obs. Kupff.
a^1a^1 106°32′ sur p	93°5′ obs. Kupffer.	
		a^1a^1 129°58′ ar. culmin.

Combinaisons de formes observées : $p\ b^{1/2}$; $h^1\ b^{1/2}$; $h^1\ p\ b^{1/2}$; $h^1\ p\ a^1\ b^{1/2}$; $m\ h^1\ p\ b^{1/2}$, *fig.* 264, Pl. XLIV (petits cristaux éclatants, jaune soufre, de Moravie?). Les bases p sont rugueuses et arrondies; les faces a^1 sont rugueuses; les faces $b^{1/2}$, quoique brillantes et unies par places, sont souvent ondulées; les m sont rares. Clivage très-difficile suivant $b^{1/2}$. Cassure conchoïdale. Transparente; translucide. Double réfraction assez énergique, à un axe *négatif*. $\omega = 1,541$ $\varepsilon = 1,518$ ray. jaunes, sur un cristal pur, d'Artern (Dx.); $\omega = 1,539$ $\varepsilon = 1,511$ raie D du spectre (moy. d'observations faites sur trois cristaux d'Artern, par Schrauf). Des lames épaisses, normales à l'axe optique, montrent très-souvent au microscope polarisant des anneaux d'une forme peu régulière et une croix noire plus ou moins disloquée; mais je me suis assuré, d'une part que cette dislocation peut avoir lieu dans les diverses plages d'une *même lame* suivant des directions sensiblement parallèles aux deux faces m et aux deux faces h^1, et d'autre part qu'elle n'est en rien modifiée par la chaleur (1). L'apparence biaxe n'est donc produite ici que par des défauts purement accidentels dans la structure des cristaux. Éclat entre le vitreux et le résineux, quelquefois très-vif. Blanc jaunâtre; jaune de soufre; jaune de miel; brune ou rougeâtre. Poussière blanchâtre. Assez fragile.

---

(1) Voy. mes *Nouvelles recherches sur les propriétés optiques des cristaux naturels et artificiels*, etc. Mémoires des savants étrangers, tome XVIII.

Dur. = 2 à 2,5. Dens. = 1,574; 1,636; 1,642 (Kenngott, cristaux d'Artern); 1,597 (Iljenkow, cristaux du gouvernement de Tula).

Dans le matras, dégage de l'eau et se carbonise sans émettre d'odeur sensible. Au chalumeau, brûle en laissant de l'alumine blanche. La poudre bouillie dans l'eau y laisse dissoudre une partie de son acide. Entièrement soluble dans l'acide azotique et la potasse caustique.

Mellate d'alumine, $\ddot{A}l(C^{12}O^{9})+18\dot{H}$: Acide mellique $(C^{12}H^{6}O^{12})$ 40,30 Alumine 14,37 Eau 45,33.

Analyses de la mellite : *a*, d'Artern par Wöhler; *b*, du gouvernement de Tula, par J. von Iljenkow.

	a	*b*
Acide mellique	41,4	41,64
Alumine	14,5	14,20
Eau	44,1	44,16
	100,0	100,00

Découverte d'abord en cristaux, quelquefois assez gros, mais souvent caverneux, engagés dans le bois bitumineux des couches de lignite d'Artern en Thuringe. Retrouvée depuis dans les lignites, à Luschitz près Bilin en Bohême, avec oxalite et kéramohalite (en plaquettes ou en croûtes et rarement en petits cristaux); à Walchow en Moravie (en petits octaèdres éclatants ou en croûtes cristallines d'un jaune pâle); à Freienwalde sur l'Oder (en octaèdres bien caractérisés, d'après Förster); à Dransfeld (en croûtes fragiles d'après Volger); à la mine Aginsk, district de Nertschinsk et près du village Malöwka, gouvernement de Tula en Russie (les cristaux de Malöwka sont translucides, d'un jaune paille et ils tapissent les fentes d'un charbon regardé comme appartenant à la houille).

Les groupements d'individus à axes imparfaitement parallèles, dont se composent les cristaux de mellite en apparence les plus nets, impriment à leurs faces certaines ondulations qui rendent très-difficile la mesure exacte de leurs incidences, et il est bien rare de trouver ces incidences rigoureusement égales sur toutes les arêtes semblables de l'octaèdre $b^{1/2}$; mais il est impossible de découvrir aucune régularité dans les différences qu'elles présentent. Les moyennes des nombres obtenus par différents observateurs sur des cristaux d'Artern sont :

$b^{1/2}b^{1/2}$ sur *p*.	$b^{1/2}b^{1/2}$ sur *m*.	$b^{1/2}b^{1/2}$ sur a^1.
86°54'30" Kupffer	93°2' Kenngott	118°17' G. Rose
86°52' G. Rose	92°58'29" Kokscharow	118°16' Breithaupt
87°13' Kokscharow	93°2' Dx.	118°14' Dauber
		118°11' Kenngott
		118°27' Kokscharow
		118°6'30" Schrauf
		118°30' Dx.

OXALATES

WHEWELLITE. Oxalate of lime; Brooke. Oxalsaurer Kalk; Haidinger.

Prisme rhomboïdal oblique de 100°36'.

$b : h :: 1000 : 1033{,}397 \quad D = 754{,}593 \quad d = 656{,}192.$

Angle plan de la base = 97°58'47".
Angle plan des faces latérales = 101°15'30",5.

ANGLES CALCULÉS.	ANGLES CALCULÉS.	ANGLES CALCULÉS.
*mm 100°36' avant	pd^1 141°5'	e^1m antér. 130°16'
mg^3 160°45'30"	pm antér. 103°14'	e^1a^1 101°41'
mg^1 129°42'	*pm post. 76°46'	a^1m adj. 128°3'
g^3g^1 148°56'30"		
g^3g^3 62°7' sur m	$p\sigma$ 110°2'	d^1e^1 143°8'
	pg^3 post. 81°10'	d^1m 74°45' sur e^1
*pa^1 109°28'		$e^1\sigma$ 154°49'
	g^1d^1 114°20'	e^1m post. 111°37'
pe^1 127°25'	d^1d^1 131°20' avant	σm adj. 136°48'
e^1g^1 142°35'		
pg^1 90°	$g^1\sigma$ 151°19'	d^1a^1 79°11'
e^1e^1 74°50' sur p	$\sigma\sigma$ 57°22' sur a^1	σa^1 115°33'
	$\sigma = (b^1 d^{1/2} g^1)$	a^1g^3 post. 114°24'

Dans la macle parallèle à a^1.

$m\underline{m}$ 103°54' sortant	$p\underline{p}$ 141°4' sortant	$d^1\underline{p}$ 158°22' rentrant
$g^3\underline{g^3}$ 131°12' sortant	$e^1\underline{p}$ 156°38' sortant	$\sigma\underline{\sigma}$ 128°54' sortant

Formes observées par Brooke : $m\ g^3\ g^1\ p\ a^1\ e^1\ d^1\ \sigma$, *fig.* 265, Pl. XLIV.
Les faces m sont striées parallèlement à leur intersection avec g^3; les faces d^1 le sont parallèlement à leur intersection mutuelle. Macles fréquentes par hémitropie autour d'un axe normal à a^1; plan d'assemblage parallèle à a^1. Clivages suivant p, m et g^1. Cassure conchoïdale. Transparente; quelquefois opaque. D'après M. Miller, le plan des axes optiques serait parallèle au plan de symétrie, et l'une des bissectrices ferait un angle d'environ 8° avec une normale à a^1 et un angle de 78°32' avec une normale à p. Éclat vitreux, tendant à l'adamantin. Incolore. Poussière blanche. Très-fragile. Dur. = 2,5 à 2,75. Dens. = 1,833.
Une analyse de Sandall conduit à la formule :

$2\dot{C}a\dddot{C} + 2\dot{H}$; Acide oxalique 49,31 Chaux 38,36 Eau 12,33.

Cette substance, jusqu'ici fort rare, n'a encore été trouvée qu'en petits cristaux presque toujours maclés, implantés sur des scalénoèdres raboteux, blancs, de calcaire, qu'on *suppose* provenir de Hongrie.

Liebig a désigné sous le nom de *Thierschite*, un oxalate de chaux observé par M. Thiersch sur des colonnes de marbre blanc du Parthénon d'Athènes, où il forme un enduit d'environ une ligne d'épaisseur, opalin et d'un gris sale.

M. Shepard appelle *moronolite* de petites concrétions ovoïdes et aplaties, entourées d'hyalite impure et mélangées d'une substance jaunâtre, qui paraît être un oxalate et un carbonate de chaux, d'une dur. = 3,5 d'une dens. = 2,62, donnant dans le matras de l'eau a odeur organique et devenant noire et magnétique au chalumeau. Ces concrétions ont été trouvées à la surface d'un gneiss. On ne connaît jusqu'ici aucun caractère qui permette d'établir leur composition.

HUMBOLDTINE ; Mariano de Rivero. Humboldtite. Fer oxalaté ; Haüy. Oxalit ; Hausmann. Eisen-Resin ; Siderischer Oxalit ; Breithaupt.

Système cristallin indéterminé (probablement rhombique, d'après Breithaupt). Structure fibreuse ou grenue. Cassure inégale ou terreuse. Opaque. Éclat résineux plus ou moins vif. Jaune d'ocre ; jaune paille ou jaune soufre. Poussière jaune. Faiblement malléable. Dur. = 2. Dens. = 2,25.

A la flamme d'une bougie, noircit et devient magnétique. Au chalumeau, dégage une odeur végétale, et se transforme en oxyde de fer rouge. Avec le borax et le sel de phosphore, réactions du fer. Insoluble dans l'eau et l'alcool. Facilement soluble dans les acides qui se colorent en jaune et d'où les alcalis précipitent tout le fer, à l'état d'oxydule vert noir qui brunit à l'air.

$2\dot{F}e\ddot{C} + 3\dot{H}$; Acide oxalique 42,11 Oxyde ferreux 42,11 Eau 15,78.

M. Rammelsberg a obtenu sur des échantillons de Bohême :

Acide oxalique	42,40	»	»
Oxyde ferreux	41,13	40,24	40,80
Eau	16,47	»	»
	100,00		

Se trouve en petites masses accompagnées de gypse, dans les lignites de Luschitz près Kolosoruk, non loin de Bilin en Bohème. Citée aussi dans ceux de Gross-Almerode en Hesse, et par M. S. Hunt, au Cap Ipperwash sur le lac Huron, Canada occidental (en écailles terreuses d'un jaune soufre). Les échantillons sont encore assez rares dans les collections, où l'on indique souvent comme Humboldtine certaines ocres jaunes ou certains sulfates de fer altérés.

La *Pigotite* de Johnston est une substance amorphe, brunâtre, à poussière jaune, qui forme des incrustations observées par le Rév. Pigot sur les parois des cavernes granitiques des côtes orientales et occidentales du Cornwall. Chauffée dans le matras, elle noircit en donnant beaucoup d'eau et des produits empyreumatiques. Au chalumeau, elle blanchit et laisse un résidu d'alumine presque pure. Elle est insoluble dans l'eau et l'alcool. Elle paraît être une combinaison d'alumine avec un acide particulier, analogue à l'acide ulmique (acide *mudéseux* $C^6 H^5 O^8$), et sa composition correspond d'après Johnston à la formule :

$\ddot{A}l^4 (C^6H^5O^8) + 27 \dot{H}$. Cette matière, de formation contemporaine, doit son origine à l'attaque de l'alumine des feldspaths par une eau chargée de principes résultant de la décomposition des végétaux.

Apjohn a examiné un corps analogue, de Wicklow en Irlande, qui contiendrait 1 équivalent d'alumine et 2 équivalents d'un acide organique.

Le *guano*, qui depuis un certain nombre d'années est si recherché comme engrais par l'agriculture, est un mélange, en proportions variables, d'oxalate de chaux et d'ammoniaque, d'urate d'ammoniaque, de phosphates de chaux, d'ammoniaque et de magnésie, au milieu duquel on rencontre des rognons de divers phosphates désignés par M. Shepard sous les noms de *pyroclasite*, de *glaubapatite* et d'*épiglaubite*. Il doit son origine à une énorme accumulation d'excréments d'oiseaux maritimes tels que pélicans, flamants, moëttes, etc., et il est principalement exploité aux îles Chincha en face les côtes du Pérou. Il en existe aussi à l'île du Moine dans la mer des Antilles, sur la côte d'Afrique au sud de l'Arabie et en beaucoup d'autres points du globe où se réunissent de grandes quantités d'oiseaux.

GENRE CARBONATE.

CARBONATES ANHYDRES.

Les carbonates anhydres, qui forment un des groupes les plus naturels de la minéralogie, peuvent être rangés cristallographiquement dans deux divisions principales comprenant chacune des espèces isomorphes de la formule $\dot{R}\ddot{C}$. L'une de ces divisions se compose de carbonates prismatiques dont les formes cristallines dérivent d'un prisme rhomboïdal droit voisin de 120°, tels que les carbonates de baryte, de strontiane, de chaux et de plomb ; l'autre renferme les carbonates rhomboédriques qui peuvent être rapportés à des rhomboèdres d'angles très-rapprochés, comme les carbonates de chaux, de magnésie, de cérium, de manganèse, de fer et de zinc. Le carbonate de chaux est le seul qui fasse partie des deux divisions; cependant le carbonate de manganèse, associé aux carbonates de fer, de chaux et de magnésie, paraît constituer une sorte d'aragonite à laquelle on a donné le nom de manganocalcite.

Il existe, dans chaque division, des composés bien définis formés par la combinaison d'au moins deux des espèces qui lui appartiennent. Les mieux caractérisés sont : l'alstonite et la barytocalcite offrant deux états dimorphes du même sel, $\dot{Ba}\ddot{C} + \dot{Ca}\ddot{C}$; la dolomie, $\dot{Ca}\ddot{C} + \dot{Mg}\ddot{C}$; la pistomésite, $\dot{Mg}\ddot{C} + \dot{Fe}\ddot{C}$, etc.

Parmi les carbonates rhomboédriques, on rencontre en outre un assez grand nombre de mélanges dont quelques-uns paraissent suffisamment constants pour avoir été érigés en espèces.

Tous sont attaqués par les acides, avec une effervescence plus ou moins vive, soit à froid soit à chaud.

A la suite des carbonates, viennent se placer deux variétés dimorphes d'une même combinaison de carbonate et de sulfate de plomb, la leadhillite et la suzannite.

WITHÉRITE. Baryte carbonatée; Haüy. Diprismatischer Hal-Baryt; Mohs.

Prisme rhomboïdal droit d'environ 117° 48'.

$b : h :: 1000 : 625,273 \quad D = 856,267 \quad d = 516,533.$

ANGLES CALCULÉS.	ANGLES MESURÉS.
—	—
mm 117°48′	»
mg^2 adj. 150°1′	»
*mg^1 adj. 121°6′	121°6′ moyenne Dx.
g^2g^1 adj. 151°5′	149°6′ ? ? Dx.
$g^2{}_1\delta$ 147°56′ (macle)	148°50′ ? ? Dx.
$g^1{}_1\delta$ 119°1′ (macle)	118°55′ à 119°; 118°30′; 120°20′; 120°10′ à 30′; 120°30′ Dx.
$m{}_1\delta$ 177°55′ (macle)	177°43′ Dx.
$e^{1/4}g^1$ 161°6′	161°0′ Greg
$e^{1/4}e^{1/4}$ 142°12′ sur g^1	»
$e^{1/3}g^1$ 155°28′	154°20′ à 155°20′ Dx.; 155°10′ Greg
$e^{1/3}e^{1/3}$ 130°56′ sur g^1	»
*$e^{1/2}g^1$ 145°36′	145°36′ moyenne Dx.; 145°25′ Greg
$e^{1/2}e^{1/2}$ 111°12′ sur g^1	110°49′ Greg
$e^{1/3}e^{1/2}$ 170°8′	170°45′ Dx.
e^1g^1 126°8′	125°56′ Greg
e^1e^1 72°16′ sur g^1	»
e^2g^1 110°3′	110°45′ Dx.; 111°15′ Greg
e^2e^2 40°6′ sur g^1	»
$e^{1/3}e^2$ 134°35′	135°10′ Dx.
$e^{1/2}e^2$ 144°27′	144°30′ Dx.
e^4g^1 100°21′	99°30′ à 100 Dx.
e^4e^4 20°42′ sur g^1	»
$b^{1/4}m$ 160°31′	»
$b^{1/3}m$ 154°45′	»
$b^{1/2}m$ 144°44′	»
$b^{1/2}b^{1/2}$ 109°28′ sur m	»
b^1m 125°15′	»
b^2m 109°28′	»
b^4m 100°1′	»
$e^{1/2}b^{1/2}$ adj. 132°24′	132°22′ moyenne Dx.
$e^{1/2}{}_{1}\partial$ 130°30′ (macle)	130°30′ à 40′ Dx.
$b^{1/2}e^{1/2}$ 178°6′ (macle)	178° à 178°30′ Dx.

Tous les cristaux examinés jusqu'à ce jour paraissent maclés, et leur forme dominante est celle d'une double pyramide hexagonale dont les arêtes basiques sont souvent remplacées par un prisme à six faces plus ou moins allongé suivant son axe vertical. Les macles les plus régulières offrent l'assemblage de six secteurs triangulaires dont les faces g^1, $e^{1/4}$, $e^{1/3}$, $e^{1/2}$, e^1, e^2, e^4, se montrent à l'extérieur, tandis qu'à l'intérieur leurs faces m se coupent sous un angle voisin de 62° en convergeant vers le centre. Il suit de là que deux secteurs contigus, dont le développement peut d'ailleurs être très-inégal, ne sont pas en contact immédiat et qu'il reste entre eux des vides ayant la forme de coins effilés de 1° à 2°. Ces vides sont remplis par des séries de lames très-minces, hémitropes autour d'un axe sensiblement normal aux faces m et disposées en retrait comme celles que M. de Senarmont a signalées dans l'aragonite. L'ouverture des coins ne semble pas parfaitement constante, puisque dans des cristaux maclés à faces suffisamment miroitantes, on ne trouve pas des nombres égaux sur chacune des six arêtes résultant de l'intersection, soit de deux faces g^1, soit de deux faces $e^{1/2}$ adjacentes (1). Il en est de même pour les angles très-obtus que des faces m ou $b^{1/2}$, appartenant à des lames hémitropes, font avec les faces g^1 ou $e^{1/2}$ sur lesquelles elles viennent quelquefois dessiner une légère saillie. Les incidences mutuelles des faces appartenant à la zone verticale présentent donc une certaine incertitude et les valeurs calculées pour $g^2{}_{\text{ı}}b$, $g^1{}_{\text{ı}}b$, $m{}_{\text{ı}}b$, $e^{1/2}{}_{e/1}a$ et $b^{1/2}{}_{e\,1}a$ ne s'appliquent en réalité qu'à une seule des arêtes comprises entre ces faces.

Les combinaisons de formes les plus habituelles se composent de : 12 faces $e^{1/2}$ constituant deux pyramides hexagonales réunies base à base; 6 faces g^1 constituant un prisme terminé à ses deux extrémités, tantôt par 6 faces $e^{1/2}$ (voy. *fig.* 288, Pl. XLVIII), tantôt par une superposition de 6 faces $e^{1/4}$, 6 faces $e^{1/3}$, 6 faces $e^{1/2}$ ou de 6 faces $e^{1/3}$, 6 faces $e^{1/2}$, 6 faces e^2 et d'une base p (voy. *fig.* 289), tantôt enfin par la pyramide très-surbaissée e^4 (voy. *fig.* 290, Pl. XLIX). Cette dernière combinaison est celle qu'on rencontre ordinairement sur les gros cristaux à surfaces rugueuses de Dufton Fells, désignés par Thomson sous le nom de *sulfato-carbonate de baryte* de Bromley Hill. Les faces e^1 et $e^{1/4}$ ont été observées par M. Greg. La face g^2 est rare; je ne l'ai observée que sur une seule arête du prisme pyramidé représentée *fig.* 288. Les faces g^1 sont striées horizontalement; les faces $e^{1/2}$ portent aussi des stries dont quelques-unes sont horizontales, mais dont la plupart sont parallèles à leur intersection avec $b^{1/2}$. Clivage assez net suivant g^1; imparfait suivant m et suivant $e^{1/2}$. Cassure inégale. Transparente; semi-transparente ou translucide. Les lames minces taillées perpendiculairement à l'axe vertical offrent souvent une teinte louche par suite des nombreuses lames hémitropes qui les traversent. Double réfraction assez énergique. Axes optiques orientés dans un plan parallèle à g^1 (voy. *fig.* 291). Bissectrice aiguë *négative* normale à la base. Dispersion des axes très-faible; $\rho > v$. Écartement apparent dans l'air ne paraissant pas varier avec la température. $2E = 26°30'$ à 17° C.; 26°24′ à 121° C., ray. rouges. Éclat vitreux; un peu résineux dans la cassure. Couleur blanche, passant au jaunâtre ou au blanc grisâtre et prenant quelquefois une teinte de vert ou de rouge. Certains cristaux

(1) Un prisme pyramidé incomplet m'a donné sur quatre arêtes consécutives, pour $g^1{}_{\text{ı}}b$: 118°30′; 120°20′; 120°10′ à 30′; 120°30′. Un fragment net, de Fallowfield m'a fourni 118°55′ à 119°.

sont recouverts d'une croûte mince et terne, d'un blanc grisâtre; sur les grosses pyramides surbaissées qui se rapportent au *sulfato-carbonate* de Thomson, la croûte se compose de petits cristaux de barytine. Poussière blanche. Fragile.

Dur. = 3 à 3,5. Dens. = 4,2 à 4,3; 4,277 (Damour).

Au chalumeau, colore la flamme en vert jaunâtre et fond en émail blanc alcalin. Sur le charbon, se gonfle, devient caustique et se laisse absorber. Soluble avec effervescence dans les acides chlorhydrique ou azotique dilués. La solution étendue d'eau précipite abondamment par l'acide sulfurique.

$\dot{B}a\ddot{C}$; Baryte 77,68 Acide carbonique 22,32.

Analyses de la Withérite : d'Anglesark, *a*, par Withering, *b*, par Beudant; *c*, de Hexham en Northumberland, *d*, de Dufton en Westmoreland (*sulfato-carbonate* de Thomson), toutes deux par Heddle.

	a	*b*		*c*	*d*
Acide carbonique	20,8	22,5	$\dot{B}a\ddot{C}$	98,96	99,24
Baryte	78,6	77,1	$\dot{C}a\ddot{C}$	trace	0,22
Chaux	»	0,4	$\dot{B}a\dddot{S}$	0,94	0,54
Eau	1,0	»		»	»
	100,4	100,0		99,90	100,00

Se trouve en cristaux plus ou moins fortement engagés les uns dans les autres ou en masses globulaires, réniformes et bacillaires, accompagnées de barytine, dans des filons de galène, dans les terrains de transition et carbonifères, dans le granite et le porphyre. Découverte d'abord à l'état compacte ou fibreux dans les mines de plomb d'Anglesark près Chorley en Lancashire, elle est surtout abondante à Fallowfield près Hexham, en Northumberland, où se rencontrent les plus beaux cristaux. Elle existe dans les mines de plomb de Snailbeach en Shropshire; à Alston Moor en Cumberland; à Welhope en Durham; à Dufton Fells en Westmoreland, où elle se présente quelquefois sous forme de moules creux, pseudomorphes de cristaux de barytine; à Arkendale en Yorkshire; à la mine de Foxdale, île de Man; près de Saint-Asaph dans le Flintshire, pays de Galles. On la cite aussi à Neuberg, à Uebelbach et à Arzwald en Styrie; à Borowetz en Moravie; à Leogang près Salzbourg; à Tarnowitz en Silésie; à Szlana en Hongrie; à Schlangenberg en Sibérie; en Sicile, et au Chili.

A Fallowfield, la substance est exploitée en grand pour les fabriques de produits chimiques et pour les manufactures de glaces. Ses propriétés vénéneuses sont utilisées en Écosse pour la destruction des rats. Elle a été employée pour le traitement des mélasses provenant de l'extraction du sucre de betterave.

ALSTONITE. Barytocalcite en prisme droit. Bicalcarco-Carbonate of Barytes; Bromlite; Thomson.

Prisme rhomboïdal droit voisin de 120°.

Tous les cristaux d'alstonite se présentent sous forme de pyramides dihexaèdres (*fig.* 307, Pl. LI) qui sont des macles encore plus complexes que celles de la Withérite. L'examen, dans la lumière polarisée, de lames coupées normalement à l'axe vertical, montre que chaque cristal se compose de douze secteurs triangulaires offrant sur le contour extérieur une de leurs faces $b^{1/4}$ et assemblés à l'intérieur, d'un côté par une face m assez plane, et de l'autre côté par une surface ondulée voisine de g^2. Chaque face extérieure de la double pyramide hexagonale est partagée par un léger sillon longitudinal en deux triangles rectangles égaux, appartenant à deux individus différents et portant des stries horizontales qui ne se correspondent pas exactement. Des mesures approximatives m'ont donné :

$b^{1/4}\, b^{1/4}$ sur $b^{1/4}$ = 124°30′ à 124°35′ (cette mesure se rapporte aux portions de pyramides dont les bases sont indiquées par les lettres $m^1\, m^1$ sur la *fig.* 306, Pl. LI).

$b^{1/4}\, b^{1/4}$ sur une arête culminante = 122°30′ environ (cette mesure s'applique aux portions de pyramides dont les bases portent les lettres $m'''\, m^{IV}$ sur la *fig.* 306).

$b^{1/4}\, b^{1/4}$ = 142° à la base.

Les incidences paraissent assez constantes au-dessus des six arêtes culminantes de chaque pyramide, ce qui semble prouver que les assemblages intérieurs sont bien réguliers. L'angle du prisme primitif déduit des mesures précédentes serait de 121°, et par suite, il existerait à l'intérieur, entre les différents secteurs, de petits vides en forme de coins très-effilés qui sont sans doute comblés comme dans la Withérite par des lames hémitropes très-minces. Les faces extérieures des pyramides sont trop ondulées et trop peu miroitantes pour permettre la mesure du très-petit angle rentrant formé par les deux triangles dont elles se composent.

Clivage peu net suivant les faces d'un prisme voisin de 120°. Cassure inégale ou esquilleuse. Transparente ou translucide. Les lames même très-minces, coupées perpendiculairement à l'axe vertical des pyramides, n'offrent souvent qu'une transparence imparfaite, à cause des nombreuses lames hémitropes dont elles sont traversées. Double réfraction peu énergique. Axes optiques très-rapprochés (1), compris dans le plan des grandes diagonales

---

(1) De Senarmont a fait remarquer en 1854, dans le tome XLI des *Annales de chimie et de physique*, qu'on pouvait s'attendre à trouver ici des axes très-rapprochés, puisque l'alstonite peut être considérée comme un alliage cristallin de deux espèces isomorphes, la Withérite et l'aragonite, qui ont leurs axes optiques ouverts

des bases du prisme de 121°. Bissectrice *négative* parallèle à l'axe vertical. Dispersion sensiblement nulle. Angle apparent des axes optiques augmentant légèrement avec la température. 2E = 9°50′ à 17°; 11°10′ à 141°,5 C. (ray. rouges). Éclat faiblement vitreux; résineux dans la cassure. Incolore; jaune grisâtre; blanc teinté de rose. Poussière blanche.

Dur. = 4 à 4,5. Dens. = 3,70 à 3,71.

Au chalumeau, décrépite légèrement et donne une masse caustique d'un blanc de lait qui conserve la forme des cristaux. Soluble avec effervescence dans les acides azotique et chlorhydrique étendus.

$\dot{B}a\ddot{C} + \dot{C}a\ddot{C}$; Carbonate de baryte 66,34 Carbonate de chaux 33,66 avec des quantités variables de carbonate de strontiane.

Analyses de l'alstonite : de Bromley Hill près Alston, *a*, par Johnston; de Fallowfield près Hexham, *b*, par Delesse; *c*, par de Hauer.

	a	*b*	*c*
Carbonate de baryte	62,16	65,31	65,71
Carbonate de chaux	30,29	32,90	34,29
Carbonate de strontiane	6,64	1,10	»
Silice	»	0,20	»
Oxyde de manganèse	»	0,16	»
	99,09	99,67	100,00
Densité :	3,706	»	»

Se trouve en petits cristaux groupés sur de la barytine lamellaire, dans des filons de galène, à Fallowfield près Hexham en Northumberland (cristaux roses) et à Bromley Hill près Alston Moor en Cumberland. Dans cette seconde localité, elle est associée à de la Withérite qui offre souvent la combinaison des formes $g^1 e^4$, et à des rhomboèdres équiaxes de calcaire qui sont recouverts d'une croûte blanche de barytine, parsemée de très-petits cristaux de chalcopyrite.

BARYTOCALCITE. Hemiprismatischer Hal-Baryt; Mohs.

Prisme rhomboïdal oblique de 106° 54′.
Angle plan de la base = 104° 41′ 4″.
Angle plan des faces latérales = 99° 46′ 31″.

$b : h :: 1000 : 495,162 \quad D = 791,674 \quad d = 610,943.$

---

dans deux plans rectangulaires entre eux. Cet alliage est donc analogue à ceux que de Senarmont a composés à l'aide des deux sels de Seignette *ammoniacal* et *potassique* et sur lesquels il a constaté, dans l'écartement et l'orientation des axes optiques, une variation en rapport avec la composition.

ANGLES CALCULÉS.	ANGLES MESURÉS.	
	BROOKE.	DES CLOIZEAUX.
*mm 106°54′	106°54′	106°55′
mh^1 143°27′	143°27′	143°20′
mg^3 160°33′	»	»
g^3g^3 68°0′ sur h^1	68°0′ (Haidinger)	»
g^3h^1 124°	»	»
*po^1 147°34′	147°34′	»
ph^1 antér. 106°8′	106°8′	»
o^1h^1 adj. 138°34′	»	»
*pm antér. 102°54′	102°54′	102°50′
px adj. 118°25′	»	118°35′
py adj. 104°1′	»	»
$p\rho$ adj. 101°52′	»	»
$\rho\rho$ adj. 146°7′	145°54′ (Haidinger)	»
yy 139°50′ sur ρ	»	140°0′
xx 95°8′ sur ρ	95°15′ (Haidinger)	»
xx adj. 84°52′	»	84°45′
yx 157°39′	»	157°0′
xm antér. 100°11′	»	»
xm adj. 134°37′	»	»
ym antér. 115°11′	»	»
ym adj. 133°52′	»	»
ρm antér. 117°8′	»	»

$x = (b^1 d^{1/3} g^1)$; $y = (b^{1/4} d^{1/6} g^1)$; $\rho = (b^{1/5} d^{1/7} g^1)$.

Combinaisons de formes observées : mx; mpx; $mx\rho$; $h^1x\rho$; mh^1pxy (*fig.* 308, pl. LII); $mh^1px\rho$; $mh^1po^1x\rho$; $mh^1g^3po^1xy$ (*fig.* 309). Les faces h^1 sont striées parallèlement à leur intersection avec m; les faces x, y, ρ, le sont parallèlement à leurs intersections mutuelles, ce qui rend la mesure de leurs incidences un peu incertaine. Clivage parfait suivant m; moins parfait suivant p. Cassure imparfaitement conchoïdale ou inégale. Transparente ou translucide. Double réfraction énergique. Les axes optiques correspondant aux divers rayons du spectre sont compris dans des plans parallèles à la diagonale horizontale de la base et à peine séparés les uns des autres; la dispersion *horizontale* est donc à peu près nulle. La bissectrice *aiguë* est *négative* et perpendiculaire à la diagonale horizontale. Le plan des axes *moyens* et leur bissectrice font des angles d'environ :

25° 38′ avec une normale à h^1 antér.,
48° 14′ avec une normale à p,
93° 22′ avec une normale à l'arête $\frac{x}{x}$

Dispersion des axes optiques faibles; $\rho > v$.

2E = 23°15′ ray. rouges; 22°47′ ray. bleus, vers 15° C.

Une élévation de température augmente légèrement l'angle apparent des axes, mais n'influe pas sur la dispersion *horizontale*. Une plaque un peu oblique au plan des axes *moyens* a donné pour les rayons rouges :

2E = 24°53′ à 17°; 25°38′ à 170°,8 C.

Éclat vitreux, inclinant un peu au résineux. Blanche; blanc grisâtre, jaune ou verdâtre. Poussière blanche. Fragile.

Dur. = 4. Dens. = 3,665 (Damour).

Au chalumeau, décrépite violemment, colore la flamme en jaune verdâtre pâle (1) et donne une masse alcaline très-friable. Dans le borax, se dissout en bouillonnant et produit un globule incolore transparent. Soluble avec effervescence dans les acides azotique et chlorhydrique dilués. L'acide sulfurique précipite la baryte de la solution étendue d'eau.

$\dot{B}a\ddot{C} + \dot{C}a\ddot{C}$; même composition que l'alstonite.

Analyses de la barytocalcite d'Alston Moor, *a*, par Children; *b*, par Delesse :

	a	*b*
Carbonate de baryte	65.9	66.20
Carbonate de chaux	33.6	31.89
Silice	»	0.27
	99.5	98.36

Se présente en masses clivables ou en cristaux engagés par une de leurs extrémités; ces cristaux sont minces, allongés parallèlement à l'arête $\frac{x}{x}$, et ils offrent une longueur variant de 15 à 25mm, mais pouvant atteindre jusqu'à 50mm. Ne s'est rencontrée jusqu'ici qu'à Bleagill, Aston Moor en Cumberland, avec barytine et fluorine, dans des filons de galène qui traversent le calcaire carbonifère.

Les plus gros cristaux sont souvent recouverts, comme la Withérite de Dufton Fells et les rhomboèdres calcaires de Bromley Hill, d'une croûte blanche de barytine; les petits cristaux sont quelquefois entièrement remplacés par cette substance. On a trouvé, à

(1) La coloration de la flamme est quelquefois d'un vert assez intense et la masse alcaline résultant de la calcination est elle-même verte. Cette coloration accidentelle paraît provenir de grains microscopiques de chalcopyrite disséminés dans la plupart des cristaux de barytocalcite, mais beaucoup plus petits que ceux dont j'ai signalé la présence sur les rhomboèdres de calcaire associés à l'alstonite de Bromley Hill.

Mies en Bohême, des croûtes minces de quartz qui paraissent offrir la forme et les angles de la barytocalcite, quoique ce minéral lui-même n'y ait jamais été observé.

D'après la manière dont l'alstonite et la barytocalcite se comportent au chalumeau, il semble que le composé dimorphe $\dot{B}a\ddot{C} + \dot{C}a\ddot{C}$ est plus stable sous sa première que sous sa seconde forme.

STRONTIANITE. Strontiane carbonatée; Haüy. Stronthian; Werner. Peritomer Hal-Baryt; Mohs. Strontites; Allan.

Prisme rhomboïdal droit de 117° 18′.

$b : h :: 1000 : 618,231$ $D = 854,08$ $d = 520,14$.

ANGLES CALCULÉS.

mm 117°18′ avant
117°26′ obs. Hes.
*mg^1 121°21′

pa^2 149°17′
a^2a^2 118°34′ sur p

pe^2 160°6′
160° obs. Hes. (1)
e^2e^2 140°12′ sur p
140°30′ obs. Hes.
*pe^1 144°6′
e^1g^1 125°54′
e^1e^1 108°12′ sur p
$pe^{2/3}$ 132°39′
$e^{2/3}e^{2/3}$ 85°18′ sur p
$pe^{1/2}$ 124°38′
$e^{1/2}g^1$ 145°22′
$e^{1/2}e^{1/2}$ 69°16′ sur p
$pe^{1/4}$ 109°3′
$e^{1/4}e^{1/4}$ 38°6′ sur p
$pe^{1/6}$ 102°58′
$e^{1/6}e^{1/6}$ 25°56′ sur p
$pe^{1/8}$ 99°48′
$e^{1/8}e^{1/8}$ 19°36′ sur p
$pe^{1/12}$ 96°34′
$e^{1/12}e^{1/12}$ 13°8′ sur p
pg^1 90°

ANGLES CALCULÉS.

pb^1 145°10′
b^1b^1 110°20′ sur p
$pb^{5/8}$ 131°56′
$b^{5/8}b^{5/8}$ 83°52′ sur p
$pb^{1/2}$ 125°42′
$b^{1/2}b^{1/2}$ 71°24′ sur p
$pb^{1/3}$ 115°36′
$b^{1/3}b^{1/3}$ 51°12′ sur p
$pb^{1/4}$ 109°46′
$b^{1/4}b^{1/4}$ 39°32′ sur p
$pb^{1/6}$ 103°28′
$b^{1/6}b^{1/6}$ 26°56′ sur p
$pb^{1/8}$ 100°11′
$b^{1/8}b^{1/8}$ 20°22′ sur p
$pb^{1/16}$ 95°8′
$b^{1/16}b^{1/16}$ 10°16′ sur p
pm 90°

$b^{1/16}b^{1/16}$ 63°27′ côté
$b^{1/8}b^{1/8}$ 65°36′ côté
$b^{1/6}b^{1/6}$ 67°42′ côté
$b^{1/4}b^{1/4}$ 73°2′ côté
$b^{1/3}b^{1/3}$ 79°16′ côté
$b^{1/2}b^{1/2}$ 92°12′ côté
$b^{5/8}b^{5/8}$ 101°8′ côté
b^1b^1 121°38′ côté
$b^{1/16}b^{1/16}$ 117°34′ avant
$b^{1/8}b^{1/8}$ 118°24′ avant

ANGLES CALCULÉS.

$b^{1/6}b^{1/6}$ 119°12′ avant
$b^{1/4}b^{1/4}$ 121°22′ avant
$b^{1/3}b^{1/3}$ 124°2′ avant
$b^{1/2}b^{1/2}$ 130°1′ avant
130°8′ obs. Hes.
$b^{5/8}b^{5/8}$ 134°28′ avant
b^1b^1 145°26′ avant

$mb^{1/8}$ latér. 116°50′
$me^{1/8}$ opp. 59°9′
$me^{1/3}$ adj. 120°51′

$mb^{1/6}$ latér. 116°29′
$me^{1/6}$ opp. 59°32′
$me^{1/6}$ adj. 120°28′

$mb^{1/4}$ latér. 115°34
$me^{1/4}$ opp. 60°33′
$me^{1/4}$ adj. 119°27

$mb^{1/2}$ latér. 111°52′
$me^{1/2}$ opp. 64°39′
$me^{1/2}$ adj. 115°21′

mb^1 latér. 105°11′
me^1 opp. 72°14′
me^1 adj. 107°46′

ma^2 adj. 115°52′

---

(1) Hes. Hessenberg; *Mineralogische Notizen*, n° 9.

Dans les macles :

$g^1 g^1$ 117°18′
mg^1 117°18′
g^1m 175°57′

Combinaisons de formes observées : mg^1p; $mg^1e^{1/2}b^{1/2}$; $mg^1pe^{1/2}b^1b^{1/2}$ (*fig.* 292, Pl. XLIX); $mg^1pe^1b^{1/3}$; $mg^1pb^{5/8}b^{1/3}$; $mg^1pe^1e^{1/4}b^{1/3}$; $mg^1pe^{1/2}e^{1/4}b^{1/2}b^{1/4}$; $mg^1pe^{1/12}b^{5/8}b^{1/3}b^{1/16}$; $e^{1/6}b^{1/16}$; $e^{1/8}b^{1/16}$. Les bases p sont habituellement rugueuses ou striées parallèlement à leur intersection avec g^1; les faces m, $e^{1/6}$, $e^{1/8}$, $e^{1/12}$, $e^{1/16}$ sont striées parallèlement à leur intersection avec p et souvent courbes. Cristaux rarement simples; presque toujours maclés. Quelquefois un cristal simple est seulement traversé par une ou plusieurs lames d'épaisseurs variables, hémitropes autour d'une normale à m (*fig.* 293, Pl. XLIX); d'autres fois les cristaux composés offrent un groupement semblable à celui que représente la *fig.* 299 (Pl. L) de l'aragonite, ou une mosaïque plus ou moins complexe dans laquelle les assemblages ont lieu, soit entre deux faces m, soit entre une face m et une face g^1 appartenant à deux individus différents (*fig.* 294). La structure des macles se révèle par des angles rentrants et saillants sur le contour des prismes verticaux composés de faces m et de faces g^1, par des stries croisées sous des angles voisins de 60° et de 120° sur les bases de ces prismes et surtout par la position des axes optiques qu'il est facile de constater sur des lames perpendiculaires à l'axe cristallographique vertical. Clivage assez parfait suivant m; moins parfait suivant $e^{1/2}$; traces suivant g^1. Cassure inégale. Transparente ou translucide. Double réfraction assez énergique. Axes optiques peu écartés s'ouvrant dans le plan des grandes diagonales des bases. Bissectrice *négative* normale à la base. Dispersion des axes faibles, $\rho < v$. 2E = 12°17′ ray. rouges, 12°24′ ray. bleus, à 21°.5 C., en une plage d'un cristal de Clausthal; 2E = 11°45′ à 21°.5, 11°22′ à 121° C., ray. rouges, en une autre plage du même cristal. L'influence de la chaleur sur l'angle apparent des axes optiques est donc des plus faibles. Éclat vitreux, inclinant au résineux dans la cassure. Incolore; blanc teinté de gris, de jaune ou de vert; rose clair; jaune vineux; vert d'asperge ou vert pomme pâle. Poussière blanche. Fragile. Dur. = 3,5.

Dens. =
- 3,710 en petits grains, 3,714 en morceaux — verdâtre d'Écosse ;
- 3,680 en petits grains, 3,716 en morceaux — blanche, bacill. de Hamm ;

} Damour.

Devenant électrique par le frottement.

Au chalumeau, se gonfle, brille d'un vif éclat en donnant à la flamme une belle couleur pourpre, et laisse une masse alcaline d'un blanc de lait, en forme de chou-fleur, difficilement fusible dans ses parties les plus ténues. Soluble avec effervescence dans les acides azotique et chlorhydrique dilués. Du papier trempé dans la solution et séché, ou cette solution elle-même additionnée d'alcool, brûlent avec une flamme rouge. L'acide sulfurique produit un précipité, même dans les dissolutions très-étendues.

$\dot{Sr}\ddot{C}$; Strontiane 70,17 Acide carbonique 29,83.

Analyses de la strontianite; de Strontian en Écosse, *a*, par Klaproth, *b*, par Stromeyer; de Bräunsdorf en Saxe, *c*, par Stromeyer; de la mine Bergwerkswohlfahrt près Clausthal au Hartz, *d*, blanche, *e*, jaune, par Jordan; de Hamm en Westphalie, *f*, par Schnabel, *g*, par Redicker.

	a	*b*	*c*	*d*	*e*	*f*	*g*
Acide carbonique	30,0	30,31	29,94	30,59	30,69	30,86	30,80
Strontiane	69,5	65,60	67,52	65,14	65,06	64,32	65,30
Chaux	»	3,47	1,28	3,64	3,64	4,42	3,82
Oxyde de manganèse	»	0,07	0,09	»	»	»	»
Oxyde de fer	»		»	»	$\dot{F}e$ 0,22	»	»
Eau	0,5	0,07	0,07	0,25	0,25	»	0,08
	100,0	99,52	98,90	99,62	99,86	99,60	100,00

Les cristaux isolés et d'un certain volume sont rares; le plus souvent ils sont aciculaires, plus ou moins allongés suivant leur axe vertical et groupés en masses fibreuses ou bacillaires. On les rencontre principalement dans les filons qui traversent les gneiss, les grauwackes, les micaschistes, à Strontian en Argyleshire, Écosse, avec galène, calcaire, barytine, harmotome (c'est dans les cristaux de cette localité que la strontiane a été découverte en 1791 par le docteur Hope); à Pately Bridge et à Nidderdale en Yorkshire, Angleterre, avec blende; à la mine Bergwerkswohlfahrt près Clausthal au Hartz (beaux cristaux associés à la galène et à la barytine); à la mine Neues Hoffnung Gottes près Bräunsdorf en Saxe (grands prismes blancs tout à fait semblables à de l'aragonite); à Hamm en Westphalie (belles masses bacillaires blanches); à Leogang en Salzbourg (grands cristaux roses, groupés parallèlement à *m*); au mont Gaveradi, canton des Grisons (cristaux grisâtres groupés en gros mamelons radiés, avec calcaire). On en trouve aussi dans le basalte, à la Chaussée des Géants, Irlande, avec aragonite; dans des marnes à Radoboj en Croatie, avec soufre, et à Tieschan en Moravie; dans les géodes d'un calcaire corallien, à Skotschau en Silésie (partie en petits mamelons fibreux intercalés entre des lames de célestine, partie en pseudomorphoses de ce minéral); dans le diluvium de toute la Transylvanie; aux environs de Starochowice en Pologne; à Popayan, Nouvelle-Grenade; dans un calcaire hydraulique, à Schoharie États-Unis (masses granulaires ou bacillaires et cristaux tapissant des géodes), avec barytine et pyrite; au lac Muscalonge (masses fibreuses ou compactes servant quelquefois de gangue à la fluorine): à Chaumont Bay, à Theresa, etc., comté de Jefferson, et à Warwick, État de New-York.

La strontianite est complétement isomorphe de l'aragonite; leurs cristaux offrent en partie les mêmes formes et les mêmes groupements, et la première renferme presque toujours une proportion variable, mais quelquefois assez considérable, de la seconde.

La stromnite ou barystrontianite de Traill ne paraît être qu'un mélange de strontianite et de barytine. Elle se présente en masses fibreuses, translucides, d'un éclat nacré faible, d'un blanc jaunâtre, d'une dur. = 3,5, d'une dens. = 3,703, infusibles au chalumeau et faisant effervescence avec les acides. Elle renferme, d'après Traill : $\dot{Sr}\ddot{C}$ 68,6 $\dot{Ba}\dddot{S}$ 27,5 $\dot{Ca}\ddot{C}$ 2,6 $\dddot{Fe}$ 0,1 = 98,8. On l'a trouvée en nodules, avec barytine, dans une ancienne mine de galène ouverte sur un filon traversant le gneiss, à 2 milles de Stromness, et sur le rivage de la pointe de Ness, à l'île Mainland, l'une des Orcades.

L'Emmonite de Thomson n'est qu'une strontianite calcarifère du Massachusetts.

ARAGONITE. Arragonischer Apatit et Arragonischer Kalkspath; Arragon; Werner. Excentrischer Kalkstein; Karsten. Prismatisches Kalk-Haloid; Mohs.

Prisme rhomboïdal droit de 116°16'.

$$b : h :: 1000 : 611,768 \quad D = 849,280 \quad d = 527,944.$$

ANGLES CALCULÉS.	ANGLES CALCULÉS.	ANGLES CALCULÉS.
mm 116°16' avant	e^2g^1 109°48'	$e^{1/6}g^1$ 166°58'
116°13' obs. Webs. (1)	e^1e^1 108°28' sur p	$e^{1/8}e^{1/8}$ 19°42' sur p
mh^1 148°8'	*e^1g^1 125°46'	$e^{1/8}g^1$ 170°9'
*mg^1 121°52'	$e^{2/3}e^{2/3}$ 86°54' sur p	$e^{1/12}e^{1/12}$ 13°12' sur p
121°52' moy. obs. Kupf.	$e^{2/3}g^1$ 136°33'	$e^{1/12}g^1$ 173°24'
mm 63°44' sur g^1	$e^{1/2}e^{1/2}$ 69°32' sur p	
63°44' m. obs. Kupffer.	$e^{1/2}g^1$ 145°14'	b^1b^1 111°24' sur p
	$e^1e^{1/2}$ 160°32'	b^1m 124°18'
a^1a^1 81°36' sur p	161°23' obs. Websky.	$b^{1/2}b^{1/2}$ 72°28' sur p
a^1h^1 139°12'	$e^{1/3}e^{1/3}$ 49°40' sur p	$b^{1/2}m$ 143°46'
	$e^{1/3}g^1$ 155°10'	143°36' obs. Webs.
e^3e^3 153°0' sur p	$e^{1/5}e^{1/5}$ 31°2' sur p	$b^1b^{1/2}$ 160°32'
e^3g^1 103°30'	$e^{1/5}g^1$ 164°29'	160°24' obs. Webs.
e^2e^2 140°24' sur p	$e^{1/6}e^{1/6}$ 26°4' sur p	$b^{1/8}b^{1/8}$ 20°46' sur p

(1) Les angles observés par M. Websky l'ont été sur la variété de Tarnowitz, en Silésie, nommée *tarnowitzite*.

ARAGONITE.

N° 23.

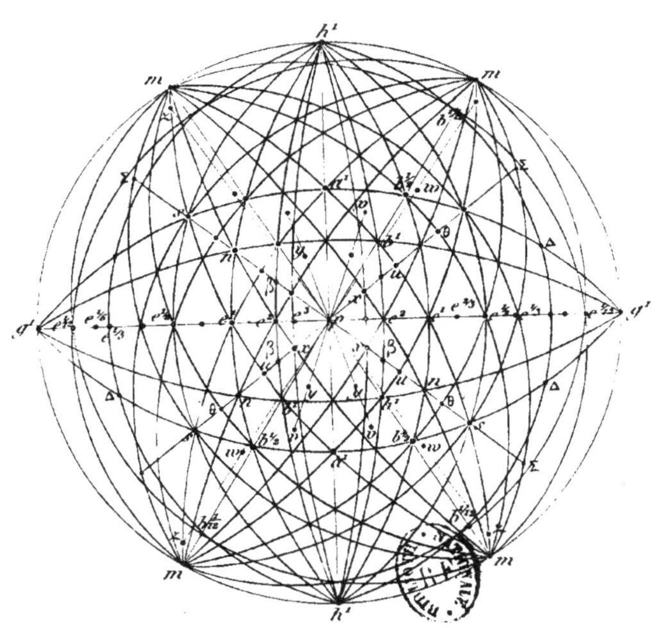

$\beta = (b^1 \; b^{1/3} \; g^{1/4})$

$y = (b^1 \; b^{1/3} \; h^{1/3})$

$u = (b^1 \; b^{1/3} \; g^{1/3}) = e_{1/3}$

$v = (b^{1/2} \; b^{1/6} \; h^{1/5})$

$n = (b^1 \; b^{1/3} \; g^{1/2})$

$w = (b^1 \; b^{1/20} \; g^{1/12})$

$\theta = (b^{1/2} \; b^{1/6} \; g^{1/3})$

$z = (b^1 \; b^{1/20} \; g^1) = e_{20}$

$s = (b^1 \; b^{1/3} \; g^1) = e_3$

$x = (b^1 \; b^{1/3} \; g^{1/6})$

$\Sigma = (b^{1/3} \; b^{1/9} \; g^{1/2})$

$\Delta = (b^{1/4} \; b^{1/6} \; g^1)$

ANGLES CALCULÉS.

$b^{1/8}m$ = 169°37′
$b^{1/12}b^{1/12}$ 13°56′ sur p
$b^{1/12}m$ 173°2′

py 154°7′
pv 135°51′
yv 161°44′
pw 124°31′
pz 93°17′
wz 148°46′

px 162°52′
$p\beta$ 155°12′
pu 148°21′
pn 137°15′
$p\theta$ 129°3′
ps 118°24′
βn 162°3′
βs 143°12′
$p\Sigma$ 109°50′

$p\Delta$ 104°48′

zz 68°2′ côté
$b^{1/12}b^{1/12}$ 65°4′ sur $e^{1/6}$
$b^{1/8}b^{1/8}$ 66°42′ côté
ss 113°6′ sur $e^{1/2}$
$\theta\theta$ 121°45′ côté
ww 94°40′ côté

$b^{1/2}b^{1/2}$ 93°32′ sur e^1
nn 129°38′ sur e^1

uu 141°36′ côté

ANGLES CALCULÉS.

b^1b^1 122°48′ sur e^2
$\beta\beta$ 149°30′ sur e^2
$b^1\beta$ 166°39′
βe^2 164°45′

vv 96°36′ côté
xx 158°44′ sur e^3
yy 130°42′ côté
zz 112°22′ avant
$b^{1/12}b^{1/12}$ 116°48′ avant
$b^{1/8}b^{1/8}$ 117°26′ avant
ww 125°20′ avant

$g^1\Delta$ 156°59′
g^1s 133°46′
$g^1b^{1/2}$ 115°12′
$sb^{1/2}$ 161°56′
161°53′ obs. Websky
g^1a^1 90°
ss 93°28′ sur a^1
$b^{1/2}b^{1/2}$ 129°36′ sur a^1

$\theta\theta$ 105°32′ avant

g^1n 121°56′
g^1b^1 107°19′
nn 116°8′ avant
b^1b^1 145°22′ avant

yy 165°6′ avant

uu 131°44′ avant
$\beta\beta$ 141°50′ avant
xx 153°28′ avant

ANGLES CALCULÉS.

$m\Sigma$ adj. 152°35′
$me^{1/3}$ adj. 118°38′

$me^{1/2}$ adj. 115°42′
$m\theta$ 84°37′ sur $e^{1/2}$
$e^{1/2}\theta$ 148°55′
148°20′? obs. Webs.
$mb^{1/2}$ 69°5′ sur $e^{1/2}$
$b^{1/2}m$ latér. 110°55′

mz adj. 176°9′
ms adj. 146°6′
me^1 adj. 107°58′
107°58′ obs. Kupf.
mu 86°22′ sur e^1
mb^1 75°33′ sur e^1
ma^1 49°59′ sur e^1
b^1m 104°27′ sur a^1
a^1m adj. 130°1′

$m\theta$ adj. 137°7′

mn adj. 129°50′
me^2 adj. 100°18′
mx 87°58′ sur e^2

mu adj. 119°41′
$m\beta$ adj. 113°19′
mx adj. 106°8′
mw adj. 145°26′
mv adj. 132°23′
my adj. 115°0′
$wb^{1/2}$ adj. 177°38′
177°34′ obs. Webs.
eb^1 adj. 166°33′
169°? obs. Webs.

Dans les macles assemblées suivant m:

$m\ \underline{u}$ 127°28′ sortant;
$g^1\ \underline{u}$ 174°24′ rentrant ou sortant;
$g^1\ {}_{\text{r}}\beta$ 116°16′ rentrant.

Dans les macles assemblées suivant g^2:

$m\ \underline{u}$ 168°48′ rentrant ou sortant.

$y = (b^1 b^{1/3} h^{1/5})$
$v = (b^{1/2} b^{1/6} h^{1/8})$
$w = (b^1 b^{1/26} g^{1/12})$
$z = (b^1 b^{1/26} g^1) = e_{26}$

$x = (b^1 b^{1/3} g^{1/6})$
$\beta = (b^1 b^{1/3} g^{1/4})$
$u = (b^1 b^{1/3} g^{1/3}) = e_{1/3}$
$n = (b^1 b^{1/3} g^{1/2})$

$\theta = (b^{1/2} b^{1/6} g^{1/3})$
$s = (b^1 b^{1/3} g^1) = e_3$
$\Sigma = (b^{1/3} b^{1/9} g^{1/2})$
$\Delta = (b^{1/4} b^{1/6} g^1)$

Principales combinaisons de formes : mp; $me^{1/2}$; $mpe^{1/2}$; mg^1e^1; $mg^1e^2e^1$ (*fig.* 296, Pl. L); $mg^1e^2e^1s$; $mg^1e^3e^1$; $mg^1e^2e^1b^{1/2}ns$ (*fig.* 295, Pl. XLIX); $mg^1pa^1e^2e^1e^{1/2}b^{1/2}\beta ns$ (Horschenez en Bohême, d'après Grailich); $e^{1/8}b^{1/8}$ (Cornwall ; $e^1e^{1/12}b^{1/2}b^{1/12}$; $e^3e^1e^{1/12}b^{1/2}b^{1/12}$ (pyramides très-aiguës de Iberg au Hartz, de Thuringe et de Guanaxuato au Mexique, d'après Lévy); $mg^1e^1e^{1/2}b^1b^{1/2}yrwzxu\theta s$ (*fig.* 305, Pl. LI); $me^1e^{1/2}b^1b^{1/2}wz\theta s$ (tarnowitzite de Tarnowitz en Silésie, d'après M. Websky). Les formes Σ et Δ ont été récemment observées par M. Schrauf, sur des cristaux de Sasbach en Kaiserstuhl.

Les faces $b^{1/2}$ et n sont ordinairement raboteuses; les faces m portent souvent des stries suivant deux directions parallèles à leur intersection avec les faces e^1 supérieure et inférieure; les faces g^1 sont striées horizontalement. Les faces $e^{1/8}$ et $b^{1/8}$, que j'ai observées sur les belles pyramides transparentes trouvées depuis quelques années en Cornwall, ainsi que les faces $e^{1/12}$ et $b^{1/12}$, citées par Lévy et par Hausmann, présentent des inégalités qui rendent la détermination de leur symbole un peu incertaine; aussi trouve-t-on, dans les notes qui ont servi à la construction de l'atlas de Lévy, l'indication du biseau $e^{1/16}$ et dans le *Handbuch der Mineralogie* de Hausmann, celle de l'octaèdre $b^{1/16}$ faisant partie des combinaisons $e^{1/8}b^{1/16}$; $e^{1/12}b^{1/16}$; $g^1e^{1/2}e^{1/16}$; $e^1e^{1/12}b^{1/2}b^{1/16}$; $e^3e^1e^{1/2}b^{1/2}b^{1/16}$. Les incidences calculées sont :

$\left[\begin{array}{l} e^{1/16}e^{1/16} = 9^\circ56' \text{ sur } p \\ e^{1/16}g^1 = 175^\circ2' \end{array}\right.$

$b^{1/16}b^{1/16} = 10^\circ28'$ sur p
$b^{1/16}b^{1/16} = 116^\circ34'$ avant
$b^{1/16}b^{1/16} = 64^\circ30'$ côté

Cristaux très-rarement simples, presque toujours maclés. Les macles se composent, soit de deux moitiés d'un cristal dont l'une a tourné de 180° autour d'un axe normal à une face m (*fig.* 296, Pl. L), soit d'un cristal traversé par une ou plusieurs séries de lames minces, hémitropes autour du même axe (*fig.* 297), soit enfin de deux, de trois, de quatre, de cinq, de six individus principaux qui sont juxtaposés de manière à ce qu'il existe un contact plus ou moins parfait tantôt entre deux faces m (*fig.* 299, Pl. L), tantôt entre une face m et une face g^1 (*fig.* 298), tantôt entre deux faces ondulées, voisines de g^2 (*fig.* 300, Pl. L, 302 et 304, Pl. LI). Lorsque la somme des angles contigus, péchant par excès ou par défaut, n'arrive pas juste à occuper tout l'espace, le remplissage a lieu par des lames hémitropes très-minces, superposées en retrait l'une sur l'autre (*fig.* 304). Les moules polygonaux qui limitent ces divers assemblages peuvent être sans angles rentrants (*fig.* 301, Pl. L) ou bien offrir des contours à sept, à huit, à dix côtés (*fig.* 304 et 302, Pl. LI et *fig.* 297, Pl. L) sur lesquels on rencontre des angles saillants ou rentrants de 116°16', de 127°28', de 168°48' (1) et

(1) Ces valeurs sont celles qui résultent des données de Kupffer, que j'ai adoptées dans mon *Tableau des incidences*. Les nombres 116°10', 127°40' et 168°30', indiqués sur les figures de mon atlas, sont ceux qu'on trouve dans le *Manuel* de Brooke et Miller.

de 174°24′. Les groupements que présentent les cristaux de Bohême, de Hongrie, de Salzbourg, de Vertaison, de Bastennes et de Molina ont été étudiés par H. de Senarmont, à l'aide de la lumière polarisée (1) et par Leydolt, au moyen de l'attaque par un acide faible (2). Les deux procédés conduisent à des résultats identiques, qui permettent d'établir les trois divisions suivantes :

1° Macles caractérisées par la présence de lames hémitropes et par des angles rentrants de 174°24′ (*fig.* 297); cristaux de Horschenez près Bilin en Bohême, de Vertaison, département du Puy-de-Dôme, et généralement tous ceux qui ont une structure aciculaire.

2° Macles dont les assemblages se font par l'angle obtus du prisme de 116°16′ ou par des faces ondulées voisines de g^2 et qui sont caractérisées par des angles rentrants de 116°16′ (*fig.* 298, 299 et 300); cristaux de Herrngrund en Hongrie, avec une partie de ceux de Leogang en Salzbourg et de Molina en Aragon.

3° Macles dont les assemblages se font généralement par l'angle aigu du prisme de 116°16′ ou par les faces ondulées voisines de g^2, et qui sont caractérisées par des angles saillants de 127°28′ et par des angles rentrants ou sortants de 168°48′ (*fig.* 301, 302 et 304); cristaux de Bastennes près Dax, département des Landes, de Molina et de Valencia près des salines de la Minglanilla en Aragon.

Lorsque les joints des divers individus coïncident réellement avec les plans d'hémitropie *m* (*fig.* 297, 298 et 299), ils sont rectilignes et miroitants; mais lorsque cette coïncidence n'a pas lieu, ils sont hérissés de fibres intérieures (*fig.* 300, 301 et 302) et souvent entr'ouverts ou souillés de matières étrangères (*fig.* 298).

Quelques cristaux de Molina, mais surtout ceux de Bastennes, montrent en outre une structure fibreuse singulière. Des fibres parallèles et de longueur inégale, séparées par de petits canaux vides et irréguliers, sont groupées par faisceaux, les unes normalement aux deux bases, les autres normalement aux six faces verticales des prismes (*fig.* 303, Pl. LI), de sorte que lorsqu'on brise un pareil cristal, ces faisceaux se séparent en imitant grossièrement huit pyramides opposées par le sommet vers le centre du cristal. Or les caractères optiques prouvent que toutes les fibres, soit verticales, soit horizontales, ont leurs axes cristallographiques principaux parallèles; les prismes rhomboïdaux qui composent les groupements de Bastennes sont, comme toujours, maclés par hémitropie, mais tous sont verticaux; la direction divergente des divers groupes de fibres n'est donc pas produite par une inversion, et cette structure tient à une cause encore inconnue, se rattachant peut-être jusqu'à un certain point aux faits suivants.

En faisant réagir très-lentement, sur des cristaux de Bastennes,

---

(1) *Annales de chimie et de physique*, 3e série, tome XLI, page 60, année 1854.

(2) *Sitzungsberichte der kais. Akademie der Wissenschaften*, de Vienne, vol. XIX, p. 10, année 1856.

un mélange d'eau, d'alcool et d'acide acétique, de Senarmont est parvenu, après plusieurs mois, à désagréger toute la masse et à isoler les aiguilles cristallines dont elle se compose. Les produits de quatre ou cinq digestions consécutives contenaient des quantités croissantes de strontiane (0,002 de $\dot{S}r\ddot{C}$ au commencement et 0,06 à la fin de l'opération), de manière à faire supposer que les aiguilles successivement dissoutes n'avaient pas la même composition. Le résidu insoluble se composait de quelques lamelles de gypse primitivement interposées entre les fibres, de nombreux cristaux de quartz bipyramidé transparent et d'argile rougeâtre.

Clivage distinct suivant g^1; moins parfait suivant m et e^1. Cassure conchoïdale ou inégale. Transparente ou translucide. Double réfraction énergique. Plan des axes optiques parallèle à h^1. Bissectrice *aiguë* négative normale à la base. Dispersion des axes faible; $\rho < v$. Écartement apparent dans l'air diminuant à peine par une élévation de la température. J'ai obtenu sur une plaque légèrement oblique au plan des axes optiques :

$$2E = 30°40' \text{ à } 6°,6 ; \quad 29°58' \text{ à } 170°,8 \text{ C. ray. rouges.}$$

Rudberg a trouvé pour la raie F du spectre :

$\alpha = 1,69510$ $\beta = 1,69058$ $\gamma = 1,53478$ d'où $2V = 17°57'$, $2E = 30°36'$ à 16° C.
$\alpha = 1,69421$ $\beta = 1,68976$ $\gamma = 1,53416$ d'où $2V = 17°50'$, $2E = 30°22'$ à 80° C.

Le tableau suivant renferme les trois indices principaux déterminés par Rudberg à 18° C. pour les raies de Fraunhofer, avec les valeurs de 2V et 2E qu'on en déduit; j'ai placé en regard de ces valeurs celles de l'angle réel des axes que M. Kirchhoff a récemment obtenues à l'aide des indices *moyens* de Rudberg et d'une mesure directe de l'écartement apparent dans l'air.

				RUDBERG.		KIRCHHOFF.
Raies.	α	β	γ	2V	2E	2V
B	1,68061	1,67631	1,52749	17°58'	30°22' (1)	18°5'
C	1,68203	1,67779	1,52820	17°48'	30°5'	18°7'
D	1,68589	1,68157	1,53013	17°50'	30°14'	18°11'
E	1,69084	1,68634	1,53264	18°3'	30°41'	18°17'
F	1,69515	1,69053	1,53479	18°9'	30°56'	18°22'
G	1,70318	1,69836	1,53882	18°17'	31°19'	18°31'30"
H	1,71011	1,70509	1,54226	18°27'	31°45'	18°40'

Éclat vitreux, inclinant au résineux dans la cassure. Incolore;

(1) Ces angles sont trop forts, puisqu'on a $\rho < v$; il doit donc exister quelque erreur dans les valeurs de α, β, γ, correspondant à la raie B.

blanc passant au gris, au jaune vineux, au jaune de miel, au vert, au bleu. Poussière blanc grisâtre. Fragile.

Dur. = 3,5 à 4. Dens. = 2,930 (pyramides incolores de Cornwall; 2,935 (cristal limpide de Bohème) Damour; 2,927 Biot; 2,931 Haidinger; 2,943 (cristaux d'un jaune pâle de Horschencz) Kenngott; 2,945 à 2,947 (petits cristaux et poudre) Beudant.

Au moyen de mesures goniométriques directes, Mitscherlich a trouvé que dans un cristal dont la température était élevée de 100° C., l'angle *mm* augmentait de 2′46″ (en opérant entre 17°.5 et 142°.5 C.), tandis que l'angle e^1e^1 sur p diminuait de 5′29″ (en opérant entre 8°.5 et 160°.5 C.).

D'après M. Fizeau, dans les cristaux transparents de Bohème, le coefficient de dilatation linéaire, à la température moyenne de 40°C. et sa variation, s'expriment par les nombres :

$\alpha_{\theta=40°}$	$\frac{\Delta\alpha}{\Delta\theta}$
0.00003460	3.37 suivant une direction normale à p
0.00001719	3.68 suivant une direction normale à g^1
0.00001016	0.64 suivant une direction normale à h^1.

Il suit de là qu'entre les mêmes limites où Mitscherlich a opéré, une élévation de température de 100° augmente l'angle *mm* de 2′32″ et diminue l'angle e^1e^1 sur p de 5′38″.

Au phosphoroscope de M. Ed. Becquerel, l'aragonite montre une lueur vert bleuâtre faible, mais durable.

Dans le matras, au rouge sombre, la plupart des cristaux décrépitent faiblement, gonflent et se délitent plus ou moins complétement; quelques-uns exigent une température plus élevée, et ce n'est qu'à la flamme directe de l'alcool qu'ils se fendillent et s'éparpillent dans l'air en parcelles légères. La poudre grossière qui résulte de cette transformation est d'un blanc de lait; ses fragments sont anguleux et sans formes déterminables; quelques-uns sont encore translucides. Les variétés fibreuses blanchissent sans changer de forme et deviennent seulement friables. L'essai au spectroscope est le meilleur procédé pour reconnaître la présence de la strontiane. Soluble avec effervescence dans les acides. Lorsque l'acide est étendu, la dissolution est un peu plus lente que celle du calcaire rhomboédrique.

$\dot{C}a\,\ddot{C}$; Acide carbonique 44,0 Chaux 56,0.

Beaucoup de variétés renferment une quantité variable de carbonate de strontiane; d'autres sont mélangées d'un peu de carbonate de plomb (tarnowitzite), de carbonate de fer ou de carbonate de manganèse.

Analyses de l'aragonite : *a*, prismatique, de Molina en Aragon; *b*, bacillaire de Bastennes, près Dax; *c*, bacillaire, de Burgheim au Kaiserstuhl; *d*, bacillaire de Vertaizon, département du Puy-de-

Dôme; *e*, bacillaire, de Leogang dans le Salzbourg, toutes par Stromeyer; *f*, de Herrngrund en Hongrie; *g*, de Rézbánya en Hongrie, toutes deux par Nendtwich.

	a	*b*	*c*	*d*	*e*	*f*	*g*
Carbonate de chaux	95,68	95,30	97,13	97,74	99,13	98,62	99,31
Carbon. de strontiane	4,02	4,10	2,46	2,06	0,72	0,99	0,06
Hydroxyde ferrique	»	»	»	»	»	0,11	ĊuC̈ 0,19
Eau	0,30	0,60	0,41	0,20	0,15	0,17	0,33
	100,00	100,00	100,00	100,00	100,00	99,89	99,89
Densité :	»	»	»	»	»	2,93	2,86

Analyses de l'aragonite; *h*, bacillaire de la mine Blagodatskoi, près Nertschinsk; *i*, fibrobacillaire de Waltsch en Bohème, toutes deux par Stromeyer; *j*, d'un vert clair (mossottite) de Gerfalco en Toscane, par de Lucca; *k*, cristallisée, verdâtre, de Tarnowitz (tarnowitzite), par Böttger; *l*, fibreuse brun rougeâtre (sprudelstein); *m*, formant des croûtes minces à l'extérieur des chaudières d'évaporation en étain, de Carlsbad, toutes deux par Berzélius :

	h	*i*	*j*	*k*	*l*	*m*
Carbonate de chaux	97,98	99,29	89,43	95,94	97,00	96,47
Carbon. de strontiane	1,09	0,51	6,68	»	0,32	0,30
Carbonate de plomb	»	»	ĊuC̈ 1,21	3,89	CaFl 0,69	CaFl 0,99
Oxyde ferrique	»	»	0,82	»		0,43
Phosphate de chaux	»	»	»	»	0,59	0,06
Phosphate d'alumine	»	»	»	»		0,10
Eau	0,26	0,20	1,36	0,14	1,40	1,59
						Ṡn 0,06
	96,33	100,00	99,50	99,97	100,00	100,00
Densité :	»	»	2,884	2,977 à 2,986	2,863	2,84

La présence de la strontiane a été constatée au spectroscope par M. Pisani, dans les cristaux transparents de Herrngrund et dans des cristaux aciculaires très-facilement délitables (au rouge sombre) qui tapissent les cavités d'une amygdaloïde de Gergovia en Auvergne. Le même observateur s'est assuré qu'elle manquait complétement : dans de belles pyramides aiguës, transparentes, non délitables, de Cornwall; dans des pyramides aiguës, transparentes, non délitables, associées à du calcaire cristallisé et à de la sidérose, de Framont, Vosges; dans des cristaux bacillaires incolores, non délitables, de Morro Velho, Brésil; dans de très-petites pyramides limpides, non délitables, tapissant une géode au milieu d'un schiste argileux; dans la variété coralloïde très-cristalline, blanche, en partie délitable, de Rancié, Ariége; dans une variété fibreuse radiée, verdâtre, non délitable, de Leogang en Salzbourg; dans une variété coralloïde à cassure fibreuse, d'un blanc de lait, non délitable, de Styrie. D'après Lappe, il n'en existe pas non plus dans l'aragonite d'Ichtershausen près Arnstadt. Blum et Leddin ont trouvé 0,27 p. 100 d'arsenic dans une concrétion riche en oxyde de fer (sprudelstein) de Carlsbad. Les dépôts ocreux de la source de la *Grande-Grille* (42° C.), à Vichy, sont aussi fortement arsenicaux, d'après les récentes recherches de M. l'ingénieur des mines de Gouvenain.

L'aragonite ne forme jamais de grandes masses comme le calcaire; elle se trouve en cristaux isolés de diverses grosseurs, en agrégations bacillaires ou fibreuses, globulaires, radiées, coralloïdes ou stalactiques, et elle est souvent associée au calcaire.

On la rencontre, dans des fentes de gneiss ou de micaschistes, à Charlestown et à Haddam, Connecticut; près Thusis, canton des Grisons; près de Lugano; près de Schwarzenbach, Carinthie; au Chlumer Berg près Lettowitz, Moravie, etc.; dans la syénite, au Plauenscher Grund près Dresde; dans la serpentine, à Baumgarten près Frankenstein, Silésie; à Hoboken, New-Jersey; au Mont Rose; à l'île d'Unst; au Mexique; dans les dolérites, à Burgheim et au Lützelberg près Sasbach en Kaiserstuhl; au Sengelberg, Nassau; dans des amygdaloïdes, à Montecchio Maggiore près Vicence; à Gergovia, Auvergne; à l'île de Disco, Groënland; à la vallée de Fassa, Tyrol; dans les phonolites du Marien Berg près Aussig, Bohême, avec calcaire, apophyllite et mésotype; dans les cavités du basalte, en Bohême, à Horschencz (très-beaux cristaux transparents, d'un jaune ou d'un vert pâle, ayant quelquefois 11 centim. de longueur); au Rotschen près Schima; au Galgen Berg près Aussig; à Dobschitz, à Waltsch, à Kolosoruk; entre Luschitz et Schichow; aux environs de Teplitz, etc.; à Giesshübel près Schemnitz, Hongrie; à Weittendorf en Styrie; à Kollnitz, Carinthie; à Stempel près Marbourg et à la *blaue Kuppe* près Eschwege, Hesse; à Zittau, Saxe; à Oppeln, Silésie; au Rückersberg, à Unkel et au Godesberg, bords du Rhin; en Auvergne, à Vertaizon, à Chatel Guyon près Riom, au Puy de Marmant près de Clermont (avec mésotype); dans les conglomérats basaltiques, au milieu d'argiles pénétrées de sulfate de magnésie, aux environs de Saidschitz, de Sedlitz près Bilin et de Püllna en Bohême; dans le *leucitophyre* en blocs erratiques de la Somma et dans les laves du Vésuve, de l'Etna, de Capo di Bove, près Rome; dans le *muschelkalk* de Gundelsheim et de Friedrichshall en Würtemberg; dans des grottes ouvertes au milieu du lias, à Gerfalco et à San Carlo de Fiume en Toscane (mossottite en cristaux ou en masses bacillaires d'un vert clair): dans des marnes et des argiles mélangées de cristaux de quartz rouge (hyacinthes), à Molina et à Valencia, près Cuença, Aragon; à la Mingranilla, royaume de Valence, Espagne; à Bastennes près Dax, département des Landes (gros cristaux en prismes à six faces basés, très-maclés); dans les marnes renfermant le soufre de Caltanisetta près Catane et de Girgenti en Sicile; dans les filons métallifères, à Joachimsthal, Bohême; en Hongrie, à Herrngrund (beaux cristaux transparents), à Iglo (igloïte blanche, blanc grisâtre, verdâtre ou jaunâtre), à Mito et à Hodritsch (igloïte); à Flachau et à Leogang en Salzbourg; à Schwatz, Tyrol (igloïte); à Sainte-Marie-aux-Mines et à Framont, Vosges; à Leadhills et à Wanlockhead, Écosse; à Dufton, Devonshire; en Cornwall; au Mexique; dans un filon de galène traversant la dolomie du muschelkalk, à Tarnowitz, Silésie (tarnowitzite formant des agrégations bacillaires radiées verdâtres ou d'un blanc de neige); dans des couches de minerais de fer, à Kamsdorf et à Saalfeld en Thuringe; à Heidelbach près Wolkenstein et à Annaberg, Saxe; à Iberg et à Zorge, Hartz; à Hüttenberg, Carinthie; à Werfen en Salzbourg; à Alston Moor en Cumberland; à la mine Wasiljewski sur la Tura, Oural; à la mine Ildeschanski, près Nertschinsk, Sibérie; à Montevideo; dans les anciens murs romains des bains de Plombières, Vosges (aiguilles incolores ou verdâtres).

La variété coralloïde (*flos ferri*, *eisenblüthe*), en rameaux blancs plus ou moins contournés, souvent fibreux à l'intérieur et cristallins à l'extérieur, se trouve principalement dans les mines de fer hydroxydé, avec sidérose, à Eisenerz, à Neuberg, à Veitsch, et à Gollrad en Styrie; à Hüttenberg, Carinthie; à Betlér et à Altgebirg près Neusohl, Hongrie; à Toroczko, Felsö Váczа et Gyalár, Transylvanie; à Rancié, département de l'Ariége (avec scalénoèdres aigus de calcaire également groupés en rameaux corralloïdes); à Leadhills en Écosse; à Black Path, Down Hill, Irlande. On en a même rencontré de tout à fait moderne (400 ans environ), dans des puits de mine, à Lindenbach près Ems, avec calcaire.

Les concrétions fibreuses (*Kalksinter*) garnissent des fentes dans le sidérose, la dolomie ou des argiles dolomitiques, quelques calcaires friables, à Wolfstein près Neumarkt en Bavière; au Jakobsberg, porta Westphalica, près Minden en Prusse; à Regaliendorf, Moravie; à Zeyring en Styrie (*zeyringite* blanc verdâtre ou bleu de ciel). Elles sont déposées par des sources chaudes ou par des eaux de mines, en couches plus ou moins épaisses (*sprudelstein*) ou en grains (*erbsenstein*), à Carlsbad, Bohême; à Aedepsos, île d'Eubée; à Wiesbaden; à Weezen près Hildesheim, Hanovre; à Hamman-Mes-Koutin près Ghelma, province de Constantine. Elles forment quelquefois de véritables salactites (*Tropfstein*), à Antiparos, Grèce; à Trahiras, province de Goyaz, Brésil; à la grotte Dirk Hatterick's Cave, cap Galloway en Écosse; en Saxe, dans les galeries de la mine de fer *Neugeboren Kindlein* à Stenn près Zwickau; dans les anciens travaux du Sonnenwirbel, à Brand et au Beschert Glück près Freiberg; au Windschacht près Schemnitz, Hongrie (dens. = 2,95); à Sterzing en Tyrol, sur le micaschiste (dens. = 2,951) et au Grindelwald, canton de Berne, dans les fentes d'un schiste gris.

Le nom de coconucite avait été proposé par Huot, dans son *Manuel de minéralogie*, pour une concrétion manganésifère, d'un blanc sale, légèrement translucide sur les bords, d'une dens. = 2,77, se dissolvant dans les acides plus lentement que le calcaire pur, noircissant au chalumeau et dégageant alors du chlore quand on la traite par l'acide chlorhydrique. M. Boussingault y a trouvé :

$\dot{\mathrm{Ca}}\ddot{\mathrm{C}}$ 74,2 $\dot{\mathrm{Mn}}\ddot{\mathrm{C}}$ 21,0 $\dot{\mathrm{Mg}}\ddot{\mathrm{C}}$ 4,0 $\dot{\mathrm{Na}}\dddot{\mathrm{S}}$ 0,8 = 100. Elle est déposée par l'eau thermale de Coconuco, village de la Nouvelle-Grenade, situé sur la route qui conduit de Popayan au volcan de Puracé. L'échantillon qui fait partie de la collection donnée par M. Boussingault au Collége de France offre : une croûte extérieure fibreuse et assez tendre où j'ai pu reconnaître au microscope éclairé, soit par de la lumière naturelle, soit par de la lumière polarisée, une agrégation de petits prismes de 116°, maclés comme les cristaux d'aragonite *fig.* 299 et 304; un noyau intérieur compacte, rayant le calcaire, qui en lames minces montre la structure ondulée de l'albâtre; enfin, quelques parties caverneuses plus ou moins altérées. Après calcination, la croûte fibreuse se réduit très-facilement en poudre brune; le noyau compacte conserve sa forme. La surface de l'échantillon est en partie recouverte d'une poudre composée de soufre grenu et de très-petites aiguilles de gypse.

Suivant G. Rose, les calcaires cotonneux (*moelle de pierre, agaric minéral, farine fossile, Bergmilch, Montmilch, Mondmilch*), dont les filaments très-fins forment une sorte de tissu mou, dans les fentes de certaines pierres calcaires poreuses, seraient un mélange d'aragonite sous forme de baguettes allongées et de craie amorphe; tels sont notamment ceux de Hildesheim en Hanovre; de la grotte Napustel près Kinitein et de Regaliendorf en Moravie; d'une grotte près de Neuberg en Styrie; de la Suisse, et de Nanterre près Paris (1).

L'ostéocolle, concrétion calcaire mélangée de sable, déposée primitivement autour de roseaux ou de branches d'arbre dont la matière organique a disparu, appartient aussi à l'aragonite; celle des environs de Berlin a une densité de 2,810 (G. Rose).

D'après les observations de Bournon, de Leydolt et de G. Rose, l'aragonite associée au calcaire existe dans un grand nombre de corps organisés fossiles ou vivants, et principalement dans les coquilles des mollusques. Ainsi, le *tridacna gigas* paraît presque exclusivement composé d'aragonite; le *meleagrina margaritifera* en est en grande partie formé; les *pinna, malleus, ostrea, unio*, etc., offrent généralement une couche extérieure de calcaire et une couche intérieure, nacrée, d'aragonite. J'ai reconnu la même association dans des œufs vivants d'*autruche* et dans des œufs fossiles de *casoar*. L'attaque par l'acide chlorhydrique faible,

(1) Un échantillon provenant de la craie blanche des environs de Beauvais, département de l'Oise, montre au microscope de très-petits grains et de nombreuses baguettes transparentes, comme celles qu'a signalées G. Rose; mais, après comme avant calcination, ces baguettes, qui paraissent être des carapaces de *synedra*, produisent l'extinction de la lumière polarisée, obliquement à leur longueur, ce qui semblerait indiquer qu'elles appartiennent au calcaire rhomboédrique et non à l'aragonite.

et l'examen au microscope polorisant de plaques suffisamment transparentes, sont les moyens les plus sûrs pour distinguer les deux formations. (La nacre de perle, en lames convenablement taillées, montre nettement les deux systèmes d'anneaux de l'aragonite.)

L'aragonite se transforme en calcaire amorphe par la calcination au rouge, et en marbre cristallin par fusion (G. Rose). Des exemples naturels de pseudomorphose d'aragonite en calcaire rhomboédrique ont été observés : par Mitscherlich, dans une cavité d'une lave du Vésuve; par Haidinger, dans le tuf basaltique de Schlackenwerth en Bohème; à Herrngrund en Hongrie, sur des échantillons qui offrent des cristaux de célestine, et de gros prismes à six faces, grenus à l'intérieur et recouverts extérieurement d'une croûte de petits cristaux de calcaire de la forme pd^2; sur le *flos ferri* de Styrie; par Leydolt, sur des cristaux de Horschenez, Bohème; par G. Rose, à Offenbánya en Transylvanie; à Girgenti en Sicile, avec soufre et célestine (l'intérieur des cristaux d'aragonite a généralement disparu et il n'en reste qu'un moule hexagonal creux, à parois minces constituées par un mélange de petits cristaux de célestine limpide et de calcaire incolore où le rhomboèdre $e^{8/7}$ domine); dans un conglomérat trachytique du Cantal, entre Thiézac et Vic-sur-Cère; à Schichow en Bohème, et dans le basalte du Rückersberg près Bonn.

La transformation du calcaire en aragonite est au contraire encore douteuse, dans la nature comme dans les laboratoires; cependant M. Sandberger a annoncé (1) qu'il avait observé cette transformation dans les druses d'une dolérite de Steinheim, près Hanau en Hesse, dans un basalte de la mine de lignite Alexandria près Höhe et dans un basalte porphyroïde de Hartlingen près Westerburg, Westerwalde.

On regarde comme une pseudomorphose d'aragonite en cuivre natif, de petits groupes de ce métal formés par la pénétration de prismes à six pans plus ou moins comprimés et déformés, qui se sont rencontrés à Corocoro en Chili dans une marne grise, avec des cristaux inaltérés d'aragonite semblables à ceux de Dax et de Molina. On a aussi trouvé en Hongrie des cristaux transformés en calcédoine.

La chaux carbonatée nacrée (*Schaumkalk*, *Schaumerde*, *Schaumschiefer*, *Earth-Foam*, *Aphrit*) est, d'après G. Rose, du gypse métamorphosé en aragonite. On la trouve, à la partie supérieure du *zechstein*, à Wiederstädt près Hettstädt en Thuringe, à Rubitz et à Langenberg près Gera, et dans le *muschelkalk*, au Meissner en Hesse.

On a cru longtemps que des dissolutions de carbonate de chaux laissaient déposer du calcaire rhomboédrique à la température ordinaire et de l'aragonite à 100° C.; mais les expériences de G. Rose

(1) Poggendorff's *Annalen*, t. CXXIX année 1866.

prouvent que les deux variétés peuvent se former à toutes les températures et elles permettent de s'expliquer leur association si fréquente dans la nature. G. Rose a en effet observé qu'une dissolution étendue de carbonate de soude, en réagissant lentement sur une dissolution de chlorure de calcium, produisait à froid de l'aragonite, tandis que des liqueurs plus concentrées produisaient un mélange de calcaire rhomboédrique et d'aragonite. Des dissolutions concentrées, qui à 100° ne fournissent en général que de l'aragonite, peuvent aussi donner du calcaire rhomboédrique, si l'on opère en vases clos. Enfin, en faisant évaporer des gouttes de liqueurs plus ou moins concentrées, on obtient de la craie amorphe, du calcaire ou de l'aragonite.

L'oserskite de Breithaupt n'est qu'une aragonite bacillaire, clivable suivant les faces m et g^1 ($mm = 115°45'$) et offrant la macle ordinaire suivant m. Éclat vitreux; couleur blanche; semi-transparente ou translucide. Dens. = 2,854. Trouvée à Nertschinsk, Sibérie.

CALCAIRE. Chaux carbonatée; Haüy. Calcit; Haidinger. Spath calcaire. Spath d'Islande. Calcareous Spar. Kalkspath. Rhomboedrisches Kalk-Haloïd; Mohs. Kalk; Hausmann.

Rhomboèdre obtus de 105° 5' (1).
Angle plan du sommet = 101° 55'.
Inclinaison d'une face p sur l'axe vertical = 45° 23' 26";
Inclinaison d'une face p sur la base a^1 = { 135° 23' 26"; 44° 36' 34";
Inclinaison d'une arête culminante sur l'axe vertical = 63° 44' 46";
Inclinaison d'une arête culminante sur la base a^1 = { 153° 44' 46"; 26° 15' 14";
Angles plans de la section principale = { 109° 8' 12"; 70° 51' 48".

ANGLES CALCULÉS.	ANGLES CALCULÉS.	ANGLES CALCULÉS.
Prismes.	*Rhomboèdres directs.*	pe^2 134°37'
e^2e^2 120°	a^1a^2 166°9'	a^1e^6 120°5'
e^2d^1 150°	$a^1a^{16/7}$ 163°31'	a^1e^4 112°4'
d^1d^1 120°	a^1a^3 158°28'	$a^1e^{7/2}$ 108°40'
ζe^2 adj. 166°6'	a^1a^4 153°45'	$a^1e^{10/3}$ 107°19'
ζd^1 adj. 163°54'	a^1a^5 150°35'	a^1e^3 104°13'
ke^2 adj. 160°54'	a^1a^7 146°40'	pe^3 148°50'
kd^1 adj. 169°6'	a^1p 135°23'	148°52' obs. Hessenb.

(1) D'après Breithaupt, cet angle serait de 105°8' à 105°8'45" dans plus de la moitié des cristaux de calcaire.

ANGLES CALCULÉS.

$a^1e^{20/7}$ 102°42′
$a^1e^{11/4}$ 101°28′
$a^1e^{13/5}$ 99°35′
$a^1e^{5/2}$ 98°14′
$a^1e^{7/3}$ 95°47′
$pe^{7/3}$ 140°24′
 140°20′ obs. Dx.
$e^3e^{7/3}$ 171°34′
 171°30′ obs. Dx.
$e^{7/3}e^2$ 174°13′
 174°17′ obs. Dx.
$a^1e^{9/4}$ 94°28′
$a^1e^{11/5}$ 93°38′
$a^1e^{19/9}$ 92°4′
a^1e^2 90°

Rhomboèdres inverses.

$a^1a^{1/2}$ 168°50′
$a^1a^{2/5}$ 166°9′ inv. de a^2
$a^1a^{1/7}$ 158°28′ inv. de a^3
a^1b^1 153°45′ inv. de a^4
b^1e^2 adj. 116°15′
b^1p 109°8′ sur a^1
$a^1e^{1/8}$ 149°23′
$a^1e^{1/5}$ 146°40′ inv. de a^7
 146°40′ obs. Hess.
$a^1e^{1/3}$ 141°43′
$a^1e^{2/5}$ 139°12′
$e^{2/5}e^2$ 130°48′
 130°40′ obs. von Rath
$a^1e^{1/2}$ 135°23′ inv. de p
$a^1e^{10/17}$ 132°1′
$a^1e^{3/5}$ 131°34′
 131°40′ obs. Lévy
$a^1e^{7/11}$ 130°11′
$b^1e^{7/11}$ 156°26′
 156°22′ obs. Hessenb.
$a^1e^{2/3}$ 129°2′
$a^1e^{5/7}$ 127°15′
$a^1e^{3/4}$ 125°54′
$a^1e^{4/5}$ 124°3′
$a^1e^{5/6}$ 122°50′
$a^1e^{6/7}$ 121°38′
a^1e^1 116°53′
$a^1e^{14/13}$ 114°15′
$a^1e^{19/17}$ 112°54′

ANGLES CALCULÉS.

$a^1e^{8/7}$ 112°4′ inv. de e^4
$a^1e^{6/5}$ 110°14′
$a^1e^{5/4}$ 108°40′
$a^1e^{4/3}$ 106°9′
$a^1e^{7/5}$ 104°13′ inv. de e^3
$b^1e^{7/5}$ 130°28′
 130°32′ obs. Hessenb.
$a^1e^{16/11}$ 102°42′ inv. de $e^{20/7}$
$a^1e^{3/2}$ 101°28′ inv. de $e^{11/4}$
$a^1e^{5/3}$ 97°13′
$a^1e^{7/4}$ 95°16′
$a^1e^{9/5}$ 94°8′
$a^1e^{11/6}$ 93°25′
a^1e^2 90°

a^2a^2 156°4′ arête culmin.
$a^{16/7}a^{16/7}$ 151°33′
a^3a^3 142°56′
a^4a^4 134°57′
a^5a^5 129°40′
a^7a^7 123°10′
$a^{11}a^{11}$ 116°52′

pp 105°5′
 105°5′ obs. Malus
pb^9 174°3′
b^9b^9 116°59′ sur b^1
pb^8 173°20′
b^8b^8 118°25′ sur b^1
pb^7 172°25′30″
 172°30′ obs. Hessenb.
b^7b^7 120°14′ sur b^1
pb^6 171°14′
b^6b^6 122°37′ sur b^1
pb^5 169°36′
b^5b^5 125°53′ sur b^1
pb^4 167°14′
b^4b^4 130°37′ sur b^1
$pb^{7/2}$ 165°36′
$b^{7/2}b^{7/2}$ 133°53′ sur b^1
pb^3 163°30′
b^3b^3 138°5′ sur b^1
$pb^{11/4}$ 162°13′
$b^{11/4}b^{11/4}$ 140°39′ sur b^1
 140°39′ obs. von Rath
$pb^{7/3}$ 159°35′
$b^{7/3}b^{7/3}$ 145°55′ sur b^1

ANGLES CALCULÉS.

$b^1b^{7/3}$ 162°57′30″
 163°5′ obs. Hessenb.
pb^2 156°52′ isocél.
b^2b^2 151°21′ sur b^1
$pb^{5/3}$ 153°23′
$b^{5/3}b^{5/3}$ 158°19′ sur b^1
$pb^{3/2}$ 151°15′
$b^{3/2}b^{3/2}$ 162°35′ sur b^1
$pb^{5/4}$ 147°24′30″
$b^{5/4}b^{5/4}$ 170°16′ sur b^1
pb^1 142°32′30″
$pd^{17/2}$ 173°19′
$d^{17/2}d^{17/2}$ 88°17′ sur d^1
pd^7 171°51′
 172°6′ obs. Hessenb.
d^7d^7 91°13′ sur d^1
pd^6 170°27′
d^6d^6 94°1′ sur d^1
pd^5 168°29′
d^5d^5 97°57′ sur d^1
pd^4 165°31′30″
 165°35′ obs. Hessenb.
d^4d^4 103°52′ sur d^1
$pd^{11/3}$ 164°10′30″
$d^{11/3}d^{11/3}$ 106°34′ sur d^1
$pd^{7/2}$ 163°24′30″
$d^{7/2}d^{7/2}$ 108°6′ sur d^1
pd^3 160°35′
d^3d^3 113°45′ sur d^1
$pd^{5/2}$ 156°41′
$d^{5/2}d^{5/2}$ 121°33′ sur d^1
pd^2 150°58′
d^2d^2 132°59′ sur d^1
$pd^{17/9}$ 149°20′30″
$d^{17/9}d^{17/9}$ 136°14′ sur d^1
$pd^{7/4}$ 147°3′
$d^{7/4}d^{7/4}$ 140°49′ sur d^1
$pd^{5/3}$ 145°32′
$d^{5/3}d^{5/3}$ 143°51′ sur d^1
$pd^{8/5}$ 144°13′
 144° à 145° obs. Hess.
$d^{8/5}d^{8/5}$ 146°29′ sur d^1
$pd^{3/2}$ 142°5′30″
 142°5′ obs. Hessenb.
$d^{3/2}d^{3/2}$ 150°44′ sur d^1
$pd^{19/13}$ 141°12′30″

ANGLES CALCULÉS.

$d^{19/13}d^{19/13}$ 152°30′ sur d^1
152°37′ obs. Hessenb.
$pd^{10/7}$ 140°26′
140°25′ obs. Hessenb.
$d^{10/7}d^{10/7}$ 154°3′ sur d^1
$pd^{11/8}$ 139°6′
$d^{11/8}d^{11/8}$ 156°43′ sur d^1
$pd^{4/3}$ 138°1′
$d^{4/3}d^{4/3}$ 158°53′ sur d^1
$pd^{5/4}$ 135°42′30″
135°42′ obs. Hessenb.
$d^{5/4}d^{5/4}$ 163°30′ sur d^1
$pd^{6/5}$ 134°13′30″
$d^{6/5}d^{6/5}$ 166°28′ sur d^1
$pd^{13/11}$ 133°40′
$d^{13/11}d^{13/11}$ 167°35′ sur d^1
$pd^{7/6}$ 133°11′30″
133°11′ obs. Hessenb.
$d^{7/6}d^{7/6}$ 168°32′ sur d^1
$pd^{8/7}$ 132°26′
$d^{8/7}d^{8/7}$ 170°3′ sur d^1
pd^1 adj. 127°27′30″

d^1e^6 adj. 138°32′
e^6e^6 82°56′ sur $e^{2/5}$
$e^6e^{2/5}$ 131°28′
d^5d^5 102°6′ sur $e^{2/5}$
e_4e_4 128°15′ sur $e^{2/5}$
ss 138°40′ sur $e^{2/5}$
$se^{2/5}$ 159°20′

d^1e^4 adj. 143°22′30″
e^4e^4 73°15′ sur $e^{2/3}$
$e^4e^{2/3}$ 126°37′30″
d^3d^3 102°11′ sur $e^{2/3}$
e_2e_2 149°53′ sur $e^{2/3}$

$e^{7/2}e^{7/2}$ 69°44′
$e^{10/3}e^{10/3}$ 68°28′

d^1e^3 adj. 147°5′
e^3e^3 65°50′ sur e^1
e^3e^1 122°55′
e^3d^2 adj. 160°36′
d^2e^1 adj. 142°19′

ANGLES CALCULÉS.

d^2d^2 104°38′ sur e^1
e^3 □ 156°26′
156°30′ obs. Hessenb.
□ □ 112°59′ sur e^1
112°50′ obs. Hessenb.
$\alpha\alpha$ 125°30′ sur e^1
$\varkappa\varkappa$ 130°16′ sur e^1
ɣ ɣ 137°46′ sur e^1
$\pi\pi$ 145°40′ sur e^1
$\rho\rho$ 151°7′ sur e^1
$\omega\omega$ 155°7′ sur e^1
$\Theta\Theta$ 158°8′ sur e^1
TT 162°26′ sur e^1
XX 172°38′ sur e^1

$e^{20/7}e^{20/7}$ 64°41′ ar. culm.
$e^{11/4}e^{11/4}$ 63°51′
$e^{13/5}e^{13/5}$ 62°43′
$e^{5/2}e^{5/2}$ 62°1′
$e^{7/3}e^{7/3}$ 61°0′
$e^{9/4}e^{9/4}$ 60°36′
$e^{11/5}e^{11/5}$ 60°24′
$e^{19/9}e^{19/9}$ 60°8′
$a^{8/11}a^{8/11}$ 170°15′ ar. culm.
$a^{1/2}a^{1/2}$ 160°42′
$a^{2/5}a^{2/5}$ 156°4′
$a^{1/7}a^{1/7}$ 142°56′

d^1b^1 adj. 112°31′30″
b^1a^2 157°28′30″
b^1b^1 134°57′ sur a^2

$e^{1/8}e^{1/8}$ 127°39′ ar. culm.
$e^{1/5}e^{1/5}$ 123°10′
$e^{1/3}e^{1/3}$ 115°7′
$e^{2/5}e^{2/5}$ 111°4′

$d^1e^{1/2}$ adj. 127°27′30″
$e^{1/2}e^{1/2}$ 105°5′ sur a^4
$e^{1/2}b^2$ 156°52′
$e^{1/2}a^4$ 142°32′30″
b^2b^2 151°21′ sur a^4

$e^{3/5}e^{3/5}$ 99°14′ ar. culmin.
99°10′ obs. Hessenb.
$e^{7/11}e^{7/11}$ 97°10′

ANGLES CALCULÉS.

$e^{2/3}e^{2/3}$ 95°28′
$e^{3/4}e^{3/4}$ 90°55′
$e^{4/5}e^{4/5}$ 88°18′
$e^{5/6}e^{5/6}$ 86°36′
$e^{6/7}e^{6/7}$ 85°26′

d^1e^1 adj. 140°34′30″
e^1e^1 78°51′ sur p
pe_5 adj. 166°19′30″
e_5e_5 152°39′ sur p
pe_4 adj. 163°5′
e_4e_4 146°10′ sur p
pe_3 157°56′ isocél.
e_3e_3 135°52′ sur p
$pe_{5/2}$ 154°3′30″
$e_{5/2}e_{5/2}$ 128°7′ sur p
$pe_{7/3}$ 152°28′
$e_{7/3}e_{7/3}$ 124°56′ sur p
pe_2 148°41′30″
e_2e_2 117°23′ sur p
$pe_{9/5}$ 145°57′
$e_{9/5}e_{9/5}$ 111°54′ sur p
$pe_{3/2}$ 140°57′30″
$e_{3/2}e_{3/2}$ 101°55′ sur p, inv. de d^4
$pe_{7/5}$ 139°1′
$e_{7/5}e_{7/5}$ 98°2′ sur p
$pe_{4/3}$ 137°37′30″
$e_{4/3}e_{4/3}$ 95°15′ sur p
$pe_{5/4}$ 135°47′
$e_{5/4}e_{5/4}$ 91°34′ sur p
$pe_{9/8}$ adj. 132°46′
$e_{9/8}e_{9/8}$ 85°32′ sur p
pe^1 adj. 129°25′30″
$pe_{2/3}$ opp. 118°44′ sur e^1
$pe_{3/5}$ 116°15′ sur e^1
$pe_{1/2}$ 112°21′ sur e^1
$pe_{2/5}$ 108°12′ sur e^1
$pe_{1/3}$ 105°20′ sur e^1
$pe_{1/4}$ 101°37′ sur e^1
pd^1 90° sur e^1

$e^{14/13}e^{14/13}$ 75°42′ ar. culm.
$e^{19/17}e^{19/17}$ 74°10′
$e^{8/7}e^{8/7}$ 73°15′
$e^{6/5}e^{6/5}$ 71°48′
$e^{5/4}e^{5/4}$ 63°44′

ANGLES CALCULÉS.

—

$d^1 e^{4/3}$ adj. 146°17'30"
$e^{4/3} e^{4/3}$ 67°25' sur e^6
$e^{4/3} e^6$ 123°42'30"
$e_{2/3} e_{2/3}$ 86°6' sur e^6
$\Upsilon\Upsilon$ 94°17' sur e^6
$\gamma\ \gamma$ 114°34' sur e^6
$d^3 d^3$ 155°50' sur e^6
$d^3 e^6$ 167°55'

$e^{7/5} e^{7/5}$ 65°50' ar. culmin.
$e^{16/11} e^{16/11}$ 64°41' ar. culm.

$d^1 e^{3/2}$ adj. 148°4'30"
$e^{3/2} e^{3/2}$ 63°51' sur e^4
$e^{3/2} e^4$ 121°55'30"
$e_{1/2} e_{1/2}$ 92°9' sur e^4
$d^2 d^2$ 144°24' sur e^4
$d^2 e^4$ 162°12'

$d^1 e^{5/3}$ adj. 149°13'30"
$e^{5/3} e^{5/3}$ 61°33' sur e^3
$e^{5/3} e^3$ adj. 120°46'30"
$\mu\mu$ 74°20' sur e^3
$\lambda\lambda$ 76°55' sur e^3

ANGLES CALCULÉS.

—

NN 83°33' sur e^3
$e_{1/3} e_{1/3}$ 99°58' sur e^3
$\varphi\varphi$ 115°37' sur e^3
LL 121°32' sur e^3
$d^{3/2} d^{3/2}$ 134°28' sur e^3
133°45' obs. Hessenb.
$d^{3/2} e^3$ 157°14'
zz 142°53' sur e^3
$\Omega\Omega$ 153°1' sur e^3
153°22' obs. Hessenb.
152°53' obs. Lévy

$e^{7/4} e^{7/4}$ 60°50' ar. culmin.
$e^{9/5} e^{9/5}$ 60°31'
$e^{11/6} e^{11/6}$ 60°21'

$e^{4/3} e_{1/2}$ 166°38'
$e_{1/2} e_{1/2}$ 153°16' sur $e^{4/3}$
$\varepsilon\varepsilon$ 136°47' sur $e^{4/3}$
$\beta\beta$ 129°9' sur $e^{4/3}$
ΓΓ 121°59' sur $e^{4/3}$
$d^{3/2} d^{3/2}$ 109°1' sur $e^{4/3}$
109°36' obs. Hessenb.
xx 80°10' sur $e^{4/3}$

ANGLES CALCULÉS.

—

$e_{1/3} e_{1/3}$ 142°30' sur $e^{3/2}$
$d^{4/3} d^{4/3}$ 111°39' sur $e^{3/2}$
$d^{4/3} e^{3/2}$ 145°49'30"
vv 88°57' sur $e^{3/2}$

$d^{6/5} d^{6/5}$ 114°24' sur $e^{5/3}$
$d^{6/5} e^{5/3}$ 147°12'
yy 98°40' sur $e^{5/3}$

$p\gamma$ adj. 144°15'
$p\theta$ adj. 138°38' inv. de d^2
pw adj. 134°31'
pq adj. 133°50'
$pe_{1/2}$ adj. 131°25'
$p\lambda$ 122°9' sur $e_{1/2}$
pn 118°33' sur $e_{1/2}$
pB 113°4' sur $e_{1/2}$
pe^2 latér. 110°33' sur $e_{1/2}$
$pe^{1/2}$ adj. 138°53'
pe_2 opp. 122°34' sur $e^{1/2}$
pd^2 opp. 97°31' sur $e^{1/2}$
pe^2 latér. 69°27' sur $e^{1/2}$

ANGLE AU-DESSUS DE p	ANGLE AU-DESSUS DE d^1	ANGLE AU-DESSUS DE p	ANGLE AU DESSUS DE e^1
$b^9 b^9$ 172°31'	72°1'	$d^{17/2} d^{17/2}$ 171°36'	102°55'
$b^8 b^8$ 171°37'	71°37'	$d^7 d^7$ 169°45'	102°36'
$b^7 b^7$ 170°28'	71°5'	$d^6 d^6$ 168°0'	102°21' sur $e^{1/3}$
$b^6 b^6$ 168°59'	70°21'	$d^5 d^5$ 165°33'	102°6' sur $e^{2/5}$
$b^5 b^5$ 166°56'	69°18'	$d^4 d^4$ 161°53'	101°55' sur $e^{1/2}$
$b^4 b^4$ 164°0'	67°41'	$d^{11/3} d^{11/3}$ 160°13'	101°55'30"
$b^{7/2} b^{7/2}$ 161°58' sur a^7	66°30'	$d^{7/2} d^{7/2}$ 159°16'	101°57'
$b^3 b^3$ 159°24'	64°54'	$d^{5/2} d^{5/2}$ 151°7'	102°52' sur $e^{4/5}$
$b^{11/4} b^{11/4}$ 157°49'	63°53'	$d^{17/9} d^{17/9}$ 142°32'	105°17'
157°45' obs. Rath		$d^{7/4} d^{7/4}$ 139°56' sur $e^{7/2}$	106°20' sur $e^{8/7}$
$b^{7/3} b^{7/3}$ 154°37'	61°42'	$d^{5/3} d^{5/3}$ 138°14' sr $e^{10/3}$	107°6' sur $e^{6/5}$
$b^2 b^2$ 151°21' sur a^4	59°18' isocèl.	$d^{8/5} d^{8/5}$ 136°47'	107°48' sur $e^{5/4}$
$b^{5/3} b^{5/3}$ 147°13'	56°6'	$d^{19/13} d^{19/13}$ 133°31'	109°33'30"
$b^{3/2} b^{3/2}$ 144°44' sur a^3	54°3'	$d^{10/7} d^{10/7}$ 132°41' sr $e^{20/7}$	110°3' sur $e^{7/5}$
$b^{5/4} b^{5/4}$ 140°20'	50°11'	$d^{11/8} d^{11/8}$ 131°17' sr $e^{11/4}$	110°55' sur $e^{16/11}$
		131°20' obs. von Rath	110°48' obs. Rath

ANGLE AU-DESSUS DE p	ANGLE AU-DESSUS DE e^1
$d^{4/3}d^{4/3}$ 130°10′	111°39′ sur $e^{3/2}$
$d^{5/4}d^{5/4}$ 127°49′ sur $e^{5/2}$	113°18′
$d^{6/5}d^{6/5}$ 126°20′	114°24′ sur $e^{5/3}$
$d^{13/11}d^{13/11}$ 125°47′	114°50′
$d^{7/6}d^{7/6}$ 125°20′	115°12′30″
$d^{8/7}d^{8/7}$ 124°35′30″	115°49′ sur $e^{7/4}$

ANGLE AU-DESSUS DE e^1	ANGLE AU-DESSUS DE d^1
e_5e_5 123°34′ sur $e^{1/3}$	90°20′
e_4e_4 128°15′ sur $e^{2/5}$	93°20′

ANGLE AU-DESSUS DE e^1	ANGLE AU-DESSUS DE d^1
e_3e_3 135°52′ sur $e^{1/2}$	97°26′ isocél.
$e_{5/2}e_{5/2}$ 141°41′	99°56′
$e_{7/3}e_{7/3}$ 144°6′ sur $e^{3/5}$	100°47′
e_2e_2 149°53′ sur $e^{2/3}$	102°25′
$e_{9/5}e_{9/5}$ 154°7′	103°14′
$e_{3/2}e_{3/2}$ 161°53′ sur $e^{4/5}$	103°52′ inv. de d^4
$e_{7/5}e_{7/5}$ 164°56′ sur $e^{5/6}$	103°49′
$e_{4/3}e_{4/3}$ 167°6′ sur $e^{6/7}$	103°41′
$e_{5/4}e_{5/4}$ 170°0′	103°22′
$e_{9/8}e_{9/8}$ 174°44′	102°32′

ANGLE AU-DESSUS DE p	ANGLE AU-DESSUS DE e^1	ANGLE AU-DESSUS DE d^1	ANGLE AVEC p
$e_{2/3}e_{2/3}$ 86°6′ sur e^6	163°12′ sur $e^{6/5}$	122°33′	$pe_{2/3}$ adj. 131°11′
$e_{3/5}e_{3/5}$ 88°19′	159°20′ sur $e^{5/4}$	127°29′	$pe_{3/5}$ adj. 131°21′
$e_{1/2}e_{1/2}$ 92°9′ sur e^4	153°16′ sur $e^{4/3}$	135°18′30″	$pe_{1/2}$ adj. 131°25′
$e_{2/5}e_{2/5}$ 96°38′ sur $e^{10/3}$	146°53′	143°36′	$pe_{2/5}$ adj. 131°14′
$e_{1/3}e_{1/3}$ 99°58′ sur e^3	142°30′ sur $e^{3/2}$	149°21′	$pe_{1/3}$ adj. 130°57′
$e_{1/4}e_{1/4}$ 104°30′	136°54′	156°46′	$pe_{1/4}$ adj. 130°24′

ANGLE AU-DESSUS DE p	ANGLE AU-DESSUS DE d^1	ANGLE AVEC p
ss 138°40′	89°48′30″	ps 159°0′ isocél.
□ □ 136°49′ 136°55′ obs. Hessenb.	133°53′	p □ adj. 149°56′
αα 125°30′	132°36′	$p\alpha$ adj. 147°28′ isocél.
ϰϰ 121°14′	131°19′	pϰ adj. 146°18′
ɣ ɣ 114°34′ sur e^6	128°30′	p ɣ adj. 144°15′
ππ 107°38′	124°40′	$p\pi$ adj. 141°50′
ρρ 102°52′	121°33′	$p\rho$ adj. 140°3′
ωω 99°26′	119°6′	$p\omega$ adj. 138°42′
ΘΘ 96°51′	117°8′	$p\Theta$ adj. 137°38′
TT 93°12′	114°14′	pT adj. 136°6′
XX 84°45′	106°50′	pX adj. 132°7′
εε 107°48′	146°29′	$p\varepsilon$ adj. 136°12′ inv. de $d^{8/5}$
ββ 115°5′ sur $e^{10/3}$	150°0′	$p\beta$ adj. 138°7′
ΓΓ 121°59′	151°50′	$p\Gamma$ adj. 139°44′ isocél.
xx 162°24′	133°19′	px adj. 144°6′
vv 152°29′	144°8′	pv adj. 140°44′ 141° obs. Lévy
yy 141°58′ sur $e^{7/3}$	155°39′	py adj. 136°45′

ANGLE AU-DESSUS DE e^1	ANGLE AU-DESSUS DE d^1	ANGLE AVEC p
ΥΥ 155°50′	125°36′	pΥ adj. 135°0′
μμ 167°31′	129°48′	pμ adj. 121°7′
167°45′ obs. Dx.		
λλ 165°0′	132°1′	λp infér. 125°24′
N N 158°31′	137°33′	pN adj. 124°45′
158°25′ Dx. 158°18′ Hess.		124°34′ obs. Hessenb.
φφ 127°17′	155°16′	pφ adj. 136°24′
L L 121°32′	155°14′30″	pL adj. 138°18′
$z\,z$ 100°55′	145°29′	$p z$ adj. 144°12′
Ω Ω 91°12′	137°48′	pΩ adj. 146°19′
91°6′ Hess. ; 91°30′ Lévy	137°43′ obs. Lévy	146°25′ obs. Lévy

ANGLE AU-DESSUS DE p	ANGLE AU-DESSUS DE e^1	ANGLE AU-DESSUS DE d^1	ANGLE AVEC p
θθ 104°38′ inv. de d^2	144°24′ sur $e^{8\,7}$	132°59′	pθ adj. 138°38′
$w\,w$ 97°29′	149°25′ sur $e^{5\,4}$	134°49′	$p w$ adj. 134°31′
$q\,q$ 96°47′	150°16′	135°0′	$p q$ adj. 133°50′
$n\,n$ 71°19′	169°38′30″	129°3′	$n p$ infér. 128°20′
B B 63°21′ sur $e^{11\,5}$	176°45′	123°8′	Bp infér. 132°41′
E E 64°3′	175°57′	124°3′	{ pE adj. 112°7′ ; Ep infér. 134°14′
$o\,o$ 95°22′	165°56′	105°25′	$p o$ adj. 137°41′
$\eta\,\eta$ 82°35′	158°21′	139°50′	{ $p\eta$ adj. 122°22′ ; ηp infér. 127°23′
Q Q 102°11′ inv. de d^3	155°50′	113°45′	pQ adj. 140°39′30″
101°30′ obs. Rath	155°45′ obs. Rath		
Λ Λ 101°57′	159°16′	108°6′	pΛ adj. 140°54′
χχ 107°20′	150°35′	115°39′	pχ adj. 143°1′
σσ 120°26′	157°5′	88°7′	pσ adj. 149°14′
H H 147°5′	105°13′	125°54′	pH adj. 154°29′
148° obs. Hessenb.	105° obs. Hess.		
γγ 115°17′	142°32′	117°50′	pγ adj. 146°33′
ττ 114°56′	140°43′	121°49′	pτ adj. 145°45′
ψψ 109°1′ inv. de $d^{3\,2}$	134°28′	150°44′	{ pψ adj. 135°16′ ; ψp infér. 142°5′
⊙ ⊙ 115°21′	128°7′	152°53′	p⊙ adj. 137°11′
115°21′ obs. Hess.	127°40′ obs. Hess.		
ξξ 122°39′	122°39′	147°23′	pξ adj. 141°36′ isocel.
ΔΔ 116°4′	126°2′	158°59′	pΔ adj. 135°8′
			135°0′ obs. Lévy
δδ 121°13′	121°13′ sur $e^{16\,11}$	157°55′	pδ adj. 137°10′ isoc.
G G 120°42′	120°42′	163°21′	pG adj. 134°49′ isoc.
$f\,f$ 124°12′	117°21′	162°9′	$p f$ adj. 136°2′
124°15′ obs. Sella	118°50′ obs. Sella	159°30′ env. Sella	

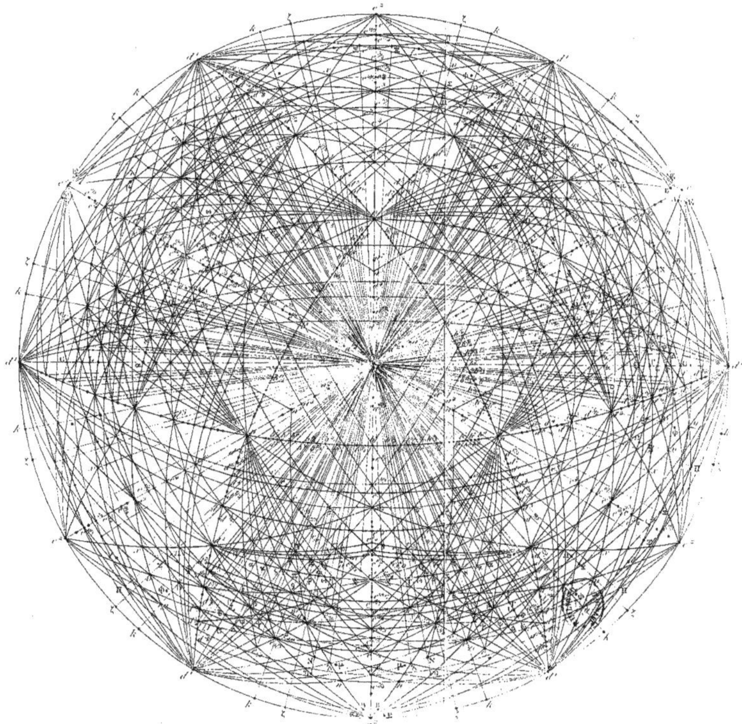

ANGLE AU-DESSUS DE p	ANGLE AU-DESSUS DE e^1	ANGLE AU-DESSUS DE d^1	ANGLE AVEC p
DD 142°30′ sur $e^{11/4}$	99°58′	149°24′	pD adj. 141°47′
ΦΦ 143°50′	97°28′	151°50′	pΦ adj. 139°16′
ΨΨ 144°30′	98°26′	146°43′	pΨ adj. 142°59′
144°34′ obs. Hess.	98°7′ obs. Hess.	146°53′ obs. Hessenb.	
ΣΣ 152°49′	90°20′	140°8′	pΣ adj. 144°29′
ΠΠ 155°37′	84°40′	143°45′	pΠ adj. 136°48′
tt 166°17′	74°27′	132°37′	pt adj. 139°31′
ΞΞ 174°1′	66°45′	125°4′	pΞ adj. 139°47′

a^1s 135°4′
135° obs. Hessenb.
sd^1 adj. 134°56′
e_3d^1 adj. 138°43′
αd^1 adj. 156°18′
ξd^1 adj. 163°42′
Γd^1 adj. 165°55′
δd^1 adj. 168°58′
a^1d^1 90°

$\mu e^{7/3}$ adj. 164°24′
163°30′ obs. Dx.
μd^2 infér. 144°19′
145° obs. Dx.
μe^2 adj. 169°24′
169°15′ obs. Dx.
μp infér. 125°47′
N$e^{7/3}$ adj. 161°14′
161°39′ Dx.; 161°14′ Hes.

Nd^2 infér. 148°55′
148°50′ obs. Dx.
Ne^2 adj. 165°38′
165°40′ obs. Dx.
Np infér. 124°19′
125° Dx.; 124°12′ Hess.

$\zeta = (b^{1/7} d^{1/2} d^{1/5})$
$k = (b^{1/5} d^1 d^{1/4})$
$e_5 = (b^1 d^1 d^{1/5})$
$e_4 = (b^1 d^1 d^{1/4})$
$e_3 = (d^{1/3} d^1 b^1)$ isocél.
$e_{5/2} = (d^{2/5} d^1 b^1)$
$e_{7/3} = (d^{3/7} d^1 b^1)$
$e_2 = (d^{1/2} d^1 b^1)$
$e_{9/5} = (d^{5/9} d^1 b^1)$
$e_{3/2} = (d^{2/3} d^1 b^1)$
$e_{7/5} = (d^{5/7} d^1 b^1)$
$e_{4/3} = (d^{3/4} d^1 b^1)$
$e_{5/4} = (d^{4/5} d^1 b^1)$
$e_{9/8} = (d^{8/9} d^1 b^1)$
$e_{2/3} = (d^{2/3} d^1 b^{2/3})$
$e_{3/5} = (d^{3/5} d^1 b^{3/5})$
$e_{1/2} = (d^{1/2} d^1 b^{1/2})$
$e_{2/5} = (d^{2/5} d^1 b^{2/5})$
$e_{1/3} = (d^{1/3} d^1 b^{1/3})$
$e_{1/4} = (d^{1/4} d^1 b^{1/4})$
$s = (d^{1/11} d^{1/4} b^{1/3})$ isoc.
$\square = (b^{1/7} d^1 d^{1/13})$
$\alpha = (d^{1/5} d^1 b^{1/3})$ isocél.
$\varkappa = (d^{1/8} d^{1/2} b^{1/5})$
$\gamma = (d^{1/3} d^1 b^{1/2})$

$\pi = (d^{1/7} d^{1/3} b^{1/3})$
$\rho = (d^{1/4} d^{1/2} b^{1/3})$
$\omega = (d^{1/9} d^{1/5} b^{1/7})$
$\Theta = (d^{1/5} d^{1/3} b^{1/4})$
$\mathrm{T} = (d^{1/6} d^{1/4} b^{1/5})$
$\mathrm{X} = (d^{1/13} d^{1/11} b^{1/12})$
$\varepsilon = (d^{1/7} d^{1/2} b^{1/6})$
$\beta = (d^{1/5} d^1 b^{1/4})$
$\Gamma = (d^{1/8} d^1 b^{1/6})$ isocél.
$x = (b^{1/4} d^1 d^{1/2})$
$v = (b^{1/5} d^1 d^{1/3})$
$y = (b^{1/7} d^1 d^{1/5})$
$\Upsilon = (d^{1/9} d^{1/5} b^{1/8})$
$\mu = (d^{1/21} d^{1/15} b^{1/29})$
$\lambda = (d^{2/3} d^1 b^{1/2})$
$\mathrm{N} = (d^{1/9} d^{1/5} b^{1/11})$
$\varphi = (d^{1/6} d^1 b^{1/5})$
$z = (b^{1/15} d^1 d^{1/9})$
$\Omega = (b^{1/21} d^{1/3} d^{1/11})$
$\theta = (d^{2/5} d^1 b^{1/2})$ inv. de d^2
$w = (d^{5/11} d^1 b^{1/2})$
$q = (d^{13/28} d^1 b^{1/2})$
$n = (d^{3/4} d^1 b^{1/2})$
$\mathrm{B} = (d^{10/11} d^1 b^{1/2})$
$\mathrm{E} = (d^{1/61} d^{1/54} b^{1/114})$

$o = (d^{1/37} d^{1/27} b^{1/28})$
$\eta = (d^{1/13} d^{1/7} b^{1/17})$
$\Lambda = (d^{1/16} d^{1/10} b^{1/11})$
$\mathrm{Q} = (d^{1/7} d^{1/4} b^{1/5})$ inv. d^3
$\chi = (d^{1/6} d^{1/3} b^{1/4})$
$\sigma = (d^{1/5} d^{1/3} b^{1/2})$
$\mathrm{H} = (b^{1/27}) d^1 d^{1/61})$
$\gamma = (d^{1/5} d^{1/2} b^{1/3})$
$\tau = (d^{1/8} d^{1/3} b^{1/5})$
$\psi = (d^{1/8} d^{1/2} b^{1/7})$ inv. $d^{3/2}$
$\odot = (d^{1/11} d^{1/2} b^{1/9})$
$\xi = (d^{1/7} d^1 b^{1/5})$ isocél.
$\Delta = (d^{1/7} d^1 b^{1/6})$
$\mathrm{L} = (d^{1/9} d^1 b^{1/7})$ isocél.
$\delta = (d^{1/10} d^1 b^{1/8})$ isocél.
$f = (b^{1/17} d^1 d^{1/21})$
$\mathrm{G} = (d^{1/13} d^1 b^{1/11})$ isocél.
$\mathrm{D} = (b^{1/11} d^1 d^{1/7})$
$\Phi = (b^{1/15} d^{1/2} d^{1/10})$
$\Psi = (b^{1/41} d^{1/4} d^{1/25})$
$\Sigma = (b^{1/31} d^{1/5} d^{1/17})$
$\Pi = (b^{1/11} d^{1/3} d^{1/7})$
$t = (b^{1/15} d^{1/5} d^{1/8})$
$\Xi = (b^{1/23} d^{1/9} d^{1/11})$

Les principales formes nouvelles qui ont été observées depuis la publication de la grande monographie de Zippe et du « *Quadro delle forme cristalline dell' Argento rosso, del Quarzo e del Calcare* » de M. Q. Sella, sont :

$e^{11/4}$, rhomboèdre direct, trouvé par M. von Rath en troncatures tangentes aux arêtes longues du scalénoèdre $d^{11/8}$, sur des cristaux d'Andréasberg.

$e^{7/3}$, rhomboèdre direct, finement strié horizontalement, observé sur de gros cristaux de spath d'Islande que j'ai rapportés en 1846 d'Eskifjord et dont l'un offre la combinaison $p e^3 e^{7/3} e^2 d^2 N \mu$ (*fig.* 268, Pl. XLV); retrouvé plus tard sur des cristaux de la même provenance par M. Hessenberg (*Mineralogische Notizen*, 11e numéro, 1873).

$a^{1/7}$, rhomboèdre inverse du direct a^3, observé par M. von Rath sur des cristaux de Freiberg.

$e^{10/17}$, rhomboèdre inverse cité par M. Hessenberg sur des cristaux du lac Supérieur (*Mineralogische Notizen*, 9e numéro, 1870).

$e^{5/7}$, rhomboèdre inverse connu dans le quartz, mais nouveau dans le calcaire, et observé par M. Hessenberg sur des cristaux d'Agaëte, aux Canaries.

$e^{16/11}$, rhomboèdre inverse du direct $e^{20/7}$, observé par M. von Rath en troncatures tangentes aux arêtes courtes du scalénoèdre $d^{11/8}$, sur des cristaux d'Andréasberg.

$e^{11/6}$, rhomboèdre inverse connu dans le quartz et dont le symbole me paraît préférable à $e^{31/17}$ indiqué par M. Hessenberg, comme présentant des faces arrondies sur un beau cristal de Bleiberg en Carinthie qui offre la combinaison $p\, e^2\, b^1\, e^{7/11}\, e^{31/17}\, e_3\, e_{1/3}$?

$b^{11/4}$, scalénoèdre observé par M. von Rath, dans la zone $a^1 d^{7/4}$, sur des cristaux du lac Supérieur.

$d^{19/13}$, scalénoèdre bien développé sur un cristal d'Andréasberg offrant la combinaison $a^1\, p\, e^3\, e^2\, b^1\, e^{6/7}\, b^7\, d^7\, d^4\, d^{19/13}$, avec $e^{6/7}$ dominant (Hessenberg).

$d^{11/8}$, scalénoèdre aigu trouvé par M. von Rath en combinaison avec les rhomboèdres $e^{11/4}$ et $e^{16/11}$ cités plus haut.

$\square = (b^{1/7}\, d^1\, d^{1/13})$, scalénoèdre formant une bordure étroite entre d^2 et ☡ sur de petits cristaux de Matlock en Derbyshire qui offrent la combinaison $p\, e^3\, d^7\, d^2$ □ ☡ ⊙, avec d^2 dominant (Hessenberg).

$u = (b^{1/3}\, d^1\, d^{1/4})$, connu dans le quartz, observé sur des cristaux d'Agaëte (Hessenberg, 9e notice).

$\mu = (d^{1/21}\, d^{1/15}\, b^{1/29})$, scalénoèdre à faces un peu ondulées, faisant partie du gros cristal d'Islande représenté *fig.* 268. Le symbole adopté ici doit être préféré à celui qui a été gravé dans mon atlas, parce que tout en conduisant à des incidences calculées suffisamment voisines de l'observation, il satisfait à la zone $e^{5/3}$ N $d^{3/2}$ e^{3}.

N = ($d^{1/9}$ $d^{1/5}$ $b^{1/11}$), scalénoèdre bien développé sur le cristal représenté *fig.* 268. Ce solide a été retrouvé par M. Hessenberg sur des cristaux récemment venus d'Islande et offrant la combinaison p e^{3} $e^{19/8}$ $d^{8/5}$ N, avec p dominant, et par M. von Rath sur des cristaux du lac Supérieur offrant les combinaisons $p e^{3} e^{11/3} b^{1} d^{2}$ $d^{5/4}$ d^{1} N γ; p e^{3} e^{1} b^{1} b^{9} d^{2} $d^{4/3}$ d^{1} γ $e_{1/2}$ N; b^{1} d^{2} $d^{4/3}$ γ N.

H = ($b^{1/27}$ d^{1} $d^{1/61}$) et Ψ = ($b^{1/41}$ $d^{1/4}$ $d^{1/25}$), scalénoèdres bien développés sur des cristaux simples ou hémitropes autour de l'axe vertical, de Rossie, comté de Saint-Laurent, État de New-York. Ces cristaux présentent la combinaison $a^{1} p e^{3} v$ H Ψ, avec p dominant (Hessenberg).

Q = ($d^{1/7}$ $d^{1/4}$ $b^{1/5}$), inverse de d^{3}, faisant partie des zones $e^{1/2}$ 0 ψ d^{1}: a^{1} ω $e_{1/2}$ ζ; $e^{5/4}$ T p. Ce symbole paraît préférable à ($d^{1/125}$ $d^{1/71}$ $b^{1/91}$), forme à laquelle M. von Rath avait été conduit par les incidences d'un scalénoèdre qu'il a trouvé sur des cristaux d'Andréasberg.

L = ($d^{1/9}$ d^{1} $b^{1/7}$), isocéloèdre compris entre Γ et δ, observé par M. von Rath sur des cristaux d'Andréasberg, et faisant partie de la zone e^{3} $d^{3/2}$ φ $e^{5/3}$.

⊙ = ($d^{1/11}$ $d^{1/2}$ $b^{1/9}$), scalénoèdre placé sur les arêtes en zigzag de ζ et associé au nouveau solide □ sur les petits cristaux de Matlock dont il a été question plus haut (Hessenberg).

G = ($d^{1/13}$ d^{1} $b^{1/11}$), isocéloèdre compris entre δ et d^{1}, observé par M. von Rath sur des cristaux de Hausach, duché de Bade, et d'Alston Moor en Cumberland, et faisant partie des zones $e^{2} f d^{4/3} e^{3}$: $e^{7/5}$ $e_{1/3}$ $d^{5/4}$ e^{2}.

Quelques formes incertaines, citées par Bournon, Zippe et M. Sella, étaient très-voisines d'une ou de deux des zones indiquées sur la sphère ci-jointe. Pour les faire entrer dans ces zones, sans amener de trop grandes variations dans leurs incidences, on est conduit à écrire leurs symboles de la manière suivante :

s = ($d^{1/11}$ $d^{1/4}$ $b^{1/3}$), isocéloèdre compris dans la zone d^{1} e^{6} d^{5} e_{4} $e^{2/5}$, au lieu de ($d^{1/8}$ $d^{1/3}$ $b^{1/2}$), symbole douteux de Bournon. Cette forme a été observée il y a quelques années par M. Hessenberg, sur des cristaux du val Maderan, canton d'Uri, et par M. de Zepharowich, sur des cristaux de Przibram.

Υ = ($d^{1/9}$ $d^{1/3}$ $b^{1/8}$), scalénoèdre compris dans les zones $d^{7/4}$ 0 $e^{8/7}$ et d^{1} $e^{4/3}$ $e_{2/3}$ γ d^{3} e^{6}, au lieu de ($d^{1/10}$ $d^{1/5}$ $b^{1/8}$), forme incertaine, en dehors des zones connues.

φ = ($d^{1/6}$ d^{1} $b^{1/5}$), symbole de Lévy plaçant ce solide dans les zones e^{1} ε f $d^{5/4}$ et d^{1} n $e^{5/3}$ μ λ N $e_{1/3}$ $d^{3/2}$ z Ω e^{3}, au lieu de ($d^{1/39}$ $d^{1/5}$ $b^{1/32}$), forme douteuse en dehors des zones connues.

$B = (d^{10/11} d^{1} b^{1/2})$, scalénoèdre compris dans les zones $p e^{2}$ et B Π $e^{11/5}$ Π B, au lieu du symbole inadmissible de Zippe $(d^{1/171} d^{1/157} b^{1/319})$.

$o = (d^{1/37} d^{1/27} b^{1/28})$, d'après Zippe, ne satisfait pas plus à la zone $e^{1} e_{3/2}$ dessinée probablement par erreur sur la *fig.* 122 de l'Atlas de Lévy, que le symbole $(d^{1/9} d^{1/5} b^{1/6})$ donné dans cet atlas; l'existence de *o* est donc problématique.

$\eta = (d^{1/13} d^{1/7} b^{1/17})$, scalénoèdre compris dans les zones $a^{1} e_{3/2} e_{3/5}$ N et $e^{2} e_{1/3}$ ψ β ξ $d^{2} d^{3}$, au lieu de $(d^{1/17} d^{1/10} b^{1/8})$ qui ne se trouve dans aucune zone.

$f = (b^{1/17} d^{1} d^{1/21})$, scalénoèdre appartenant aux zones $e^{2} d^{4/3} e^{3}$ et e^{1} ε φ $d^{5/4}$, au lieu de $(d^{1/38} d^{1/2} b^{1/31})$ admis par M. Sella dans son « *Quadro delle Forme cristalline, etc.* » et observé par ce savant sur un cristal d'Andréasberg qui lui a offert la combinaison $e^{3} e^{2} b^{7/2} f$.

$\Sigma = (b^{1/31} d^{1/5} d^{1/17})$, scalénoèdre compris dans les zones $a^{1} \zeta$ et $e^{2} f d^{4/3}$ D e^{3}, au lieu de $(b^{1/13} d^{1/2} d^{1/7})$, forme douteuse située hors des zones connues.

$\Pi = (b^{1/11} d^{1/3} d^{1/7})$, scalénoèdre compris dans la zone B $e^{11/5}$ B, au lieu de $(b^{1/12} d^{1/3} d^{1/7})$ sans zone connue.

Dans ses *Mineralogische Notizen*, 9ᵉ numéro, 1870, M. Hessenberg cite encore, sur des cristaux du lac Supérieur et d'Agaëte aux Canaries, un certain nombre de formes à symboles excessivement compliqués qui pourraient sans doute se ramener : $-\frac{14}{27} R \frac{11}{3}$ à $\gamma = (d^{1/5} d^{1/2} b^{1/3}) = -\frac{1}{2} R\, 4$; $-\frac{7}{8} R \frac{27}{11}$ à $\chi = (d^{1/6} d^{1/3} b^{1/4}) = -\frac{4}{5} R \frac{5}{2}$; $\frac{10}{21} R\, 4$ à $(b^{1/3} d^{1} d^{1/8}) = \frac{1}{2} R \frac{11}{3}$; $\frac{1}{5} R \frac{13}{3}$ à $e_{4} = \frac{1}{4} R\, 5$, etc. Les cristaux d'Islande qui portaient mon scalénoèdre $N = (d^{1/9} d^{1/5} b^{1/11})$ ont aussi offert à M. Hessenberg la nouvelle forme $-\frac{7}{3} R \frac{5}{3} = (d^{1/17} d^{1/10} b^{1/18})$ située dans la zone a^{1} N. Un cristal d'Andréasberg lui a présenté le nouveau scalénoèdre $(d^{1/18} d^{1/33} b^{1/37})$, combiné au rhomboèdre inverse $e^{2/3}$ (11ᵉ numéro de 1873 des *Mineralogische Notizen*).

Les formes observées jusqu'à présent offrent un total de plus de 170, qui va toujours en s'accroissant. Aucune forme ne présente d'hémiédrie lorsqu'on la fait dériver d'un rhomboèdre. Quant au nombre des combinaisons, il est pour ainsi dire illimité et chaque jour on peut en découvrir de nouvelles. Bournon, Haüy, Lévy et Zippe en ont décrit plus de 700; Hausmann a donné dans son « Handbuch der Mineralogie », pour les cristaux d'Andréasberg, une longue liste où figurent fréquemment la base a^{1}, divers rhomboèdres parmi lesquels se distingue l'inverse $e^{1/2}$, très-rare dans les autres localités, les isocéloèdres b^{2}, α, ξ et δ, et un certain nombre de scalénoèdres situés sur les arêtes culminantes ou sur les arêtes en zigzag du rhomboèdre primitif. J'ai indiqué précédemment les plus remarquables de celles dont on doit la connaissance à MM. Hessenberg, Q. Sella et von Rath; de mon côté, j'ai rencontré : $p b^{4} d^{2}$ (*fig.* 266, Pl. XLV), sur des cristaux complets et sans aucun point d'attache apparent, disséminés au milieu de l'argile brune d'où s'extraient les échantillons les plus purs du spath d'Islande de Rödefjord (cette combinaison est la même que celle des cristaux de l'Oisans en Dauphiné, représentée par la *fig.* 33 de l'Atlas de Lévy); p (clivage) $e^{9/4}d^{7/2}b^{3/2}$ (*fig.* 267), sur des cristaux d'Andréasberg; $p\,e^{4}b^{1}e^{3/4}e^{1}e^{4/3}d^{2}e^{1/2}\gamma\pi$ (*fig.* 270), sur de beaux cristaux accompagnant le cuivre natif du lac Supérieur; $d^{7/2}b^{1}e^{2}$, sur de très-petits cristaux blancs, empilés en forme de tige effilée par un bout, dont la base porte un large équiaxe b^{1} transparent qui se compose d'une multitude de petits individus accolés dans des positions parallèles (cristaux en *clous* de Przibram).

L'isocéloèdre e_3, rare dans le calcaire, est très-développé dans la combinaison $a^{1}e^{2}d^{1}e_{3}$ (*fig.* 269), sur des cristaux d'Andréasberg cités par Lévy.

Les formes *birhomboédriques* sont très-peu communes, parce que les solides semblables, mais de positions inverses, font rarement partie d'une même combinaison. On ne connaît jusqu'ici que $a^{2/5}$ inverse de a^{2}; $a^{1/7}$ inverse de a^{3}; b^{1} inverse de a^{4}; $e^{1/5}$ inverse de a^{7}; $e^{1/2}$ inverse de p; $e^{8/7}$ inverse de e^{4}; $e^{7/5}$ inverse de e^{3}; $e^{16/11}$ inverse de $e^{20/7}$; $e^{3/2}$ inverse de $e^{11/4}$; Q inverse de d^{3}; 0 inverse de d^{2}; ε inverse de $d^{8/5}$; ψ inverse de $d^{3/2}$. M. Hessenberg a figuré, dans le 4e numéro de ses « Notizen » une pyramide hexagonale de Bleiberg, $e^{3}e^{7/5}$, surmontée par les rhomboèdres p et b^{1}.

Les faces a^{1} sont ordinairement rugueuses et elles offrent souvent une opacité presque complète, une couleur blanche et un éclat nacré (cristaux basés d'Andréasberg); les faces b^{1}, b^{2}, d^{1} sont striées parallèlement à leur intersection avec p; b^{3} et b^{4} le sont parallèlement à leur intersection avec b^{1}.

Certains échantillons de spath d'Islande ont leurs surfaces naturelles en partie dépolies par suite de leur séjour prolongé dans l'argile au milieu de laquelle on les rencontre. D'autres paraissent plus ou moins profondément corrodés sur tous leurs plans de clivage et sur quelques-unes de leurs arêtes, et, par suite, ils arrivent quelquefois à prendre un aspect analogue à celui que présentent les cristaux de *Castor* et de *Pollux* et les cristaux de *quartz* de Guttanen cités dans mon « *Mémoire sur la cristallisation et la structure intérieure du quartz* »; mais, lorsqu'on examine attentivement ces échantillons, on voit que leurs surfaces les plus rugueuses se composent d'un fond parfaitement uni et miroitant, en grande partie recouvert par une multitude de petites excroissances polyédriques, ternes, sans formes cristallines déterminables, qui constituent une sorte de réseau, à mailles plus ou moins lâches et irrégulières, très-âpre au toucher.

Frederick Daniell a, le premier, (1) signalé l'action des acides

(1) On some phenomena attending the process of solution and their application to

faibles sur les faces des cristaux de calcaire. Plus tard, Brewster (1) et M. de Kobell (2) ont étudié les figures remarquables que produisait la flamme d'une bougie réfléchie à la surface ou transmise à travers deux plans parallèles d'un rhomboèdre de spath d'Islande attaqué par un acide étendu, et ils ont montré que ces figures étaient différentes suivant qu'on avait employé pour l'attaque l'acide chlorhydrique ou l'acide azotique. C'est qu'en effet, si l'on plonge pendant quelques secondes un rhomboèdre de clivage à faces bien unies dans de l'acide chlorhydrique ou dans de l'acide azotique étendus de leur volume d'eau et qu'on les lave à l'eau pure, on obtient dans le premier cas des cavités très-régulières ayant la forme d'une pyramide trièdre équilatérale, à sommet souvent tronqué et à faces arrondies, dont un des côtés de la base est parallèle à la diagonale horizontale et dont l'angle opposé à ce côté correspond à l'angle culminant du rhomboèdre; dans le second cas les pyramides creuses ont une forme pentagonale symétrique; leurs deux faces adjacentes supérieures sont assez unies, très-étendues, et elles se coupent suivant une ligne tournée vers l'angle solide obtus du rhomboèdre; leurs deux faces opposées sont étroites et arrondies; la cinquième offre une forte courbure et se dirige parallèlement à la diagonale horizontale.

Macles et hémitropies fréquentes : 1° Plan d'assemblage parallèle et axe d'hémitropie normal à a^1 (*fig.* 271, pl. XLV et *fig.* 272, pl. XLVI). Les deux moitiés inférieure et supérieure de la macle ont le même axe vertical, et on peut admettre que l'une d'elles étant restée fixe, l'autre a tourné de 60° autour de l'axe commun. 2° Plan d'assemblage parallèle et axe d'hémitropie normal à b^1 (*fig.* 274 et 275). Les axes principaux des deux individus font entre eux des angles de 127°29'32" et 52°30'28" et en supposant que l'un d'eux soit resté fixe, l'autre peut être regardé comme ayant tourné de 180° autour de l'axe d'hémitropie. Les rhomboèdres de spath d'Islande les plus transparents sont souvent pénétrés par une multitude de lames minces orientées d'après cette loi et produisant sur les faces de clivage des stries parallèles à la diagonale horizontale. Ces lames sont rarement assez épaisses pour offrir à l'extérieur une tranche visible à l'œil nu; j'en ai pourtant trouvé quelques-unes qui avaient environ $\frac{1}{4}$ de millimètre d'épaisseur. Ordinairement elles manifestent, à l'intérieur des cristaux, le phénomène de coloration des lames minces et elles produisent sur la

---

the laws of cristallisation; *Journal of Science and Arts*, publié par la « Royal Institution of Great Britain »; et *Annales de Chimie et de Physique*, 1re série, tome II, année 1816.

(1) *Edinburgh Transactions*, vol. XIV, année 1837, et *Philosophical Magazine*, année 1853.

(2) *Sitzungsberichte der k. b. Akademie der Wissenschaften*, année 1862.

flamme d'une bougie, vue à travers les faces du clivage rhomboédrique, une multiplication d'images colorées qui a été étudiée par Brewster (1) et par H. de Senarmont (2). Le plus fréquemment, il n'existe dans un cristal qu'une seule série de lames minces parallèles entre elles et on ne voit que deux images colorées, à droite et à gauche de l'image directe; mais on observe aussi deux et même trois de ces séries dirigées suivant deux des faces ou suivant les trois faces de l'équiaxe b^1, et alors les images colorées sont distribuées symétriquement autour de l'image directe, au nombre de 4 ou de 6. La rencontre de deux lames hémitropes se révèle dans les cristaux par une ligne droite d'un blanc mat; cette ligne, examinée à la loupe, paraît composée de cavités irrégulières qui forment un tube creux où l'on parvient quelquefois à faire pénétrer du mercure. Les échantillons traversés par des lames hémitropes se séparent assez facilement, à la place qu'occupent ces lames, suivant des plans parfaitement unis et miroitants qui avaient été considérés par Haüy comme résultant de clivages supplémentaires. Si l'on regarde la flamme d'une bougie à travers l'angle réfringent formé par un de ces plans auquel adhère encore la lame hémitrope et par le clivage naturel, en tournant la lame du côté de l'œil, on voit deux spectres qui, au lieu de disparaître périodiquement lorsqu'on les examine avec un *nicol* placé successivement dans tous les azimuts possibles, se teignent de couleurs complémentaires. Le prisme d'où la lame a été séparée fournit au contraire deux spectres qui se comportent comme ceux d'un prisme réfringent formé de spath pur. 3° Plan d'assemblage parallèle et axe d'hémitropie normal à p. Les axes principaux des deux individus font entre eux des angles de 90°46′ et 89°14′. Le groupement le plus connu qui obéisse à cette loi est la macle dite *en cœur*, du Derbyshire (*fig.* 273). 4° Plan d'assemblage parallèle et axe d'hémitropie normal à e^1. Les axes principaux des deux individus se coupent sous des angles de 126°14′ et 53°46′ (*fig.* 276, pl. XLVI) (3).

---

(1) On the form of the integrant Molecule of the carbonate of Lime; tome V des « *Transactions of the Geological Society* », année 1819. »

(2) *Annales des Mines*, 4e série, tome VIII, p. 635, année 1845.

(3) D'après des mesures prises par M. Q. Sella (*Studii sulla Mineralogia Sarda*, Turin, 1856), l'angle que font entre eux les axes principaux des deux scalénoèdres $d^{5/3}$, qui forment à Traverselle une macle semblable à la *fig.* 276, n'est que de 52°20′, et il serait plus exact de dire que l'axe d'hémitropie est normal à une face du rhomboèdre direct a^4 et parallèle à une arête culminante de l'inverse $e^{1/2}$ dont a^4 est l'équiaxe. La composition de la macle s'expliquerait alors, en admettant que deux individus semblables étant d'abord placés dans des positions parallèles, l'un d'eux reste fixe pendant que l'autre décrit un angle de 180° autour d'un axe normal à a^4. Mais il n'est nécessaire de recourir à cette explication que si l'on regarde comme une quantité absolument constante l'inclinaison mutuelle des axes des deux individus maclés. Or l'expérience prouve qu'une telle constance est loin d'exister

Outre ces divers modes d'hémitropie, on cite encore dans la plupart des Traités de Minéralogie, l'accolement latéral de deux rhomboèdres primitifs dont les axes principaux sont parallèles et dont les faces sont dans une situation inverse. L'axe d'hémitropie peut être indifféremment supposé perpendiculaire à la base a^1, comme dans le 1er mode décrit plus haut, ou au prisme e^2, et le plan d'assemblage est regardé comme appartenant à ce prisme. Mais en étudiant et en séparant des échantillons de spath d'Islande qui présentaient cet accolement, H. de Senarmont a fait voir (1) que les deux individus, au lieu de se joindre par un plan unique, s'emboîtaient l'un dans l'autre de telle façon que deux faces du rhomboèdre inverse $e^{1/2}$ formant sur l'un de ces individus un angle saillant venaient se juxtaposer à deux faces p formant sur l'autre individu un angle rentrant.

Clivage très-facile suivant p, produisant des faces quelquefois unies, mais le plus souvent légèrement ondulées (2). Cassure parfaitement conchoïdale, difficile à obtenir sur de petits fragments, mais se montrant quelquefois bien développée sur les morceaux naturels et isolés de spath d'Islande. Entièrement transparent, ou plus ou moins translucide. Dans le spath d'Islande, la transparence est souvent troublée par l'abondance des lames hémitropes, par la présence des petits canaux d'un blanc mat qui se manifestent à l'intersection de deux de ces lames, par l'existence de vides intérieurs parallèles aux arêtes du rhomboèdre primitif, ou par celle de surfaces nuageuses ordinairement orientées parallèlement aux faces du métastatique d^2 et rarement à celles de p. Lorsque les

---

dans la nature, et qu'en général les parties composantes des macles les plus régulières montrent une certaine tolérance dans leur agencement. Il en est notamment ainsi pour les assemblages à axes parallèles du quartz, pour les macles de l'albite assemblées suivant le plan diagonal g^1, pour celles de l'aragonite, etc., etc., et la différence de 1°26′, entre l'observation directe de M. Sella et l'angle calculé en supposant le plan de macle parallèle à e^1, est du même ordre que celles que j'ai signalées dans le quartz et dans l'albite.

(1) *Annales des Mines*, 4e série, tome XI, p. 573, année 1847.

(2) Il est souvent utile, pour le travail des prismes birefringents, des prismes de Nicol ou autres appareils de polarisation, de débiter un gros cristal de spath d'Islande ou de le débarrasser de ses parties les moins pures, sans ébranler toute sa masse par des coups de marteau. On parvient assez facilement à produire un clivage net sur de larges surfaces, en appuyant fortement sur une première face du primitif, de manière à y tracer un sillon plus ou moins profond, un instrument tranchant guidé par une règle dirigée parallèlement aux arêtes; il est clair que s'il existait déjà quelque fissure intérieure, il serait bon d'en profiter en se plaçant dans son prolongement; toutefois, on peut négliger cette précaution, lorsque les dimensions du morceau l'exigent; mais la pratique a appris qu'il était indispensable au succès de l'opération de placer l'instrument du côté d'une arête en zigzag, afin de mettre en *porte-à-faux* la lame à détacher, et de tracer le sillon en partant de l'angle plan aigu et en se dirigeant vers l'angle obtus du rhombe.

vides sont très-étroits et filiformes, leur présence se révèle, comme l'a fait voir Plücker, par les phénomènes de parhélie ou de couronnes analogues à ceux qu'on observe en regardant la flamme d'une bougie au travers d'une substance à structure fibreuse; lorsqu'ils sont suffisamment larges, ils peuvent renfermer, soit de l'argile, soit un liquide tenant en suspension une bulle d'air, suivant que leurs orifices aboutissent ou n'aboutissent pas à l'extérieur de l'échantillon. Quant aux surfaces nuageuses, je me suis assuré directement qu'elles sont constituées par une multitude de petits cristaux de calcaire incolores, arrondis, la plupart microscopiques, mais dont la grosseur peut atteindre celle d'une forte tête d'épingle, et qu'on parvient alors à isoler. Ces cristaux dispersent la lumière en tous sens et les appareils de polarisation qui en renferment produisent une extinction très-imparfaite. Dans les autres variétés de calcaire cristallisé, on trouve diverses substances interposées qui sont, soit des rhomboèdres ou des scalénoèdres de calcaire même, enchâssés dans une enveloppe d'une forme et d'une couleur différentes, comme l'ont signalé Bournon, Richter, Kopp et Tschermak, soit de petits cubes de fluorine reconnus par M. Lawrence Smith dans des cristaux de Pennsylvanie, soit des couches minces de petits cristaux de pyrite alignées parallèlement aux faces p et d^2, dont j'ai observé un exemple dans un calcaire grisâtre de Brilon en Westphalie, soit enfin de petits filets composés de pyrite, d'oxyde de manganèse ou d'oxyde de fer, et toujours orientés suivant des directions bien déterminées (1). Comme il arrive pour toute substance à structure lamellaire, une flamme éloignée, vue à travers un rhomboèdre pur et bien transparent de spath fait naître une astérie dont les six branches paraissent en rapport de position avec les fissures intérieures.

Double réfraction énergique à un axe *négatif*. Au microscope polarisant, les anneaux sont très-serrés et parfaitement réguliers dans toutes les plaques normales à l'axe principal provenant de cristaux homogènes; ils sont au contraire plus ou moins disloqués, ainsi que la croix qui les traverse, lorsque la plaque contient des

---

(1) Les cristaux de la collection de l'École des Mines de Paris, cités dans ma « *Note sur deux diamants offrant une astérie fixe* », insérée au tome XIV, 3e série, des *Annales de Chimie et de Physique*, comme provenant d'Helsingfors, paraissent originaires de Bräunsdorf en Saxe. Ils se composent d'un prisme hexagonal terminé par un scalénoèdre surbaissé à faces arrondies (probablement $b^{5\,3}$), dont les trois arêtes les plus obtuses sont colorées en noir par de l'oxyde de manganèse ou de la pyrite en poudre très-fine, tandis que les trois plus aiguës sont blanches et translucides. M. L. Smith a observé une disposition analogue sur des prismes de la mine Wheatley en Pennsylvanie, surmontés par les faces du rhomboèdre équiaxe dont chacune offre une ou plusieurs files de petits cristaux de pyrite qui sont alignés exactement dans la direction de sa diagonale inclinée. Quelques cristaux du lac Supérieur offrent un phénomène du même genre.

lames hémitropes. A 17°.75 C. les indices de réfraction correspondant aux raies de Fraunhofer sont :

	ω	ε
B	1,65308	1,48391
C	1,65452	1,48455
D	1,65850	1,48635
E	1,66360	1,48868
F	1,66802	1,49075
G	1,67617	1,49453
H	1,68330	1,49780

D'après d'anciennes expériences de Rudberg, comme d'après les récentes déterminations de M. Fizeau, l'indice ordinaire et l'indice extraordinaire sont très-inégalement affectés par une même élévation de température. M. Fizeau a trouvé que, pour un accroissement de 100° C., ω_n n'augmente que de 0,0000565 tandis que ε_n augmente de 0,00108.

Éclat vitreux. La plupart des faces sont ordinairement brillantes; cependant les rhomboèdres $e^{1/2}$, $e^{1/3}$, $e^{4/5}$ sont plutôt ternes; le dernier, qui est le *cuboïde* de Haüy, est de plus presque toujours arrondi; il en est de même d'un certain nombre d'autres formes. Incolore; blanc, ou accidentellement gris, bleuâtre, verdâtre, jaunâtre, rouge, brun, noir. Poussière blanche. Fragile.

Dur. = 3. Les faces du prisme e^2 paraissent un peu plus dures que celles du rhomboèdre primitif.

Dens. = 2,70 à 2,73 (Damour), variant un peu avec la pureté des échantillons.

Lorsqu'on chauffe les cristaux, ils se dilatent dans le sens de l'axe vertical et se contractent perpendiculairement à cet axe. Par des mesures directes, faites de 10° à 164° C., Mitscherlich a trouvé que, pour une élévation de température de 100°, l'angle culminant du rhomboèdre primitif diminuait de 0°8'34".

D'après les nouvelles déterminations de M. Fizeau, le coefficient de dilatation pour 1° est à 15° C. :

Dans la direction de l'axe, $\alpha = +\ 0,00002581$

Dans la direction normale à l'axe, $\alpha' = -\ 0,00000562$

Entre les limites ci-dessus indiquées, (de 10° à 164° C.), ces coefficients deviennent pour 100°, $\alpha = +\ 0,002696$ $\alpha' = -\ 0,000499$ et la diminution qu'on en déduit pour l'angle culminant de p est 0°8'30".

La dilatation cubique, $2\alpha' + \alpha$, est exactement le quart de celle de l'aragonite.

Il résulte du double phénomène de la dilatation et de la contraction du spath d'Islande, que ce minéral possède une direction sans dilatation; un plan partant du sommet et faisant à l'intérieur avec les faces p, à 15° C., un angle de 20°22'31", est normal à cette direction.

Les cristaux acquièrent l'électricité vitreuse par la simple pression entre les doigts et la conservent longtemps (1). Le spath d'Islande, qui n'est pas sensiblement lumineux après insolation, donne pourtant au phosphoroscope de M. Edm. Becquerel (2) une lueur orangée plus ou moins vive, suivant les échantillons.

Infusible au chalumeau. Devient blanc et opaque, sans changer de forme, en perdant son acide carbonique. Aussitôt que le fragment d'essai est entièrement caustique, il émet une lueur blanche douée du plus vif éclat. Donnant avec le borax et le sel de phosphore un verre transparent. Facilement et complétement soluble dans les acides, avec une vive effervescence. Du calcaire amorphe, soumis à une très-haute température sous une forte pression ou dans une athmosphère d'acide carbonique, fond sans se décomposer et se transforme en une masse cristalline.

$\dot{C}a\ \ddot{C}$; Acide carbonique 44,0 Chaux 56,0.

Analyses du calcaire pur : d'Islande, *a*, par Biot et Thénard, *b*, par Stromeyer; d'Andréasberg au Hartz, *c*, par Stromeyer, *d*, par Hochstetter; de Brilon en Westphalie, *e*, par Schnabel.

	a	*b*	*c*	*d*	*e*
Acide carbonique	43,045	43,70	43,56	42,20	43,52
Chaux	56,327	56,15	55,98	54,40	55,30
Magnésie	»	»	»	»	0,13
Oxydes de fer et de manganèse	»	0,15	0,36	$\dot{F}e$ 1,55	»
Silice	»	»	»	1,85	»
Eau	0,628	»	0,10	»	1,07
	100,000	100,00	100,00	100,00	100,02

Analyses de calcaires impurs : *f*, verdâtre, dans le basalte de Höllengrund près Münden en Hesse, par Ahrend; *g*, spath feuilleté (schieferspath) de Schwarzenberg en Saxe, par Stromeyer; *h*, des mines de calamine d'Olkucz en Pologne, par Gibbs; *i*, des mines de zinc de la Vieille-Montagne près Aix-la-Chapelle, par Monheim; *k*, de Sparta en New-Jersey, contenant la Franklinite et la spartalite, par Jenzsch.

	f	*g*	*h*	*i*	*k*
Acide carbonique	43,92	41,66	43,81	43,05	40,77
Chaux	53,79	55,00	50,75	50,26	48,75
Magnésie	0,18	»	0,85	»	0,92
Oxyde ferreux	2,19	»	0,52	5,11	0,38
Oxyde manganeux	0,50	2,70	»	0,42	6,83
Oxyde de zinc	»	»	4,07	0,65	0,38
Silice	»	»	»	0,18	$\dot{H}$ 0,32
	100,58	99,36	100,00	99,67	98,35

(1) Haüy avait mis à profit cette propriété pour construire un électroscope fort simple, composé d'un petit rhomboèdre de spath d'Islande suspendu à l'extrémité d'une aiguille de laiton mobile sur un pivot.

(2) *Annales de Chimie et de Physique*, 3e série, tome LV.

Le spectroscope permet de reconnaître dans un grand nombre de roches calcaires la présence de la potasse, de la soude, de la lithine et quelquefois de la strontiane.

Le calcaire, très-abondamment répandu à la surface de la terre, se rencontre à l'état cristallin, fibreux ou stalactitique, ou en grandes masses à structure saccharoïde, grenue ou compacte, formant des dépôts considérables et la plupart des terrains sédimentaires. Les plus beaux cristaux tapissent des géodes, des cavités ou des fentes, dans les filons métallifères, les trapps, les amygdaloïdes, les roches stratifiées et l'intérieur des coquilles fossiles.

La variété assez pure et assez transparente pour être employée à la fabrication des appareils de polarisation (*spath d'Islande*) n'a été trouvée jusqu'ici qu'en Islande. Son principal gisement est situé à peu de distance d'un groupe de quelques maisons connu sous le nom d'Helgastad, sur la rive droite du *Silfurlækir* (ruisseau d'argent), très-petit ruisseau qui descend directement à la mer, sur la pente nord de la baie Eskifjord. Cette baie est la plus septentrionale des deux branches dans lesquelles se bifurque la grande baie de Rödefjord dont l'embouchure occupe à peu près le milieu de la côte Est d'Islande. Le gîte de spath remplit, à 109 mètres au-dessus du niveau de la mer, une grande cavité de 4 à 5 mètres de hauteur sur 12 mètres environ de largeur, dans un trapp amygdalin vert noirâtre, à grains fins. Une partie de cette cavité est occupée par une argile brune au milieu de laquelle sont disséminés les échantillons les plus transparents, dont la dimension est quelquefois considérable (on en connaît qui ont de $0^m,20$ à $0^m,35$ de côté). Le reste ne renferme guère qu'un énorme bloc cristallin dont les fentes sont tapissées par une croûte très-serrée de cristaux de stilbite. Ces cristaux adhèrent fortement à la surface du spath et quelquefois même ils ont pénétré de plusieurs millimètres dans son intérieur. Le rhomboèdre primitif est la forme dominante du spath d'Islande, et souvent ses faces sont clivées naturellement; les formes représentées *fig.* 266 et 268, pl. XLV, ainsi que plusieurs autres combinaisons, $e^4 d^2 b^4$, $p d^2 b^6$, et le rhomboèdre basé $p\, a^1$, sont rares.

Les autres localités les plus remarquables sont : au Hartz, les filons argentifères d'Andréasberg où dominent le prisme basé $a^1 e^2$ et de nombreuses combinaisons des formes $p, b^1, e^{1/2}, e^{4/5}, d^6, d^{3/2}, e_{1/2}$; les filons d'hématite rouge des environs de Zorge (combinaisons des formes $e^2, b^1, d^6, d^{3/2}$ dominantes); les filons manganésifères d'Ilefeld (scalénoèdre d^6); les minerais de fer et de manganèse d'Iberg (rhomboèdres $e^3, e^1, e^{7/5}$); les filons de galène du Cumberland, aux environs d'Alston et de Garrigill (équiaxe b^1 dominant); le calcaire carbonifère du Derbyshire, aux environs d'Ashover, de Matlock, etc. (scalénoèdres dominants, parmi lesquels d^2 et d^6 sont les plus habituels, et macle en cœur $d^2 e^2$, *fig.* 273, pl. XLVI, ou $d^2 e^2 b^1$); celui des environs de Bristol en

Gloucestershire; les filons du Cornwall, à Redruth, à Saint-Just, à Saint-Austell, etc. (on y a découvert récemment de jolis prismes basés $e^2 a^1$, rendus presque triangulaires par la prédominance de trois faces alternes, et maclés parallèlement à p); plusieurs mines et carrières du Devonshire, à Beeralston, aux environs de Tavistock, à Exeter et près de Plymouth; les mines de Fallowfield en Northumberland; celles de Strontian et de plusieurs autres localités en Écosse; les mines de Freiberg, d'Annaberg, de Schneeberg, de Bräunsdorf et de Tharand en Saxe (formes b^1, e^3, e^2 et leurs combinaisons dominantes); celles de Joachimsthal et de Przibram en Bohème; les mines de Hüttenberg en Carinthie, de Schemnitz, d'Offenbánya et de Kapnick en Hongrie; celles de Traverselle en Piémont (cristaux simples et maclés); les filons de galène exploités à Vialas, département de la Lozère (combinaison $d^2 b^1$ dominante); les anciennes exploitations de Framont, Vosges (combinaisons principales $d^{4/5} e^{4/5}$, $b^1 e^{9/5}$, $b^1 e^2$, $b^1 d^{4/3} e^2$, avec b^1 dominant); les schistes cristallins du Bourg d'Oisans, département de l'Isère (combinaison $p\ b^1 d^2$ semblable à celle d'Islande, *fig.* 266); ceux d'un grand nombre de points situés dans les Alpes suisses; les calcaires de Chokier, près Liége (scalénoèdres d^2 enchâssés dans la combinaison $e^2 b^1$ et recouverts d'une pellicule de fer hydroxydé pulvérulent); les trapps des îles Féroë (rhomboèdres cuboïdes $e^{4/5}$ à faces arrondies, d'un violet grisâtre, connus sous le nom de *prunnérite* et associés à des cristaux d'apophyllite); aux États-Unis, la mine de plomb de Rossie, comté de Saint-Laurent, New-York (on y a trouvé un cristal monstre, presque transparent, pesant 165 livres); un calcaire décomposé des environs d'Oxbow, comté de Jefferson (cristaux quelquefois aussi limpides que du spath d'Islande); les mines de plomb de Martinsburg, comté de Lewis, et de Middletown en Connecticut; les trapps de Bergen en New-Jersey (avec la datholite); ceux du lac Supérieur (avec cuivre natif; combinaisons rares et nouvelles parmi lesquelles on peut citer ma *fig.* 270, Pl. XLV et celles que M. von Rath a décrites récemment) (1); les environs de Lockport, comté de Niagara, New-York (scalénoèdres d^2 connus sous le nom de *dents de chien, dog tooth spar*, associés à la dolomie, à la célestine, au gypse et à la Karstênite, et quelquefois scalénoèdres d^3 enchâssés dans le gypse laminaire blanc).

Le rhomboèdre basé $p\ a^1$ se présente quelquefois sous forme de lames très-minces (*Papierdrusen* du Hartz), généralement striées parallèlement à p et souvent traversées par des veines de quartz. Ces lames sont ou entièrement transparentes ou composées d'un noyau transparent entouré d'une croûte blanche, opaque; on les trouve surtout au Berufjord, côte Est d'Islande et au val Maderan, près Amsteg, canton d'Uri (dans un granite). Lorsque les

(1) *Poggendorff's Annalen*, tome CXXXII, année 1867.

lames sont nombreuses et empilées parallèlement les unes aux autres, elles constituent une variété lamellaire (Schieferspath) d'un blanc tirant sur le jaune, le rougeâtre ou le verdâtre, plus ou moins opaque, ayant un éclat nacré sur la base et ressemblant assez à l'*aragonite nacrée* (Schaumkalk); on la rencontre dans les calcaires granulaires traversant les roches cristallines, à Baveno, près le lac Majeur; à Kongsberg en Norwége; en Cornwall, à Botallack près Saint-Just, à Delabole près Saint-Teath; à North Roskear près Camborne et à la mine Polgooth près Saint-Austell; en Écosse, à Strontian, comté d'Argyll, à Ballantrae dans l'Ayrshire, à Glen Tilt dans le Perthshire; en Irlande, à Kilkenny; dans les Morne Mountains; près de Granard, Longford; à Glandalough, Wicklow; à Nertschinsk, Sibérie; à Schwarzenberg et à Scheibenberg, Saxe; à Triebsch, Bohême.

L'*argentine*, variété silicifère, se trouve dans les filons de galène de Williamsburg et Southampton, Massachusetts, et dans les mines de fer de Franconia, New-Hampshire.

Le rhomboèdre inverse e^1, en cristaux isolés ou groupés par pénétration et mélangés mécaniquement de 57 à 83 p. 100 (Delesse) de sable siliceux fin, constitue le *grès cristallisé* très-commun autrefois à Fontainebleau. On l'a cité aussi au milieu des sables tertiaires, à Bergerac, département de la Dordogne; dans les Landes; au Cappenberg près Lünen sur la Lippe, avec 67 p. 100 de sable (prince de Salm Horstmar); à Brilon en Westphalie; sur la côte d'Afrique, entre la baie de Saldanha et l'île d'Ichaboë, avec 15 à 20 p. 100 de sable.

Les stalactites (Tropfstein, Kalksinter), qui pendent à la voûte, et les stalagmites qui s'élèvent sur le sol des grottes naturelles ou des galeries creusées dans les roches calcaires, offrent en général une surface raboteuse et une masse intérieure clivable en rhomboèdres.

Les cylindres et les cônes, qui constituent les stalactites et qui sont formés par l'évaporation très-lente des eaux d'infiltration chargées de calcaire, ont quelquefois conservé à l'intérieur le tube initial autour duquel les couches successives se sont accumulées; d'autres fois ce tube lui-même est obstrué. Leur extrémité libre se termine assez souvent par un cristal net. On remarquait à l'Exposition universelle de 1867 de très-jolis échantillons de la grotte Bellamar près Matanzas, à l'île de Cuba, sur lesquels M. von Rath a reconnu les formes p, e^1, e^3, e^2. Lorsqu'un grand nombre de cristaux se sont accolés parallèlement les uns aux autres, on a des croûtes à structure fibreuse ou bacillaire (Faserkalk) plus ou moins épaisses, hérissées de faces généralement rhomboédriques. Une disposition très-remarquable est celle d'une croûte épaisse que j'ai recueillie dans une galerie abandonnée, au-dessus des Eaux-Bonnes, Basses-Pyrénées. Cette croûte se compose de grosses baguettes creuses terminées, du côté de la surface libre, par un prisme trièdre e^2 et par le rhomboèdre e^3 qui est profondément tronqué par une base triangulaire a^1. Les bases de tous les cristaux, complétement évidées au centre ou seulement comme vermiculées par un burin qui n'aurait réservé qu'un bord étroit et régulier, sont sensiblement alignées sur un même plan, ce qui leur donne l'aspect d'un cliché typographique. La France, l'Angleterre, les divers États de l'Allemagne, la Grèce, les États de Virginie, du Kentucky et de New-York en Amérique, l'île de Cuba, etc., etc., possèdent des grottes célèbres par leurs stalactites.

Lorsque les stalagmites forment des couches suffisamment étendues et dont les couleurs varient du jaune pâle au rouge et au brun, on les distingue sous le nom d'albâtre calcaire et on les exploite pour en fabriquer des objets d'ornement. Les plus beaux albâtres sont ceux que l'antiquité tirait principalement d'Égypte (*albâtre oriental*), et ceux que l'Algérie fournit depuis un certain nombre d'années (*onyx*). On emploie aussi avec assez de succès, pour en faire des coupes et de petits vases, deux variétés blanches, translucides, l'une à structure fibro-bacillaire, à surfaces de clivage courbes, de Berengeilh en Bolivie (dens. = 2,714), l'autre très-cristalline, du Caucase.

Sous le nom de Tutenmergel ou Nagelkalk (*Strutmärgel* des Suédois), on a désigné des concrétions fibreuses mélangées d'argile, à cassure écailleuse courbe, qui sont souvent séparées en strates non adhérentes dont chacune se compose de cônes serrés les uns contre les autres et alignés de telle façon, que les saillies qu'ils produisent sur une strate s'ajustent dans les creux de la strate suivante. Signalées d'abord, pour leur disposition remarquable, à Görarp, province de Schonen en Suède, on les a retrouvées en Hanovre, à Neustadt am Rübenberge, aux environs de Hildesheim et au Götzenberg près Göttingen; en Prusse, à Quedlinburg, et dans le Würtemberg.

Des concrétions qui se présentent, tantôt en masses à structure fibreuse (Kalksinter), tantôt en grains isolés de diverses grosseurs (*pisolites*, *dragées de Tivoli*, *Erbsenstein*), sont déposées par les eaux chargées d'acide carbonique comme celles de Carlsbad, de Bade, de Vichy, etc. A Carlsbad, la plus grande partie du dépôt (*Sprudelstein*) est formée d'aragonite. A Vichy, j'ai constaté qu'un rocher considérable, qui doit sans doute son origine à la source des *Célestins*, contient seulement du calcaire rhomboédrique, fibreux ou compacte. Les pisolites prennent en général naissance dans des eaux agitées et renferment au centre un grain de matière étrangère.

Les sources dites *incrustantes* forment, plus ou moins rapidement, des dépôts fibreux, à surface lisse ou cristalline, qu'on met à profit pour reproduire des médailles ou des bas-reliefs, ou pour envelopper complétement les objets qu'on leur expose, et qui sont alors vendus sous le nom *impropre* de pétrifications. Les plus connues sont celles de Saint-Alyre près Clermont en Auvergne, et de Saint-Philippe en Toscane.

Les eaux d'Arcueil près Paris tapissent d'incrustations très-légères, d'un blanc mat, les tuyaux de conduite qui les distribuent dans les quartiers Saint-Jacques et du Luxembourg.

La mer, en battant certains quartz compactes du port d'Alger et des cristaux d'orthose qui se détachent en saillie sur les masses de granite dont se compose le cap Enfola, île d'Elbe, y dépose une sorte de vernis de calcaire amorphe, sous forme de pellicules minces jaunâtres ou d'un gris noirâtre.

On distingue, sous le nom de travertins ou tufs calcaires (*travertino* des Italiens), de grands dépôts formés à la surface de la terre par des eaux chargées de chaux carbonatée et qui se continuent de nos jours. Les uns, comme ceux des environs de Rome, par exemple, sont solides, compactes ou faiblement caverneux, et ils ont été employés de tout temps comme matériaux de construction; les autres sont poreux, ou sableux et de peu de consistance; ils renferment souvent des débris de plantes et d'animaux. Autour du lac *dei Tartari*, sur la route de Rome à Tivoli, est abondamment disséminée une sorte d'*ostéocolle* moulée sur de gros roseaux maintenant détruits. Ces moules ont une épaisseur variable, leur structure est fibreuse et leur cassure laisse apercevoir de petites surfaces courbes; j'ai trouvé leur densité = 2,67 (en petits fragments) à 16° C.

M. Daubrée a observé du calcaire en très-petits cristaux rhomboédriques ou tabulaires, dans les anciens murs romains des bains de Plombières, Vosges.

Le spath satiné (satin-spar, Atlasstein), remarquable par son éclat soyeux et nacré, surtout lorsque les échantillons sont polis, ne paraît pas appartenir à l'aragonite, comme on l'admettait généralement autrefois. Suivant G. Rose, sa dureté moindre que celle de l'aragonite et sa densité = 2,720 (2,727 Damour) doivent le faire regarder comme du calcaire fibreux. L'examen microscopique n'y fait reconnaître que des fibres excessivement fines, trop peu transparentes pour agir d'une manière notable sur la lumière polarisée. On le rencontre principalement à Alston Moor et à Dufton Fell en Cumberland, dans un schiste décomposé; aux Orcades, à l'île de Pharay où il forme une veine de 2 pouces d'épaisseur, et à Rackwick, île de Hoy. La variété de Dufton contient 4,25 p. 100 de carbonate de manganèse.

On connaît des agglomérations confuses de petits cristaux de calcaire qui constituent des pseudomorphoses moulées sur des cristaux : d'*aragonite* (voir à l'aragonite); de Karsténite, dans des boules de jaspe des environs de Kandern, de Schliengen et d'Auggen en Brisgau; de *gypse*, à Montmartre près Paris (grosses lentilles souvent transformées en calcédoine), et à la mine Abendröthe à Andréasberg; de *barytine*, à Andréasberg au Hartz, à la mine Beschert Glück près Freiberg en Saxe, à Przibram en Bohême, et à Copiapo au Chili; de *fluorine* (gros cubes creux) au Forstwald près Schwarzenberg en Saxe; de *céruse*, à la mine Kautenbach près Berncastel en Prusse; de *célestine*. Les pseudomorphoses de célestine, regardées d'abord comme constituant une nouvelle espèce à laquelle on avait donné le nom de natrocalcite ou calcite, et qui contiennent, d'après Marchand,

$\dot{Ca}\ddot{C}$ 94,37 $\dddot{Al}$ et $\dddot{Fe}$ 1,15 $\dot{Ca}\dddot{S}$ 2,02 $\dot{H}$ 1,34 Résidu 1,10, ont été décrites par différents auteurs comme ayant remplacé des cristaux de *Gay-Lussite;* mais j'ai fait voir depuis longtemps (1) que, par leur forme extérieure et par les ondulations de leurs faces, ces pseudomorphoses n'avaient aucun rapport avec la véritable forme de la Gay-Lussite, tandis qu'elles se rapprochaient beaucoup de la variété de célestine nommée *apotome* par Haüy et offrant la combinaison $e^1 \psi = (b^{1/2}\ b^{1/4}\ g^{1/3})$. Cette substance, signalée d'abord par Freiesleben dans une alluvion renfermant des crânes de *cervus giganteus*, à Obersdorf, près Sangerhausen, Thuringe, a été retrouvée dans un crâne d'*ursus spelæus* venant d'une grotte calcaire près d'Hermanecz en Hongrie; aux environs de Tönningen en Schleswig, et sur la côte Est d'Australie.

On peut encore considérer comme des pseudomorphoses plus ou moins avancées : des cristaux d'*orthose* des porphyres de Mannbach, près Ilmenau au Hartz; des cristaux d'*augite* des mélaphyres de Pozza en Tyrol; des cristaux de *grenat* de Moldawa en Banat et d'Arendal en Norwége; les cristaux blancs, laiteux ou opaques d'apophyllite (*albine*) de Bohême. Tous se dissolvent en partie avec effervescence dans les acides, en laissant une quantité variable de résidu.

Il est également probable que la pierre à cornes (Ragoulki), décrite autrefois par M. Sokolof comme de la chaux carbonatée calsilicifère, en octaèdres rectangulaires (densité = 2,6), est du calcaire pseudomorphique; seulement on ne peut pas assigner la substance qui en a fourni le moule. Elle se présente sous forme de nodules plus ou moins gros, hérissés de pyramides irrégulières à quatre faces assez unies, dont l'intérieur offre tantôt une masse spongieuse, d'un jaune brun, composée de petits grains cristallins soudés ensemble, presque entièrement soluble dans les acides avec une vive effervescence, tantôt une masse à texture plus serrée, laissant après l'attaque un résidu plus ou moins considérable. Quelques échantillons sont en partie recouverts par une croûte terreuse brune mélangée de petits cristaux de gypse.

(1) *Annales de Chimie et de Physique*, 3e série, tome VII, année 1843.

Elle n'a été rencontrée qu'une fois près d'Arkangel, par des pêcheurs qui l'ont ramenée du fond de la mer Blanche dans leurs filets.

Des minéraux très-variés se sont à leur tour substitués à des cristaux de calcaire, ou ont formé des croûtes minces moulées sur ces cristaux. On peut citer notamment, parmi les substances pseudomorphiques moulées sur du calcaire : la *calcédoine*, à l'extrémité occidentale du Reynivallahàls, côte Ouest d'Islande (équiaxe b^1); en Hongrie (b^1); à la montagne d'Almodovar près Madrid (forme e^2 b^1); en Carinthie; en Cornwall; à Haytor, Devonshire; la *Prehnite*, au Fuchskopfe près Fribourg en Brisgau; la *calamine*, à Matlock, Derbyshire (métastatiques d^2, dits *dents de chien* ou *de cochon*), et à Wanlockhead, Écosse; la *fluorine*, le *quartz* et la *blende*, à la mine Teufelsgrund dans le Munsterthal, Brisgau; le *gypse* près d'Eisleben en Prusse, et à la mine Abendröthe près Andréasberg; la *dolomie*, à Schemnitz, Hongrie; la *diallogite*, à Nagyag, Transylvanie (petits scalénoèdres arrondis); la *Smithsonite*, aux environs de Bristol en Flintshire, de Matlock en Derbyshire, de Mendip Hills en Somersetshire, et aux mines situées près Torre la Vega, au sud de Santander, Espagne; la *malachite*, à la mine Gnade Gottes près Dillenburg, Nassau; la *pyrite* cubique, à Freiberg en Saxe; à Przibram en Bohême, et à Lobenstein (gros prismes hexagonaux basés); la *pyrolusite*, la *Hausmannite* et l'*acerdèse*, à Ilefeld au Hartz, et à Oehrenstock près Ilmenau en Thuringe; la *limonite*, à Przibram en Bohême, à Bodennais en Bavière, à la mine Schreiber Stolln près Schneeberg en Saxe, à Enkenberg près Brilon en Westphalie, à la mine de South Basset en Cornwall, et à Leadhills en Écosse.

Le calcaire offre un clivage rhomboédrique très-net dans les piquants, les tiges et les couronnes des crinoïdes fossiles, où il paraît s'être introduit par infiltration. Les *belemnites mucronatæ*, taillées en lames parallèles à leur axe et attaquées par de l'acide chlorhydrique étendu, montrent des creux rhomboïdaux caractéristiques; mais dans un grand nombre de coquilles fossiles, la chaux carbonatée dont se composait leur test a été transformée en silex, en calcédoine ou en calcaire grenu.

On a nommé *xyloïde*, un calcaire, tantôt compacte et plus ou moins terreux, tantôt spathique ou saccharoïde, qui a pris la forme et la structure du bois. Une variété qu'on avait d'abord regardée comme un madrépore, est remarquable par l'odeur de truffe qu'elle exhale, quand on la gratte avec un corps dur.

Les principaux marbres propres à la statuaire ou à l'architecture ont une structure saccharoïde à grains plus ou moins serrés et une couleur blanche, bleue, jaune ou verte. Ils forment des couches intercalées dans des gneiss, des micaschistes ou des porphyres, et sont généralement regardés comme des calcaires métamorphiques dont la structure cristalline s'est développée au contact des roches ignées qui les avoisinent. Les plus rares sont les marbres *statuaires* qui, à la blancheur, doivent joindre un grain convenable et la possibilité d'être extraits en grands blocs sans fissures.

Les plus célèbres dans l'antiquité étaient : le marbre de Paros, dont on a employé plusieurs variétés (celle qui a fourni les plus belles statues telles que la Vénus de Médicis, la Vénus du Capitole, la Vénus de Milo, etc. est caractérisée par un tissu lamellaire à très-petites lames et une demi-translucidité ; sa densité = 2,70 à 2,71 Damour) ; le marbre *pentélique* (dens. = 2,716), et celui du mont Hymette près d'Athènes, dont le tissu est aussi lamellaire, mais dont la couleur est un peu grise.

Depuis près de 2000 ans, ce sont les montagnes de Carrare en Italie qui ont fourni aux statuaires du monde entier les matériaux les plus parfaits et les plus recherchés à cause de leur grain fin (dens. = 2,71 à 2,72). Sost, vallée de Barousse, et Sarrancolin, vallée des Nestes, département des Hautes-Pyrénées, ainsi que Saint-Béat, département de la Haute-Garonne, ont aussi livré des blocs employés par quelques artistes français; la densité du marbre de Saint-Béat = 2,714.

Le *bleu turquin*, d'un bleu plus ou moins foncé, veiné de blanc, doit sa couleur à un peu de bitume; sa dens. = 2,713 (Damour) ; les plus beaux échantillons viennent de Serravezza en Italie.

Le *bleu fleuri*, à fond bleu clair parsemé de veines noires, se trouve à Serravezza et dans la vallée de Campan, Hautes-Pyrénées.

Le *jaune antique* ou jaune de Sienne (*marmor numidicum* des anciens Romains), doit sa couleur jaune plus ou moins foncée, tantôt unie, tantôt traversée de veines violettes, à de l'hydrate de peroxyde de fer. Hausmann le rapporte à la variété qu'il a nommée *siderokonit* (voir plus loin) ; sa densité = 2,67 à 2,70 ; il se présente rarement en grands blocs et ne peut guère être employé que pour la décoration des monuments ou pour des cheminées; on l'exploite aux environs de Sienne en Italie.

Le *vert de Gênes*, ou vert de mer, se compose d'un fond de serpentine verte sur lequel courent des veines de calcaire blanc ; sa dens. = 2,656 ; il est surtout exploité dans les environs de Gênes.

Le *cipolin* résulte d'une association de calcaire blanc saccharoïde et de schiste talqueux disposés par bandes ondulées. L'antiquité le tirait de la Haute-Égypte; la Corse et les Pyrénées en fournissent d'analogue à celui d'Égypte.

Les marbres *compactes* sont très-nombreux, et ils doivent leurs couleurs variées à un mélange de bitume, de charbon ou d'oxyde de fer. Leurs noms, empruntés aux localités d'où on les tire, ou à des particularités de leur texture ou de la distribution de leurs couleurs, n'offrent aucune généralité. Je me contenterai de citer : le *noir antique*, d'une couleur homogène; le *petit granite*, dont le fond noir est parsemé de parties claires qui appartiennent à des encrines en calcaire spathique; le *Sainte-Anne*, d'un gris très-foncé parsemé de veines blanches; le *petit antique*, offrant un mélange de taches noires et blanches réparties uniformément (dens. = 2,725); tous quatre sont abondants dans le terrain de transition des environs de Mons en Belgique; le *portor*, à fond noir traversé par des veines d'un jaune doré (dens. = 2,722), exploité au pied des Apennins, au S.-E. de Gênes et près de Porto-Venere en Italie; le *griotte*, dont le fond d'un rouge brun est parsemé symétriquement de taches d'un rouge clair et quelquefois de taches blanches appartenant à des *goniatites* (Dufrénoy); le *Sarrancolin coquillier*, formé de parties blanches ou grisâtres translucides, entourées d'un filet rouge et se détachant sur un fond gris (dens. = 2,699), exploité à Sarrancolin, Hautes-Pyrénées; l'*incarnat* ou *marbre du Languedoc*, d'un rouge assez clair, mêlé de parties plus claires dues à des polypiers; il en existe de belles carrières aux environs de Caunes, département de l'Aude.

Les *poudingues*, composés de fragments et de galets de calcaire compacte ou à grains fins, constituent les marbres *brèches*, parmi lesquels on peut distinguer : la *brèche d'Alet*, à galets jaunes, noirs, gris et rouges; la *brèche jaune du Tholonet*, à galets jaunes dominants, et la *brèche universelle de Sainte-Victoire*, toutes trois exploitées dans la vallée de Tholonet près d'Aix, département des Bouches-du-Rhône; la *brèche fleur de pêcher*, à pâte saccharoïde (dens. = 2,718), des environs de Serravezza; la *brèche vert antique* (dens. = 2,683); la *brocatelle* d'Espagne (dens. = 2,693); le *médous jaune* formé de fragments noirs, jaunes et blancs, saccharoïdes (dens. = 2,706), de la vallée de Campan, Hautes-Pyrénées.

On nomme lumachelles les marbres compactes qui contiennent dans leur intérieur de nombreuses coquilles dont le test s'est conservé. Les plus renommées sont : la lumachelle dite d'*Astrakan* (sa véritable provenance est entièrement inconnue), où les coquilles, d'un jaune clair, se détachent sur un fond brun (dens. = 2,746 Damour), et la *lumachelle chatoyante* de Bleiberg en Carinthie, qui offre des reflets irisés du plus bel effet.

Le calcaire oolitique (Rogenstein), composé de globules sphéroïdaux plus ou moins fins (leur grosseur ne dépasse pas celle d'un pois), soudés ensemble, soit sans ciment apparent, soit par un ciment calcaire, constitue une grande partie des terrains jurassiques. Dans la cassure, on reconnaît que les globules sont, tantôt compactes ou fibreux du centre à la circonférence, tantôt composés de couches concentriques. Les pierres de Caen et de Poitiers en France, et celles de Bath et de Portland en Angleterre, jouissent d'une grande célébrité pour la construction des monuments destinés à être ornés de sculptures.

Le calcaire compacte, proprement dit, forme aussi des dépôts considérables dans les terrains carbonifères et jurassiques; il fournit de beaux matériaux de construction. Le plus homogène est le calcaire lithographique (Kalkschiefer) dont la cassure est conchoïdale, la densité = 2,65 à 2,67 et dont les gisements les plus renommés sont ceux de Solenhofen et de Pappenheim en Bavière, et de Châteauroux, département de l'Indre.

Le calcaire grossier, employé pour les constructions de Paris, est criblé de cavités en grande partie produites par de petites coquilles marines qui n'ont laissé que leur empreinte et dont les plus abondantes appartiennent au genre *cérite*. On l'exploite principalement dans les carrières de Vaugirard et de Montrouge (dens. = 1,94 à 2,06 en morceaux, Damour); il fait partie essentielle des terrains tertiaires.

Le calcaire siliceux, moins carié et plus homogène que le calcaire grossier, renferme de la silice, disséminée quelquefois en assez grande quantité pour rayer le verre, et des coquilles fluviatiles telles que *lymnées*, *planorbes*, etc. On en trouve plusieurs couches alternant avec les gypses des environs de Paris.

Les calcaires hydrauliques contiennent de 10 à 30 p. 100 d'argile; la chaux qu'ils produisent par la calcination est d'autant mieux appropriée aux constructions sous l'eau que la proportion d'argile est plus forte. Lorsque cette proportion dépasse 30 p. 100 et qu'il s'y joint une quantité notable d'oxyde de fer, on a le *plâtre-ciment* qui fournit une chaux faisant directement prise avec l'eau en quelques heures. Les plus renommés sont le plâtre-ciment de Boulogne-sur-Mer (Chaux 54 Argile 31 Oxyde de fer 15 = 100) et le *ciment romain* des Anglais (Chaux 55 Argile 36 Oxyde de fer 8,60 = 99,60); on les trouve en rognons ou en *septaria*, au milieu de couches d'argile.

Le *marbre ruiniforme* de Florence, qu'on rencontre en blocs roulés sur les bords de l'Arno, et les *ludus Helmontii* des anciens minéralogistes sont aussi des calcaires argileux ou *marnes endurcies* (calp).

La craie (Kreide; Chalk) est du calcaire terreux, généralement friable et tachant les doigts. La craie blanche de Meudon qui, d'après Berzélius, a la composition du calcaire cristallisé, avec 0,50 p. 100 d'eau, est le type de la texture terreuse. Après l'avoir délayée dans l'eau et débarrassée par le lavage du sable et des impuretés qu'elle contient, on la débite sous forme de petits pains, connus sous le nom de *blanc de Meudon* ou *blanc d'Espagne*. La craie de Champagne, plus résistante que celle de Meudon, est employée, pour l'écriture et le dessin au tableau noir, sous forme de bâtonnets carrés, taillés soit à la main, soit à la mécanique. La craie *chloritée* et la craie *tuffeau*, qui sont un peu plus dures et à grains plus gros que la craie blanche, sont quelquefois utilisées dans la bâtisse, quoique ne fournissant que des matériaux d'une qualité inférieure. D'après les recherches de M. Ehrenberg, la craie et la plupart des calcaires terreux sont en grande partie formés par des débris d'infusoires, mêlés à une masse amorphe. Les dépôts de craie blanche et de craie tuffeau sont très-abondants dans les départements du nord et du nord-ouest de la France; ils constituent les falaises qui bordent les deux côtés de la Manche, en France et en Angleterre; on les retrouve en Danemark, en Suède, aux environs de Lünebourg, en Pologne, etc.

La marne (Mergel; Marl) est du calcaire terreux mélangé d'une forte proportion d'argile (40 à 50 p. 100). Elle possède la propriété particulière de tomber en poussière ou de *se fondre à l'air*, ce qui la rend précieuse en agriculture pour l'amélioration des terres *froides*.

Sous le nom d'anthraconite (chaux carbonatée fétide et chaux carbonatée bituminifère de Haüy; Stinkkalk et Anthrakonit d'Hausmann; Stinkstein de Werner; Saustein des Allemands; Swinestone des Anglais), on peut comprendre tous les calcaires bituminifères, gris, bruns ou noirs, à texture spathique, grenue ou compacte, qui dégagent une odeur fétide ou bitumineuse sous le choc du marteau, perdent leur couleur au feu, et se trouvent principalement dans les terrains carbonifères. Les variétés les plus remarquables sont les marbres noirs de Dinant et de Namur en Belgique, et les *madréporites* (Madreporstein), ainsi nommés à cause de leur ressemblance avec des madrépores pétrifiés. La cassure des madréporites est spathique et leurs principales localités sont : le Russbachthal en Salzbourg; Kongsberg, Christiania et Eger en Norwége; Andrarum et Carphytta en Suède; Andréasberg au Hartz.

Le plumbocalcite de Johnston offre des rhomboèdres simples, clivables sous l'angle de 105°7' (104°54' Brewster), blancs ou teintés de rose près de la surface, par une petite quantité d'oxyde de fer. Sa dureté = 3; sa densité = 2,74 (Dx. et Damour); 2,77 (de Hauer). Il se dissout avec une vive effervescence dans l'acide chlorhydrique dilué; l'iodure de potassium détermine, dans la dissolution très-étendue, un précipité cristallin, jaune orangé, d'iodure de plomb. Il paraît être un mélange, en proportions variables, de carbonate de chaux et d'un composé plombeux, comme le montrent les analyses suivantes, *a*, par Delesse, *b*, par de Hauer, des cristaux de Leadhills, *c*, par Johnston, de la variété de Wanlockhead :

	a	b	c
Carbonate de chaux	97,61	92,43	92,2
Carbonate de plomb	2,34	7,74	7,8
Perte au feu	0,05	»	»
	100,00	100,17	100,0
Densité :	2,74	2,77	2,82 (1)

On l'a trouvé en Écosse, en croûtes épaisses formées de cristaux enchevêtrés, ou en masses laminaires, dans la mine de High Pirn à Wanlockhead où il est associé à du plomb phosphaté, et dans les filons plombifères de Leadhills.

Le spartaïte de Breithaupt est le calcaire lamellaire, blanc ou rosé, clivable en rhomboèdres de 104°57', d'une dens. = 2,81, qui sert de gangue à la Franklimite, à la spartalite et à la téphroïte de Sparta, New-Jersey. Son analyse, *a*, par Jenzsch, *b*, par Richter, a donné :

	$\ddot{\mathrm{C}}$	$\dot{\mathrm{C}}\mathrm{a}$	$\dot{\mathrm{M}}\mathrm{g}$	$\dot{\mathrm{F}}\mathrm{e}$	$\dot{\mathrm{M}}\mathrm{n}$	$\dot{\mathrm{Z}}\mathrm{n}$	$\dot{\mathrm{H}}$	
a.	40,77	48,75	0,92	0,38	6,83	0,38	0,32	= 98,35
b.	44,04	47,92	1,21	7,13		»	»	= 100,30

Berthier a analysé, en 1841, un calcaire laminaire à grandes lames, fortement translucide et d'un blanc laiteux légèrement rosé, qui forme des veines ou des amas, ayant quelquefois la grosseur du poing, dans un minerai d'argent de Tetela au Mexique. Il perd 0,43 p. 100 de son poids par la calcination et devient brun. Son analyse a fourni : $\dot{\mathrm{C}}\mathrm{a}\ddot{\mathrm{C}}$ 90,6 $\dot{\mathrm{M}}\mathrm{n}\ddot{\mathrm{C}}$ 9,4 = 100. Il est remarquable par l'absence de toute trace de fer et de magnésie.

D'après Simianowski, un calcaire manganésifère, désigné improprement sous le nom d'*ankérite*, du Radhausberg près Gastein en Salzbourg, contient : $\dot{\mathrm{C}}\mathrm{a}\ddot{\mathrm{C}}$ 85,83 $\dot{\mathrm{M}}\mathrm{n}\ddot{\mathrm{C}}$ 13,36 $\dot{\mathrm{F}}\mathrm{e}\ddot{\mathrm{C}}$ 1,10 = 100,29.

MM. Greg et Lettsom citent une variété cristallisée, d'un brun de girofle, renfermant 8 p. 100 de $\dot{\mathrm{M}}\mathrm{n}\ddot{\mathrm{C}}$, dans la Nantlle Valley, Carnarvonshire.

Un calcaire *magnésifère* oolitique, composé de petits grains sphériques cimentés par du carbonate de chaux pur ou de la chlorite, et regardé en Irlande comme un hydrocarbonate de magnésie, contient, d'après le Dr R. A. Smith : $\dot{\mathrm{C}}\mathrm{a}\ddot{\mathrm{C}}$ 91,50 $\dot{\mathrm{M}}\mathrm{g}\ddot{\mathrm{C}}$ 7,40 $\dot{\mathrm{H}}$ 0,67 = 99,57. Il a été signalé par le colonel Portlock dans une amygdaloïde tendre, à Down Hill, comté d'Antrim.

(1) Ce nombre est évidemment entaché d'erreur; car sur des cristaux de Wanlockhead, nous n'avons trouvé, M. Damour et moi, que 2,727 à 2,725 à 15° C.

Le **néotype** de Breithaupt est un calcaire bacillaire, clivable en rhomboèdres de 105°4', d'une dens. = 2,82, qui, d'après Plattner, renferme une petite quantité de carbonate de baryte et de manganèse; il accompagne la Withérite de Cumberland.

Le **strontianocalcite** de Genth se présente sous la forme de petits rhomboèdres e^3, offrant l'angle de 65°50' et le clivage du spath d'Islande, groupés en masses sphéroïdales incolores et transparentes, ou blanches, translucides et un peu nacrées. Au chalumeau, il communique à la flamme une légère couleur cramoisie. Il accompagne le soufre et la célestine de Girgenti, Sicile.

Breithaupt a désigné, sous le nom de *Reichite*, des cristaux de calcaire pur, de la forme $e^2 b^1$, blancs, transparents, dont les clivages paraissent offrir des angles variables de 105°14' et 105°20'. Dans la lumière polarisée, ils ont une apparence *biaxe*, résultant sans doute d'une interposition de lames hémitropes; ils viennent d'Alston Moor en Cumberland.

L'**hématoconite** de Hausmann est un calcaire rouge de sang ou brun rouge, à poussière blanc rougeâtre, à structure spathique, grenue (dens. = 2,716 à 2,732), ou fibreuse (dens. = 2,712 à 2,722). Il se dissout dans l'acide azotique étendu, en laissant un résidu d'oxyde ferrique. Les variétés spathiques et grenues sont rares; on les rencontre dans quelques filons du Hartz, notamment près de Wildemann dans le Höllthall, près de Grund, et à la mine Felicitas à Andréasberg. A la variété grenue appartient le marbre *rouge antique*, remarquable par sa belle couleur. La variété fibreuse forme des veines dans les schistes argileux et les diabases, au voisinage de l'hématite rouge, près de Zorge au Hartz.

Le **sidéroconite** (Siderokonit) de Hausmann est un calcaire spathique, à texture laminaire (dens. = 2,67) ou compacte, à cassure unie ou écailleuse (dens. = 2,68), coloré en jaune d'ocre ou en brun jaunâtre par de l'hydrate d'oxyde de fer. Il est opaque ou faiblement translucide sur les bords. L'acide azotique dilué le dissout en laissant l'oxyde de fer comme résidu. Dans une variété grenue, Beudant a trouvé : Carbonate de chaux 69,94 Hydrate de peroxyde de fer 22,71 Argile et mica 7,35. La variété spathique se rencontre au Hartz, dans quelques filons qui traversent des gneiss. La variété compacte se trouve avec d'autres calcaires, dans les terrains secondaires des environs de Vérone en Italie et de l'Espagne méridionale, entre Malaga et Velez-Malaga. La variété spathique riche en fer est quelquefois traitée dans les hauts-fourneaux. A la variété compacte doit se rapporter le *marmor numidicum* des anciens, cité page 121.

Le **prasochrome** de Landerer est une incrustation calcaire, terreuse, verdâtre, colorée par de l'oxyde de chrome, et trouvée à l'île de Syra dans l'Archipel grec.

La prédazzite de Petzholdt n'est, d'après les analyses de Damour et de Roth, qu'un marbre calcaire renfermant une proportion variable de *Brucite* (les lames de Brucite sont quelquefois visibles à l'œil nu). Dans son plus grand état de pureté, ce marbre se présente en masses blanches, à cassure finement saccharoïde, d'une dens. = 2,57; mais, par suite d'altération, il est quelquefois jaunâtre et poreux. On le trouve à Predazzo, vallée de Fleims en Tyrol, où M. Richthoffen a constaté qu'il résultait du métamorphisme, produit sur les calcaires du *trias* et du *lias*, par les syénites, les porphyres et les dolérites qui les traversent.

Parmi les blocs isolés de la Somma, près Naples, on rencontre quelquefois un marbre compacte, à cassure finement esquilleuse, d'un blanc légèrement verdâtre, dont l'aspect rappelle celui de la prédazzite la plus homogène. Ce marbre dégage de l'eau dans le matras; il se dissout avec effervescence dans l'acide chlorhydrique étendu et, après avoir évaporé sa dissolution à siccité, on y constate une quantité très-notable de magnésie. Il retient fortement l'acide chlorhydrique dont il a été pénétré par les vapeurs émanées du Vésuve.

La pencatite, en masses rubanées d'un gris noirâtre, n'est qu'une prédazzite impure et très-chargée de Brucite, qui occupe la partie inférieure des dépôts observés à Predazzo.

On rencontre aussi, à la Somma, des blocs roulés d'un marbre bleu noirâtre, veiné de blanc, à cassure écailleuse, ressemblant un peu à la pencatite, et décrit par Karsten en 1808, sous le nom de *calcaire bleu du Vésuve* (subsesquicarbonate of Lime, de Thomson); mais ce marbre est un calcaire hydraté qui ne renferme que des traces de magnésie, comme le montre l'analyse suivante de Klaproth: Chaux 58,00 Acide carbonique 28,50 Eau ammoniacale 11,00 Magnésie 0,50 Oxyde de fer, charbon et silice 1,75 = 99,75.

DOLOMIE. Chaux carbonatée magnésifère; Haüy. Spath magnésien. Spath perlé. Bitterspath; Werner. Bitterkalk; Hausmann. Dolomit; Haidinger. Makrotypes Kalk-Haloid; Mohs.

Rhomboèdre obtus de 106° 15′.
Angle plan du sommet = 102° 37′ 46″.
Angle d'une face p avec l'axe vertical = 46° 8′ 23″;
Angle d'une arète culminante avec l'axe vertical = 64° 20′ 10″.

ANGLES CALCULÉS.	ANGLES MESURÉS.
$d^1 d^1$ 120°	120° Gera; Dx.
$\ulcorner a^1 a^3$ 158°58′	158°55′ à 159°10′ B.; Dx. 159°7′ B.; Hes.

ANGLES CALCULÉS.	ANGLES MESURÉS.
$a^1 a^5$ 151°43′	151°25′ B.; Hes. (1)
$a^1 a^{15}$ 141°38′	140°45′ à 141°40′ B.; Dx.
$a^1 p$ 136°8′	136°30′ H.; Dx. 136°5′ à 10′ G.; Dx.
$a^1 e^3$ 104°35′	104°39′ B.; Hes. 104°40′ H.; Dx.
$p e^3$ 148°27′	148° à 148°45′ Tr.; Dx. 148°30′ G.; Dx.
$a^1 a^{8/11}$ 174°31′	174°24′ B.; Hes.
$a^1 b^1$ 154°20′	»
$a^1 e^{1/3}$ 142°26′	142°25′ B.; Hes.
$a^1 e^{4/5}$ 124°45′	124°40′ B.; Hes.
$a^1 e^1$ 117°29′	117°24′ B.; Hes. 117°20′ à 35′ G.; Dx.
$a^1 e^{5/3}$ 97°25′	98° env. G.; Dx. 97°19′ moy. Dx. B.
$e^1 e^3$ 137°56′	138°10′ G.; Dx.
$e^1 p$ 106°23′ sur e^3	106°35′ à 40′ G.; Dx.
$a^3 a^3$ 143°47′ arête culmin.	»
$a^5 a^5$ 130°43′ *id.*	»
$a^{15} a^{15}$ 114°58′ *id.*	»
*$p p$ 106°15′ ar. culmin.	106°15′ Travers., Biot et Fizeau; 106°15′ G.; Dx.
$p b^1$ 143°7′30″	»
$p d^2$ 150°50′	»
$p d^1$ 126°52′30″	127°5′ à 25′ G.; Dx.
$p p$ 73°45′ sur d^1	74°35′ G.; Dx.
$d^2 d^2$ 132°5′ sur d^1	»
$e^3 e^3$ 66°7′ ar. culmin.	66° à 67° Dx. B.
$e^3 y$ 174°27′	173°54′ à 174°30′ G.; Dx.
$e^3 x$ 170°23′30″	170°15′ Tr.; Dx.
$e^3 d^1$ 146°56′30″	146°15′ Tr.; Dx. 146°40′ à 48′; 147° G.; Dx.
$y d^1$ 152°30′	152°30′ à 153° G.; Dx.
$x d^1$ 156°33′	155°40′ Tr.; Dx.
$e^3 e^3$ 113°53′ sur d^1	113°20′ G.; Dx.
$a^{8/11} a^{8/11}$ 170°30′ ar. culmin.	»
$b^1 b^1$ 135°57′ *id.*	»
$e^{1/3} e^{1/3}$ 116°16′ *id.*	»
$e^{4/5} e^{4/5}$ 89°16′ *id.*	»

(1) B.; Hes. indique les mesures prises par M. Hessenberg sur de petits cristaux transparents de Binnen en Valais.

B.; Dx. H.; Dx. G.; Dx. Tr.; Dx. se rapportent aux angles que j'ai mesurés sur des cristaux de Binnen, de Hall en Tyrol, des environs de Gera, et de Traverselle en Piémont, et Dx. B. à ceux que j'ai obtenus sur des cristaux de Bex en Suisse.

ANGLES CALCULÉS.	ANGLES MESURÉS.
d^1e^1 140°12′	»
e^1e_5 143°18′	143° G.; Dx.
e^1p 129°48′	129°45′; 47′; 130° G.; Dx.
e_5p 166°30′	166°40′ G.; Dx.
e^1e^1 79°36′ sur p	»
$e^{5/3}e^{5/3}$ 61°38′ ar. culmin.	»
a^1y 102°18′	»
a^1x 100°35′	»
a^1e_5 134°31′	»
a^1d^2 111°28′	»
$a^1\delta$ 101°19′	102°20′ moy. Dx. B. (1)
a^1z 94°15′	94°17′ à 40′ Dx. B.
$a^1\beta$ 104°55′	»
py adj. 145°53′	»
px adj. 143°38′	143°45′ Tr.; Dx.
$p\delta$ adj. 136°53′	137°30′ moy. Dx.; B.
pz adj. 126°37′	126°5′ à 18′ Dx. B.
$p\beta$ adj. 137°59′	137°50′; 138°20′ Tr.; Dx.
px 107°12′ sur β	107°10′; 15′ Tr.; Dx.
βx 149°13′	148°20′ Tr.; Dx.
d^2d^2 144°32′ ar. longues, sur p	»
d^2d^2 104°56′ ar. courtes, sur e^1	»
pe^3 latéralem. 98°51′	99°20′ env. G.; Dx.
e_5e^3 latéralem. 110°11′	109°45′ à 110° G.; Dx.
βe^3 adj. 147°28′ (*fig.* 278)	»
e^3 supér.: β inf. 140°39′ (*fig.* 277 et 278)	140°15′ Tr.; Dx.
βd^1 adj. 164°39′ (*fig.* 277 et 278)	164° Tr.; Dx.
d^1 droit: β infér. 122°24′ (*fig.* 278)	»
$e^3\delta$ adj. 150°36′	150°11′ moy. Dx.; B.
$e^3e^{5/3}$ latér. 120°49′	120°20′ Dx.; B.
e^3 infér. : z adj. 151°21′	151°33′ moy. Dx.; B.
e^3 infér. : δ 140°34′	139°47′ moy. Dx.; B.
$z\delta$ adj. 169°13′	168°5′ moy. Dx.; B.

Angles calculés des pseudorhomboèdres formés par l'hémiédrie régulière de y, x, e_5 et β.

---

(1) Dx. B. Des Cloizeaux, angles mesurés sur des cristaux de Bex.

$(\frac{1}{2}y)(\frac{1}{2}y)$ 115°35′ sur d^1
$(\frac{1}{2}x)(\frac{1}{2}x)$ 116°42′
$(\frac{1}{2}e_5)(\frac{1}{2}e_5)$ 76°16′ sur d^1
$(\frac{1}{2}\beta)(\frac{1}{2}\beta)$ 113°37′ sur d^1

$y = (b^{1/7}d^{1/2}d^{1/3})$ $e_5 = (b^1 d^1 d^{1/5})$ $\delta = (d^{1/10} d^1 b^{1/8})$ isoc.
$x = (b^{1/4}d^1 d^{1/2})$ $\beta = (d^{1/5} d^1 b^{1/4})$ $z = (d^{5/23} d^1 b^{1/5})$

Les formes y, x, e_5, δ, β, z, dont la première et la dernière sont particulières à la dolomie, tandis que les quatre autres sont connues dans le calcaire, paraissent quelquefois présenter une hémiédrie régulière à faces parallèles (*fig.* 277 et 278); en prenant assez d'extension pour faire disparaître le rhomboèdre primitif, chacune d'elles produirait un *pseudorhomboèdre;* mais leur disposition n'a pas toujours la régularité qu'exigerait une véritable hémiédrie, et j'ai observé, sur des cristaux de Traverselle analogues à celui que représente la *fig.* 277, deux ou trois angles contigus portant les hémiscalénoèdres x et β à la droite d'une face p placée devant l'observateur, tandis que les autres angles les portent à la gauche de la même face.

Les principales combinaisons connues sont : p; e^3; $p\,b^1$; $a^1 p$; $a^1 e^3$; $a^1 p\,e^3$; $d^1 p\,e^3$; $d^1 p\,e^3 e^1$; $a^1 d^1 p\,e^1 d^2$; $a^1 d^1 p\,e^3 e^1 e^2$; $a^1 d^1 p\,e^3 (\frac{1}{2}x)(\frac{1}{2}\beta)$; $d^1 p\,e^3 (\frac{1}{2}x)(\frac{1}{2}\beta)$, cristaux incolores de Traverselle (*fig.* 277, pl. XLVI); $a^1 d^1 p\,e^3 (\frac{1}{2}\beta)$, cristaux noirâtres de Hall en Tyrol (*fig.* 278, pl. XLVII); $a^1 a^3 a^5 p\,e^3 a^{8/11} e^{1/3} e^{4/5} e^1$; $a^1 a^3 a^{15} e^3 e^1$, petits cristaux limpides, simples ou maclés, de la vallée de Binnen en Valais; $a^1 d^1 p\,e^3 b^1 e^1 e^{5/3} (\frac{1}{2}e_5)(\frac{1}{2}y)$, petits cristaux transparents de Tinz près Gera; $a^1 p\,e^3 e^{5/3} (\frac{1}{2}\delta)(\frac{1}{2}z)$, cristaux limpides engagés dans une Karsténite laminaire de Bex en Suisse.

Les rhomboèdres a^3, a^5, $a^{8/11}$, $e^{1/3}$, $e^{4/5}$, ont été signalés pour la première fois par M. Hessenberg, en 1860, sur les cristaux de Binnen; ces mêmes cristaux m'ont offert le nouveau rhomboèdre a^{15}. Je n'ai encore observé les nouvelles formes $(\frac{1}{2}e_5)$, $(\frac{1}{2}y)$, que sur de petits cristaux tapissant une dolomie compacte jaunâtre des environs de Gera, et $(\frac{1}{2}\delta)$, $(\frac{1}{2}z)$ que sur des cristaux de Bex; mais aucun de ces cristaux n'a pu être détaché de la roche dans un état assez complet pour qu'il fût possible de s'assurer si l'hémiédrie de e_5, de y, de δ et de z est régulière ou non. x, e_5, δ, β, sont connues dans le calcaire; y et z n'y ont pas été rencontrées; y forme, sur l'arête $d^1 e^3$, une petite troncature voisine de x; z est une bordure très-étroite entre e^3 infér. et δ supér., formant une zone avec ces deux faces (1).

(1) Pour former une zone avec e^3 infér., tout en offrant des incidences calculées suffisamment voisines des incidences observées, les formes z et δ exigent des symboles liés l'un à l'autre de telle sorte qu'il ne paraît pas possible d'obtenir à la fois une expression simple pour chacun d'eux. En effet si, au lieu d'adopter, comme je l'ai fait ici, l'isocéloèdre δ, déjà connu dans le calcaire, mais qui entraîne un symbole

La base a^1, unie et miroitante sur les cristaux de Binnen et de Gera, est quelquefois terne ou arrondie; dans ce dernier cas, il en résulte une forme lenticulaire; b^1 et a^{15} sont striés parallèlement à leur intersection avec p; p est quelquefois arrondi; d^2 est souvent terne et rugueux.

Hémitropies assez fréquentes parmi les cristaux de Campo Longo et de Binnen; axe de révolution normal et plan d'assemblage parallèle à a^1. Macles suivant p, à Traverselle (Q. Sella).

Clivage parfait suivant p, produisant quelquefois des faces un peu courbes et à éclat nacré. Limpide (petits cristaux de Binnen); transparente; semi-transparente ou translucide. Double réfraction énergique à un axe *négatif*. A 17° C., pour la lumière jaune du sodium, les indices de réfraction sont, d'après M. Fizeau :

$$\omega = 1{,}68174 \quad \varepsilon = 1{,}50256 \text{ (cristaux de Traverselle).}$$

Éclat vitreux; plus ou moins nacré dans les variétés blanches, translucides. Incolore; blanche; vert pâle; bleuâtre; rougeâtre; rose; jaune; grise; noire; prenant quelquefois une teinte brune et devenant irisée à la surface, par son exposition à l'air. Poussière blanche. Fragile.

Dur. = 3,5 à 4. Dens. = 2,85 à 2,92; 2,883 à 17° (Damour), cristaux parfaitement purs et transparents, de Traverselle.

Les cristaux chauffés se dilatent plus dans le sens de l'axe vertical que normalement à cet axe. En opérant entre 10° et 164° C.,

---

compliqué pour z, on prend comme points de départ les angles qui ont pu être mesurés avec le plus d'exactitude, on arrive au symbole assez simple $z = (d^{1/9}\, d^{1/2}\, b^{1/10})$; seulement δ est alors remplacé par un scalénoèdre nouveau $n = (b^{1/18}\, d^{1/2}\, d^{1/23})$, à signe compliqué. Les incidences sont :

	CALCULÉ.	OBSERVÉ.
$a^1 n$	101°36′	102°20′ moy.
pn	137°31′	137°30′ moy.
e^3 sup. : n	151°26′	150°11′ moy.
$a^1 z$	93°35′	94°17′ à 40′
e^3 infér. : z	152°6′	151°33′ moy.
e^3 infér. : n	139°47′	139°47′ moy.
zn	167°41′	168°5′ moy.

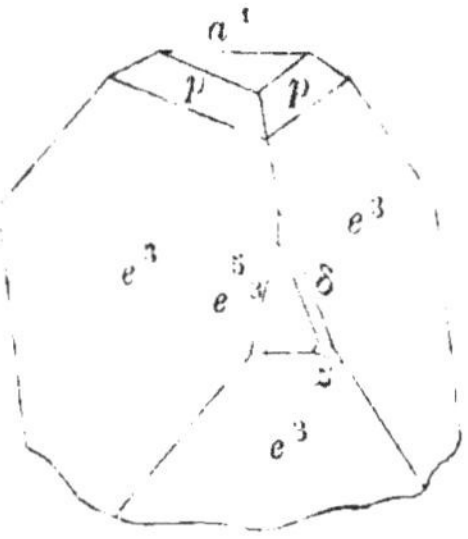

Quant aux formes L et φ du calcaire, voisines de δ et de n, elles se trouvent dans la zone e^3 supér. $e^{5/3}$, dont δ et n s'écartent très-peu ; mais leurs incidences calculées les rendent inadmissibles; d'ailleurs, malgré les apparences, une observation goniométrique attentive montre que la ligne d'intersection de e^3 et de la forme δ ou n des cristaux de Bex n'est pas *rigoureusement* parallèle à l'intersection de cette forme avec $e^{5/3}$.

Mitscherlich a trouvé que, pour une augmentation de température de 100°, l'angle culminant du rhomboèdre primitif diminuait de 0°4′6″. D'après les déterminations de M. Fizeau, le coefficient de dilatation pour 1° est à 15° C. :

Dans la direction de l'axe, $\alpha = +\ 0{,}00001968$
Dans la direction normale à l'axe, $\alpha' = +\ 0{,}00000367$

Entre les limites de 18° à 164°, et par conséquent au degré moyen de 87°, ces coefficients deviennent pour 100°, $\alpha = +0{,}002233$ $\alpha' = +0{,}000506$ et la diminution qu'on en déduit pour l'angle culminant de p est de 0°4′38″.

La dolomie grenue du Saint-Gothard donne, dans le phosphoroscope, une faible lueur rouge orangé, comme celle qu'elle manifeste lorsqu'on la frotte dans l'obscurité.

Infusible au chalumeau. Quelques variétés brunissent au feu et donnent, avec le borax ou le sel de phosphore, les réactions du fer ou du manganèse. A la température ordinaire, la poudre fait effervescence avec l'acide chlorhydrique; les fragments s'y dissolvent complétement, mais lentement et sans effervescence appréciable.

$\dot{\mathrm{Ca}}\,\ddot{\mathrm{C}} + \dot{\mathrm{Mg}}\,\ddot{\mathrm{C}}$; Carbonate de chaux 54,21 Carbonate de magnésie 45,79, ou : Acide carbonique 47,70 Chaux 30,36 Magnésie 21,94.

Presque toutes les variétés contiennent des proportions variables de carbonate de protoxyde de fer et de manganèse.

Analyses de la dolomie : *a*, en cristaux limpides de Traverselle employée par M. Fizeau pour la détermination du coefficient de dilatation et des indices de réfraction), par Damour; *b*, en cristaux implantés sur la dolomie grenue, de Campo Longo au Saint-Gothard, par Lavizzari; *c*, en petits rhomboèdres incolores de Tinz près Gera, par Hirzel; *d*, en rhomboèdres incolores de 106°16′, de Kapnik, par Ott; *e*, en cristaux rouge de chair, clivables sous l'angle de 106°23′ (perlspath), de Freiberg, par Ettling; *f*, en rhomboèdres de 106°12′, du Mexique, par Beudant; *g*, en cristaux jaune verdâtre, de Tharand (tharandite), par Kühn; *h*, en cristaux clivables sous l'angle de 106°20′, de Traverselle (brossite), par Hirzel.

	a	*b*	*c*	*d*	*e*	*f*	*g*	*h*
$\dot{\mathrm{Ca}}\,\ddot{\mathrm{C}}$	54,21	55,77	54,02	52,46	53,20	54,28	54,76	52,71
$\dot{\mathrm{Mg}}\,\ddot{\mathrm{C}}$	44,41	43,59	45,28	41,16	40,15	44,87	42,10	33,46
$\dot{\mathrm{Fe}}\,\ddot{\mathrm{C}}$	0,91	»	0,79	1,09	2,14	1,45	4,19	11,13
$\dot{\mathrm{Mn}}\,\ddot{\mathrm{C}}$	0,55	»	»	5,41	5,23	»	»	2,84
	100.08	99.36	100,09	100,12	100,72	100,60	101,05	100,14
Dens.	2,883	2,869	2,878	2,89	2,83	»	»	2,917

Analyses de la dolomie : *i*, en masses saccharoïdes à grains fins, de la vallée de Binnen, par Sartorius de Waltershausen ; *j*, en masses à gros grains, d'un blanc de neige, de l'île de Capri, par Abich ; *k*, saccharoïde (lucullane), d'Osterode au Hartz, par Hirzel ; *l*, en masses cristallines verdâtres (miémite) de Miemo (laboratoire de Rammelsberg) ; *m*, en masses grenues, d'un gris cendré, veinées de bandes noires et blanches (*piedra franciscana*), de la Sierra de Gador en Espagne, par Cramer ; *n*, de la Vieille-Montagne près Aix-la-Chapelle, par Monheim ; *o*, en masses noirâtres de Scheidama, gouvernement d'Olonetz en Russie, par Göbel ; *p*, en masses rugueuses (rauhkalk), d'Ilefeld au Hartz, par Rammelsberg.

	i	*j*	*k*	*l*	*m*	*n*	*o*	*p*
$\dot{Ca}\ddot{C}$	55,06	52,30	53,24	57,91	55,24	54,31	55,01	55,62
$\dot{Mg}\ddot{C}$	44,55	46,97	46,84	38,97	41,60	43,26	42,67	42,40
$\dot{Fe}\ddot{C}$	»	»	»	1,74	2,02	0,99	1,54	0,56
$\dot{Mn}\ddot{C}$	»	»	»	0,57	C 0,04	0,56	»	»
						$\dot{Zn}\ddot{C}$ 1,38		
	99,61	99,27	100,08	99,19	98,90	100,50	99,22	98,58
Dens.	2,845	»	»	»	»	»	»	»

Quelques variétés offrent des compositions qui s'éloignent notablement de la composition normale, comme le montrent les analyses suivantes dont les résultats peuvent être exprimés par l'une des formules :

$$3\dot{Ca}\ddot{C} + 2\dot{Mg}\ddot{C} = \dot{Ca}\ddot{C}\ 63,97 \quad \dot{Mn}\ddot{C}\ 36,03$$

ou

$$2\dot{Ca}\ddot{C} + \dot{Mg}\ddot{C} = \dot{Ca}\ddot{C}\ 70,30 \quad \dot{Mg}\ddot{C}\ 29,70.$$

Analyses de la dolomie : *q*, en gros rhomboèdres bruns, dans le talc, d'Ingelsberg près Hof-Gastein, par Köhler ; *r*, violette, de Villefranche, département de l'Aveyron, par Berthier ; *s*, de Sorrente, par Abich ; *t*, cristallisée (*Bitterspath*) de Kolosoruk en Bohême, par Rammelsberg ; *u*, bacillaire (*Bitterspath*) de Glücksbrunn dans le Thüringerwald, par Klaproth ; *v*, cristallisée, noirâtre (*Bitterspath*) de Hall en Tyrol ; *x*, compacte (*Gurhofian*) de Gurhof en Autriche, toutes deux par Klaproth.

	q	*r*	*s*	*t*	*u*	*v*	*x*
$\dot{Ca}\ddot{C}$	60,84	60,9	65,21	61,00	60,0	68,0	70,5
$\dot{Mg}\ddot{C}$	31,62	30,3	34,79	36,53	36,5	25,5	29,5
$\dot{Fe}\ddot{C}$	6,67	6,0	»	2,73	4,0	1,0	»
$\dot{Mn}\ddot{C}$	»	3,0	»	»	»	Argile 2,0	»
						Eau 2,0	
	99,13	100,2	100,00	100,26	100,5	98,5	100,0

Les variétés qui contiennent plus de 15 p. 100 de carbonate de fer brunissent facilement par leur exposition au contact de l'air; on les distingue ordinairement sous les noms de *spath brunissant* (*braunspath*) et d'*ankérite*.

Analyses du *braunspath*, de la mine Beschert Glück près Freiberg (tautokliner Karbon-Spath de Breithaupt), y, par Ettling; de Tinzen, canton des Grisons, z, par Schweizer; de l'*ankérite*, α, de Cornillon près Vizille, β, à grandes lames rhomboïdales d'un blanc nacré, de Gollrad en Styrie, toutes deux par Berthier; γ, en rhomboèdres de 106°6′, de Belnhausen près Gladenbach en Hesse, par Ettling; δ, de Lobenstein, par Lubolt; ε, du Dientner Thal en Pinzgau, par de Hauer; ζ, du hohen Wand en Styrie, par Schrötter.

	y	z	α	β	γ	δ	ε	ζ
$\dot{\mathrm{Ca}}\ddot{\mathrm{C}}$	49,09	46,40	50,9	51,1	51,24	51,61	49,2	50,14
$\dot{\mathrm{Mg}}\ddot{\mathrm{C}}$	33,08	26,95	29,0	25,7	27,32	18,94	30,0	11,84
$\dot{\mathrm{Fe}}\ddot{\mathrm{C}}$	14,90	25,40	18,7	20,0	21,75	27,14	20,8	35,31
$\dot{\mathrm{Mn}}\ddot{\mathrm{C}}$	2,09	»	0,5	3,0	»	2,24	»	3,08
		insol. 0,75						
	99,16	99,50	99,1	99,8	100,31	99,90	100,0	100,34
Dens.	2,961	»	»	»	3,008	3,01	»	»

Gibbs a trouvé, comme moyenne de deux analyses, pour une dolomie (*bitterspath*) d'un rouge cramoisi, de Przibram en Bohême :

$\dot{\mathrm{Ca}}\ddot{\mathrm{C}}$ 56,77 $\dot{\mathrm{Mg}}\ddot{\mathrm{C}}$ 35,70 $\dot{\mathrm{Co}}\ddot{\mathrm{C}}$ 7,42 $\dot{\mathrm{Fe}}\ddot{\mathrm{C}}$ 2,03 = 101,92.

La dolomie se rencontre en cristaux, en masses grenues ou en masses compactes.

Les cristaux les plus remarquables par leur transparence et leur pureté se trouvent : dans les cavités d'une dolomie grenue, à Campo Longo au Saint-Gothard, avec tourmalines vertes, corindons roses et bleus, diaspore, etc., et à Imfeld, vallée de Binnen en Valais, avec Dufrénoysite, binnite, barytine, mica blanc, hyalophane, etc.; sur l'anhydrite de Bex en Suisse; sur une dolomie compacte, jaunâtre, de Tinz près Gera; dans les fentes d'un calcaire, à Tharand en Saxe (*tharandite* d'un jaune verdâtre); dans le gypse, à Hall en Tyrol et à Teruel en Aragon (rhomboèdres e^3 dominants, d'un noir grisâtre); dans les cavités d'un basalte, à Kolosoruk près Bilin en Bohême; dans des filons métallifères, à Traverselle en Piémont, avec quartz, pyrite, mésitine, etc.; à Kapnik et à Schemnitz en Hongrie : à Przibram en Bohême, etc., etc.; dans le talc, à Ingelsberg près Hof-Gastein en Salzbourg (gros rhomboèdres bruns) : à Roxbury, comté de Vermont (gros cristaux jaunes transparents), et à Smithfield, Rhode Island.

Les cristaux à formes plus ou moins arrondies, à surfaces nacrées ou irisées (*spath perlé, perlspath*), ont été observés dans les mines de fer de Framont, Vosges; dans les mines de chalcopyrite de Tenès en Algérie; ils sont abondamment répandus dans des géodes à Lockport, à Niagara Falls et à Rochester, État de New-York, avec calcaire, célestine et gypse; ils forment des croûtes sur des cristaux de quartz ou de calcaire, à Guanaxuato et en divers autres points du Mexique. M. Kenngott a observé de très-petits cristaux rhomboèdriques d'un gris clair, dans un gypse argileux de Hasmersheim, duché de Bade.

Les variétés cristallines très-ferrifères, connues sous les noms de *braunspath* et d'*ankérite* (Rohwand), ont été signalées principalement : à Gollrad, à Neuberg, à Admont, à Schladming et au hohen Wand, en Styrie; à Hüttenberg-Lölling, à Wölch et à Loben en Carinthie, avec sidérose; à Dobschau en Hongrie; au Dientner Thal en Pinzgau; à Schneeberg et à Freiberg en Saxe (mines Beschert Glück, alte Elisabeth, etc.); à Tinzen, canton des Grisons; à Cornillon près Vizille, département de l'Isère; à Belnhausen près Gladenbach en Hesse; à Lobenstein, principauté de Reuss; à Warwick, État de New-York; à la Nouvelle-Écosse.

Des masses à structure lamellaire ou bacillaire existent à Hall en Tyrol; à la Valenciana près Guanaxuato au Mexique; à Glücksbrunn près Liebenstein dans le Thüringer-Wald. Quelques collections possèdent, sous le nom de miasite, une belle variété bacillaire, d'un blanc pur, de Miask dans l'Oural.

La lucullane, d'Osterode au Hartz, se clive en rhomboèdres de 106°13′ d'après Breithaupt; sa densité $= 2,835$; elle est colorée en brun par un peu de bitume.

La miémite, en masses fibro-compactes ou en cristaux arrondis, à clivages courbes, d'un vert jaunâtre, se trouve à Miemo en Toscane. Elle existe aussi dans la serpentine, en concrétions *pseudoédriques*, offrant une texture saccharoïde, à Rakovacz en Esclavonie.

De petits cristaux de dolomie, confusément groupés, remplissent assez souvent des moules creux laissés par la destruction de cristaux de calcaire. On en cite à Schlaggenwald, à Przibram et à Joachimsthal en Bohême; à Schemnitz et à Kremnitz en Hongrie; à Annaberg, Schneeberg, Johann-Georgenstadt et Bräunsdorf en Saxe; à Oberstein, dans des boules d'agate, et au Galgenberg près Idar, Oldenbourg; à la mine Carmen près Zacualpan et à Guanaxuato au Mexique; dans les environs de Breisach en Kaiserstuhl. Des cristaux de baryte sont aussi remplacés par la dolomie (bitterspath), à Schemnitz en Hongrie et à Przibram en Bohême, ou par le braunspath (*tautoklin* de Breithaupt), à Bräunsdorf près Freiberg en Saxe.

On connaît des pseudomorphoses de dolomie : en stéatite, à

Göpfersgrün près Wunsiedel en Bavière et à Marlborough, État de Vermont; en quartz, à Linz, sur les bords du Rhin; à Schneeberg en Saxe; à la mine Herrensegen, vallée de Schapbach dans la Forêt Noire; à la Levant mine près Saint-Just en Cornwall, et aux Orcades; en calcédoine, à Kälberau près Alzenau dans le Spessart en Bavière; en calamine, à la mine Saint-Andréasberg près Lindenberg, pays de Siegen; en limonite, à Geyer en Saxe; en petits cristaux de sidérose, à Rheinbreitbach en Prusse, etc.

La dolomie saccharoïde, composée de grains cristallins plus ou moins fins, forme des couches assez puissantes intercalées dans le gneiss ou le schiste talqueux, à Campo Longo près *Dazio grande* au Saint-Gothard, où elle renferme des cristaux de trémolite blanche ou verdâtre, de tourmaline verte, de corindon bleu ou rose, de diaspore, de rutile, de quartz, de calcaire; près d'Imfeld, vallée de Binnen en Valais, où l'on rencontre, dans ses cavités, des cristaux de blende jaune ou brune, de réalgar, d'orpiment, de Dufrénoysite, de binnite, de Jordanite, d'hyalophane, de mica, de tourmaline brune, de rutile et de quartz; à Sinatengrün près Wunsiedel en Bavière; en Carinthie, en Hongrie, dans l'État de New-York, etc. En général, elle s'égrène facilement sous les doigts, et les agents atmosphériques la réduisent souvent à l'état de sable; cependant certains marbres de Paros, de Syra et de Thasos (dens. = 2,83 à 2,84 Damour), employés dans l'antiquité, appartiennent à cette variété.

La dolomie compacte ou grenue, à laquelle on peut réunir quelques calcaires très-magnésiens plus ou moins terreux, se trouve en dépôts considérables dans tous les terrains sédimentaires, depuis les plus anciens jusqu'à la craie, et souvent au contact des serpentines, des ophites ou d'autres roches éruptives : dans la vallée de Fassa en Tyrol; en Espagne (les riches exploitations de galène de la Sierra de Gador, province d'Almeria, sont situées dans une dolomie écailleuse); en Algérie; dans les Pyrénées Orientales; dans le sud et le sud-ouest de la France; entre Rambouillet et Mantes (dans la craie); en Angleterre; en Thuringe; en Würtenberg, etc. On en rencontre des blocs isolés à la Somma près Naples. Dans quelques localités, on l'emploie pour la construction, pour l'entretien des routes, pour la fabrication des mortiers hydrauliques.

La gurhofian, en masses à cassure conchoïdale, d'un blanc de neige ou d'un blanc jaunâtre, offre le type de la structure compacte; on la rencontre en filons dans la serpentine, aux environs de Gurhof en Autriche.

Lorsque la dolomie renferme une petite quantité de matières bitumineuses (0,05 à 1,05 p. 100), elle constitue la dolomie fétide (*Stinkbitterkalk* de Hausmann), assez abondamment répandue dans la formation secondaire du nord-ouest de l'Allemagne, notamment en Hanovre, au Kahlberg près Echte, dans les montagnes de Lauenstein, etc., et dans le comté de Schaumburg. Les variétés terreuses, connues dans quelques localités sous le nom de *cendres* (Asche) ou de *sable* (Sand), sont quelquefois employées pour l'amendement des terres.

Il existe aussi des marnes dolomitiques (*Bitterkalkmergel*), compactes ou terreuses, renfermant de 3 à 14 p. 100 d'argile, dans le muschelkalk, le grès bigarré ou la formation oolitique du nord de l'Allemagne, principalement aux environs de Göttingen et de Cassel, et dans les comtés de Madison et de Schoharie, État de New-York. Les variétés compactes servent à la préparation des ciments hydrauliques; les variétés terreuses remplacent parfois le *tripoli* (à Göttingen par exemple). Hausmann en a décrit des cristaux pseudomorphes moulés sur du *sel gemme* et trouvés aux environs de Hehlen, de Bodenwerder en Hanovre et de Hohe sur le Weser.

La Ridolphite est une dolomie très-argileuse, compacte, d'un gris foncé, à éclat gras, d'une dens. = 2,777, dont l'analyse a fourni à M. de Luca : Acide carbonique 31,78 Chaux 27,86 Magnésie 9,15 Argile 25,95 Eau 1,85 Sulfure et oxyde de fer 1,94 Matières bitumineuses 0,62 = 99,15. Elle provient d'Avane près Pise.

GIOBERTITE; Beudant. Magnésie carbonatée; Haüy. Reine Talkerde; Werner. Magnesit; Haberle et Bucholz. Talkspath; Hartmann.

Rhomboèdre obtus de 107°30′.
Angle plan du sommet = 103°22′.
Angle d'une face p avec l'axe vertical = 46°56′;
Angle d'une arête culminante avec l'axe vertical = 64°57′.

Les seuls cristaux connus ont la forme du rhomboèdre primitif p.

Clivage parfait suivant p. Cassure conchoïdale. Transparente en cristaux; translucide sur les bords, en masses terreuses. Double réfraction énergique à un axe négatif. Éclat vitreux en cristaux, quelquefois nacré sur le clivage; terne en masses compactes. Incolore; blanche; blanc jaunâtre; jaune; brune; noirâtre.

Dur. = 4,5 à 5. Dens. = 2,99 à 3,15 (Damour).

Emet une lueur rouge dans le phosphoroscope.

En opérant sur de petits cristaux blancs, clivables sous un angle de 107°30′ à 107°32′, ne renfermant qu'une très-faible quantité de carbonate de fer, de Brück en Styrie, M. Fizeau a trouvé que, à 15° C., la dilatation était pour 1° :

Dans la direction de l'axe, $\alpha = 0,00002130$

Dans la direction normale à l'axe, $\alpha' = 0,00000599$

Au degré moyen de 70° (entre les limites de 15° et de 125°), ces coefficients deviennent pour 100° : $\alpha = 0,002232$ $\alpha' = 0,000672$ et la diminution qu'on en déduit pour l'angle culminant de p est 0°4'12''.

Prend une légère teinte rose, lorsqu'on la chauffe au chalumeau après l'avoir humectée de nitrate de cobalt. La poudre se dissout dans l'acide chlorhydrique, sans effervescence à froid, avec effervescence à chaud.

$\dot{M}g\ddot{C}$; Acide carbonique 52,08 Magnésie 47,92.

Analyses de la Giobertite : cristallisée; *a*, blanche, clivable sous l'angle de 107°16', du Tragössthal en Styrie, par de Hauer; de Snarum en Norwége, *b*, jaune, transparente, clivable en rhomboèdres de 107°28', par Marchand et Scheerer, *c*, blanche, par Münster; compacte, *d*, blanche, de Hrubschitz en Moravie, par Lampadius; de Frankenstein en Silésie, *e*, par Rammelsberg, *f*, par Stromeyer; de Grèce, *g*, par Brunner; de Salem dans l'Inde, *h*, par Stromeyer.

	a	*b*	*c*	*d*	*e*	*f*	*g*	*h*
Ac. carbon.	52,24	51,44	52,57	51,0	52,10	50,22	51,02	51,83
Magnésie	47,25	47,29	46,48	47,0	47,90	48,36	49,49	47,89
Ox. ferreux	0,43	0,78	0,87	»	»	$\dot{M}$n 0,21	»	$\dot{C}$a 0,28
Eau	»	0,47	»	1,6	»	1,39	»	»
	99,92	99,98	99,92	99,6	100,00	100,18	100,51	100,00
Densité :	3,033	3,017	3,065	»	»	»	»	»

La Giobertite est connue en cristaux, en masses laminaires ou grenues, en rognons plus ou moins volumineux, en masses compactes ou terreuses ayant quelquefois une structure bacillaire. Les cristaux se trouvent : dans la serpentine ou le schiste talqueux, à Snarum en Norwége; en Tyrol, au mont Greiner, Zillerthal, et à Pfitsch; en Styrie, au Tragössthal, et à l'*Oberndorfer Graben* près Katharein (belles masses blanches à grandes lames); en Pennsylvanie, à West Goshen, comté de Chester et près de Texas, comté de Lancaster; dans le mélaphyre, à Gannhof près Zwickau, Saxe (dens. = 3,076 Jenzsch).

Les masses compactes forment des couches ou des filons, au milieu des gneiss, des grauwackes, des schistes talqueux ou des serpentines : entre Glocknitz et Schottwien en Autriche; en Styrie, près de Neuberg, de Triebenstein, d'Irdning et de Kraubat; près de Gross-Kirchheim en Carinthie; au Monzoni, vallée de Fassa, Tyrol; en Moravie, à Hrubschitz, à Lettowitz, à Czernin, à Hrottowitz, à Misliborżitz, près de Julienfeld et près de Radkowitz; en Silésie, à Frankenstein et à Baumgarten; à Bolton et à Lynnfield en Massachusetts; à Barehills près Baltimore en Maryland; à Sutton et à Bolton, Canada oriental; dans le canton Upata, près la mission Pastora, au Venezuela; à Salem, présidence de Madras dans l'Inde, et sur la côte de Coromandel; à l'île de Négrepont en Grèce.

La Giobertite terreuse renferme quelquefois des proportions variables de silice et d'eau; on la désigne alors sous le nom de baudissérite (magnésie carbonatée silicifère, Haüy; Kieselmagnesit, Haidinger et Hausmann). Berthier a trouvé dans une variété de Baldissero, $\ddot{C}$ 41,8 $\dot{M}g$ 39,0 plus 19,2 p. 100 de *magnésite* composée de : $\ddot{S}i$ 9,4 $\dot{M}g$ 5,0 $\dot{H}$ 4,8. Guyton-Morveau avait obtenu, pour une variété de Castellamonte : $\ddot{C}$ 46,0 $\dot{M}g$ 26,3 $\ddot{S}i$ 14,2 $\dot{H}$ 12,0 = 98,5. D'après Rammelsberg, la variété de Frankenstein contient de 3 à 8 pour 100 de silice. Elle accompagne souvent la Giobertite pure, intercalée dans la serpentine, principalement à Baldissero et à Castellamonte en Piémont; à Frankenstein en Silésie, et à Hrubschitz en Moravie.

La conite (konit) de Schaub peut être regardée comme une Giobertite calcifère. Son analyse a fourni à Hirzel : $\dot{M}g\ddot{C}$ 67,97 $\dot{C}a\ddot{C}$ 27,53 $\dot{F}e\ddot{C}$ 5,05=100,55. On la trouve en masses compactes blanches, marbrées de rouge, formant des blocs isolés près de Frankenhain, au pied du Meissner en Hesse.

La Giobertite a été obtenue à l'état de poudre cristalline, par M. Marignac, en faisant réagir du chlorure de magnésium sur du calcaire, et par de Senarmont en provoquant la double décomposition du carbonate neutre de soude et du sulfate de magnésie, vers 160°.

PISTOMÉSITE; Breithaupt.

Rhomboèdre de 107°18'.

Connue seulement en masses spathiques à grandes lames, clivables suivant les faces du rhomboèdre primitif. Translucide. Éclat vitreux, légèrement nacré. Blanc jaunâtre foncé, ou gris jaunâtre; brunissant au contact de l'air.

Dur. = 4. Dens. = 3,42 à 3,43.

Au chalumeau, noircit et devient magnétique. Soluble dans l'acide chlorhydrique, sans produire d'effervescence sensible à froid.

$Mg\ddot{C} + \dot{F}e\ddot{C}$: Carbonate de magnésie 42,14 Carbonate de protoxyde de fer 57,86 ou : Acide carbonique 43,89 Magnésie 20,19 Oxyde ferreux 35,92.

Analyses de la pistomésite de Thurmberg près Flachau en Salzbourg, *a*, par Fritzsche ; *b*, par Ettling.

	a	*b*
Acide carbonique	43,62	44,57
Magnésie	21,72	22,29
Oxyde ferreux	33,92	33,15
	99,26	100,01
Densité :	3,41	3,427

On ne l'a encore rencontrée qu'en couches pénétrées de larges lames d'oligiste et de petits cristaux de pyrite, au milieu des grauwackes schisteuses, à Thurmberg, près Flachau en Salzbourg.

Le mésitine (Mesitinspath de Breithaupt ; rhomboedrischer Parachros-Baryt de Mohs), auquel une ancienne analyse de Stromeyer attribuait la composition de la pistomésite, contient plus de magnésie et moins d'oxyde ferreux que ce minéral. Il cristallise en rhomboèdres de 107°14′ et il offre les combinaisons $e^2 a^1 p$; $a^1 p\, b^1$ (*fig.* 283 pl. XLVII). Les faces *p* sont ordinairement unies ; mais les faces a^1 et b^1 sont arrondies, ce qui donne aux cristaux une apparence lenticulaire. Les angles calculés sont :

Angle plan du sommet = 103°12′44″.

$a^1 p$ 136°46′	*pp 107°14′ angle culmin.
$a^1 e^2$ 90°	$p b^1$ 143°37′
$a^1 b^1$ 154°49′	
	$b^1 b^1$ 136°46′ angle culminant.

Clivage parfait suivant *p*. Transparent ou translucide. Double réfraction énergique à un axe *négatif*. Éclat vitreux. Blanc jaunâtre ; jaune verdâtre ou brunâtre ; brunissant quelquefois au contact de l'air. Poussière blanche. Fragile.

Dur. = 3,5 à 4. Dens. = 3,38 (Damour) ; 3,35 à 3,36 (Breithaupt).

Au chalumeau, devient noir et fortement magnétique. Avec le borax, donne la réaction du fer. En fragments ou en poudre, ne fait effervescence qu'à chaud dans l'acide chlorhydrique.

$2\,Mg\ddot{C} + \dot{F}e\ddot{C}$: Acide carbonique 46,32 Magnésie 28,41 Oxyde ferreux 25,27.

Analyses du mésitine : de Traverselle en Piémont, *c*, par

Fritzsche, *d*, par Gibbs ; de Werfen en Salzbourg, brun clair, associé à la Klaprothite, *e*, par Patera.

	c	*d*	*e*
Acide carbonique	45,76	46,05	45,84
Magnésie	28,12	27,12	26,76
Oxyde ferreux	24,18	26,61	27,37
Chaux	1,30	0,22	»
	99,36	100,00	99,97
Densité :	3,35	»	3,33

Se trouve en larges cristaux lenticulaires, groupés avec cristaux de quartz, de dolomie (brossite) et de pyrite, dans les filons de Traverselle en Piémont, et en masses laminaires d'un brun foncé, formant de petites veines associées à la Klapothite et à de l'oligiste, dans le schiste argileux de Werfen en Salzbourg.

La Breunérite de Haidinger (Rautenspath de Werner ; brachytypes Kalk-Haloid de Mohs ; Eisentalkspath de Breithaupt) comprend de nombreuses variétés dont la composition est intermédiaire entre celle de la *Giobertite* et celle du *mésitine*. Ses cristaux offrent le rhomboèdre primitif *p*, dont les faces sont souvent rugueuses ou arrondies, ou bien la combinaison pb^1 ayant fréquemment la forme lenticulaire.

Clivage facile suivant les faces d'un rhomboèdre de 107°23′ à 107°26′. Transparente ou translucide. Double réfraction énergique, à un axe *négatif*. Éclat vitreux, légèrement nacré sur les plans de clivage. Incolore ; blanc jaunâtre ou grisâtre, jaune ; brune ; noirâtre. Poussière blanc grisâtre. Fragile.

Dur. = 4 à 4,5. Dens. = 3,10 à 3,13 (Breithaupt).

Au chalumeau, devient grise ou noire, et souvent magnétique. Soluble, avec effervescence à chaud, dans l'acide chlorhydrique.

Analyses de la Breunérite : *f*, du Semmering, par de Hauer ; *g*, cristalline, noire, de Hall en Tyrol ; *h*, grenue, jaune, du Saint-Gothard, toutes deux par Stromeyer ; *i*, en rhomboèdres jaunes, du Tyrol, par Brooke ; *j*, en rhomboèdres mesurant 107°22′32″ d'après Mitscherlich (1), du Pfitschthal en Tyrol, par Magnus ; *k*, jaune brun, du val de Fassa, par Stromeyer ; *l*, cristallisée, dans le schiste talqueux du Zillerthal, par Joy.

(1) Les expériences de Mitscherlich ont fait voir qu'entre 19° et 130° C. l'angle culminant de ces rhomboèdres diminue de 0°3′31″ pour une élévation de température de 100° C.

	f	g	h	i	j	k	l
Acide carbonique	50,45	50,92	50,32	50,07	50,07	50,16	49,17
Magnésie	42,49	42,71	41,80	40,98	39,48	39,47	31,60
Oxyde ferreux	3,19	5,00	6,54	8,16	9,68	10,53	16,09
Oxyde manganeux	»	1,51	0,56	»	0,73	0,48	»
Chaux	2,18	»	»	»	»	»	1,97
Silice	»	»	»	»	»	»	1,17
Charbon	1,29	0,11	»	»	»	»	»
	99,60	100,25	99,22	99,21	99,96	100,64	100,00

La Breunérite se rencontre en cristaux isolés ou en masses cristallines laminaires ou grenues, principalement dans les schistes micacés, talqueux ou chloriteux, quelquefois dans la serpentine, rarement dans le gypse, et plus rarement encore dans certaines météorites. On la cite : en Tyrol, au Hainzenberg, près Zell, Zillerthal (petits cristaux lenticulaires accompagnés de quartz, d'albite et d'apophyllite, tapissant les cavités d'un micaschiste); aux environs de Hall (masses laminaires noires, dans le gypse); dans les vallées de Pfitsch et de Fassa; en Salzbourg, à Dienten (petits cristaux lenticulaires pénétrés de pyrite et associés à des cristaux de dolomie et de quartz); à Kollmansegg près Dienten (masses spathiques à grandes lames, d'un gris bleu foncé, devenant brun jaune au contact de l'air, exploitées comme minerai de fer); au Nöckelberg, vallée de Schwarzleogang (masses grenues à grains fins, blanches ou grisâtres, très-pauvres en oxyde ferreux); en Styrie, au Semmering; en Bohême, à Ratieboritz (cristaux lenticulaires pénétrés de pyrite); en Woïwodine, à Steierdorf (petits équiaxes b^1, à surfaces courbes, tapissant des cavités dans un porphyre); en Silésie, à Reichenstein; au Saint-Gothard, dans un schiste talqueux; en Norwége, à Dovrefjeld et près de Snarum; à l'île d'Unst, l'une des Shetland, dans la serpentine.

J'en ai découvert de très-petits cristaux ($\frac{1}{2}$ à $\frac{1}{4}$ millim. de côté), ayant la forme du primitif p, ou du primitif basé, pa^1, à surfaces ondulées, à éclat nacré faible, translucides et d'un gris verdâtre par places, opaques et noirs en d'autres places, dans l'intérieur de la *météorite charbonneuse* tombée à Orgueil, département de Tarn-et-Garonne, le 14 mai 1864.

SIDÉROSE; Beudant. Fer oxydé carbonaté; Haüy. Fer spathique. Spathose iron; spathic iron; sparry iron, des Anglais. Spath-Eisenstein; Werner. Brachytyper Parachros-Baryt; Mohs. Eisenspath; Breithaupt. Siderit; Haidinger. Sphærosiderit; Hausmann. Chalybite; Glocker et Miller. Stahlstein; Pflinz ou Flinz; Knopprüssel, des mineurs allemands.

Rhomboèdre de 107°.
Angle plan du sommet = 103°4'30".

Angle d'une face culminante p avec l'axe vertical $= 46°37'10''$;
Angle d'une arête culminante avec l'axe vertical $= 64°42'33''$.

ANGLES CALCULÉS.

—

e^2e^2 120°
e^2d^1 150°
d^1d^1 120°

a^1p 136°37'
pe^2 133°23'
a^1e^3 104°49'
pe^3 148°12'
a^1e^2 90°
a^1b^1 154°43'
pb^1 68°40' sur e^2
a^1e^1 117°53'
pe^1 105°30' sur e^2
$a^1e^{11/10}$ 114°24'
$pe^{11/10}$ 108°59' sur e^2
$a^1e^{3/2}$ 101°57'
$pe^{3/2}$ 121°26' sur e^2
$a^1e^{5/3}$ 97°32'
96° à 97° obs. Dx.

ANGLES CALCULÉS.

—

$pe^{5/3}$ 125°51' sur e^2
124°40' obs. Dx.

a^1d^2 111°48'

a^1e_3 132°30'
a^1d^1 90°
e_3d^1 137°30'
e_3e_3 95°0' sur d^1

*pp 107°0' arête culmin.
pb^1 143°30'
pd^2 150°45'
pd^1 adj. 126°30'
d^2d^1 155°45'
d^2d^2 131°30' sur d^1

e^3e^3 66°18' ar. culmin.

ANGLES CALCULÉS.

—

b^1b^1 136°34' ar. culmin.
b^1d^1 adj. 111°43'

e^1e^1 80°6' ar. culmin.
e^1d^1 139°57'
e^1p 130°3'
e_3e_3 136°44' sur p
e_3p 158°22'

$e^{11/10}e^{11/10}$ 75°52' ar. culm.
75°20' à 76° obs. Dx.
$e^{3/2}e^{3/2}$ 64°10' ar. culmin.
$e^{5/3}e^{5/3}$ 61°42' ar. culmin.
61° env. obs. Dx.
e_3e^2 129°41'
d^2d^2 144°37' sur p
d^2d^2 105°8' sur e^1

Combinaisons de formes observées : p; e^1; e^3; $e^{3/2}$; $e^{11/10}$, *fig.* 279, pl. XLVII; $b^1e^{3/2}$; $a^1e^{3/2}$; $a^1e^{5/3}$, *fig.* 280 ; a^1e^2; a^1p; pb^1; $pe^{3/2}$; pd^2, *fig.* 282 ; a^1pb^1; pd^2d^1; $a^1d^1pe^1$, *fig.* 281 ; $e^2a^1pb^1$; $e^2a^1pe^{3/2}b^1$; $e^2a^1pe^1b^1$, etc.

Les faces b^1 sont striées parallèlement à leur intersection avec p, et souvent courbes comme ces dernières; e^2 et e^3 sont inégales; $e^{3/2}$ est fréquemment arrondie; $e^{11/10}$, rhomboèdre nouveau que j'ai observé sous forme de petits cristaux d'un jaune brun clair, de Tavistock, est uni mais terne; le rhomboèdre $e^{5/3}$, que j'ai trouvé tronqué par une base triangulaire sur de petits cristaux brun foncé, de Cornwall, a ses faces peu brillantes.

Macles par hémitropie; plan d'assemblage parallèle à b^1. Cristaux souvent traversés par des lames minces hémitropes, comme ceux du calcaire.

Clivage parfait suivant p. Cassure imparfaitement chonchoïdale. Plus ou moins translucide; quelquefois transparent. Double réfraction énergique à un axe *négatif*. Éclat vitreux, inclinant vers le nacré. Brun jaunâtre de diverses teintes, passant au gris, au blanc jaunâtre et au rouge. S'altérant facilement au contact de l'air et devenant brun, noir ou rouge. Poussière blanc jaunâtre. Fragile.

Dur. $= 3,5$ à $4,5$. Dens. $= 3,83$ à $3,88$ (Damour).

Au chalumeau, décrépite, noircit et devient magnétique. Donne la réaction du fer avec le borax et le sel de phosphore, et généralement celle du manganèse avec la soude. En poudre, se dissout facilement à chaud dans les acides. Les variétés altérées produisent une dissolution jaune et, traitées par l'acide chlorhydrique, elles dégagent du chlore.

$\dot{Fe}\ddot{C}$; Acide carbonique 37,93 Oxyde ferreux 62,07; avec des mélanges, en proportions variables, de carbonates de manganèse, de magnésie, ou de chaux.

Analyses du sidérose : *a*, de Baigorry, Basses-Pyrénées; *b*, de Pierre-Rousse, près Vizille, Isère, toutes deux par Berthier; *c*, d'Erzberg près Eisenerz, Styrie, par Karsten; *d*, en cristaux blancs, de Bieber près Hanau, par Glasson; *e*, en cristaux jaunes, de la mine Junge Kessel, à Siegen, par Karsten; *f*, en cristaux jaunes, de Neudorf près Hartzgerode au Hartz, par Soutros; *g*, d'Allevard, département de l'Isère, par Berthier; *h*, en cristaux verts de la Vieille-Montagne, près Aix-la-Chapelle, par Monheim.

	a	*b*	*c*	*d*	*e*	*f*	*g*	*h*
Acide carbonique	41,0	38,0	38,35	38,44	38,90	36,27	40,3	39,52
Oxyde ferreux	53,0	53,8	55,64	53,06	50,72	52,29	45,6	39,75
Ox. manganeux	0,6	4,7	2,80	4,20	7,64	9,76	11,7	10,23
Magnésie	5,4	3,7	1,77	2,26	1,48	1,01	2,4	»
Chaux	»	1,0	0,92	1,12	0,40	0,67	»	11,32
Gangue siliceuse	»	»	»	0,48	0,48	»	»	1,10
	100,0	98,2	99,48	99,53	99,62	100,00	100,0	101,92
Densité :	»	»	»	»	»	»	»	3,60

Analyses du sphérosidérite : *i*, compacte, de Burgbrohl, au lac de Laach, par G. Bischof; *j*, fibreux, dans la dolérite de Steinheim près Hanau, par Stromeyer; *k*, fibreux, dans le basalte d'Alte Birke près Eisern, à Siegen, par Schnabel; du fer carbonaté lithoïde, *l*, en rognons, dans l'argile, au-dessus de la houille de Haardt près Bonn, par Peters; *m*, de Cross-Basket près Glasgow, par Colquhoun; *n*, de Saint-Étienne, département de la Loire; *o*, de Brassac, département de la Haute-Loire, toutes deux par Berthier.

	i	*j*	*k*	*l*	*m*	*n*	*o*
Acide carbonique	38,16	38,03	38,22	32,08	32,53	25,8	21,9
Oxyde ferreux	60,00	59,63	43,59	47,24	35,22	38,2	32,3
Oxyde manganeux	»	1,89	17,87	2,20	»	3,7	0,2
Magnésie	»	»	0,24	1,39	5,19	»	1,8
Chaux	1,84	0,20	0,08	0,69	8,62	0,2	»
Silice	»	»	»	3,54	9,56	12,3	26,5
Alumine	»	»	»	8,88	5,34	3,2	11,8
Oxyde ferrique	»	»	»	3,58	1,16	»	»
Bitume et eau	»	»	»	»	2,13	16,6	6,2
Soufre	»	»	»	0,66	0,62	»	»
	100,00	99,75	100,00	100,26	100,37	100,0	100,7
Densité :	»	»	»	»	3,17	3,25	3,22

Le sidérose se trouve en cristaux, rarement isolés, ordinairement réunis en petits groupes tapissant avec quartz, calcaire, fluorine, etc., des géodes dans divers filons métallifères, principalement dans ceux de galène, de chalcopyrite et de cassitérite. Les plus remarquables, par la netteté et le nombre de leurs formes, se rencontrent dans les mines de Pfaffenberg et de Meiseberg à Neudorf près Harzgerode, de Louisa et de Silber Nagel près Stolberg au Hartz; à Holzappel en Nassau; au Stahlberg près Schmalkalden en Hesse; à la mine Stahlhäuschen près Lobenstein, principauté de Reuss; à l'Erz-Berg près Eisenerz en Styrie, avec pyrite, chalcopyrite, oligiste et cinabre (rare); à Rezbánya en Hongrie; à Traverselle en Piémont; près d'Allevard, département de l'Isère (rhomboèdres primitifs souvent transformés en hématite brune ou rouge); en Cornwall, à Wheal Maudlin près Lostwithiel (gros prismes hexagonaux basés, bruns, offrant sur la base des hexagones concentriques de diverses nuances), dans diverses mines des environs de Saint-Austell (formes $p\,d^2$, $p\,d^2 d^1$), à Carnyworth, à Huel Owles et à Botallack près Saint-Just; en Devonshire, aux environs de Tavistock; en Suisse, près de Ruäras et de Dissentis, val Tavetsch, canton des Grisons (cristaux plus ou moins profondément transformés en limonite et associés à des aiguilles de rutile et de tourmaline); dans la vallée de Binnen, canton du Valais, avec adulaire, périkline, mica, quartz, tourmaline et rutile; aux environs du Saint-Gothard; aux mines d'Antwerp, comté de Jefferson, et de Rossie, comté de Saint-Laurent, État de New-York.

La *Junkérite* de Dufrénoy, découverte autrefois en très-petits cristaux bruns, sur un quartz traversant la grauwacke, à la mine de plomb de Poullaouen en Bretagne, n'est autre chose que du sidérose en rhomboèdres très-aigus, terminés par une base arrondie, sur lesquels j'ai observé la double réfraction à *un axe* négatif.

Leur dens. = 3,815. Ils contiennent, d'après Dufrénoy : $\ddot{C}$ 33,5 $\dot{F}e$ 53,6 $\dot{M}g$ 3,7 $\dddot{S}i$ 8,1 = 98,9.

Il en est probablement de même pour la *Thomaïte* du Bleis-Bach en Siebengebirge, qui se présente en pyramides paraissant résulter d'une agrégation de petits cristaux, ou en masses grenues d'un éclat nacré, d'un jaune de miel clair, d'une dens. = 3,1 et dans laquelle Mayer a trouvé : $\ddot{C}$ 33,39 $\dot{F}e$ 53,72 $\dot{M}n$ 0,65 $\dot{M}g$ 0,43 $\dot{C}a$ 1,52 $\dddot{S}i$ 6,04 $\dddot{A}l$ 4,25 = 100.

On cite des pseudomorphoses moulées sur des cristaux de calcaire, à Beeralston en Devonshire et à Dieteshcim près Hanau en Hesse; sur des cristaux de dolomie, dans les filons de quartz de Rheinbreitbach; sur des cristaux de pyrite ou de fluorine offrant la forme de cubes creux qui atteignent quelquefois 8 à 10 centimètres carrés et qui contiennent souvent à l'intérieur de beaux tétraèdres de chalcopyrite traversés par de petits groupes de cristaux de quartz, à la mine *Virtuous Lady* près Tavistock en Devonshire.

Le sidérose se présente aussi en masses à structure laminaire, spathique, saccharoïde ou grenue, souvent altérées à la surface et quelquefois transformées en hématite brune ou rouge, qui forment des couches ou des filons plus ou moins puissants, dans les terrains anciens, les terrains de transition, et même certains terrains secondaires. Il constitue alors un excellent minerai pour la fabrication du fer et de l'acier; les gisements les plus connus sont : l'Erz-Berg près Eisenerz, et un grand nombre d'autres localités, en Styrie; Hüttenberg, Wolfsberg, Meisselding et Keutschach en Carinthie; Mommel près Schmalkalden en Hesse; les environs d'Iberg et de Clausthal au Hartz; Dillenburg, Ems et Holzappel en Nassau; Neuenbürg et Freudenstadt en Würtenberg; Ehrenfriedersdorf et Altenburg en Saxe; Przibram, Joachimsthal et Schlaggenwald en Bohême; Tiszina, Herrngrund, Schmölnitz, etc., en Hongrie; Allevard, département de l'Isère; Rancié et Viedessos, département de l'Ariége, avec hématite brune; Baigorry, département des Basses-Pyrénées; Somorostro près Bilbao en Espagne; Tenez en Algérie, avec cristaux de dolomie et de chalcopyrite; Beeralston en Devonshire; Wheal Maudlin, Saint-Just et autres localités en Cornwall; Roxbury, Connecticut; Plymouth, État de Vermont; Sterling, Massachusetts; Pacho près Bogota, Nouvelle-Grenade, etc., etc.

Sous le nom de *Siderodot*, Breithaupt a désigné un sidérose calcarifère de Radstadt en Salzbourg, dont la densité est de 3,41.

Le **sidéroplésite** du même auteur, en cristaux lenticulaires clivables suivant un rhomboèdre de 107°6′, ou en masses grenues d'un jaune pâle, d'une dens. = 3,616 à 3,660, est un sidérose magnésifère dont la composition peut s'exprimer par la formule $2\dot{Fe}\ddot{C} + \dot{Mg}\ddot{C}$, d'après la moyenne de deux analyses, faites par le professeur Fritzsche sur la variété de Pöhl, qui donne : $\ddot{C}$ 41,93 $\dot{Fe}$ 45,06 $\dot{Mg}$ 12,16 = 99,15. On le cite à Pöhl dans le Voigtland saxon, à Böhmsdorf près Schleiz (dens. 3,62 à 3,64) et à Traverselle (dens. = 3,62 à 3,66). On peut y joindre un sidérose d'Autun, département de Saône-et-Loire, un de la Grande-Fosse près Vizille et un d'Allevard, département de l'Isère, dans lesquels Berthier a constaté respectivement 12,8 p. 100, 12,2 p. 100 et 15,4 p. 100 de magnésie.

C'est sur un beau cristal de cette variété, d'une localité inconnue, d'une densité = 3,61, contenant d'après M. Damour, $\ddot{C}$ 41,59 $\dot{Fe}$ 44,55 $\dot{Mg}$ 12,57 $\dot{Mn}$ 1,12 = 99,83 que M. Fizeau a obtenu, pour le coefficient de dilatation, à 15° C.

Dans la direction de l'axe, $\alpha = 0,00001918$
Dans la direction normale à l'axe, $\alpha' = 0,00000605$

A la température moyenne de 90° (entre les limites de 20° et 160°), ces nombres deviennent, pour un échauffement de 100° : $\alpha = 0{,}002045$ $\alpha' = 0{,}000691$ et l'on en déduit pour la diminution de l'angle culminant du rhomboèdre primitif 0° 3′ 38″.

Enfin l'oligonite ou *oligonspath*, qu'on n'a rencontré jusqu'ici qu'au Sauberg, près Ehrenfriedersdorf en Saxe, avec mica, fluorine, cassitérite, etc., et qui se présente, d'après Breithaupt, en rhomboèdres simples clivables sous l'angle de 107° 3′ (1) ou en rhomboèdres combinés avec la base a^1, l'équiaxe b^1 et le prisme e^2, est un sidérose très-manganésifère; sa composition s'exprime par la formule $3\dot{F}e\ddot{C} + 2\dot{M}n\ddot{C}$, d'après une analyse qui a fourni à Magnus : $\ddot{C}$ 38,30 $\dot{F}e$ 37,24 $\dot{M}n$ 25,11 = 100,65.

Le *sphérosidérite*, en nodules ou en concrétions mamelonnées à structure fibreuse, offrant quelquefois des pointes de cristaux à la surface, d'un jaune pâle, d'un jaune rougeâtre ou d'un jaune brun, se trouve principalement dans les basaltes et les dolérites; à Steinheim, Dietesheim, Lämmerspiel et Wilhemsbad près Hanau; à Oberkassel, bords du Rhin; au Dransberg près Göttingen; à Zittau en Saxe; à Zinnwald et aux environs de Bilin, de Teplitz, de Luschitz, de Topschitz, de Kolosoruk, etc., en Bohême; au mont Dore en Auvergne; à l'Etna; aux îles Féroë, etc.

Le *fer carbonaté lithoïde*, qui est un mélange de sidérose et d'argile, à structure compacte, d'un gris noir ou brun, se présente tantôt en rognons aplatis (*ball-iron*) disséminés au milieu des argiles schisteuses ou des grès du terrain houiller, tantôt en masses informes soudées en couches continues (*flat-iron, black-band*), à la base de ce terrain. Il est surtout abondant dans les bassins houillers de Dudley, de Glasgow et du pays de Galles, où il est l'objet d'exploitations de la plus haute importance; dans ceux de l'Aveyron en France, de la Ruhr et du Hundsrück en Prusse, de la Silésie, de la Pennsylvanie, etc.; mais on le rencontre aussi dans le calcaire jurassique, à la Voulte, département de l'Ardèche; au milieu des marnes supérieures du lias, aux environs de Milhau, département de l'Aveyron, et dans le grès vert, aux environs de Boulogne-sur-Mer.

En opérant par la voie de double décomposition, entre 130° et 200° C., de Senarmont a obtenu le sidérose sous forme de sable cristallin d'un blanc grisâtre.

DIALLOGITE. Manganèse carbonaté; Haüy. Rother Braunstein;

(1) Les expériences de Mitscherlich ont fait voir qu'entre 20° et 160° C. cet angle diminue de 0°2′22″ pour une élévation de température de 100° C.

Mangan-Spath; Werner. Isometrischer Parachros-Baryt; Mohs. Manganischer Karbon-Spath; Himbeerspath; Breithaupt. Rhodochrosit; Hausmann.

Rhomboèdre de 107° (Breithaupt); 106° 51' (Mohs).
Angle plan du sommet = 103° 4' 30".

ANGLES CALCULÉS.	ANGLES CALCULÉS.	ANGLES CALCULÉS.
—	—	—
$d^1 d^1$ 120°	*pp 107° arête culmin.	$d^2 d^2$ 144°37' sur p
	$b^1 b^1$ 136°34' ar. culmin.	$d^2 d^2$ 105°8' sur e^1
$a^1 p$ 136°37'	$e^1 e^1$ 80°6' ar. culmin.	$b^3 b^3$ 160°1' sur p
$a^1 b^1$ 134°43'	$e^{4/3} e^{4/3}$ 68°1' ar. culmin.	$b^3 b^3$ 139°24' sur e^1
$a^1 e^1$ 117°53'	68° obs. Sandberger.	
$a^1 e^{4/3}$ 106°49'		

Combinaisons de formes observées : p; $a^1 p$; $a^1 d^1$; $p b^1$; $e^{4/3} a^1$; $d^2 e^1 b^3$. Les faces p sont lisses, mais courbes; b^1 est striée parallèlement à son intersection avec p; la base a^1 est arrondie et caverneuse. Clivage parfait suivant p. Cassure inégale. Plus ou moins translucide. Double réfraction énergique à un axe *négatif*. Éclat vitreux passant au nacré. Rose pâle; rouge de chair; brunissant souvent sous l'influence des agents atmosphériques. Poussière blanche.

Dur. = 3,5 à 4,5. Dens. = 3,55 à 3,66 (Damour).

Au chalumeau, décrépite faiblement, devient gris verdâtre ou noire et se fritte très-légèrement sur les bords minces.

A la flamme oxydante, forme une perle violette avec le borax.

En poudre ou en petits fragments, se dissout à froid dans l'acide chlorhydrique, avec une légère effervescence.

$\dot{Mn}\ddot{C}$; Acide carbonique 38,25 Oxyde manganeux 61,75; avec des mélanges en proportions variables de carbonates de fer, de chaux et de magnésie, et quelquefois de cobalt.

Analyses de la diallogite : a, en rhomboèdres simples, souvent recouverts d'un enduit terreux noir, de Vielle dans les Pyrénées, par Grüner; b, en rhomboèdres d'un rouge foncé, de Macskamezö en Transylvanie, par von Lill; c, en cristaux offrant la combinaison $e^{4/3} a^1$, d'un rouge framboise, d'Oberneisen près Diez en Nassau, par Hildenbrand; d, de Kapnik en Hongrie, par Stromeyer; e, de la mine Alte Hoffnung près Voigtberg en Saxe, par Kersten; f, de Freiberg (*Rosenspath* de Breithaupt, clivable en rhomboèdres de 106° 52'), par Stomeyer; g, en masses cristallines rouge fleur de pêcher, presque transparentes, de Rheinbreitbach, par Bergemann.

	a	*b*	*c*	*d*	*e*	*f*	*g*
Ac. carbonique	38,27	38,65	38,94	38,77	39,09	39,91	37,61
Ox. manganeux	59,96	57,75	55,32	55,52	50,28	45,51	56,12
Oxyde ferreux	0,43	3,38	0,61	»	1,92	3,57	$\dot{C}o$ 2,34
Chaux	0,56	0,57	2,90	3,39	5,77	7,32	1,16
Magnésie	0,38	0,33	2,07	1,58	2,05	3,47	0,52
Eau	»	»	»	0,43	0,33	0,05	»
Résidu insoluble	0,10	»	»	»	»	»	$\ddot{S}i$ 1,36
	99,70	100,68	99,84	99,69	99,44	99,83	99,11
Densité :	3,57 à 3,61	»	»	»	»	3,44 à 3,59	3,66

La diallogite se présente en petits cristaux où le rhomboèdre primitif, qui domine, a souvent l'apparence lenticulaire par suite de la courbure de ses faces; en globules cristallins; en masses mamelonnées à structure grenue, fibreuse ou compacte; ces masses sont quelquefois mélangées de quartz et de rhodonite. On la rencontre : dans des filons traversant des gneiss et des porphyres, à Kapnik en Hongrie (cristaux généralement lenticulaires, quelquefois scalénoèdres d'après Peters, tapissant des druses au milieu du quartz et de l'alabandine et associés à de la galène, du cuivre gris, du soufre, de l'arsenic, de la dolomie, etc.); à Macskamezö, Nagyág et Offenbánya en Transylvanie (petits scalénoèdres rares, tapissant des druses de quartz et accompagnés d'arsenic, de réalgar, d'orpiment, de blende, de nagyagite, d'alabandine, de dolomie, etc.); à Freiberg et à la mine Alte Hoffnung près Voigtberg, en Saxe; au Harz, à Ilefeld (avec acerdèse) et à Schebenholz près Elbingerode (avec rhodonite); à Oberneisen, près Diez en Nassau; à la mine Carmen, district de Xacualpan au Mexique; dans l'hématite rouge, au mont Gonzen près Sargans, canton de Saint-Gall en Suisse; dans le calcaire, à Vielle, Hautes-Pyrénées; dans le quartz, à Rheinbreitbach, bords du Rhin (petites masses cristallines et cristaux rhomboèdres, cobaltifères). On l'a aussi rencontrée formant une couche de cinq centimètres d'épaisseur, d'un gris jaunâtre, à Glendree, comté de Clare en Irlande, et à l'état pulvérulent, recouvrant de la triplite, à Washington en Connecticut.

Manganocalcite. Carbonate de manganèse et de chaux décrit par Breithaupt comme se présentant en rognons qui offrent à l'intérieur une structure fibreuse radiée, à l'extérieur une surface raboteuse, et dont les fibres se clivent suivant le plan des petites diagonales et suivant les faces latérales d'un prisme semblable à celui de l'aragonite. La substance est translucide, avec un éclat vitreux, une couleur blanc rougeâtre ou rouge de chair; sa poussière est blanche; sa dens. = 3,037. Au chalumeau elle noircit et reste infusible. Sa composition est, d'après Rammelsberg :

$\ddot{C}$ 40,50 $\dot{M}n$ 41,67 $\dot{F}e$ 2,00 $\dot{C}a$ 10,53 $\dot{M}g$ 4,78 — 99,48.

Elle est rare et on ne l'a rencontrée jusqu'ici qu'associée à des cristaux de quartz, dans les géodes de roches quartzeuses pénétrées de blende, de galène, de chalcopyrite, etc., à Schemnitz en Hongrie et à Nagyág en Transylvanie (1).

Sous le nom de Jocketan, Breithaupt a désigné un minéral en petites stalactites mamelonnées à structure fibreuse ou en petits mamelons sphériques à couches concentriques, d'un jaune isabelle, déposés autour d'un noyau central noir, et qui serait un carbonate de manganèse mélangé de fer oxydé hydraté. On l'a observé, avec petits cristaux de barytocélestine, sur une limonite compacte ou terreuse de Jocketa en Voigtland.

La double décomposition du chlorure de manganèse et du carbonate de chaux ou du carbonate de soude, vers 150 et 160°, a donné à de Senarmont du carbonate de manganèse en grains transparents souvent groupés en étoiles.

SMITHSONITE. Zinc carbonaté; Haüy. Galmei; Werner. Rhomboëdrischer Zink-Baryt; Mohs. Zinkspath; Leonhard. Rhombohedral Calamine; Jameson. Calamine; Miller. Zinkischer Karbon-Spath; Breithaupt.

Rhomboèdre de 107° 40′ Wollaston ; 107° 33′ à 107° 45′ (Lévy).
Angle plan du sommet = 103° 27′ 48″.

ANGLES CALCULÉS.	ANGLES CALCULÉS.	ANGLES CALCULÉS.
$d^1 d^1$ 120°	$a^1 e^{1/3}$ 107°4′	$e^3 e^3$ 66°29′ arête culmin.
	$p e^{1/3}$ 115°53′ sur e^3	$e^3 d^1$ 146°45′30″
$a^1 p$ 137°3′	$a^1 e^{3/2}$ 102°8′	
$a^1 e^3$ 105°2′	$p e^{3/2}$ 120°49′ sur e^3	$b^1 b^1$ 137°7′ ar. culmin.
$p e^3$ 147°59′		
$a^1 b^1$ 155°2′		$e^1 e^1$ 80°33′ ar. culmin.
$p b^1$ 142°5′ sur a^1	*$p p$ 107°40′ ar. culmin.	$e^1 p$ adj. 130°46′30″
$a^1 e^1$ 118°14′	$p b^1$ 143°50′	
$p e^1$ 104°43′ sur e^3	$p d^1$ 126°16′	$e^{1/3} e^{1/3}$ 68°14′ ar. culmin.
$e^{3/2} e^{3/2}$ 64°18′ arête culmin.	$e^{1/3} p$ adj. 122°43′	$e^{3/2} p$ adj. 119°8′

(1) Un fragment de l'échantillon original de la collection de l'Académie de Freiberg m'a offert les caractères suivants : les parties fibreuses, brunâtres, translucides, à éclat soyeux, sont mélangées d'une substance compacte, rose, tout à fait opaque, et de grains de quartz. Dans le matras, elles brunissent en dégageant une petite quantité d'eau ; à la flamme de l'alcool elles s'exfolient, et au chalumeau elles fondent facilement en un verre brun foncé. Des lames très-minces taillées normalement à la longueur des fibres montrent au microscope, sous un grossissement assez fort, une marqueterie formée de très-petits parallelogrammes irréguliers qui agissent

Combinaisons de formes observées : p; e^3; $p\,d^1$; $p\,b^1$; $p\,e^{1/3}$, *fig.* 284, pl. XLVIII; $p\,e^{3/2}$, *fig.* 285; b^1e^1, *fig.* 286; $a^1p\,e^3$; $p\,d^1e^3$; $p\,d^1e^1$. Les faces p sont ordinairement courbes et souvent rugueuses. Clivage parfait suivant p. Cassure inégale ou imparfaitement conchoïdale, dans les variétés compactes. Transparente; translucide à divers degrés. Double réfraction énergique à un axe *négatif*. Éclat entre le vitreux et le nacré. Incolore; blanc; blanc jaunâtre, verdâtre ou grisâtre. Poussière blanche. Fragile.

Dur. = 5. Dens. = 4,30 à 4,45 (Damour).

Au chalumeau, sur le charbon, dépose un léger sublimé, jaune pendant qu'il est chaud et blanc lorsqu'il est refroidi. Avec les variétés cadmifères, chauffées au feu de réduction, le sublimé est entouré d'une auréole rouge. Soluble avec effervescence dans l'acide chlorhydrique, d'où l'ammoniaque sépare l'oxyde zincique sous forme de précipité gélatineux blanc, soluble dans un excès d'alcali. Soluble dans la potasse caustique.

$\dot{Zn}\ddot{C}$; Acide carbonique 35,08 Oxyde zincique 64,92; fréquemment mélangé de carbonates de fer, de manganèse, de chaux et de magnésie en proportions variables, et plus rarement de carbonates de plomb ou de cuivre.

Analyses de la Smithsonite : *a*, du Derbyshire, par Smithson; de la Vieille-Montagne, *b*, par Schmidt; *c*, en cristaux blanc jaunâtre; *d*, en cristaux verts (capnite de Breithaupt); de Herrenberg, près Nirm, *e*, en cristaux d'un vert foncé (Monheimite), toutes trois par Monheim; de Nertschinsk, *f*, par de Kobell; *g*, d'Albarradon au Mexique (Herrérite), par Genth.

	a	*b*	*c*	*d*	*e*	*f*	*g*
Acide carbonique	34.8	33,78	35,47	35.77	35.80	34.68	34,99
Ox. zincique	65,2	63.06	55,13	36,28	48.32	62.21	60.86
Ox. ferreux	»	$\dddot{Fe}$ 0,34	0,98	22.63	1,99	1,26	$\dot{Cu}$ 2,68
Ox. manganeux	»	»	4.20	2,14	9.25	»	0,93
Chaux	»	»	0,88	1,27	0,94	$\dot{Pb}$ 1.00	0,83
Magnésie	»	»	1,36	»	1,86	»	0,14
Calamine	»	$\ddot{Si}$ 1,58	1,85	0,41	$\ddot{Si}$ 0,20	»	»
Eau	»	1,28	»	»	0.56	»	»
	100,0	100,04	99,57	98,50	98,92	99,45	100,43
Densité :	»	»	4,20	4.04	3,98	»	»

sur la lumière polarisée, mais qui, soit par suite de leur extrême ténuité, soit à cause de l'irrégularité de leur orientation, ne permettent pas de reconnaître, dans la lumière convergente, le caractère de leur double réfraction. De nouvelles observations seraient donc nécessaires pour établir définitivement si le minéral doit être regardé comme une véritable aragonite manganésienne ou seulement comme une variété de diallogite fibreuse et peu homogène.

D'après Long, une Smithsonite jaunâtre de Wiesloch, duché de Bade, contient 3.36 p. 100 de carbonate de cadmium. Ce corps paraît aussi exister dans un minerai calaminaire (*Szaskaïte*) de Szászka en Banat.

Se présente principalement en petits cristaux, à faces souvent courbes et à arêtes arrondies, tapissant des cavités dans la calamine, la limonite ou la dolomie; forme aussi de petites masses botryoïdes, stalactiliques, fibreuses ou granulaires. Se rencontre en croûtes pseudomorphiques moulées sur de grands scalénoèdres de calcaire (Matlock en Derbyshire, Bristol en Sommersetshire, Holywell en Flintshire, et Sardaigne), et quelquefois remplaçant le test de coquilles du muschelkalk (Wiesloch, duché de Bade). On en connaît des cristaux pseudomorphosés en limonite, en pyrolusite (Vieille-Montagne), et en quartz (Nirm, près Aix-la-Chapelle).

Se trouve en filons, avec galène et blende, dans les terrains anciens et de transition, à Matlock en Derbyshire; à Leadhills et à Wanlockhead, Écosse; à Hofsgrund et Sulzburg, duché de Bade; à Dognacska, Kapnik et Rézbánya, Hongrie; à Nertschinsk et Nischne-Tagilsk, Sibérie; à Chessy, département du Rhône (beaux rhomboèdres colorés en vert par du carbonate de cuivre, tapissant un grès ferrugineux, maintenant épuisés); aux mines de plomb de Perkiomen, Pennsylvanie; dans le Missouri et l'Arkansas, etc. Mélangée à la calamine, la Smithsonite constitue des amas irréguliers dans les calcaires anthraxifères, triasiques (muschelkalk) et jurassiques, dont les principaux sont exploités : en Belgique, à la Vieille-Montagne près Moresnet, à la Nouvelle Montagne, à Corfalie près Huy, à Engis, etc.; en Silésie, aux environs de Tarnowitz; en Pologne, à Miedziangora et Kuklinagora; dans le duché de Bade, à Wiesloch et Nussloch près Heidelberg; en Westphalie, à Brilon et Iserlohn; en Carinthie, à Raibl et à Bleiberg; en Galicie, aux environs de Cracovie; en Espagne, dans la province de Santander.

Les minerais calaminaires (calamine des mineurs) étaient seuls employés à l'extraction du zinc, en Belgique et en Silésie, avant qu'on eût trouvé le moyen d'utiliser la blende pour cet usage.

Sous le nom de **capnite** (kapnit), Breithaupt a désigné une variété très-ferrifère, clivable sous l'angle de 107°7' et à laquelle on avait attribué la formule $3\dot{Zn}\,\ddot{C} + 2\dot{Fe}\,\ddot{C}$; mais les nombreuses analyses faites par Monheim et Risse sur des cristaux d'un jaune plus ou moins vert, de la Vieille-Montagne, prouvent que la proportion de carbonate de fer y varie de 10 à 53 p. 100, ce qui ne permet pas de les rapporter à une espèce bien définie.

On a nommé **Monheimite** les variétés manganésifères dont la composition s'exprime par la formule $6\dot{Zn}\,\ddot{C} + \dot{Mn}\,\ddot{C}$; mais cette compositon ne paraît guère plus constante que celle de la *capnite*.

car les analyses exécutées par Karsten et Monheim sur les échantillons de Nertschinsk, de Herrenberg près Nirm, non loin d'Aix-la-Chapelle, et de la Vieille-Montagne, montrent que le carbonate de manganèse peut s'élever de 7 à 15 p. 100.

La Herrérite de del Rio, d'un vert pomme, offrant un clivage rhomboédrique, a été trouvée à Albarradon, Mexique.

H. de Senarmont a obtenu du carbonate de zinc en grains transparents par la double décomposition du chlorure de zinc et du carbonate de chaux ou du carbonate de soude, vers 150° et 160° C.

CÉRUSE. Plomb carbonaté; Haüy. Weiss Bleierz; Werner. Diprismatischer Blei-Baryt; Mohs. Bleispath; Hausmann. Cerussit; Haidinger. Cerussite; Miller et Dana.

Prisme rhomboïdal droit de 117° 13′.

$b : h :: 1000 : 617,166$ $D = 853,626$ $d = 520,885$.

ANGLES CALCULÉS.	ANGLES MESURÉS.	ANGLES CALCULÉS.	ANGLES MESURÉS.
*mm 117°14′ avant	117°14′ K. et Z. (1)	e^2e^1 164°0′	164° K.
mh^4 168°43′	»	$e^{3/2}e^1$ 169°52′	169°52′ K.
mh^1 148°37′	148°37′ Z.; 35′ Dx (2)	$pe^{1/2}$ 124°40′	»
h^4h^4 139°48′ sur h^1	»	$e^{1/2}e^{1/2}$ 69°20′ sur p	»
mg^4 165°55′	166° à 167° Dx.	$pe^{1/3}$ 114°45′	»
mg^2 150°2′	150°3′ K. 25′ Dx.	$e^{1/3}e^{1/3}$ 49°30′ sur p	»
mg^2 87°16′ sur m	87°20′ K.	$pe^{1/4}$ 109°5′	»
mg^1 121°23′	121°23′ Z.	$e^{1/4}e^{1/4}$ 38°10′ sur p	»
h^1g^4 134°32′	134°25′ Dx.	$pe^{1/5}$ 105°28′	»
g^4g^2 164°7′	164°20′ Dx.	$pe^{1/6}$ 102°59′	»
g^2g^1 151°21′	»	$pe^{1/7}$ 101°11′	»
g^2g^2 57°18′ sur h^1	57°22′ K.		
		pb^2 160°52′	»
pa^3 158°27′	»	b^2m 109°8′	»
a^3a^3 136°54′ sur p	»	$pb^{3/2}$ 155°10′	»
pa^2 149°21′	149°21′ K. 20′ Dx.	$b^{3/2}b^{3/2}$ 49°40′ sur m	»
a^2a^2 118°42′ sur p	»	pb^1 145°14′	145°14′ K.
ph^1 90°	»	b^1m 124°46′	124°46′ K.
		b^1b^1 69°32′ sur m	»
pe^2 160°8′	160°8′ K.	$pb^{1/2}$ 125°46′	125°45′ K. et Dx.
e^2e^2 140°16′ sur p	140°15′ K.	*$b^{1/2}m$ 144°14′	144°14′ K. 15′ Dx.
$pe^{3/2}$ 154°16′	154°16′30″ K.	$b^{1/2}b^{1/2}$ 108°28′ sur m	»
$e^2e^{3/2}$ 174°8′	174°8′30″ K.	$b^1b^{1/2}$ 160°32′	160°31′ K.
pe^1 144°8′	144°8′ K.	$pb^{1/4}$ 109°48′	»
e^1e^1 108°16′ sur p	»	$b^{1/4}b^{1/4}$ 140°24′ sur m	»

(1) K. Kokscharow; Z. Zepharowich

(2) Dx. Des Cloizeaux.

ANGLES CALCULÉS.	ANGLES MESURÉS.
$p a_3$ 141°59′	»
$a_3 a_3$ 43°58′ sur p	»
$p e_3$ 118°9′	118°8′ K.
$e_3 e_3$ 56°18′ sur p	»
$p x$ 138°32′	»
$h^1 b^{1/4}$ 143°26′	»
$h^1 e_3$ 123°59′	»
$h^1 e^{1/2}$ 90°	»
$b^{1/4} b^{1/4}$ 73°8′ côté	»
$e_3 e_3$ 112°2′ sur $e^{1/2}$	»
$h^1 a_3$ 152°30′	»
$h^1 b^{1/2}$ 133°51′	»
$h^1 e^1$ 90°	»
$a_3 a_3$ 55°0′ côté	»
$b^{1/2} b^{1/2}$ 92°18′ sur e^1	»
$a_3 b^{1/2}$ 161°21′	161°20′30″ K.
$x x$ 135°16′ côté	»
$h^1 b^1$ 119°8′	»
$h^1 e^2$ 90°	»
$b^1 b^1$ 121°44′ sur e^2	»
$b^1 e^2$ 150°52′	150°52′ K.
$h^1 b^{3/2}$ 111°1′	»
$b^{3/2} b^{3/2}$ 137°58′ côté	»
$b^2 b^2$ 147°30′ côté	»
$g^1 b^{1/4}$ 119°20′	»
$g^1 a_3$ 105°42′	»
$b^{1/4} b^{1/4}$ 121°20′ avant	»
$a_3 a_3$ 148°36′ avant	148°36′ K.

ANGLES CALCULÉS.	ANGLES MESURÉS.
$g^1 e_3$ 133°0′	»
$g^1 b^{1/2}$ 115°0′	»
$e_3 e_3$ 94°0′ avant	»
$b^{1/2} b^{1/2}$ 130°0′ avant	129°40′ Dx.
$e_3 b^{1/2}$ 162°0′	162° K.
$g^1 b^1$ 107°16′	»
$g^1 a^2$ 90°	»
$b^1 a^2$ 162°44′	162°43′ K.
$b^1 b^1$ 145°28′ sur a^2	145°26′30″ K.
$x x$ 114°24′ avant	»
$g^1 b^{3/2}$ 102°38′	»
$b^{3/2} b^{3/2}$ 154°44′ sur a^3	»
$b^2 b^2$ 160°20′ avant	»
$m e^{1/4}$ adj. 119°29′	»
$m e^{1/3}$ adj. 118°13′	»
$m b^{1/2}$ latér. 111°48′	»
$m e^{1/2}$ 64°38′ sur $b^{1/2}$	»
$m a_3$ adj. 153°55′	153°55′ K.
$m b^1$ 105°8′ sur a_3	»
$m e^1$ 72°14′ sur b^1	»
$m e_3$ adj. 146°20′	146°21′ K.
$m e^1$ adj. 107°46′	»
$e^1 b^1$ adj. 147°6′	»
$m e^{3/2}$ adj. 103°4′	»
$m a^2$ adj. 115°48′	»
$a^2 e^2$ adj. 144°0′	144° K.
$m b^2$ 98°38′ sur a^2	»
$m e^2$ 79°48′ sur b^2	»
$b^1 x$ 164°7′	»
$b^1 e^{1/4}$ adj. 123°18′	»
$x e^{1/4}$ 139°11′	»

$$a_3 = (b^1 b^{1/3} h^1) \qquad e_3 = (b^1 b^{1/3} g^1) \qquad x = (b^{1/4} b^{1/10} g^{1/7})$$

Principales combinaisons de formes observées : $e^{1/2} b^{1/2}$, $m g^1 e^{1/2} b^{1/2}$, $g^1 p e^2 e^1 b^{1/2}$ (Oural, K.); $m g^1 e^{1/2}$, $m g^1 e^2 e^1 e^{1/2} b^{1/2}$ (Altaï, K.); $m g^2 g^1 e^{1/2} b^{1/2}$, *fig.* 310, pl. LII; $m g^1 a^2 e^{1/2}$; $m g^1 p e^1 b^{1/2}$, *fig.* 311; $m g^1 p a^2 b^{1/2}$, $m g^2 g^1 p b^{1/2}$ (mine Kadainsk, district de Nertschinsk, K.); $m g^1 p b^2 b^{3/2} b^{1/2}$ (K.); $m g^1 p e^{1/2} e^{1/3} e^{1/4} b^{1/2}$; $m h^1 g^2 g^1 a^2 e^2 e^{1/2} e^{1/4} b^{1/2}$; $m g^1 e^1$, $h^1 g^1 p b^{1/2}$, $m g^2 g^1 p a^2 e^1 b^1 b^{1/2} a_3$.

CÉRUSE. Nº 25.

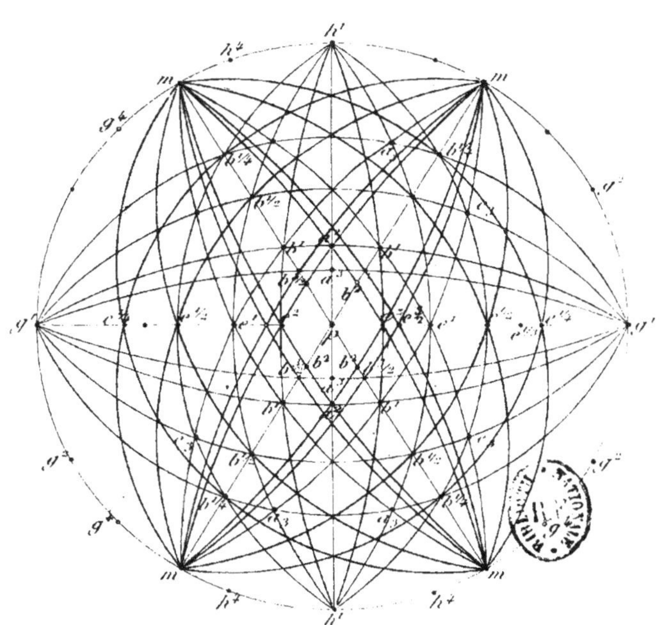

$a_3 = (b^1\ b^{1/3}\ h^1)$

$e_3 = (b^1\ b^{1/3}\ g^1)$

$m\, g^1\, p\, a^2\, e^2\, e^1\, b^1\, b^{1/2}\, a_3\, e_3$, $h^1\, m\, g^2\, g^1\, p\, e^2\, e^1\, e^{1/2}\, e^{1/3}\, e^{1/4}\, e^{1/5}\, e^{1/6}\, e^{1/7}$ (mine Taininsk, district de Nertschinsk, K.); $m\, h^1\, g^4\, g^2\, g^1\, p\, a^2\, e^1\, b^{1/2}$ (Leadhills, Dx.); $m\, p\, a^2 e^2\, e^{3/2}\, e^1\, b^1\, b^{1/2}\, a_3\, e_3$ (Monte Poni, K.); $m\, h^1\, g^2\, g^1\, p\, a^2\, e^2\, e^1\, e^{1/2}\, b^1\, b^{1/2}\, a^3\, e_3$ (Leadhills), *fig.* 312, pl. LII (1). J'ai observé le nouveau prisme g^4 sur un cristal de Leadhills; $e^{3/2}$ n'a encore été recontré que sur des cristaux de Monte Poni, Sardaigne, par M. de Kokscharow; le même savant a trouvé les formes nouvelles b^2, $e^{1/5}$, $e^{1/6}$, $e^{1/7}$ sur des cristaux russes; M. de Zepharowich a décrit l'octaèdre $x = (b^{1/4}\, b^{1/10}\, g^{1/7})$, qui fait partie des zones $a^2 e^{1/7}$ et $b^1 e^{1/4}$, sur des cristaux de Kirlibaba en Bukowine. Les faces $b^{1/2}$ sont quelquefois striées parallèlement à leur intersection avec $e^{1/2}$ ou avec m; les faces e^2, e^1, $e^{1/2}$, $e^{1/3}$, $e^{1/4}$, g^1, portent presque toujours des stries horizontales, parallèles à leurs intersections mutuelles; g^1 est en outre finement striée parallèlement à son intersection avec m; la base est généralement rugueuse ou arrondie. Macles fréquentes, composées de trois individus, *fig.* 313, pl. LII, ou de deux individus seulement, *fig.* 314, pl. LIII. 1° Plan d'assemblage parallèle à une face m (macles les plus habituelles); 2° Plan d'assemblage parallèle à g^2 (cristaux de l'Altaï, Koks.); les deux composants offrent alors les angles rentrants : $mu = 174°32'$, $b^{1/2}\,{}_{\bar{s}/1}q = 174°35'$ (2). Clivage assez net suivant m

(1) C'est par erreur que ma *fig.* 312 porte l'octaèdre $b^{3/2}$; en réalité, le cristal de Leadhills qu'elle représente, décrit par Haidinger dans le catalogue de l'ancienne collection Allan, maintenant réunie à celle du British Museum, offre l'octaèdre b^1 dont les faces devraient être coupées par a^2 suivant des lignes parallèles entre elles.

(2) Dans la macle à deux individus, les faces m les plus voisines, appartenant aux deux composants, sont parallèles entre elles. L'angle obtus compris entre leurs faces g^1 et $\underline{g}^1$ est de 117°14′ et l'angle aigu de 62°46′. Des lames parallèles à la base montrent, dans la lumière polarisée, que les deux cristaux ne s'entre-croisent pas, en général, comme l'indique la *fig.* théorique 314, mais que l'un d'eux traverse complétement l'autre; il en résulte que le parallélisme entre m et $\underline{m}$ s'établit tantôt parce que le contact intérieur a lieu suivant un plan réellement parallèle à m, tantôt parce que, entre les deux individus, il se fait un raccord à l'aide de coins étroits ayant une face m commune avec le cristal traversé, tandis qu'ils se lient par de petits gradins au plan g^1 du cristal traversant.

Dans les macles à trois individus, *fig.* 313, si c'est le cristal du milieu qui a ses faces m sur le même plan que les deux cristaux de droite et de gauche, il existe un angle rentrant de 171°42′ entre les plans m placés en regard sur ces deux cristaux. (Voir pour les divers modes de groupements suivant m. les *fig.* 19, pl. LXXX, 21 à 26, pl. LXXXI, 27 à 32, pl. LXXXII, et pour le groupement suivant g^2 la *fig.* 20, pl. LXXX de l'Atlas des « *Materialen zur Mineralogie Russlands* » de M. de Kokscharow.

et $e^{1/2}$; traces suivant g^1 et e^2. Cassure conchoïdale. Transparente ou translucide. Double réfraction énergique. Plan des axes optiques parallèle à g^1. Bissectrice aiguë *négative* normale à la base. Dispersion des axes notable, $\rho > r$. A 18° C., on a, d'après M. Schrauf, pour les raies B et D du spectre :

	B	D
$\alpha =$	2,0613	2,0780
$\beta =$	2,0595	2,0763
$\gamma =$	1,7915	1,8037
2 V =	8°26′	8°7′
2 E =	17°24′	16°54′

La chaleur augmente l'écartement des axes optiques. J'ai trouvé pour les rayons rouges :

2 E = 18°22′ à 12° C. ; 22°2′ à 95°,5

Éclat adamantin ou résineux. Incolore; blanche; grisâtre; jaune; blanc jaunâtre; gris de plomb; quelquefois colorée en vert ou en bleu par un mélange de carbonate de cuivre. Poussière blanche. Fragile.

Dur. = 3,5. Dens. = 6,574 (Damour).

Décrépite violemment quand on la chauffe. Sur le charbon, au chalumeau, devient jaune, fond facilement et se réduit en plomb. Soluble avec effervescence dans l'acide azotique étendu. La solution donne un abondant précipité blanc par l'acide sulfurique et un précipité cristallin par l'acide chlorhydrique.

$Pb\ddot{C}$; Acide carbonique 16,48 Oxyde de plomb 83,52.

Analyses de la céruse : *a*, de Leadhills, par Klaproth; *b*, transparente, de la mine Taininsk, district de Nertschinsk, par John; *c*, du Griesberg dans l'Eifel, par Bergemann; *d*, de Phenixville, Pennsylvanie, par L. Smith.

	a	*b*	*c*	*d*
Acide carbonique	16	15,5	16,49	16,38
Oxyde de plomb	82	81.4	83,51	83,76
	98	96,9	100,00	100,14

Quelques variétés renferment une très-petite proportion de carbonate d'argent.

Se rencontre en cristaux, quelquefois fibreux; en masses réniformes, compactes ou grenues; en stalactites; en pseudomorphoses de galène, d'anglésite, de leadhillite, de barytine, de fluorine et de phosgénite. On a trouvé à la mine de calamine *Gottes Segen*, près Ruda, Haute-Silésie, des moules très-nets, offrant les combinaisons de formes $m h^1 p a^1 b^{1/2}$, $m h^2 h^1 p a^3$ (nouvelle) $a^1 a_2$ de la phosgénite, et entièrement remplis par de petits cristaux de céruse sans orientation régulière. Leur analyse a fourni à Gellhorn :

$$\ddot{C}\ 16{,}21 \quad \dot{P}b\ 82{,}43 \quad \dot{P}b\,\dddot{S}\ 1{,}34 \quad Cl\ \text{trace} = 99{,}98.$$

Les principaux gisements de céruse sont les couches et les filons où s'exploite la galène. Les minéraux qui l'accompagnent ordinairement sont : la chalcopyrite, la pyrite, l'anglesite, la mimetèse, la pyromorphite, la crocoïse, la Vauquelinite, la malachite, la chessylite, la limonite, etc., et quelquefois la leadhillite, la lanarkite, la linarite, la calamine, la dolomie.

Les localités qui fournissent ou ont fourni les cristaux les plus remarquables sont : les mines de Kadainsk, Taininsk (très-beaux et gros cristaux), etc., district de Nertschinsk en Sibérie ; les mines de Beresowsk (cristaux jaune de soufre, incolores et noirâtres), les filons de quartz de Bertewaja Gora, près Nischne-Tagilsk et l'usine d'Alapajewsk, gouvernement de Perm, dans l'Oural ; Schlangenberg et les mines Solotuschinsk, Riddersk, Nicolajewsk, etc., dans l'Altaï ; plusieurs mines des steppes des Kirghises ; Rézbánya, Poinik et Schemnitz, en Hongrie ; Dognacska dans le Banat ; Ruskitra, frontières militaires ; Bleiberg et Raibl en Carinthie ; Przibram, Mies et Bleistadt en Bohême ; Kupferberg et Tarnowitz en Silésie ; Zschopau et Johann Georgenstadt en Saxe ; Andreasberg (petites lames disséminées sur des cristaux de calcaire et d'harmotome et connues sous le nom de Bleiglimmer), les mines Katharina et Elisabeth près Clausthal, Bleifeld et Saint-Joachim près Zellerfeld, etc., au Hartz ; Holzappel, duché de Nassau ; Badenweiler, Hofsgrund et Wolfach, duché de Bade ; Müsen et Siegen en Westphalie ; Sainte-Marie-aux-Mines, dans les Vosges ; Sainte-Agnès en Cornwall ; Matlock et Wirksworth en Derbyshire ; Beeralston en Devonshire ; Alston Moor et Keswick en Cumberland ; Wanlockhead en Écosse ; Wicklow en Irlande ; en France, Huelgoat et Poullaouen, département du Finistère ; Beaujeu, département du Rhône (beaux cristaux à reflets métalloïdes) ; en Espagne, Linares, Fondon et Carthagène (cristaux cariés et irisés) ; en Italie, Monte-Poni dans l'île de Sardaigne, et Traverselle, Piémont ; aux États-Unis, Southampton en Massachusetts ; Phenixville et Perkiomen en Pennsylvanie ; les mines Austin, comté de Wythe en Virginie ; les Blue Mounds et les Brigham's diggins en Wisconsin (stalactites), etc. On trouve les cristaux pseudomorphes : d'après la *galène*, dans les filons aurifères de Beresowsk ; à Freiberg en Saxe ; à la mine Michaels, près Geroldseck ; à la mine Aurora en Dillenburg ; à Sainte-Marie-aux-Mines ; à la mine Azulaquos, près Zacatecas au Mexique ; d'après la *leadhillite*, à Leadhills en Écosse ; d'adrès l'*anglesite*, à la mine Taininsk près Nertschinsk, et à Leadhills ; d'après la *barytine*, au Kahlenberg et à Peterhaide dans l'Eifel.

L'iglésiasite est une céruse zincifère d'Iglesias en Sardaigne dont la dens. = 5,9 et qui renferme, d'après Kersten : $\dot{P}b\ddot{C}$ 92,10 $\dot{Z}n\ddot{C}$ 7,02 = 99,12.

Le Bleischwärze (plomb carbonaté noir de Haüy; Schwarz Bleierz de Werner; Dunkler Bleispath de Karsten) est un mélange de carbonate de plomb et de charbon. Il est cristallin, à cassure inégale, à éclat adamantin ou gras, translucide ou opaque, d'un noir grisâtre, d'une dens. = 5,7. Dans l'acide azotique, il se dissout en laissant un résidu charbonneux noir. Lampadius y a trouvé : $\ddot{C}$ 18 $\dot{P}b$ 79 C 2 = 99. On le rencontre avec la céruse aux mines de Beresowsk, à Mies en Bohême, à Tarnowitz en Silésie, à Freiberg et à Zschopau en Saxe, à la mine Saint-Joachim, près Zellerfeld au Hartz, à la mine Haus Baden près Badenweiler.

Le Bleierde (plomb carbonaté terreux de Haüy) se présente sous forme de boules ou de nodules amorphes, plus ou moins terreux, opaques, blancs, gris, jaunes, bruns ou rouges. Leur dens. = 4,479 à 4,593 (Karsten). C'est un mélange de carbonate de plomb avec de l'argile, de l'oxyde de fer, etc., qui, traité par l'acide azotique, laisse un résidu plus ou moins abondant. Analyses du *bleierde* : de Tarnowitz, *e*, par John; de Kall dans l'Eifel, *f*, par John, *g*, par Bergemann.

	$\ddot{C}$	$\dot{P}b$	$\ddot{S}i$	$\dddot{A}l$	$\dddot{F}e$ et $\dddot{M}n$	$\dot{C}a$	$\dot{H}$
e.	12,00	66,00	10,50	4,75	2,25	»	2,25 = 97,75
f.	10,00	48,25	29,00	5,25	3,00	0,50	4,00 = 100,00
g.	15,53	78,70	1,07	2,20		»	2,57 = 100,07

Le bleierde résulte sans doute, comme la céruse, d'une décomposition de la galène dont il offre quelquefois encore la structure. On le trouve dans toutes les localités ci-dessus désignées pour le Bleischwärze, et en outre à Kall dans l'Eifel, où il est brun rouge; à Bleistadt en Bohême; à Leadhills en Écosse; à Cracovie et à Olkucz en Pologne; à Nertschinsk en Sibérie.

Partout où la céruse et ses variétés se présentent avec quelque abondance, on les exploite avantageusement pour l'extraction du plomb et même de l'argent.

SUZANNITE; Haidinger.

Rhomboèdre aigu de 72° 29'.

ANGLES CALCULÉS.	ANGLES CALCULÉS.
e^2e^2 120°	$a^1e^{1/2}$ 111°22′
	a^1e^1 101°4′
	pe^2 158°32′
$*a^1p$ 111°22′	
$a^1e^{5/2}$ 93°12′	pb^1 143°45′
a^1e^2 90°	pp 72°29′ sur b^1
a^1b^1 128°2′	

Les combinaisons de formes les plus habituelles sont, pe^2 et a^1pe^2 (*fig.* 315, pl. LIII). On a de plus observé le rhomboèdre direct $e^{5/2}$ et les rhomboèdres inverses b^1, $e^{1/2}$, e^1. Les faces p sont généralement courbes et ondulées.

Clivage très-facile suivant a^1. Transparente ou translucide. Double réfraction énergique à un axe *négatif*. Éclat résineux ou adamantin, nacré sur les faces de clivage. Blanche, vert pâle; jaunâtre; noir brunâtre. Poussière blanche.

Dur. = 2,5. Dens. = 2,55.

Au chalumeau, gonfle et prend une couleur jaune qui devient blanche par le refroidissement. Sur le charbon, se réduit facilement. En partie soluble avec effervescence dans l'acide azotique, avec résidu de sulfate de plomb.

$3\dot{P}b\ddot{C} + \dot{P}b\dddot{S}$; Carbonate de plomb 72,55 Sulfate de plomb 27,45.

L'analyse de la suzannite de Leadhills a donné à Brooke : Carbonate de plomb 72,5 Sulfate de plomb 27,5.

Se trouve en petits cristaux verdâtres ou jaunâtres, avec leadhillite et lanarkite, à Leadhills en Écosse, et en cristaux noirâtres plus gros, à Moldawa? en Banat.

LEADHILLITE. Plomb carbonaté rhomboïdal; Bournon. Axotomer Blei-Baryt; Mohs. Sulphato-tricarbonate of lead; Brooke et Phillips. Psimythit; Glocker.

Prisme rhomboïdal droit de 120°20′.

$b : h :: 1000 : 1095,464$ $D = 867,476$ $d = 497,478$.

ANGLES CALCULÉS.	ANGLES CALCULÉS.	ANGLES CALCULÉS.
mm 120°20′	pa^4 151°10′	$pe^{1/2}$ 111°36′
mg^2 150°0′	pa^2 132°15′	pg^1 90°
$mg^{5/3}$ 143°23′	$pa^{4/3}$ 121°12′	
$*mg^1$ 119°50′		pb^1 128°14′
g^2g^1 149°50′	pe^2 147°44′	$pb^{1/2}$ 111°30′
$g^{5/3}g^1$ 156°27′	$*pe^1$ 128°22′30″	pm 90°

ANGLES CALCULÉS.

pz 120°50′
ps 125°59′
$p\omega$ 111°9′
$\omega e^{1/2}$ 168°33′

$b^{1/2} e^{1}$ 126°11′
$z e^{1}$ 145°39′
$s e^{1}$ 161°8′
$b^{1/2} b^{1/2}$ 72°22′ sur e^{1}

$b^{1} e^{2}$ 136°3′
$b^{1} b^{1}$ 94°6′ sur e^{2}

$z = (b^{1} b^{1/3} g^{1/2})$

ANGLES CALCULÉS.

$g^{1} b^{1/2}$ 117°34′
$b^{1/2} b^{1/2}$ 124°52′ avant

$g^{1} z$ 130°20′
$g^{1} b^{1}$ 113°0′
$g^{1} a^{2}$ 90°
$b^{1} b^{1}$ 134°0′ sur a^{2}

$g^{1} \omega$ 155°41′
$g^{1} s$ 137°53′
$g^{1} a^{4}$ 90°

$m\omega$ adj. 128°44′
$m e^{1/2}$ adj. 117°33′

$s = (b^{1/3} b^{1/5} g^{1/4})$

ANGLES CALCULÉS.

$m e^{1}$ adj. 112°57′
$e^{1} b^{1}$ adj. 133°41′

$m a^{4/3}$ adj. 137°54′
$m s$ adj. 130°31′

$m a^{2}$ adj. 129°57′
$m z$ adj. 144°15′
$m e^{2}$ adj. 105°24′
$m a^{2}$ 50°3′ sur e^{2}

$m a^{4}$ adj. 114°44′

$\omega = (b^{1/7} b^{1/9} g^{1/4})$

Principales combinaisons de formes : $p e^{1/2} b^{1/2}$; $m g^{1} p e^{1/2} b^{1/2}$; $m g^{5/3} g^{1} p e^{1} e^{1/2} b^{1} b^{1/2} s$ (*fig.* 316, pl. LIII); $m g^{5/3} g^{1} p a^{4} a^{2} a^{4/3} e^{2} e^{1} e^{1/2} b^{1} b^{1/2} z s \omega$. Les cristaux ont assez souvent l'apparence de rhomboèdres basés. La base p est unie; les autres faces, et surtout $e^{1/2}$, sont ordinairement courbes. Macles fréquentes : 1° cristaux assemblés suivant des faces m et g^{2}, et renfermés dans un contour, différant très-peu de l'hexagone régulier, où l'on rencontre des angles sortants de 119°20′ et 119°50′ entre les faces $\stackrel{\approx}{=}$ $\underline{\approx}$ et mg^{1}, et des angles rentrants de 179°20′ entre les faces disposées comme $m'm$ (*fig.* 317); 2° plan d'assemblage parallèle à e^{1}. Clivage très-net et très-facile suivant p; traces suivant m et g^{1}. Cassure conchoïdale. Transparente ou translucide. Double réfraction énergique. Plan des axes optiques parallèle à g^{1}. Bissectrice aiguë *négative* normale à p. Dispersion des axes notables; $\rho < v$. Écartement variant avec les différentes plages d'une même lame, et diminuant beaucoup par l'élévation de la température. Dans une bonne lame qui m'avait donné, à 15° C., $2E = 20°32'$ ray. rouges, 22°22′ ray. bleus, les axes rouges étaient réunis à 121°. Deux plages d'une autre lame ont fourni, pour les rayons rouges :

1re plage	2E = 20°54′ à 12° C.;	0° à 146°,5
2e plage	2E = 23°16′ à 12° C.;	8°26′ à 175°,5

Éclat résineux, faiblement adamantin; nacré très-prononcé sur la base p et sur les faces de clivage qui lui sont parallèles. Blanc jaunâtre; jaune; grise; bleuâtre; verdâtre. Poussière blanche. Fragile.

Dur. = 2,5. Dens. = 6,27 à 6,43.

Mêmes caractères chimiques et même composition que la suzannite. Le composé $3\dot{Pb}\ddot{C} + \dot{Pb}\dddot{S}$ est donc dimorphe.

Analyses de la leadhillite : de Leadhills, a, par Berzélius, b, par

LEADHILLITE. Nº 26.

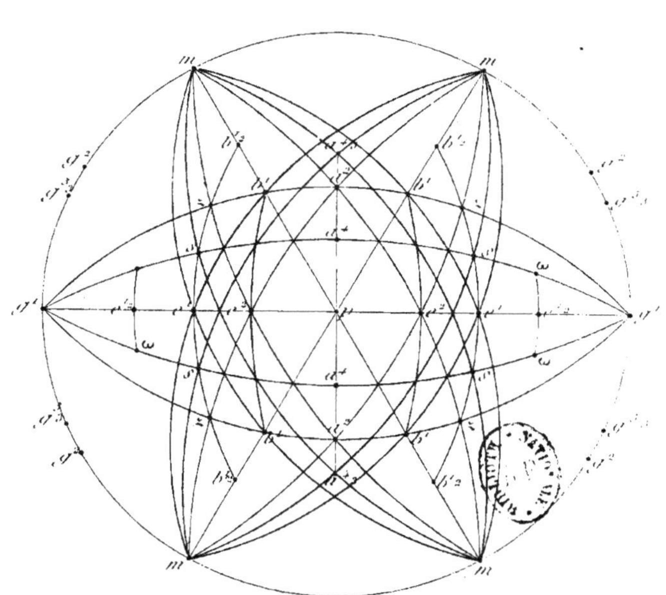

$z \;=\; (b^{1} \;\; b^{1/3} \; g^{1/2})$.

$s \;=\; (b^{1/3} \; b^{1/5} \; g^{1/4})$

$\omega \;=\; (b^{1/7} \; b^{1/9} \; g^{1/4})$

Stromeyer; de Nertschinsk, *c* et *d*, par Kotschubey; de Sardaigne, *e*, par Em. Bertrand.

	a	*b*	*c*	*d*	*e*
Carbonate de plomb	71,0	72,7	74,26	72,87	72,80
Sulfate de plomb	28,7	27,3	27,05	26,91	27,05
	99,7	100,0	101,31	99,78	99,85
Densité :	»	»	6,53 à 6,55		6,60

Les échantillons de Nertschinsk et ceux de Sardaigne ont une densité plus élevée que ceux d'Écosse, mais ils offrent les mêmes caractères optiques.

On la trouve en cristaux plus ou moins volumineux, associée à de la lanarkite, de l'anglesite et de la céruse, dans un filon de galène, à Leadhills en Écosse; sur une hématite brune, à Nertschinsk en Sibérie; aux environs d'Iglésias en Sardaigne (masses laminaires devenant quelquefois opaques). On la cite aussi en Hongrie, en Espagne, à l'île de Serpho dans l'archipel grec, et dans la Caroline du Sud.

Dans les premières descriptions des cristaux de leadhillite, on les avait rapportés au système rhomboédrique ou au système clinorhombique, parce que, dans les macles régulières composées de trois individus, les faces $e^{1\,2}$ paraissaient offrir la symétrie propre à l'un de ces systèmes. Mais les mesures exactes prises par M. Miller sur des cristaux très-nets, et la détermination de leurs propriétés optiques biréfringentes prouvent qu'ils appartiennent en réalité au système rhombique.

MYSORINE. Anhydrous dicarbonate of copper; Thomson.

Amorphe. Cassure conchoïdale à petites cavités. Opaque. Brun noirâtre à l'état de pureté, mais généralement salie de vert, de rouge ou de brun, par son mélange avec de la malachite et de l'oxyde de fer. Poussière brun rougeâtre.

Dur. = 4 à 4,5. Dens. = 2,62.

Au chalumeau, donnant les réactions du cuivre et du fer, et ne dégageant pas d'eau dans le matras. Soluble avec effervescence dans les acides, en laissant un résidu rougeâtre d'oxyde ferrique.

$\dot{C}u^2\ddot{C}$?; Acide carbonique 21,67 Oxyde de cuivre 78,33; en regardant comme accidentels l'oxyde ferreux et la silice, indiqués dans l'analyse de Thomson qui a fourni :

$$\ddot{C}\ 16{,}70 \quad \dot{C}u\ 60{,}75 \quad \dot{F}e\ 19{,}50 \quad \ddot{S}i\ 2{,}00 = 98{,}95.$$

Cette substance, très-rare dans les collections, n'a été observée que par le Dr Heyne, dans le pays de Mysore, Hindostan, où elle forme de petits nids dans des roches anciennes. Peut-être n'est-elle qu'une malachite altérée.

SELBITE. Argent carbonaté; Haüy. Luftsaures Silber; Widenmann. Grausilber; Hausmann. Plata Azul des Mexicains.

Amorphe. Cassure inégale ou terreuse. Opaque. Terne; prenant de l'éclat par le frottement. Gris de diverses teintes. Poussière grise. Tendre. Sectile. Au chalumeau, facilement réductible en argent. Soluble avec effervescence dans les acides.

$\dot{A}g\ddot{C}$?; Acide carbonique 15,94 Oxyde d'argent 84,06, d'après une analyse de Selb, qui a trouvé dans un échantillon d'Altwolfach : Acide carbonique 12,0 Oxyde d'argent 72,5 Oxydes d'antimoine et de cuivre 15,5 = 100.

Cette matière, excessivement rare, a été découverte en 1788 par Selb à la mine de Saint-Wenzel, près Altwolfach, duché de Bade, dans une gangue de barytine, de calcaire et de dolomie, où elle était associée en petite quantité à de l'argent antimonié, de l'argent natif, de l'argent sulfuré, de l'argent rouge, et du cuivre gris. Elle paraît surtout en relation avec l'argent antimonié dont elle enveloppe plus ou moins complétement les grains. D'après del Rio, le Plata Azul se trouve abondamment à Real de Catorce au Mexique, avec des minerais de cuivre et une substance analogue à la cervantite.

Suivant Walchner et Sandberger, la Selbite ne serait qu'un mélange de dolomie, d'argent sulfuré terreux, d'argent natif et de manganèse. Il paraît en être de même du Plata Azul du Mexique.

PARISITE; Medici Spada. Musite; Dufrénoy.

Prisme hexagonal régulier.

$b : h :: 1000 : 3289,057.$

ANGLES CALCULÉS.	ANGLES MESURÉS; DES CLOIZEAUX.	ANGLES CALCULÉS.	ANGLES MESURÉS; DES CLOIZEAUX.
pa^8 140°34′	139° environ	pb^2 117°46′	117° à 118°
pa^6 132°22′	131° à 132°	$pb^{3/2}$ 111°33′	112°40′
pa^4 121°18′	119° à 121°45′	pb^1 104°45′	105° env.
pa^3 114°31′	114°30′ moy.	b^2b^1 166°59′	166°35′
pa^2 106°55′	106° à 108°	*$pb^{1/2}$ 97°30′	97°30′
$pa^{3/2}$ 102°51′	103°	$b^{1/2}b^{1/2}$ 165°0′ sur m	165°
pa^1 98°39′	97°35′ à 98°		

ANGLES CALCULÉS.	ANGLES MESURÉS; DES CLOIZEAUX.	ANGLES CALCULÉS.	ANGLES MESURÉS; DES CLOIZEAUX.
px 99°25′	»	$b^1 a^2$ 151°5′	151°10′
$a^{3/2} a^{3/2}$ 121°39′ ar. culm.	121°45′		
$a^1 x$ adj. 169°13′	171° environ	$b^{1/2} b^{1/2}$ 120°34′ ar. culm.	120°35′
$a^1 x$ opp. 134°32′	131°	$b^{1/2} a^1$ 150°17′	150°17′ à 20′
$a^1 a^1$ 120°45′ arête culm.	121°	$a^2 b^2$ adj. 150°18′	151°
$b^1 b^1$ 122°10′ ar. culm.	»	$b^2 b^1$ 123°8′ sur a^2	122°15′

$$x = (b^{1/3} b^{1/6} h^{1/5})$$

Si l'on voulait faire dériver la Parisite du type rhomboédrique et si l'on regardait la pyramide dominante $b^{1/2}$ comme composée du rhomboèdre primitif p et de son inverse $e^{1/2}$, l'angle culminant du rhomboèdre primitif serait 61° 41′ et les symboles rapportés à cette forme deviendraient :

SYMB. HEXAG.	SYMB. RHOMBOÉD.	SYMB. HEXAG.	SYMB. RHOMBOÉD.
m	e^2	a^6	$(b^{1/3} b^{1/4} b^{1/5})$ isocél.
p	a^1	a^8	$(b^{1/13} b^{1/16} b^{1/19})$ isoc.
a^1	$(d^{1/5} d^{1/2} b^1)$ isocél.	$b^{1/2}$	p et $e^{1/2}$
$a^{3/2}$	b^2 isoc.	b^1	a^4 et b^1
a^2	$(b^1 b^{1/4} b^{1/7})$ isoc.	$b^{3/2}$	$a^{5/2}$ et $a^{1/4}$
a^3	$(b^1 b^{1/2} b^{1/3})$ isoc.	b^2	a^2 et $a^{2/3}$
a^4	$(b^{1/5} b^{1/8} b^{1/11})$ isoc.	x	$(b^{1/2} d^{1/7} d^{1/25})$ et $(d^{1/22} d^{1/13} b^{1/5})$

Principales combinaisons de formes observées : $p\, b^{1/2}$; $p\, a^1\, b^{1/2}$; $m\, p\, b^{3/2} b^{1/2}$; $m\, p\, a^1 b^{3/2} b^{1/2}$; $p\, a^2 a^1 b^{1/2} x$; $p\, a^8 a^1 b^2 b^1 b^{1/2}$; $p\, a^4 a^2 a^{3/2} b^2 b^{1/2}$; $p\, a^4 a^3 a^{3/2} a^1\, b^1 b^{1/2}$. La base p est ordinairement un peu courbe; les faces $b^{3/2}$, b^2, b^1, $b^{1/2}$ sont larges, mais cannelées horizontalement; les faces a^8, a^6, a^4, a^3, a^2, $a^{3/2}$, a^1, sont étroites et striées parallèlement à leur intersection avec p; x est étroite, mais assez nette; les mesures d'angles présentent donc toujours une assez grande incertitude.

J'ai réuni, sur la *fig.* théorique 287, pl. XLVIII, les faces les plus habituelles et les mieux déterminées. a^3, a^2, a^1 et x offrent généralement la symétrie propre au type hexagonal; m est très-rare et très-étroite, et le plus souvent les cristaux ont l'aspect d'une simple pyramide hexagonale terminée par deux bases d'étendue inégale.

Clivage très-net suivant la base. Cassure conchoïdale à petites cavités. Translucide; transparente en lames minces. Double réfraction énergique à un axe *positif.* $\omega = 1{,}569$ $\varepsilon = 1{,}670$ (Senarmont). Éclat vitreux; nacré sur la base et sur les plans de clivage qui lui sont parallèles. Jaune brunâtre tirant sur le rouge. Poussière blanc jaunâtre.

Dur. = 4,5. Dens. = 4,358 (Damour); 4,35 (Bunsen).

Les lames de clivage examinées au spectroscope montrent, dans les régions jaune et verte du spectre, de belles raies noires d'absorption, caractéristiques du didyme.

Dans le matras, ne dégage pas d'eau, mais décrépite quelquefois et se divise alors en une multitude d'écailles très-minces. Infusible au chalumeau. Avec le borax ou le sel de phosphore, donne un verre jaune à chaud, incolore à froid. Lentement attaquable à froid par l'acide azotique ou l'acide chlorhydrique, avec résidu blanc de petites écailles formées de fluorures de calcium et de cérium. A chaud, l'attaque a lieu plus vivement, avec effervescence, et, par une digestion prolongée, les fluorures se dissolvent. L'acide sulfurique donne immédiatement des vapeurs qui corrodent le verre.

$2\dot{C}e\ddot{C} + (\frac{1}{2}\dot{D}i, \frac{1}{2}\dot{L}a)\ddot{C} + (Ca, Ce)Fl$; Ac. carbonique 24,61 Ox. céreux 40,27 Ox. de didyme 10,44 Ox. lanthaneux 10,14 Fluorure de calcium 14,54.

Analyse par H. Sainte-Claire Deville et Damour :

		OXYGÈNE		RAPPORT
Acide carbonique	23.48		17.08	6
Oxyde céreux	42.52		6.30	2
Oxyde de didyme	9.58	1,37		
Oxyde de lanthane	8.26	1.21	3.39	1
Chaux	2,85	0.81		
Oxyde manganeux	traces			
Fluorure de calcium	10.10			
Fluorure de cérium	2.16			
	98.95			

Une première analyse, due à M. Bunsen, avait indiqué 2,40 p. 100 d'eau; mais il est probable que cette eau était accidentellement contenue dans les cavités intérieures de la substance.

Découverte vers 1835 par M. Paris, propriétaire de la mine d'émeraudes de la vallée de Muso, Nouvelle-Grenade, la Parisite se trouve en cristaux assez gros, engagés dans un calcaire cristallin, incolore ou mélangé de charbon, avec les belles émeraudes vertes, de la pyrite et de la fluorine incolore.

La Kischtim-Parisite (Kischtimite de Brush) est très-voisine de la Parisite, si elle ne lui est pas identique. Elle paraît amorphe, avec une cassure conchoïdale à petites cavités, et translucide. Mais, sur de petits fragments qui m'ont été transmis par M. N. Maskelyne, j'ai reconnu l'existence d'un clivage assez difficile. A travers des lames amincies parallèlement à ce clivage, et suffisamment transparentes, j'ai constaté au microscope polarisant une double réfraction énergique, à un axe *positif*, comme dans la Parisite.

L'éclat est vitreux, un peu gras. La couleur est brun jaune foncé, avec une poussière plus claire. Fragile.

Dens. = 4,784.

Au spectroscope, les lames minces montrent dans la région jaune du spectre la principale raie noire d'absorption du didyme.

Au chalumeau, perd d'abord son éclat, devient mate, opaline et jaune; la température, en s'élevant, rend la matière phosphorescente; après le refroidissement, elle offre un éclat prononcé et une couleur rouge de cire. Avec les flux et les acides elle se comporte comme la Parisite. Son analyse a fourni à M. Korovaeff des nombres assez voisins de ceux qu'on déduit des résultats obtenus par MM. H. Deville et Damour; seulement on y a trouvé un peu d'eau et pas de chaux.

	$\ddot{C}$	Ce	Di	La	Ca	O	Fl	$\dot{H}$
Kischtim Par.	17,19	27,81	»	36,36	»	9,89 (différence)	6,35	2,20
		64,37 (Ce + Di + La)						
Parisite	23,48	37,75	8,21	7,05	7,22	9,69	5,55	»
		60,23 (Ce + Di + La + Ca)						

On l'a rencontrée, associée à un minéral noir indéterminé, dans les lavages d'or de la rivière Borsowka, district de Kischtim, Oural; mais elle est jusqu'ici excessivement rare.

Hamartite; Nordenskiöld. Basiskfluorcerium; Hisinger. Hydrofluocérite.

Prisme hexagonal régulier (Dx.).

La base *p* est unie, mais un peu terne. Clivage, assez difficile suivant les faces verticales du prisme primitif, plus difficile encore suivant la base. Cassure inégale. Translucide; transparente en lames minces. Double réfraction assez énergique à un axe *positif* (Dx.). Éclat gras, un peu adamantin, surtout dans la cassure. Jaune de cire.

Dur. = 4. Dens. = 4,93.

Au spectroscope, la principale raie noire du didyme se manifeste dans la région jaune du spectre, à travers les lames de clivage.

Dans le matras, dégage un peu d'humidité, noircit, puis devient jaune blanchâtre et opaque, en attaquant légèrement le verre. Infusible au chalumeau. Faible effervescence avec les acides. Traité par l'acide sulfurique, donne de l'acide fluorhydrique.

Ce minéral, qu'on regardait comme un fluorure basique hydraté de cérium, d'après une ancienne analyse de Hisinger, est suivant M. Nordenskiöld un carbonate fluorifère se rapportant à la formule,

$2(\dot{L}a, \dot{C}e)\ddot{C} + Ce\,Fl$; Ac. carb. 20,21 Ox. lanthaneux 47,33 Ox. céreux 2,61 Cérium 21,12 Fluor 8,63.

M. Nordenskiöld a trouvé :

$\ddot{C}$ 19,50 $\dot{L}a$ 45,77 $\dot{C}e$ 28,49 $\dot{H}$ 1,01 Fl 5,23 (diff.) = 100 correspondant à : $\ddot{C}$ 19,50 $\dot{L}a$ 45,77 $\dot{C}e$ 2,43 Ce 22,20 Fl 9,17 $\dot{H}$ 1,01.

Par une recherche directe, Hisinger avait obtenu Fl = 9,95. Son ancienne analyse, corrigée d'après les nouvelles déterminations de M. Nordenskiöld, conduirait aux nombres :

$\ddot{C}$ et $\dot{H}$ 19,11 $\dot{L}a$ et $\dot{C}e$ 73,59 Fl 5,76 $\ddot{S}i$ 1,25 = 99,71.

On n'a jusqu'ici trouvé la hamartite qu'en petites masses engagées dans des cristaux d'Allanite noire, à Bastnäes en Suède.

Elle est excessivement rare, et elle se rapproche par ses propriétés optiques et sa composition chimique de la Parisite et de la Kischtim-Parisite, avec lesquelles elle ne paraît pourtant pas devoir être réunie jusqu'à nouvel ordre.

Suivant M. Brush, elle aurait reçu autrefois de Huot le nom de *bastnäsite;* mais ce rapprochement n'est pas justifié par l'examen d'un échantillon de l'ancienne bastnäsite faisant partie de la collection de M. Adam.

CARBONATES HYDRATÉS.

KALICINE; Pisani.

Cette substance, qui paraît identique au *bicarbonate de potasse* des laboratoires, se présente sous forme d'agrégats salins composés d'une infinité de petits cristaux indéterminables, translucides et jaunâtres.

Dans le matras, elle donne de l'eau, avec une odeur végétale. Au chalumeau, elle colore la flamme en violet. Elle fait effervescence avec les acides. Sa solution aqueuse dégage de l'acide carbonique par ébullition.

Sa composition s'exprime par la formule $\dot{K}\ddot{C}^2 + \dot{H}$ qui exige : Acide carbonique 43,98 Potasse 47,02 Eau 9,00.

M. Pisani y a trouvé :

		OXYG.	RAPP.
Acide carbonique	42.20	30.7	4
Potasse	42.60	7.2	1
Eau	7.76	6.9	1
Carbonate de chaux	2.50		
Carbonate de magnésie	1.34		
Sable et matière organique	3.60		
	100.00		

On ne connaît jusqu'ici qu'un seul échantillon qui, dans la collection de M. Adam, est indiqué comme provenant de Chypis en Valais, où il aurait été trouvé sous un arbre mort.

THERMONATRITE. Prismatisches Natron-Salz; Mohs. Natron; Beudant. Zerfallene Soda; Thermonitrit; Hausmann. Soude carbonatée prismatique; Dufrénoy.

Prisme rhomboïdal droit de 96°10′.

$b : h :: 1000 : 243,426 \quad D = 744,117 \quad d = 668,049.$

ANGLES CALCULÉS.	ANGLES CALCULÉS.
*mm 96°10′ avant	$b^{1/2}b^{1/2}$ 52°11′ sur m
g^3g^3 121°46′ sur g^1	$b^{1/2}b^{1/2}$ 141°48′ de côté
	$b^{1/2}b^{1/2}$ 145°50′ en avant
*$a^{1/2}a^{1/2}$ 107°50′ sur p	$a^{1/2}b^{1/2}$ 156°43′

Combinaisons de formes ordinaires: $h^1 g^1 a^{1/2}$; $m\,h^1 a^{1/2}$; $m\,h^1 a^{1/2} b^{1/2}$; $m\,h^1 g^1 g^3 a^{1/2} b^{1/2}$ (*fig.* 318, pl. LIII). La face h^1 est éclatante; les faces m et g^3 sont ordinairement mates. Clivage difficile suivant g^1. Cassure conchoïdale. Transparente ou translucide. Éclat vitreux. Incolore; blanche; jaunâtre. Poussière blanche. Se laissant couper.

Dur. = 1,5. Dens. = 1,5 à 1,6. Saveur piquante, alcaline.

Infusible dans son eau de cristallisation, à une douce chaleur. Au chalumeau, donne les réactions de la soude. Facilement soluble dans l'eau.

$\dot{Na}\ddot{C} + \dot{H}$; Acide carbonique 35,48 Soude 50,00 Eau 14,52.

Analyses, par Beudant, de la thermonatrite: *a*, des bords du lac Blanc, Hongrie; *b*, de Debreczin, Hongrie; *c*, d'Égypte; *d*, du Vésuve.

	a	*b*	*c*	*d*	OXYG.	RAPP.
Acide carbonique	35,1	30,4	30.9	32,3	23,49	2
Soude	50,2	43.2	43,8	46,7	12,05	1
Eau	14,7	13.8	13,5	14,0	12,44	1
Acide sulfurique	traces	»	»	traces		
Sulfate de soude sec	»	10.4	7.3	»		
Chlorure de sodium	»	2,2	3,1	2,7		
Matière terreuse	»	»	1,4	4,3		
	100,0	100,0	100,0	100,0		

Se trouve à la surface de la terre dans les plaines basses des continents, aux environs de certains lacs qui, pendant les chaleurs de l'été, la déposent en efflorescences ressemblant à de la neige, et contenant d'autres sels de soude. C'est ainsi qu'on la rencontre dans les plaines de la Hongrie; dans les vallées des lacs *Natron* en Égypte; en Arabie, dans l'Inde, etc. Existe aussi en petites quantités à la surface des laves et des scories, au Vésuve, à l'Etna, à la Guadeloupe.

Une solution saturée de carbonate de soude fournit, entre 25 et 37° C., des cristaux de thermonatrite. C'est aussi ce sel qui se produit lorsque le natron ($\dot{N}a\ddot{C} + 10\dot{H}$) s'effleurit.

NATRON. Νίτρον des Grecs. Nitrum de Pline. Soude carbonatée; Haüy. Natürlisches Mineral-Alkali; Werner. Soda; Hausmann.

Prisme rhomboïdal oblique de 76°28'.

$$b : h :: 1000 : 391{,}509 \quad D = 559{,}120 \quad d = 829{,}097$$

Angle plan de la base = 67°59'24"
Angle plan des faces latérales = 115°22'58"

ANGLES CALCULÉS.	ANGLES CALCULÉS.
*mm 76°28' en avant	$pb^{1/2}$ 136°17'
mh^1 128°14'	pm 71°20' sur $b^{1/2}$
mg^1 141°46'	pm antér. 108°40'
*ph^1 antér. 121°8'	$e^{1/2}h^1$ antér. 109°21'
$pa^{1/2}$ adj. 122°20'	$b^{1/2}b^{1/2}$ adj. 110°4'
$a^{1/2}h^1$ adj. 116°32'	
	$ma^{1/2}$ adj 106°3'
$pe^{1/2}$ 129°50'	$mb^{1/2}$ 61°25' sur $a^{1/2}$
$e^{1/2}e^{1/2}$ 79°40' sur p	$e^{1/2}m$ antér. 143°55'

Combinaisons de formes habituelles : $m\,e^{1/2}$; $m\,g^1\,e^{1/2}$; $m\,g^1\,a^{1/2}\,e^{1/2}\,b^{1/2}$; $m\,h^1\,g^1\,p\,e^{1/2}$ (*fig.* 319, pl. LIII). Macles par assemblage suivant p. Clivage distinct parallèlement à p; imparfait parallèlement à g^1; traces suivant m. Cassure cönchoïdale. Transparent ou semi-transparent. Plan des axes optiques perpendiculaire à g^1, faisant un angle d'environ 10° avec une normale à p, et un angle de 48°32' avec une normale à h^1, pour la partie moyenne du spectre. Bissectrice aiguë *négative* normale à g^1.

$$2E = \begin{cases} 112°48' \text{ ray. rouges} \\ 112°42' \text{ ray. jaunes} \end{cases} \text{ à } 14° \text{ C. (Dx.)}$$

Dispersion *tournante* faible. Dispersion *propre* des axes optiques faible; $\rho > v$. Éclat vitreux. Incolore; blanc; jaune ou gris à l'état impur. Poussière blanche. Se laissant couper.

Dur. = 1 à 1,5. Dens. = 1,423. Saveur alcaline, piquante.

S'effleurit facilement à l'air. Dans le matras, fond à une douce chaleur. Au chalumeau, avec de la silice, fond en faisant effervescence et colorant la flamme en jaune. Facilement soluble dans l'eau à laquelle il donne une réaction alcaline. Fait une vive effervescence avec les acides.

$\dot{N}a\ddot{C} + 10\dot{H}$; Acide carbonique 15,38 Soude 21,68 Eau 63,04.

Se trouve en dissolution dans les lacs *Natron* en Égypte; dans les sources de Carlsbad et de Rykum en Allemagne, de Vichy en France, et dans la plupart des eaux thermales alcalines; en efflorescences mélangées de thermonatrite, de sulfate de soude et de chlorure de sodium, à Debreczin en Hongrie; dans les steppes de l'Asie; sur certaines roches de Bilin en Bohême; dans les carrières de *trass* des bords du Rhin; sur les laves du Vésuve, de l'Etna, de Ténériffe, de la Guadeloupe, etc.

URAO; Beudant. Prismatoidisches Trona-Salz; Mohs. Trona; Haidinger et Hausmann. Sesquicarbonate de soude.

Prisme rhomboïdal oblique de 47°30′.

$$b : h :: 1000 : 1143{,}795 \quad D = 317{,}020 \quad d = 948{,}420$$

Angle plan de la base = 36°57′56″
Angle plan des faces latérales = 128°4′48″

ANGLES CALCULÉS.	ANGLES MESURÉS.
*mm 47°30′ avant	»
$pa^{3/2}$ adj. 128°0′	»
*pa^1 adj. 103°15′	»
$pa^{3/4}$ adj. 87°51′	»
$pa^{3/2}$ 52°0′ sur a^1	50°40′ envir. Dx.
$pa^{3/4}$ infér. 92°9′	91° envir. Dx.
*pm antér. 105°11′	»
a^1m adj. 103°45′	»

La combinaison de formes la plus habituelle est $m\,p\,a^1$ (*fig.* 320, pl. LIV). J'ai observé les faces nouvelles $a^{3/2}$ et $a^{3/4}$ sur de grosses aiguilles de Lagunilla, dépourvues de terminaisons latérales. Les faces $a^{3/2}$, a^1, $a^{3/4}$ sont striées parallèlement à leur intersection avec *p*. Clivage parfait suivant *p*; traces suivant *m* et a^1. Cassure inégale, passant à la conchoïdale. Transparent ou translucide. Double réfraction énergique. Les axes optiques correspondant aux différentes couleurs du spectre sont compris dans des plans qui sont à peine séparés les uns des autres et dont la direction commune, normale au plan de symétrie, est presque exactement perpendiculaire à la base. Bissectrice aiguë *négative* parallèle à la diagonale horizontale de cette face. Dispersion *tournante* inappréciable. Dispersion *propre* des axes optiques faible, avec $\rho < v$. Écartement des axes variable avec les plages. Deux lames assez homogènes, normales aux deux bissectrices, m'ont donné vers 15° C. :

	RAYONS ROUGES.	RAYONS BLEUS.
	$2H_a = 78°43'$	79°1'
d'où	$2E = 136°46'$	140°12'
	$2H_o = 107°0'$	106°50'
	$\beta = 1,500$	$\beta = 1,514$

Incolore; blanc; gris jaunâtre lorsqu'il est impur. Poussière blanche. Fragile.

Dur. = 2,5. Dens. = 2,112. Saveur alcaline.

S'effleurit à peine à l'air. Au chalumeau, fond facilement et colore la flamme en jaune. Très-soluble dans l'eau.

$\dot{N}a^2\ddot{C}^3 + 3\dot{H}$; Acide carbonique 42,58 Soude 40,00 Eau 17,42.

Analyses de l'urao : *a*, du Fezzan, par Klaproth; *b*, en cristaux agglomérés, *c*, en grosses fibres radiées, de Barbarie, toutes deux par Beudant; *d*, de Lagunilla en Colombie, par Boussingault; *e*, du comté de Churchill, État de Nevada, par C. S. Rodman.

	a	*b*	*c*	*d*		*e*
Acide carbonique	38.0	39.27	40.13	39,00		38.70
Soude	37.0	37.43	38.62	41.22		39.97
Eau	22.5	23.29	21.24	18.80		19.42
Sulfate de soude	2,5	»	»	»		0.39
					Na Cl	1.88
	100.0	99.99	99.99	99.02	$\ddot{S}i$	0.13
						100.49

D'après Rammelsberg, l'urao artificiel se rapporte à la formule donnée ci-dessus, à laquelle conduit aussi l'analyse de M. Boussingault.

Il est probable que c'est en opérant sur des matières un peu impures que Klaproth et Beudant ont obtenu des résultats plus rapprochés de la formule $\dot{N}a^2\ddot{C}^3 + 4\dot{H}$, qui exige : $\ddot{C}$ 40,24 $\dot{N}a$ 37,81 $\dot{H}$ 21,95.

L'urao se présente en masses bacillaires, granulaires, saccharoïdes ou compactes.

Dans la province de Suckena, à deux jours de marche du Fezzan en Afrique, il est connu sous le nom de *trona* et il forme au pied d'une montagne une croûte dont l'épaisseur peut atteindre un pouce; au fond d'un lac voisin du village de Lagunilla, à une journée de Mérida, dans le Vénézuela, où on le nomme *urao*, il constitue un banc peu épais recouvert d'une couche argileuse remplie de cristaux de Gay-Lussite; dans la vallée des lacs *Natron* près du Caire, il paraît être en masses assez considérables pour qu'on en ait bâti des murailles; on en a trouvé une couche étendue dans le comté de Churchill, État de Nevada. Enfin on le rencontre en efflorescences mêlées de sulfate de soude et de sel marin, près de la rivière Sweetwater, dans les montagnes Rocheuses, et en dissolution dans la plupart des lacs natrifères, à Debreczin en Hongrie, aux environs de la mer Caspienne, au pays des Boschimans en Afrique, en Perse, au Thibet, etc.

Les divers carbonates de soude naturels étaient exploités assez activement avant la fabrication de la soude au moyen du sel marin. D'après M. Boussingault, l'urao de Lagunilla est surtout récolté pour donner du mordant à un extrait de tabac, et pour former un béchique nommé *Chimo* ou *Moo*.

GAY-LUSSITE; Boussingault. Hemiprismatisches Kuphon-Haloid; Mohs.

Prisme rhomboïdal oblique de 68°50′.

$b : h :: 1000 : 804,922 \quad D = 557,335 \quad d = 830,288$

Angle plan de la base = 67°44′36″
Angle plan des faces latérales = 99°34′21″

ANGLES CALCULÉS.	ANGL. MESURÉS; PHILLIPS.	ANGLES CALCULÉS.	ANGL. MESURÉS; PHILLIPS.
*mm 68°50′ avant	68°50′	$b^1 m$ adj. 126°50′	»
mg^1 145°35′	145°35′	*pm antér. 96°30′	96°30′
pa^1 adj. 130°19′	»	$g^1 b^1$ 124°44′	124°30′
pa^1 49°41′ sur $\frac{m}{m}$	49°55′	$b^1 b^1$ adj. 110°32′	110°30′
pe^1 125°15′	125°10′	$a^1 m$ adj. 110°26′	110°10′
$e^1 g^1$ 144°45′	*144°46′	$e^1 m$ antér. 137°39′	137°45′
*$e^1 e^1$ 70°30′ sur p	70°30′	$a^1 e^1$ 68°5′ sur m	»
$e^1 e^1$ 109°30′ sur g^1	»	$e^1 b^1$ adj. 152°16′	152°20′
pb^1 136°40′	136°32′	$m b^1$ 109°55′ sur e^1	110°10′
pm 83°30′ sur b^1	»	$b^1 a^1$ adj. 139°39′	»

Combinaisons de formes habituelles : $m e^1 b^1$; $m p e^1 b^1$; $g^1 p e^1 b^1$; $m p a^1 e^1 b^1$ (*fig.* 321, pl. LIV). Les faces e^1 sont striées parallèlement à leur intersection avec b^1. Les cristaux de Lagunilla sont généralement très-allongés dans la direction de la diagonale inclinée de la base; les faces b^1 et e^1 acquièrent souvent un tel développement qu'elles font disparaître plus ou moins complétement la base et les faces m (1). A l'exception de leurs plans de clivage, presque tous les échantillons ont une surface raboteuse et corrodée. Clivage facile suivant m; difficile suivant p. Cassure conchoïdale. Transparente. Double réfraction très-énergique. Plan des axes optiques et bissectrice aiguë *négative* perpendiculaires à g^1. Dispersion *tournante* très-notable; les axes rouges et les axes bleus sont compris dans des plans qui, à 11°C. font des angles d'environ :

AVEC UNE NORMALE A p	AVEC UNE NORMALE A a^1 POSTÉR.
26°21′	23°20′ ray. rouges,
24°41′	25°0′ ray. bleus.

Dispersion des axes forte; $\rho < v$. Écartement augmentant un peu avec la température. J'ai trouvé, sur une assez bonne lame :

$$2E = \begin{cases} 51°38' \text{ ray. rouges,} \\ 52°53' \text{ ray. bleus,} \end{cases} \text{à } 17° \text{C.}$$
$$\quad\; 53°32' \text{ ray. rouges, à } 71°.5$$

Éclat vitreux. Incolore; blanche; grisâtre ou jaunâtre. Poussière blanche. Fragile.

Dur. = 2,5. Dens. = 1,93 à 1,95.

Dans le matras, décrépite, dégage de l'eau et devient opaque. Au chalumeau, fond facilement en émail blanc. En partie soluble dans une grande quantité d'eau. Après calcination, l'eau dissout entièrement le carbonate de soude et laisse comme résidu le carbonate de chaux. Soluble avec une vive effervescence dans les acides.

$\dot{N}a\ddot{C} + \dot{C}a\ddot{C} + 5\dot{H}$; Carbonate de soude 35,81 Carbonate de chaux 33,78 Eau 30,41.

Analyse par Boussingault.

$\dot{N}a\ddot{C}$ 34,5 $\dot{C}a\ddot{C}$ 33,6 $\dot{H}$ 30,4 Argile 1,5 = 100.

Recueillie d'abord par M. Boussingault, en cristaux isolés, dis-

(1) Cette forme anomale a fait donner, dans l'Amérique du Sud, le nom de *clous* (clavos) aux cristaux de Gay-Lussite.

séminés dans la couche d'argile située au-dessus de l'urao, à Lagunilla près de Mérida, en Vénézuela, la Gay-Lussite a été retrouvée en abondance dans une petite île du lac Little Salt près Ragtown, État de Nevada. Les cristaux de Ragtown sont plus minces et moins allongés que ceux de Lagunilla; leurs faces sont aussi très-inégales, ce qui n'a permis à M. J. M. Blake que d'en obtenir des incidences approximatives.

En mêlant ensemble 8 parties en volume d'une solution saturée de carbonate de soude et 1 partie de chlorure de calcium d'une dens. = 1,13 à 1,15, M. Fritzsche a obtenu de petits cristaux de Gay-Lussite.

J'ai montré (voir p. 119) que les pseudomorphoses calcaires de Sangerhausen, connues sous le nom de *calcite* ou *natrocalcite*, n'ont aucun rapport de forme avec les cristaux de Gay-Lussite.

TESCHÉMACHERITE. Bicarbonate d'ammoniaque; Teschemacher.

Prisme rhomboïdal droit de 111°26' (1). Clivage net parallèlement aux faces *m*. Couleur blanche ou jaunâtre.

Dur. = 1,5. Dens. = 1,45.

Dans le matras, se volatilise en grande partie, dégage beaucoup d'eau, avec une odeur ammoniacale, et dépose un sublimé blanc de carbonate d'ammoniaque. Soluble dans l'eau, avec une réaction alcaline. Soluble avec effervescence dans les acides.

$\dot{A}m\,\ddot{C}^2 + \dot{H}$; Ac. carb. 55,70 Ammoniaque 32,91 Eau 11,39.

Analyse d'un échantillon des îles Chincha, par Phipson :

$\ddot{C}$ 51,53 $\dot{A}m$ 29,76 $\dot{H}$ 11,00 $\dot{C}a$ 6,02 $\overset{:\cdot:}{P}$ 0,60 Alcalis et ac. urique 1,09 = 100.

Observée en masses cristallines ou compactes, fragiles, dégageant une forte odeur ammoniacale, et formant une couche de plusieurs pouces d'épaisseur à la partie inférieure des dépôts de guano des côtes d'Afrique, de Patagonie, et des îles Chincha.

HYDROCONITE, Pelouze.

Rhomboèdre aigu dont l'angle n'a pas été déterminé.

---

(1) Cet angle est celui du bicarbonate d'ammoniaque artificiel, dont j'ai décrit les propriétés optiques dans les *Annales des Mines*, tome XI, p. 331, année 1857.

Transparente. Incolore. Dens. = 1,75. Au-dessus de 19° C, devient opaque à l'air et se réduit en une poudre blanche.

$\dot{C}a\ddot{C} + 5\dot{H}$; Acide carbonique 23,16 Chaux 29,47 Eau 47,37.

Analyse par le prince de Salm-Horstmar :

$\ddot{C}$ 18,40 $\dot{C}a$ 29,54 $\dot{H}$ 47,38 Impuretés 3,30 = 99,62.

Observée par le prince de Salm-Horstmar en petits prismes hexagonaux déposés dans l'intérieur d'une pompe en cuivre servant à élever des eaux de source, et par M. Scheerer, en petits rhomboèdres qui tapissaient le fond d'un ruisseau, près de Christiania en Norwége.

La substance avait d'abord été obtenue artificiellement par Pelouze, avec une dens. = 1,783.

Il est probable que l'hydroconite est dimorphe, comme le carbonate de chaux anhydre; car en faisant passer un courant galvanique dans une dissolution sucrée de chaux, M. Becquerel a obtenu de petits cristaux prismatiques rappelant l'aragonite.

HOVITE. Sous ce nom, MM. J. H. et G. Gladstone ont décrit en 1862, dans le *Philosoph. Magazine*, une substance qu'ils regardent comme un carbonate d'alumine et de chaux, mais qui doit probablement être considéré comme un mélange de bicarbonate de chaux hydraté et de *collyrite*. Elle a une cassure terreuse; elle est blanche et friable. D'après les quatre analyses qu'en ont faites MM. Gladstone, sa composition est assez constante; les deux analyses suivantes montrent en effet les nombres extrêmes obtenus par ces chimistes :

	$\ddot{C}$	$\dot{C}a$	$\ddot{S}i$	$\ddot{A}l$	$\dot{H}$
1.	10.91	7.37	6.22	41.04	33.16 = 98.70
2.	18.15	11.62	5.41	36.32	29.16 = 100.66

On l'a rencontrée, avec de la collyrite, dans des fentes de la craie inférieure traversées par des lits de silex, à Hove près Brighton en Angleterre.

HYDRODOLOMITE; Rammelsberg. Kalkmagnesit; Hausmann.

Amorphe. Cassure terreuse. Mate. Blanc jaunâtre.

Dens. = 2,495 (Rammelsberg). Dans le matras, dégage de l'eau. Soluble avec effervescence dans l'acide chlorhydrique.

Composition paraissant un peu variable, mais se rapprochant de la formule $3(\frac{1}{2}\dot{C}a, \frac{1}{2}\dot{M}g)\ddot{C}+\dot{H}$; Acide carbonique 44,79 Chaux 28,50 Magnésie 20,60 Eau 6,11.

Analyses de l'hydrodolomite du Vésuve : *a*, par Rammelsberg; *b*, par de Kobell.

	a	*b*
Acide carbonique	43,40	33,10
Chaux	26,90	25,22
Magnésie	23,23	24,28
Eau	6,47	17,40
	100,00	100,00

Forme des masses stalactitiques ou des concrétions globulaires, à la Somma près Naples.

La pennite de Hermann est une variété en croûtes blanchâtres ou d'un vert pomme, colorée par du nickel, dans laquelle le rapport des éléments constituants s'exprime assez bien par la formule, $3(\frac{1}{3}\dot{C}a, \frac{2}{3}\dot{M}g)\ddot{C}+\dot{H}$. Hermann y a trouvé :

$\ddot{C}$ 44,54 $\dot{C}a$ 20,10 $\dot{M}g$ 27,02 $\dot{N}i$ 1,25 $\dot{F}e$ 0,70 $\dot{M}n$ 0,40 $\dot{H}$ 5,84 $\dddot{A}l$ 0,15 = 100.

On l'a rencontrée dans la serpentine et dans le fer chromé, à Texas en Pennsylvanie, avec *zaratite*, et à Swinaness et Haroldswick, île d'Unst, l'une des Shetland.

HYDROMAGNÉSITE. Hydrocarbonate de magnésie; Dufrénoy.

Prisme rhomboïdal oblique de 87°56′.

$b : h :: 1000 : 595,183$ $D = 638,257$ $d = 769,824$.

Angle plan de la base = 79°19′26″
Angle plan des faces latérales = 113°10′

ANGLES CALCULÉS.	ANGLES OBSERVÉS; DANA.	ANGLES CALCULÉS.	ANGL. OBSERVÉS; DANA.
*mm 87°56′ avant	87°52′ à 88°	*e^1h^1 antér. 113°30′	112° à 113°30′
mh^1 123°58′	»	$e^1b^{1/2}$ adj. 143°56′	143°30′ à 145°
mm 92°4′ de côté	»	$b^{1/2}h^1$ adj. 102°34′	105°
		$b^{1/2}b^{1/2}$ adj. 96°32′	»
arête $\frac{e^1}{e^1}$: h^1 120°44′	»	e^1m ant. 136°38′	»
e^1e^1 adj. 102°34′	»	arête $\frac{m}{m}$: arête $\frac{e^1}{b^{1/2}}$ 133°0′	133°0′
$b^{1/2}m$ adj. 129°4′	»	*arête $\frac{e^1}{b^{1/2}}$: arête $\frac{e^1}{b^{1/2}}$ 94°0′	94°0′

Combinaison de formes observée, $m\, h^1 e^1 b^{1/2}$ (1). Les cristaux sont fortement aplatis suivant h^1. Éclat vitreux, passant au soyeux ou au nacré, dans les cristaux; terne dans les masses terreuses. Blanche. Fragile.

Dur. = 3,5. Dens. = 2,14 à 2,18 (Smith et Brush, pour les cristaux). Dans le matras, dégage de l'eau et de l'acide carbonique. Au chalumeau, l'essai blanchit sans fondre et devient alcalin. Soluble dans les acides, lentement à froid, avec effervescence à chaud.

$3(\dot{Mg}\ddot{C} + \dot{H}) + \dot{Mg}\dot{H}$; Acide carbonique 36,07 Magnésie 44,25 Eau 19,68.

Analyses de l'hydromagnésite : *a*, de Hoboken, par Trolle-Wachtmeister; *b*, de Négrepont, par de Kobell; *c*, de la mine Wood, *d*, de la mine Low, près Texas, Pennsylvanie, toutes deux par Smith et Brush.

	a	*b*	*c*	*d*
Acide carbonique	36.82	36.00	36,69	36,74
Magnésie	42.41	43,96	43.20	42,30
Eau	18,53	19.68	19,43	20,10
Silice	0.57	0.36	»	»
Oxyde ferrique	0.27	»	$\dot{Fe}$ et $\dot{Mn}$ traces	$\dot{Fe}$ et $\dot{Mn}$ traces
Matière terreuse	1,39	»	»	»
	99.99	100.00	99.32	99.14

Observée en petits cristaux aciculaires ou feuilletés, en masses amorphes arrondies et en croûtes terreuses.

Se trouve aux mines Wood et Low près Texas en Pennsylvanie (petits cristaux feuilletés associés à la Brucite et à la serpentine); à Hoboken, New-Jersey (cristaux aciculaires ressemblant à de la mésotype ; en quelques autres localités des États-Unis (croûtes terreuses); à Hrubschitz en Moravie, dans la serpentine; à Kumi, île de Négrepont; au Kaiserstuhl, duché de Bade.

La lancastérite de Silliman n'est, d'après Smith et Brush, qu'un mélange de Brucite en petits cristaux feuilletés et d'hydromagnésite en petits cristaux ressemblant à du gypse ou à de la stilbite.

La Brucite de Hoboken se transforme quelquefois, au contact de l'air, en hydromagnésite terreuse. On rencontre à la mine Wood des cristaux d'hydromagnésite pseudomorphiques de Brucite.

CARBONYTTRINE; Ytterspath. Kolsyrad Ytterjord; Svanberg et Tenger. Tengérite; Dana.

---

(1) Voy. la *fig.* 608, p. 707 de la *Minéralogie* de Dana, édit. de 1868.

Enduit pulvérulent ou offrant une apparence de cristallisation radiée. Terne. Blanc.

Dans le matras, dégage beaucoup d'eau. Fait effervescence avec les acides.

D'après Svanberg et Tenger, carbonate d'yttria dont on n'a pas encore publié d'analyse.

Tapisse des fentes dans la Gadolinite d'Ytterby en Suède, dont il paraît n'être qu'un produit d'altération.

LANTHANITE; Kohlensaures Cerer-Oxydul; Berzélius et Hisinger. Carbocérine; Beudant. Carbonate of Cerium; Phillips.

Prisme rhomboïdal droit de 92° 46′.

$b : h :: 1000 : 653,210 \quad D = 723,971 \quad d = 689,830$

ANGLES CALCULÉS.	ANGLES MESURÉS; VICT. VON LANG	ANGLES CALCULÉS.	ANGLES MESURÉS; VICT. VON LANG
mm 92°46′ avant	92°45′	$pb^{1/2}$ 127°24′	»
*mh^1 136°23′	136°23′	$b^{1/2}m$ 142°36′	142°34′
mm 87°14′ coté	»	*$b^{1/2}b^{1/2}$ 105°12′ sur m	105°12′
		$b^{1/2}b^{1/2}$ 113°32′ avant	»
		$b^{1/2}b^{1/2}$ 108°47′ coté	»

Combinaison de formes habituelle, $m\,h^1\,p\,b^{1/2}$, offrant l'aspect d'une table très-mince, aplatie suivant sa base et biselée sur ses arêtes. Clivage facile parallèle à p. Transparente. Double réfraction assez énergique. Plan des axes optiques parallèle à h^1. Bissectrice aiguë *négative* normale à la base. Dispersion des axes très-faible; $\rho < v$. 2E = 108°1′ ray. rouges; 108°39′ ray. bleus, à 18° C.

Éclat nacré faible. Blanc grisâtre, rose ou jaunâtre.

Dur. = 2,5 à 3. Dens. = 2,67 Blake); 2,60 (Genth).

Dans le matras, dégage de l'eau. Au chalumeau, reste infusible, mais devient opaque, blanc argentin ou brunâtre. Avec le sel de phosphore, donne un verre bleu améthyste à chaud, rouge à froid, qui devient opaque par le flamber. Fait effervescence avec les acides.

$\dot{L}a\ddot{C} + 3\dot{H}$; Acide carbonique 21,28 Oxyde de lanthane 52,61 Eau 26,11.

Analyses de la lanthanite de la vallée Saucon, Pennsylvanie, *a* et *b* par Smith, *c*, par Genth.

$\ddot{C}$	$\dot{La}$	$\dot{H}$
22,58	54,90	24,09 = 101,57
21,95	55,03	24,21 = 101,19
21,08	54,95	23,97 (par différence)

D'après Smith, l'oxyde de lanthane contient un peu d'oxyde de didyme. La principale raie noire d'absorption, caractéristique de ce métal, se manifeste en effet lorsqu'on examine des lames transparentes au spectroscope. Hisinger et Mosander avaient obtenu autrefois, sur un échantillon de Suède, probablement impur :

$\ddot{C}$ 10,8 $\dot{La}$ 75,7 $\dot{H}$ 13,5 = 100, ce qui conduisait à la formule $\dot{La}^3\ddot{C} + 3\dot{H}$.

Trouvée en enduits, sur la cérérite de Bastnäs en Suède; en masses formées par une agrégation de petites tables, dans le calcaire silurien contenant les minerais de zinc de la vallée Saucon, comté de Lehigh, Pennsylvanie; en fines écailles et en croûtes minces, écailleuses, dans les fentes du minerai de fer de Sandford, et sur des cristaux d'Allanite, à Moriah, comté d'Essex, État de New-York; en petits cristaux roses tapissant les cavités d'une pyrite blanche mamelonnée, à Canton Mine, État de Georgia (Shepard).

LIÉBIGITE; Lawr. Smith.

Aiguilles très-fines, clivables dans une direction, groupées en concrétions ou en enduits minces. Transparente. Éclat vitreux dans la cassure. Couleur d'un beau vert pomme. Dur. = 2 à 2,5.

Dans le matras, dégage beaucoup d'eau et devient gris jaunâtre. Chauffée au rouge sombre, noircit sans fondre et devient *rouge orangé* après le refroidissement. Après avoir subi une température plus élevée, la couleur noire ne change plus. Avec le borax, donne un verre jaune au feu d'oxydation, vert au feu de réduction. Soluble avec effervescence dans les acides étendus; la solution est jaune et offre les réactions de l'urane et de la chaux.

$\ddot{U}\ddot{C} + \dot{Ca}\ddot{C} + 20\dot{H}$; Acide carbonique 11,12 Oxyde uranique 36,29 Chaux 7,08 Eau 45,51.

Analyse de la Liébigite d'Adrianople, moyenne de deux opérations, par Smith :

$\ddot{C}$ 10,2 $\ddot{U}$ 38,0 $\dot{Ca}$ 8,9 $\dot{H}$ 45,2 = 102,3.

Trouvée avec la Medjidite sur le péchurane, près d'Adrianople en Turquie. Signalée aussi à Johann Georgenstadt en Saxe, et à Joachimsthal en Bohême.

On peut rapprocher de la Liébigite l'Uran-Kalk-Carbonat de Vogl, produit de formation moderne découvert en 1853 dans le filon Elias près Joachimsthal. Il se présente en petites masses écailleuses, semi-transparentes ou translucides, ayant un éclat nacré sur la face de clivage, une couleur vert serin, et une dur. = 2,5 à 3. Il s'altère facilement à l'air humide et devient jaune et terreux. Il est infusible au chalumeau et se dissout avec effervescence dans les acides en donnant une solution, verte avec l'acide chlorhydrique et jaune avec l'acide azotique. Sa composition s'exprime bien par la formule,

$$\dot{U}\,\ddot{C} + \dot{C}a\,\ddot{C} + 5\,\dot{H} = \ddot{C}\ 23{,}81 \quad \dot{U}\ 36{,}67 \quad \dot{C}a\ 15{,}15 \quad \dot{H}\ 24{,}37.$$

Voici en effet la moyenne de trois analyses faites par Lindacker :

$$\ddot{C}\ 23{,}86 \quad \dot{U}\ 37{,}11 \quad \dot{C}a\ 15{,}56 \quad \dot{H}\ 23{,}34 = 99{,}87.$$

Ce produit, qui paraît résulter de l'action des eaux chargées d'acide carbonique sur les sulfates d'urane, se rencontre surtout à l'état d'enduits sur le péchurane, dans les anciens travaux de plusieurs filons des environs de Joachimsthal, où le péchurane est associé à de la fluorine, du calcaire, du gypse, de la pyrite, de la chalcopyrite, etc.

ZIPPÉITE. Haidinger a donné ce nom à l'*uranblüthe* de Zippe (1) qui se présente en flocons déliés, cristallins, opaques, peu éclatants, d'un jaune citron tirant sur le jaune soufre, très-tendres, devenant jaune orangé lorsqu'on les chauffe modérément, et se dissolvant avec effervescence dans les acides, en donnant une solution jaune. La composition du minéral, qui n'a encore été établie par aucune analyse, se rapporterait, d'après Zippe, à la formule $\dddot{U}$, $\dot{C}a$, $\ddot{C}$, $\dot{H}$. On pourrait le regarder comme provenant de l'altération de la Liébigite et de l'Uran-Kalk-Carbonat de Vogl. On l'a trouvé, avec uraconise, sur le péchurane, dans le filon Elias à Joachimsthal.

VOGLITE. Uran-Kalk-Kupfer-Carbonat; Vogl.

Petites écailles de forme rhombe, offrant, d'après Haidinger, des angles de 100° et 80°, striées parallèlement à un de leurs côtés.

---

(1) Le nom d'*uranblüthe* paraît s'appliquer à plusieurs substances de composition différente, mais d'aspect semblable ; car les analyses de Lindacker prouvent que, parmi les mamelons jaunes qui portent ce nom, se trouve un sulfate hydraté d'urane, désigné à tort par M. Dana comme *Zippéite*.

Éclat nacré. Couleur vert émeraude ou vert d'herbe. Dichroïque. Tendre et friable.

Dans le matras, dégage de l'eau et noircit. Au chalumeau, colore la flamme en vert et reste infusible. Avec le borax, donne un verre jaune à chaud, brun rougeâtre à froid, au feu d'oxydation, vert à chaud et trouble à froid, au feu de réduction. Soluble avec effervescence dans l'acide chlorhydrique étendu.

Une analyse a donné à Lindacker : $\ddot{C}$ 26,41 $\dot{U}$ 37,00 $\dot{Ca}$ 14,09 $\dot{Cu}$ 8,40 $\dot{H}$ 13,90 = 99,80 ; ces nombres conduisent approximativement à la formule $2\dot{U}\ddot{C} + 2\dot{Ca}\ddot{C} + \dot{Cu}\ddot{C} + 6\dot{H}$ = $\ddot{C}$ 27,83 $\dot{U}$ 34,28 $\dot{Ca}$ 14,17 $\dot{Cu}$ 10,06 $\dot{H}$ 13,66.

Les écailles sont groupées sous forme d'enduits cristallins, associés à l'Uran-Kalk-Carbonat, sur le péchurane du filon Elias, à Joachimsthal en Bohême.

WISÉRITE ; Haidinger. Masses bacillaires ou fibreuses, d'un blanc grisâtre passant quelquefois au jaune ou au brun, d'un éclat nacré ou soyeux.

Dans le matras, dégage de l'eau. Au chalumeau, fond facilement en globule noir non magnétique. Contient de l'acide carbonique, de l'oxyde manganeux et de l'eau.

Tapisse les fentes d'une Hausmannite cristalline, grenue, associée à de la diallogite et à du fer oxydulé, à la mine d'hématite rouge du mont Gonzen près Sargans, canton de Saint-Gall en Suisse.

Décrite d'abord par M. D. F. Wiser comme un hydrocarbonate de manganèse, cette substance devrait plutôt, d'après M. Kenngott, être regardée comme de la pyrochroïte ($\dot{Mn}\dot{H}$) dans laquelle l'acide carbonique se serait introduit par suite d'un commencement de décomposition.

TEXASITE ; Kenngott. Hydrate of Nickel ; Emerald Nickel ; Silliman. Nickel Smaragd des Allemands. Zaratita ; Casares. Zaratite ; Dana.

Petits cristaux prismatiques à sommets arrondis. Transparente ou translucide. Éclat vitreux. Vert émeraude. Poussière plus pâle. Fragile.

Dur. = 3 à 3,25. Dens. = 2,57 à 2,69.

Dans le matras, dégage de l'eau et de l'acide carbonique, en laissant un résidu noir grisâtre, magnétique. Infusible au chalumeau. Avec le borax, au feu d'oxydation, donne un verre violet à chaud, brun rougeâtre à froid; au feu de réduction, le verre devient gris et opaque, à cause du nickel réduit. Soluble avec effervescence, à chaud, dans l'acide chlorhydrique étendu.

$\dot{N}i\ddot{C} + 2(\dot{N}i, \dot{H}^3)$; Acide carbonique 11,67 Protoxyde de nickel 59,69 Eau 28,64.

Analyses de la texasite de Texas, *a*, par Silliman, *b*, par Smith et Brush.

	$\ddot{C}$	$\dot{N}i$	$\dot{H}$	$\dot{M}g$
a.	11,69	58,81	29,50	» = 100
b.	11,63	56,82	29,87	1,68 = 100

La magnésie paraît remplacer quelquefois une partie de l'oxyde de nickel; dans ce cas, le minéral a une couleur plus pâle.

Se trouve en incrustations cristallines, capillaires, ou en croûtes stalactitiques, mamelonnées, compactes, associées à la serpentine et souvent mélangées d'une matière talqueuse, sur le fer chromé de Texas, comté de Lancaster en Pennsylvanie, et de Swinaness, île d'Unst, une des Shetland.

La *zaratite* de Casares (écrite quelquefois par erreur *zamtite*) forme des incrustations ou des stalactites d'un vert émeraude, quelquefois transparentes, à la surface d'un fer oxydulé du cap Hortegal en Galice, Espagne. On sait que c'est un hydrocarbonate de nickel avec un peu de magnésie, et ses caractères la rapprochent tout à fait de la variété de Texas; mais son analyse n'a pas encore été faite.

RÉMINGTONITE; J. C. Booth.

Croûte tendre et terreuse, opaque, rose, à poussière d'un rose pâle, soluble avec une légère effervescence dans l'acide chlorhydrique, en donnant une solution verte. Réaction du cobalt, par fusion avec le borax.

Carbonate hydraté de cobalt, d'une composition encore indéterminée.

Trouvée en enduits sur des couches minces de serpentine traversant de la hornblende et de l'épidote, dans une mine de cuivre près Finksburg, comté de Carroll, Maryland.

H. de Senarmont a obtenu, par la voie humide, un carbonate de nickel et un carbonate de cobalt, tous deux rhomboédriques.

ZINCONISE; Beudant. Zinkblüthe; Karsten et Hausmann. Zinc hydrocarbonaté; Dufrénoy. Hydrozincite; Dana. Calamine terreuse. Fleur de zinc.

Amorphe. Cassure terreuse. Opaque. Intérieurement terne; quelquefois brillante à la surface et dans la râclure. Blanc pur; blanc jaunâtre ou grisâtre. Plus ou moins facile à écraser.

Dur. = 2 à 2,5. Dens. = 3,25 à 3,59.

Dans le matras, dégage de l'eau. Au chalumeau, et avec les acides, se comporte d'ailleurs comme la Smithsonite. Presque entièrement soluble dans un mélange d'ammoniaque et de carbonate d'ammoniaque (Braun).

Composition un peu variable, mais se rapprochant en général de la formule $3\dot{Z}n\ddot{C}+5\dot{Z}n\dot{H}$; Acide carbonique 15,11 Oxyde zincique 74,58 Eau 10,31.

Analyses de la zinconise : *a*, de Bleiberg en Carinthie, par Smithson; *b*, de Raibl en Carinthie, par Karsten; *c*, de Hollenthal en Bavière, par Reichert; de Santander en Espagne, *d*, par T. Petersen et E. Voit (moyen. de 5 opérations); *e*, par Terreil (variété oolitique); *f*, par Sullivan; de Taft en Perse, *g*, par Gœbel; d'Arkansas, *h*, par Elderhorst (*marionite* en lames concentriques et contournées).

	a	*b*	*c*	*d*	*e*	*f*	*g*	*h*
Acide carbon.	13.5	14.74	16.25	15.1	14.05	15.13	15,17	15,01
Ox. zincique	71.4	72.84	71.69	73.1	72.72	74.34	73.35	73.26
Eau	15.1	12.30	11.90	11.8	13.23	10.53	11.13	11.81
	100.0	99.88	99.84	100.0	100.00	100.00	99.65	100.08
Densité :	»	»	»	3.252	»	»	»	»

Le minéral perd environ 2 p. 100 d'eau et d'acide carbonique, quand on le chauffe à 130° C.; le reste se dégage à 150 ou 180° C.

Se présente en masses terreuses compactes, quelquefois oolitiques à noyaux sphériques de grosseurs variables et formés de couches concentriques; en rognons, en stalactites, en incrustations composées de lames minces plus ou moins contournées.

Se trouve dans la plupart des mines de zinc, avec calamine, Smithsonite, blende, pyromorphite, etc., à Raibl et à Bleiberg en Carinthie; à la mine Dolores, vallée d'Udias, province de Santander en Espagne (masses puissantes offrant des amas concrétionnés, pisolitiques, nodulaires, souvent mélangés de calamine ou pseudomorphosant ses cristaux); aux mines de Las Nieves et de La Augustina près La Nestosa, province de Guipuzcoa en Espagne; près Reimsbeck en Westphalie; à Hollenthal en Bavière; à Taft, province de Jesd en Perse; aux États-Unis, à Friedensville en Pennsylvanie, à Linden en Wisconsin, dans le comté de Marion, Arkansas (*marionite*).

On obtient une substance semblable à la zinconise, en traitant à chaud des solutions aqueuses de sels de zinc par les carbonates alcalins. Le zinc mouillé et exposé à l'air donne aussi naissance à un composé défini, contenant d'après Bonsdorff : $\ddot{C}$ 14,19 $\dot{Z}n$ 71,25 $\dot{H}$ 14,56 = 100.

AURICHALCITE. Aurichalzit; Böttger. Mine de laiton; Patrin.

Cristaux aciculaires de forme indéterminée. Translucide. Éclat nacré. Vert pâle ou vert-de-gris; quelquefois bleu de ciel. Poussière verdâtre ou bleuâtre pâle. Dur. = 2. Dens. = 3,01? (Hermann).

Dans le matras, dégage de l'eau et noircit. Au chalumeau, reste infusible et colore la flamme en vert. Avec la soude, sur le charbon, donne de l'oxyde de zinc qui, broyé et lavé, fournit de petits grains de cuivre. Soluble avec effervescence dans les acides.

$2(\dot{Z}n, \dot{C}u)\ddot{C} + \dot{Z}n\dot{H}^3$; Acide carbonique 16,14 Oxyde zincique 44,80 Oxyde de cuivre 29,16 Eau 9,90.

Analyses de l'aurichalcite de l'Altaï, *a* et *b*, par Böttger.

	$\ddot{C}$	$\dot{Z}n$	$\dot{C}u$	$\dot{H}$
a.	16,06	45,84	28,19	9,95 = 100,04
b.	16,08	45,62	28,36	9,93 = 99,99

On a proposé de nommer Risséite, une variété cristalline, fibreuse, d'un bleu clair, d'Espagne, dont l'analyse a fourni à M. Risse : $\ddot{C}$ 14,08 $\dot{Z}n$ 55,29 $\dot{C}u$ 18,41 $\dot{H}$ 10,80 Résidu 1,86 = 100,44; ces nombres peuvent être rapportés à la formule $\dot{Z}n\ddot{C} + 2\dot{C}u\ddot{C} + 5\dot{Z}n\dot{H}$ = $\ddot{C}$ 15,18 $\dot{Z}n$ 56,19 $\dot{C}u$ 18,29 $\dot{H}$ 10,34, qui conviendrait à une *zinconise* cuivreuse.

M. Delesse a donné le nom de Buratite aux variétés calcifères d'un vert pomme, d'un vert bleu ou d'un bleu clair. Il a obtenu pour trois échantillons, *c*, de Loktefskoi dans l'Altaï, *d*, de Chessy près Lyon, *e*, de Campiglia en Toscane :

	c	*d*	*e*
Acide carbonique	21,45	19,88	$\ddot{C}$ et $\dot{H}$ 39,16
Oxyde zincique	32,02	41,19	26,98
Oxyde de cuivre	29,46	29,00	4,17
Chaux	8,62	2,16	29,69
Eau	8,45	7,62	»
	100,00	99,85	100,00
Densité :	3,32	»	2,913

Les analyses *c* et *d* conduisent à la formule $\dot{R}\ddot{C} + \dot{R}\dot{H}$, dans laquelle $\dot{R} = (\dot{Zn}, \dot{Cu}, \dot{Ca})$, les rapports entre les trois bases étant : $\dot{Zn} : \dot{Cu} : \dot{Ca} :: 5 : 5 : 2$ pour l'analyse *c*, et $:: 14 : 10 : 1$ pour l'analyse *d*.

L'aurichalcite de Böttger a été trouvée à la mine de cuivre de Loktefskoi dans l'Altaï, associée à du calcaire et à de la limonite. On la cite à Matlock en Derbyshire (variété d'un vert pâle, à structure laminaire, à éclat nacré); à Roughten-Gill en Cumberland; à Leadhills en Écosse; à Lancaster en Pennsylvanie.

La Risséite (*Messingblüthe* de Risse, *Kupferzinkblüthe* de Braun) accompagne une calamine ferrifère, dans une mine du Guipuzcoa en Espagne.

La Buratite provient de Loktefskoi; de Chessy près Lyon; de Rézbánya en Hongrie (aiguilles rectangulaires, clivables en très-petites tables rhombiques ou rhomboédriques, d'après Peters, et formant des groupes divergents); de Temperino, près Campiglia en Toscane; du Tyrol; de Framont dans les Vosges.

On s'accorde généralement à rapporter à une même espèce les variétés de toutes les localités que nous venons de citer, à cause de l'analogie de leurs caractères extérieurs; mais les divergences que présentent leurs analyses montrent que cette espèce possède une composition assez mal définie.

BISMUTHITE; Breithaupt. Wismuthspath; Rammelsberg. Agnésite; Brooke et Miller. Bismuth carbonaté; Dufrénoy.

Amorphe. Cassure conchoïdale ou inégale; terreuse. Opaque; quelquefois translucide sur les bords. Éclat vitreux à l'état de pureté; souvent terne. Vert serin plus ou moins foncé; gris jaunâtre; jaune paille. Poussière gris verdâtre ou blanche.

Dur. = 4 à 4,5. Dens. = 6,86 à 6,91 (Breithaupt); 7,67 (Rammelsberg).

Dans le matras, décrépite, dégage un peu d'eau et devient grise.

Au chalumeau, sur le charbon, fond facilement et se réduit en un globule métallique entouré d'une auréole d'oxyde jaune de bismuth. Soluble avec effervescence dans l'acide azotique, en donnant une liqueur jaune foncé, qui se trouble par l'addition de l'eau.

$\dddot{Bi}^4\ddot{C}^3 + 4\dot{H}$; Acide carbonique 6,36 Oxyde de bismuth 90,17 Eau 3,47.

Analyses de la bismuthite (*wismuthspath*) du district de Chesterfield abstraction faite d'un mélange de silice, d'alumine, de chaux, de magnésie et d'oxyde ferrique), *a*, par Rammelsberg, *b* et *c*, par

Genth; d'une variété du département de la Corrèze (abstraction faite de 6 p. 100 d'un mélange composé de petites quantités d'oxyde de plomb, de chaux, d'alumine, d'oxyde ferrique, de silice, d'acide sulfurique et d'acide arsenique), *d*, par Carnol.

	$\ddot{C}$	$\dddot{Bi}$	$\dot{H}$
a.	6.56	90,00	3.44 = 100
b.	7.04	89.05	3.91 = 100
c.	7.30	87.67	5.03 = 100
d.	3.35	91.46	5.19 = 100

Forme des masses terreuses, des concrétions ou des incrustations, et des cristaux aciculaires, pseudomorphes de bismuth sulfuré.

La *bismuthite* de Breithaupt, dans laquelle Plattner a constaté la présence d'un peu de cuivre et d'acide sulfurique, se trouve sur une hématite brune, avec bismuth natif et bismuth sulfuré, à la mine Arme Hülfe près Ullersreuth, principauté de Reuss; à Schneeberg; à Johann Georgenstadt; à Joachimsthal en Bohême; à la mine Siebenhitz près Hof en Bavière, et aux environs de Bade (belles aiguilles pseudomorphiques). Le *wismuthspath* de Rammelsberg provient de la mine Brewer, district aurifère de Chesterfield dans la Caroline du Sud (masses poreuses jaunâtres, ressemblant assez à de la calamine), et du comté Gaston, Caroline du Nord (concrétions d'un blanc jaunâtre). On en a trouvé récemment à Meymac, département de la Corrèze, de belles masses pseudomorphiques du bismuth sulfuré, avec des masses laminaires inaltérées de ce sulfure, et avec du bismuth natif.

Mac Gregor a décrit autrefois des masses terreuses (*Grégorite*) ressemblant à de la stéatite, d'une densité = 4,31 et renfermant, comme éléments principaux 51,30 de $\ddot{C}$ et 28,80 de $\dddot{Bi}$; mais son analyse paraît tout à fait inadmissible. Ces masses venaient de Saint-Agnès en Cornwall.

D'après Lindacker, il existe à Joachimsthal, avec la bismuthite, un autre carbonate de bismuth (*Walthérite*), en longs cristaux translucides, vitreux, d'un vert serin ou d'un brun de girofle, solubles avec effervescence dans les acides, et contenant de l'acide carbonique, de l'oxyde de bismuth, de l'eau et de la silice.

Toutes ces matières, qui proviennent d'une altération du bismuth natif et du bismuth sulfuré, paraissent constituer des mélanges, plutôt qu'une espèce définie.

MALACHITE. Χρυσοκολλα; Théophraste et Dioscoride. Molochites; Pline. Cuivre carbonaté; Haüy. Hemiprismatischer Habronem-Malachit; Mohs. Berggrün; vert de montagne; cendre verte. Atlaserz des mineurs de Thuringe.

Prisme rhomboïdal oblique de 104°20′.

$$b : h :: 1000 : 301{,}030 \quad D = 750{,}366 \quad d = 661{,}023.$$

Angle plan de la base = 97°14′39″
Angle plan des faces latérales = 108°10′54″

ANGLES CALCULÉS.	ANGLES MESURÉS.
* mm 104°20′	104°20′ H. R. (1)
	104°28′ Z. (2)
	104°4′ L. S. (3)
mh^1 142°10′	142°10′ H. R.
mg^1 127°50′	»
h^1g^1 90°	»
* ph^1 118°10′	118°40′ H. R.
	118°7′ L. T. (3)
	118°15′ Z.
pp adj. 123°40′ sort.	123°22′ Z.
	macle paral. à h^1
pa^1 152°55′	»
a^1h^1 adj. 88°55′	»
$pa^{4/5}$ 145°32′	145°34′ L. A. (4)
$a^{4/5}h^1$ adj. 96°18′	»
$a^{4/5}{}_{\varepsilon\,\iota}p$ 167°25′ rentr.	168°20′ L. A.
$pa^{3/4}$ 143°7′	143°2′ L. T.
* $a^{3/4}h^1$ adj. 98°43′	98°43′ à 49′ L. S.
	98°43′ L. T.
$a^{3/4}{}_{\iota\,\varepsilon}p$ 162°34′ sort.	162°29′ L. T.
	163°20′ à 36′ L. S.
$pa^{2/3}$ 138°22′	138°0′ L. A.
$a^{2/3}h^1$ adj. 103°28′	»
$a^{2/3}{}_{\varepsilon\,\varepsilon}p$ 153°4′ rentr.	macle paral. à h^1
$pa^{1/2}$ 125°22′	123°20′ H. R.
$a^{1/2}h^1$ adj. 116°28′	»
$a^{1/2}h^1$ 63°32′ sur p	61°35′ H. R.
$a^1a^{1/2}$ 152°27′	»
$a^{1/2}{}_{\varepsilon\,\iota}p$ 127°4′ rentr.	macle paral. à h^1
pm antér. 111°53′	111°54′ H. R.

ANGLES CALCULÉS.	ANGLES MESURÉS.
εh^1 post. 115°41′	114° env. L. T.
γh^1 98°25′30″ sur ε	»
δh^1 antér. 88°57′	»
a_2h^1 adj. 103°13′	»
αh^1 96°10′ sur a_2	»
$g^1\delta$ 104°48′	»
$g^1\varphi$ 104°4′	104°27′ H. H. (5)
$\delta\delta$ 150°4′ sur a^1	»
$\varphi\varphi$ 151°52′ sur a^1	»
$g^1\beta$ 106°39′	»
$g^1\alpha$ 101°17′	»
$\beta\beta$ 146°42′ sur $a^{4/5}$	145°18′ L. A.
	146°0′ env. L. A.
$\alpha\alpha$ 157°26′ sur $a^{4/5}$	157°30′ L. A.
	156°38′ L. A.
$g^1\gamma$ 104°48′	105°6′ L. T.
$g^1a^{3/4}$ 90°	»
$\gamma\gamma$ 150°24′ sur $a^{3/4}$	150°27′ L. T.
g^1a_2 101°2′	»
$g^1a^{2/3}$ 90°	»
a_2a_2 157°56′ sur $a^{2/3}$	»
$a_2a^{2/3}$ 168°58′	168°0′ L. A.
g^1a_3 109°45′	»
$g^1\varepsilon$ 103°28′	»
a_3a_3 140°30′ sur $a^{1/2}$	»
$\varepsilon\varepsilon$ 153°4′ sur $a^{1/2}$	152°30′ L. T.

(1) H. R. Hessenberg, cristaux de Rheinbreitbach.
(2) Z. von Zepharowich, cristaux d'Olsa en Carinthie.
(3) L. S. von Lang, cristaux de Siegen; L. T., cristaux de Nischne-Tagilsk.
(4) L. A. von Lang, cristaux d'Australie.
(5) H. H. Hessenberg, cristaux de Rézbánya en Hongrie.

ANGLES CALCULÉS.	ANGLES MESURÉS.	ANGLES CALCULÉS.	ANGLES MESURÉS.
$g^1 a_5$ 119°24′	»	$a_2 m$ adj. 107°20′	107°0′ L. A.
$a_5 a_5$ adj. 121°12′	123° env. L. T.	$a^1 m$ postér. 89°9′	»
βm antér. 95°20′	96°30′ L. A.	$a^{3/4} m$ adj. 96°52′	96°52′ L. T.
γm antér. 92°21′	92°13′ L. T.	εm adj. 119°1′	118°0′ L. T.
$a_2 m$ antér. 86°23′	86°30′ L. A.	ar. $\frac{a_5}{a_5} : \frac{m}{m}$ avant 135°24′	136° env. L. T.?
$a^{1/2} m$ antér. 69°24′	»	ar. $\frac{a_5}{p} : \frac{m}{m}$ côté 128°45′	130° env. L. T.?
$a_5 m$ adj. 142°17′	144° env. L. T.		
$a_3 m$ adj. 122°35′	»		

$\delta = (b^1 b^{1/5} h^{1/3})$ $\quad \alpha = (b^{1/3} b^{1/7} h^{1/4})$ $\quad a_3 = (b^1 b^{1/3} h^1)$

$\varphi = (b^{1/3} b^{1/13} h^{1/8})$ $\quad \gamma = (b^{1/2} b^{1/6} h^{1/3})$ $\quad a_5 = (b^1 b^{1/5} h^1)$

$\beta = (b^1 b^{1/4} h^{1/2})$ $\quad a_2 = (b^1 b^{1/2} h^1)$ $\quad \varepsilon = (b^{1/4} b^{1/8} h^{1/3})$

Principales combinaisons de formes observées : $m\, g^1\, \varphi$ (Rézbánya); $m\, h^1\, g^1\, \gamma$; $m\, h^1\, g^1\, p\, a^1\, a^{1/2}\, \delta$ (Rheinbreitbach); $m\, a^{3/4}$; $m\, h^1\, g^1\, p\, a^{3/4}$ (*fig.* 322, pl. LIV, Siegen); $m\, \alpha$ (*fig.* 323 *bis*); $m\, h^1\, g^1\, \beta$ (*fig.* 323); $m\, \beta$; $m\, \alpha\, a^{4/5}$; $m\, p\, a^{2/3}\, a_2$ (Australie); $m\, h^1\, g^1\, p$ (Joachimsthal); $m\, h^1\, g^1\, \gamma\, \varepsilon$; $m\, h^1\, p\, a^{3/4}\, \gamma$ (Nischne-Tagilsk); $m\, h^1\, a^{3/4}\, \gamma$; etc. Les faces sont généralement peu unies et ne fournissent que des mesures d'angles approximatives. Les h^1, les m et les g^1 sont striées verticalement. Les cristaux *simples* sont très-rares; presque tous sont maclés. D'après M. Vict. von Lang (1), les macles se composent, tantôt de deux moitiés d'un individu simple, hémitropes autour d'une normale à h^1 (*fig.* 322), tantôt de deux cristaux déjà composés, se pénétrant suivant une surface irrégulière, comme le montre la coupe *fig.* 323 *bis*, faite suivant le plan de symétrie. Les formes a^1 et $a^{1/2}$ n'ont été observées que par M. Hessenberg, sur des cristaux de Rheinbreitbach *supposés simples;* la forms φ est très-douteuse et doit sans doute se confondre avec δ; a_3 est douteuse. Clivage parfait suivant p, moins parfait suivant g^1. Cassure conchoïdale ou inégale. Transparente ou translucide. Plan des axes optiques parallèle au plan de symétrie. Dispersion propre des axes assez notable : $\rho < v$, pour les axes apparents dans l'air; $\rho > v$, pour les axes intérieurs. Dispersion *inclinée* peu marquée, ne se manifestant que par une différence dans la forme des anneaux des deux systèmes vus dans l'air à travers la base. Bissectrice aiguë *négative* faisant approximativement des angles de :

---

(1) On the Crystalline Form and the Optical Properties of Malachite. *Philos. Magazine*, série 4, vol. XXV, p. 432, et XXVIII, p. 502.

AVEC UNE NORMALE A p ;	AVEC UNE NORMALE A h^1 ANTÉR.
4°41′	66°31′ ray. rouges;
4°39′	66°29′ ray. jaunes.

$\beta = \begin{cases} 1,87 \\ 1,88 \end{cases}$ $2V = \begin{cases} 44°7' \\ 43°54' \end{cases}$ $2E = \begin{cases} 89°14' \text{ ray. rouges;} \\ 89°18' \text{ ray. jaunes.} \end{cases}$

Éclat vitreux ; nacré sur la base. Vert émeraude ; vert d'herbe ; vert-de-gris, passant au vert pomme. Poussière vert-de-gris. Fragile.

Dur. = 3,5 à 4. Dens. = 3,928 à 4,0 (Damour), masses fibreuses de l'Oural ; 4,03 (von Zepharowich), cristaux d'Olsa.

Dans le matras, décrépite faiblement, dégage de l'eau et noircit. Au chalumeau, fond, en communiquant à la flamme une légère teinte verte; sur le charbon, fond et donne un globule de cuivre. Soluble avec effervescence dans les acides; soluble dans l'ammoniaque.

$\dot{Cu}\ddot{C} + \dot{Cu}\dot{H}$; Acide carbonique 19,90 Protoxyde de cuivre 71,95 Eau 8,15.

Analyses de la malachite : cristalisée, de Chessy, *a*, par Vauquelin, *b*, par Phillips; de Phenixville, *c*, par L. Smith; des mines Gumeschewskoi, Oural, *d*, par Struve ; *e*, de la côte ouest d'Afrique, *f*, du Chili, toutes deux par Field.

	a	*b*	*c*	*d*	*e*	*f*
Acide carbonique	21,25	18.5	19.09	19.08	19,68	18,80
Protoxyde de cuivre	70.10	72,2	71.46	72,11	71.73	71,69
Eau	8,75	9.3	9.02	8,81	8,58	8,51
Oxyde ferrique	»	»	0,12	»	»	»
	100.10	100.0	99.69	100.00	99.99	99.00

La malachite se présente en cristaux, toujours très-petits et rarement nets, tantôt allongés suivant l'axe vertical (*fig.* 322), tantôt raccourcis suivant cet axe et très-développés suivant l'arête $\frac{\beta}{\beta}$ (*fig.* 323); en aiguilles plus ou moins longues et plus ou moins fines; en masses globulaires, réniformes ou stalactitiques, offrant une structure fibreuse et des couches concentriques de diverses nuances de vert; quelquefois en masses terreuses. A l'état fibreux ou terreux, elle remplace plus ou moins complétement des cristaux de chessylite, d'atacamite, de cuivre oxydulé, de cuivre gris, de chalcopyrite, de calcaire, de céruse. Elle accompagne ordinairement les autres minerais de cuivre, et paraît provenir de leur décomposition.

Les cristaux les plus gros ou les plus nets se trouvent à Rheinbreitbach, sur calcédoine, avec la lunnite ; à Wallaroo et Burra Burra, Australie méridionale ; à Grimberg près Siegen en Prusse ; à Joachimsthal en Bohème ; à Olsa en Carinthie ; en Tyrol, à

Schwatz (pseudomorphoses de scalénoèdres de calcaire), et à Brixlek (pseudomorphoses de cuivre gris); à Rézbánya en Hongrie; à Neu-Moldova en Woivodine (pseudomorphoses de chalcopyrite); à Chessy près Lyon (pseudomorphoses de cuivre oxydulé et de chessylite); dans l'Oural, à la mine Medno Rondiansky, près Nischne-Tagilsk, à Slatoust, aux mines de Turjinsk (pseudomorphoses remarquables de cristaux d'atacamite offrant la combinaison $pa^2a^1e^1b^{1/2}$ et atteignant 5 centim. de longueur sur 1 centim. de largeur), de Gumeschewskoi, etc.; aux mines de Koliwan et de Werchoturie dans l'Altaï; à Linares en Espagne; dans le Cornwall et le Cumberland en Angleterre; à Limerick et à Waterford en Irlande; aux ÉtatsUnis, à New-Brunswick dans le New-Jersey; à Cornwall, comté de Lebanon; près Morgantown, comté de Berks, et aux mines de plomb de Phenixville en Pennsylvanie; à la mine Hughes, comté de Calaveras en Californie; à l'île de Cuba; à los Remolinos au Chili; au Gabon, côte ouest d'Afrique.

Les mines de l'Oural fournissent quelquefois des masses réniformes pesant plusieurs quintaux. Leurs produits, remarquables par leur agréable couleur et la belle disposition de leurs zones, sont presque exclusivement employés en placage servant à revêtir des colonnes, de grandes tables, des vases, des candélabres, etc., ou en petits objets d'ornement. Les rognons du Gabon, à surface cristalline, d'un vert foncé assez uniforme, arrivent depuis quelques années en Europe, en quantité suffisante pour être traités comme minerai de cuivre.

On a observé de la malachite de formation contemporaine, à une ancienne *halde* de la mine Junge hohe Birke, près Freiberg (Plattner) et à Reichenau (F. Schliwa). M. Becquerel en a obtenu en trempant, dans une solution de carbonate alcalin, du calcaire grossier imprégné de nitrate de cuivre. D'après H. Rose et F. Field, elle résulte aussi de la précipitation à froid du sulfate de cuivre par une dissolution étendue de carbonate de soude ou de potasse.

La malachite calcifère (Kalkmalachit de Zincken) est une variété en masses réniformes ou botryoïdes, à structure fibreuse ou écailleuse, d'un éclat soyeux, d'une couleur de vert-de-gris, d'une dur. = 2,5. D'après les essais de Zincken, la substance se dissout avec effervescence dans l'acide chlorhydrique, en laissant un résidu gélatineux de gypse, et elle se compose d'un hydrocarbonate de cuivre, avec un peu de carbonate et de sulfate de chaux, et une petite quantité de fer. On l'a trouvée près Lauterberg au Hartz.

L'atlasite de Breithaupt ressemble à l'atacamite. Elle se présente en masses amorphes ou fibreuses et même bacillaires, clivables comme la malachite. Éclat vitreux ou soyeux. Couleur entre le vert céladon et le vert émeraude. Poussière vert-de-gris.

Dur. = 4. Dens. = 3,839 à 3,869. Soluble avec effervescence dans les acides, et, au chalumeau, colorant fortement la flamme en vert.

Th. Erhard a obtenu pour sa composition :

$\ddot{C}$ 16,48 $\dot{C}u$ 70,18 $\dot{H}$ 9,30 Cl 4,14 Gangue 0,70 = 100,80.

Ces nombres indiquent un mélange de malachite et d'un chlorure de cuivre hydraté, qui peut se représenter par la formule :

$$7\,(\underbrace{\dot{C}u^2\ddot{C} + \dot{H}}_{\text{malachite}}) + Cu\,Cl,\ \dot{H}^3 = \ddot{C}\ 17{,}74 \quad \dot{C}u\ 64{,}13 \quad \dot{H}\ 10{,}37$$

Cu 3,67 Cl 4,09.

Elle s'est rencontrée, mélangée de gypse et associée à du cuivre oxydulé, à Chañarcillo, à Atacama et à Copiapo, Chili.

CHESSYLITE; Brooke et Miller. κυανός; Théophraste et Dioscoride. Cæruleum; Pline. Kupferlasur; Werner. Cuivre carbonaté: Haüy. Hemiprismatischer Lasur-Malachit; Mohs. Lasur; Haidinger. Kupferlasur; Hausmann. Azurite; Beudant. Cuivre carbonaté bleu; Cuivre azuré; Cuivre bleu; Bleu de montagne; Pierre d'Arménie.

Prisme rhomboïdal oblique de 99°32′.

$b : h :: 1000 : 670{,}737 \quad D = 763{,}092 \quad d = 646{,}281.$

Angle plan de la base = 99°28′35″
Angle plan des faces latérales = 91°31′7″

ANGLES CALCULÉS.	ANGLES CALCULÉS.	ANGLES CALCULÉS.
mm 99°32′ avant	po^4 165°37′	pa^8 adj. 172°35′
mh^5 169°11′30″	166°15′ obs. Lévy	172°30′ obs. Sch.
mh^3 162°42′	o^4h^1 adj. 106°44′	a^8h^1 adj. 95°4′
mh^1 139°46′	po^2 153°5′	pa^5 adj. 168°11′
139°38′ à 40′ obs. Schr. (1)	o^2h^1 adj. 119°46′	a^5h^1 adj. 99°28′
h^5h^5 121°9′ sur h^1	po^1 135°9′	pa^4 165°27′
h^3h^3 134°8′ sur h^1	135°10′ à 20′ obs. Sch.	165°30′ obs. Sch.
mg^3 160°49′	o^1h^1 adj. 137°12′	$pa^{\frac{7}{2}}$ 163°29′
mg^1 130°14′	137°15′ obs. Sch.	163° obs. Sch.
mm 80°28′ sur g^1	$po^{\frac{1}{2}}$ adj. 117°37′	pa^3 adj. 160°41′
80°47′ obs. Schr.	$o^{\frac{1}{2}}h^1$ adj. 154°44′	160°47′ obs. Lévy
g^3g^3 118°50′ sur g^1	ph^1 ant. 92°21′	159°40′ obs. Sch.
h^1g^1 90°	92°24′ à 25′ obs. Sch.	a^3h^1 adj. 106°58′

(1) Schr. Schrauf; angles mesurés sur des cristaux de Chessy, de Nertschinsk, d'Australie, de Vénézuela et du lac de Laach.

ANGLES CALCULÉS.

—

pa^2 adj. 152°5′
152°4′ obs. Sch.
a^2h^1 adj. 115°34′
$^*pa^1$ adj. 132°43′
132°30′ à 50′ obs. Sch.
$^*a^1h^1$ adj. 134°56′
134°50′ obs. Sch.
a^8a^1 140°8′
$pa^{4/5}$ 127°38′
126°5′ obs. Sch.
$pa^{2/3}$ adj. 124°3′
124°1′ à 30′ obs. Sch.
$a^{2/3}h^1$ adj. 146°36′
$pa^{1/2}$ adj. 113°48′
113°30′ obs. Sch.
$a^{1/2}h^1$ adj. 153°51′
$pa^{1/3}$ adj. 105°40′
$a^{1/3}h^1$ adj. 161°59′
ph^1 post. 87°39′
87°36′ à 48′ obs. Sch.

$pe^{5/2}$ 160°39′
$e^{5/2}e^{5/2}$ 141°18′ sur p
$pe^{3/2}$ 149°39′
149°30′ obs. Sch.
$e^{3/2}e^{3/2}$ 119°18′ sur p
pe^1 138°43′
138°30′ à 33′ obs. Sch.
e^1e^1 97°26′ sur p
$pe^{1/2}$ 119°39′
119°35′ obs. Sch.
$e^{1/2}e^{1/2}$ 59°18′ sur p

$pd^{1/2}$ 127°30′
127°30′ obs. Sch.
$pd^{1/4}$ 114°46′
114°50′ obs. Sch.
$d^{1/4}m$ 160°2′
160°2′ obs. Sch.
pm ant. 94°48′
94°48′ obs. Sch.
$pb^{5/4}$ adj. 151°4′
pb^1 adj. 145°14′
$pb^{3/4}$ adj. 137°0′
$pb^{1/2}$ adj. 125°40′
125°20′ obs. Sch.

ANGLES CALCULÉS.

—

$pb^{1/4}$ adj. 108°36′
$b^{1/2}b^{1/4}$ 163°26′
163°30′ obs. Sch.
$pb^{1/8}$ adj. 98°27′
$b^{1/2}b^{1/8}$ 153°47′
153°45′ obs. Sch.
pm post. 88°12′
88°5′ obs. Sch.

$p\xi$ adj. 101°4′

$p\alpha$ adj. 112°7′
ph^3 post. 87°50′

$p\zeta$ adj. 107°30′
ph^5 ant. 92°10′

$p\delta$ adj. 127°6′
$p\gamma$ adj. 117°4′
115°30′ obs. Phillips
px adj. 104°54′
pg^3 ant. 91°12′
$p\varepsilon$ adj. 140°18′
$p\beta$ adj. 125°33′
125°32′ obs. Sch.
$p\lambda$ adj. 115°9′
115°20′ obs. Sch.
$p\pi$ adj. 107°1′
107° obs. Sch.
$p\omega$ adj. 102°39′
102°37′30″ obs. Sch.
pg^3 post. 88°48′

$p\eta$ adj. 126°26′
$p\zeta$ adj. 125°48′
$p\chi$ adj. 101°52′
$p\tau$ adj. 107°2′
$p\Sigma$ adj. 119°44′
$p\upsilon$ adj. 118°5′
$p\rho$ adj. 144°25′
$p\Delta$ adj. 107°54′
$p\mu$ adj. 100°22′
100° obs. Lévy
100°20′ obs. Sch.
χh^1 ant. 96°29′
μh^1 post. 96°55′

ANGLES CALCULÉS.

—

xh^1 ant. 120°6′
$b^{1/8}h^1$ adj. 138°26′
ωh^1 post. 119°7′

ξh^1 adj. 147°22′
148°30′ obs. Sch.
$d^{1/4}h^1$ adj. 136°20′
136°15′ obs. Sch.
$d^{1/4}e^{1/2}$ 134°50′
134°50′ obs. Sch.
γh^1 118°6′ sur $d^{1/4}$
$e^{1/2}h^1$ 91°10′ sur $d^{1/4}$
λh^1 post. 116°15′
$b^{1/4}h^1$ adj. 135°12′

δh^1 ant. 115°28′
βh^1 post. 112°55′

$d^{1/2}h^1$ adj. 129°3′
e^1h^1 91°46′ sur $d^{1/2}$
$b^{1/2}h^1$ adj. 126°51′
αh^1 post. 146°49′
ζh^1 adj. 162°4′

εh^1 post. 107°2′
ρh^1 post. 100°21′

$e^{3/2}h^1$ post. 87°58′
$b^{3/4}h^1$ adj. 119°20′

b^1h^1 adj. 113°39′

$e^{5/2}h^1$ post. 87°47′
$b^{5/4}h^1$ adj. 109°27′

xx 67°22′ sur $o^{1/2}$
$d^{1/4}d^{1/4}$ 106°14′ sur $o^{1/2}$
$d^{1/4}d^{1/4}$ 73°46′ sur g^1
74°10′ obs. Sch.

$\gamma\gamma$ 79°52′ sur o^1
$d^{1/2}d^{1/2}$ 118°18′ sur o^1
$d^{1/2}o^1$ 149°9′
149°15′ obs. Sch.
$d^{1/2}d^{1/2}$ 61°42′ sur g^1
62° obs. Sch.

ANGLES CALCULÉS.

$\delta\delta$ 93°14′ en avant

ZZ 26°42′ en avant
ZZ 153°18′ sur g^1

$g^1\zeta$ 139°0′
g^1o^2 90°

$\rho\rho$ adj. 114°26′
$\rho\rho$ 65°34′ sur g^1

$\varepsilon\varepsilon$ 113°16′ sur $b^{5/4}$
$b^{5/4}b^{5/4}$ adj. 143°33′

b^1b^1 136°44′ sur a^2

μg^1 167°15′
167°30′ obs. Sch.
$\mu\mu$ 154°30′ sur g^1
154°30′ obs. Sch.
$\Delta\beta$ 156°39′
156°30′ obs. Sch.
βg^1 134°29′
134°51′ obs. Sch.
$\beta\beta$ 88°58′ sur g^1
89° obs. Sch.
$b^{3/4}b^{3/4}$ adj. 127°42′

*$g^1b^{1/2}$ 121°53′30″
$\lambda b^{1/2}$ 160°40′30″
160°30′ obs. Sch.
$vb^{1/2}$ 165°50′30″
165°30′ obs. Sch.
$\Sigma b^{1/2}$ 168°51′30″
169°10′ obs. Sch.
$b^{1/2}b^{1/2}$ 116°13′ sur a^1
$b^{1/2}a^1$ 148°6′30″
148°20′ obs. Sch.
$b^{1/2}b^{1/2}$ 63°47′ sur g^1
63°40′ obs. Sch.

$\pi\pi$ 69°8′ sur $a^{2/3}$

ωg^1 147°10′
$\omega a^{1/2}$ 122°50′

ANGLES CALCULÉS.

122°35′ obs. Sch.
$\omega\omega$ 114°20′ sur g^1
114°39′ à 46′ obs. Sch.
$\tau a^{1/2}$ 134°4′
133°30′ obs. Sch.
$b^{1/4}a^{1/2}$ 142°14′
141°50′ obs. Sch.
$\alpha a^{1/2}$ 158°49′
158°30′ obs. Sch.

$b^{1/8}b^{1/8}$ adj. 100°34′30″
zz adj. 156°32′

$o^{1/2}m$ adj. 133°39′
$o^{1/2}d^{1/2}$ adj. 144°57′
$o^{1/2}e^{1/2}$ 103°16′ sur $d^{1/2}$
$\delta e^{1/2}$ 153°33′
153°45′ obs. Sch.
$\eta e^{1/2}$ 157°50′
157°30′ obs. Sch.
$\zeta e^{1/2}$ 160°57′
161°25′ obs. Sch.
$e^{1/2}m$ post. 123°5′
123°8′ obs. Sch.
Δm adj. 139°4′
ωm adj. 156°6′
156°10′ obs. Sch.

$o^{1/2}h^3$ adj. 146°23′30″
$e^1\beta$ 154°3′
154°30′ obs. Sch.
$e^1\Sigma$ 145°22′30″
145° obs. Sch.
$e^1b^{1/4}$ 130°5′
129°30′ obs. Sch.
e^1h^3 post. 103°13′30″

$o^1d^{1/4}$ 139°42′
139°35′ obs. Sch.
o^1g^3 ant. 111°55′
$o^1e^{1/2}$ 110°32′

ξm adj. 161°2′
160°30′ obs. Sch.
o^1m adj. 124°4′
123°56′ obs. Sch.

ANGLES CALCULÉS.

o^1e^1 adj. 122°11′
$o^1\lambda$ 88°40′ sur e^1
e^1m post. 113°45′
λm adj. 147°16′

$o^2d^{1/2}$ 144°46′
o^2g^3 adj. 104°24′
o^2e^1 132°4′

o^2m adj. 111°55′
o^2m post. 68°5′
ρm adj. 119°8′
Σm adj. 146°36′

δm adj. 140°31′
$e^{3/2}m$ ant. 110°42′

γm adj. 148°44′
148°48′ obs. Sch.
ζm adj. 137°5′
e^1m ant. 116°44′
116°53′ obs. Sch.
ρm 102°48′ sur e^1
b^1m 86°6′ sur e^1
$\gamma\zeta$ 168°24′
168°15′ obs. Sch.
e^1a^1 120°38′ sur b^1
ρa^1 135°4′ sur b^1
b^1a^1 adj. 151°46′
$a^1\alpha$ 151°54′
151°30′ obs. Sch.
a^1m adj. 122°38′
122°28′ obs. Sch.
αm adj. 150°44′

xm adj. 156°59′
$e^{1/2}m$ ant. 125°14′
125°28′ obs. Sch.
βm 98°56′ sur $e^{1/2}$
$b^{1/2}m$ 83°19′ sur $e^{1/2}$
$a^{1/2}e^{1/2}$ 101°31′ sur $b^{1/2}$
$a^{1/2}\beta$ 127°49′ sur $b^{1/2}$
127°38′ obs. Sch.
$a^{1/2}b^{1/2}$ adj. 143°26′
144° obs. Sch.
$a^{1/2}m$ adj. 133°15′

CHESSYLITE.

N° 27

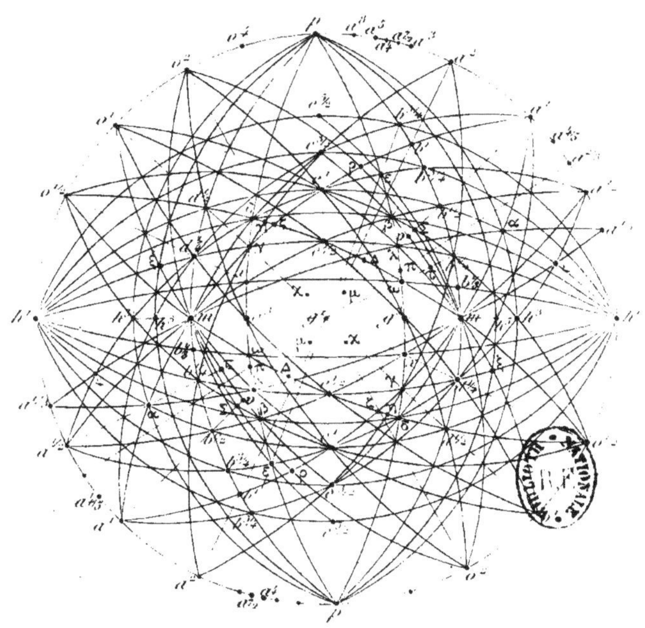

$\zeta = (d^1 d^{1/5} h^1) = o_5$	$\varsigma = (d^1 b^{1/2} g^1)$
$\delta = (d^{1/2} b^{1/6} g^{1/3})$	$\varkappa = (d^{1/5} b^{1/6} g^1)$
$\gamma = (d^1 b^{1/3} g^1)$	$x = (b^{1/3} b^{1/5} h^1)$
$x = (d^{1/2} b^{1/6} g^1)$	$\alpha = (b^1 b^{1/3} h^1) = a_3$
$\varepsilon = (b^{1/2} d^{1/6} g^{1/3})$	$\tau = (b^{1/2} d^{1/14} g^{1/3})$
$\beta = (b^{1/2} d^{1/6} g^{1/3})$	$\Sigma = (b^1 d^{1/5} g^{1/2})$
$\lambda = (b^1 d^{1/3} g^1)$	$\upsilon = (b^{1/2} d^{1/8} g^{1/3})$
$\pi = (b^{1/3} d^{1/9} g^{1/2})$	$\rho = (b^1 d^{1/2} g^{1/2})$
$\omega = (b^{1/2} d^{1/6} g^1)$	$\Delta = (b^{1/8} d^{1/12} g^{1/3})$
$\eta = (d^{1/6} b^{1/14} g^{1/7})$	$\mu = (b^{1/16} d^{1/20} g^{1/3})$

ANGLES CALCULÉS.	ANGLES CALCULÉS.	ANGLES CALCULÉS.
λm ant. 99°33′	$e^{3/2}m$ ant. 104°6′	$a^{1/2}z$ adj. 162°55′
αm 66°3′ sur λ		$a^{1/2}h^3$ adj. 145°45′
$\alpha a^{1/3}$ adj. 157°22′	$a^8 m$ adj. 93°52′	
$a^{1/3}m$ adj. 136°33′	$a^5 m$ adj. 97°13′	$d^{1/4}h^5$ adj. 157°39′
$z m$ adj. 149°3′	$a^3 m$ adj. 102°52′	$d^{1/4}a^1$ 74°23′ sur $e^{3/2}$
	$a^2 m$ adj. 109°14′	$e^{3/2}a^1$ 125°50′ sur $b^{3/4}$
βv 171°31′	$a^{2/3}m$ adj. 129°36′	$b^{3/4}a^1$ adj. 149°52′
171°30′ obs. Sch.	129°30′ obs. Sch.	a^1h^5 adj. 127°58′
$\beta\tau$ 159°4′30″		
158°50′ obs. Sch.	$d^{1/4}h^3$ adj. 154°10′	$a^2b^{1/4}$ adj. 128°21′
βm adj. 138°35′	e^1h^3 106°35′ sur $d^{1/4}$	$a^2e^{3/2}$ adj. 139°41′30″
138°40′ obs. Sch.	$d^{1/4}a^{1/2}$ 60°5′ sur e^1	$e^{3/2}\gamma$ 141°16′30″
$e^{3/2}m$ 107°25′ sur β	$\delta a^{1/2}$ 82°41′ sur e^1	141°19′ obs. Sch.
107°30′ obs. Sch.	$e^1a^{1/2}$ 107°40′ sur $b^{3/4}$	$\eta\gamma$ 169°37′
	$\varepsilon a^{1/2}$ 127°29′ sur $b^{3/4}$	169°55′ obs. Sch.
εm adj. 125°22′	$b^{3/4}a^{1/2}$ adj. 140°29′	
$e^{5/2}m$ 100°38′ sur ε		$o^{1/2}b^{1/2}$ 73°24′ sur e^1.

$\xi = (d^1 d^{1/5} h^1) = a_5$	$\pi = (b^{1/3} d^{1/9} g^{1/2})$	$\tau = (b^{1/2} d^{1/14} g^{1/3})$
$\delta = (d^{1/2} b^{1/6} g^{1/3})$	$\omega = (b^{1/2} d^{1/6} g^1)$	$\Sigma = (b^1 d^{1/5} g^{1/2})$
$\gamma = (d^1 b^{1/3} g^1)$	$\eta = (d^{1/6} b^{1/14} g^{1/7})$	$r = (b^{1/2} d^{1/8} g^{1/3})$
$x = (d^{1/2} b^{1/6} g^1)$	$\zeta = (d^1 b^{1/2} g^1)$	$\rho = (b^1 d^{1/2} g^{1/2})$
$\varepsilon = (b^{1/2} d^{1/6} g^{1/5})$	$\chi = (d^{1/5} b^{1/6} g^1)$	$\Delta = (b^{1/8} d^{1/12} g^{1/3})$
$\beta = (b^{1/2} d^{1/6} g^{1/3})$	$z = (b^{1/3} b^{1/5} h^1)$	$\mu = (b^{1/16} d^{1/20} g^{1/3})$
$\lambda = (b^1 d^{1/3} g^1)$	$\alpha = (b^1 b^{1/3} h^1) = a_3$	

Combinaisons de formes très-nombreuses et d'aspects variés (1), comprenant, parmi les faces les plus habituelles, m, h^1, p, o^1, a^1, $e^{3/2}$, $e^{1/2}$, $d^{1/4}$, $b^{1/2}$. Nous nous contenterons d'indiquer ici : $m\,p$ (très-rare); $m\,h^1\,p$; $m\,p\,d^{1/4}$ (Chessy, *fig.* 324, pl. LIV); $h^1 p\,\beta$ (Banat, *fig.* 329, pl. LV); $p\,e^{3/2} d^{1/4} b^{1/2}$; $m\,p\,d^{1/4} b^{3/4}$; $m\,p\,o^1 e^{3/2} d^{1/4}$ (Chessy, *fig.* 325, pl. LIV); $p\,a^1 a^{1/2} e^{3/2} e^{1/2} b^{1/2}$; $m\,h^1 p\,o^{1/2} e^{1/2} d^{1/4}$; $m\,h^5 h^1 o^2 o^1 a^1 d^{1/4}$ (Cornwall, *fig.* 326, pl. LV); $m\,h^1 p\,a^3 a^{1/2} d^{1/4} \mu$ (Chessy, *fig.* 327); $m\,h^1 p\,o^1 a^1 a^{1/2} x\,\chi$ (Chessy, *fig.* 328); $p\,a^2 a^1 e^{3/2} d^{1/4}$ (Tyrol, *fig.* 330); $m\,h^1 g^1 p\,o^1 e^{3/2} e^{1/2} d^{1/4} \omega$ (Zinnwald, *fig.* 331); $m\,p\,o^1 a^1 e^{3/2} b^{1/2} \beta$ (Sibérie, *fig.* 332); $m\,h^1 p\,o^{1/2} a^8 a^1 e^{1/2} d^{1/4}$; $g^1 p\,o^2 a^{1/2} e^1 e^{1/2} \delta\,\beta\,\omega$; $m\,h^3 h^1 p\,o^1 a^1 e^{1/2} b^{1/2} \beta\,\omega$; $g^1 p\,a^1 a^{1/2} e^1 e^{1/2} d^{1/4} b^{1/4} \delta\,\beta$; $m\,h^3 h^5 h^1 p\,o^1 a^1 e^1 e^{3/2} b^{1/2} z\,\beta\,\omega$; $m\,h^1 g^1 p\,o^1 a^1 a^{1/2} e^1 e^{3/2} e^{1/2} d^{1/4} \gamma\,\omega$; $m\,h^1 g^3 g^1 p\,a^8 a^1 a^{1/2} e^{3/2} e^{1/2} d^{1/2} d^{1/4} b^{1/2} b^{1/4} \omega\,\beta$ (Chessy, *fig.* 333, pl. LVI).

Les faces a^5, $a^{2/3}$, $a^{1/3}$, ont été observées par G. Rose sur des cristaux de l'Oural; o^4, a^3, h^1, x, χ, λ, sont données sur l'autorité de Lévy; M. Schrauf a récemment observé : a^4, $a^{1/5}$, $b^{1/8}$, ξ, η, ζ, τ, Σ, r, π, Δ, μ, sur des cristaux de Chessy, et $a^{7/2}$ sur des cristaux d'Adélaïde en Australie.

(1) Voir la Monographie publiée par Zippe en 1830, à Prague, sous le titre « *Krystallgestalten der Kupferlasur* » et les *Mineralogische Beobachtungen* de A. Schrauf, vol. LXIV des *Sitzungsberichte* de l'Académie des sciences de Vienne, année 1871.

Les cristaux sont souvent allongés dans le sens de la diagonale horizontale de la base, et aplatis suivant cette face, qui est presque toujours très-développée. La plupart des faces sont unies et miroitantes; cependant p est ordinairement striée parallèlement à son intersection avec e^1; h^1 l'est parallèlement à son intersection avec p; $a^{1/2}$ et $b^{3/4}$ sont rugueuses; g^1 est plus ou moins courbe. Macles par hémitropie autour d'un axe normal à $a^{1/2}$ qui est la face d'assemblage. Clivage parfait, mais interrompu, suivant $e^{1/2}$; moins parfait suivant h^1; traces suivant m. Cassure conchoïdale. Transparente en lames très-minces; translucide. Double réfraction très-énergique. Plan des axes optiques parallèle à la diagonale horizontale de la base. Bissectrice aiguë *positive*, perpendiculaire à cette diagonale, et faisant approximativement des angles de 15° avec une normale à p, de 102°39′ avec une normale à h^1 antérieure. Dispersion *propre* des axes notable; $\rho > v$. Dispersion *horizontale* assez prononcée. A 15°C., $2H = 82°5'$ environ, d'où $2E = 151°$ pour les rayons compris entre le vert et le bleu. Cet écartement diminue lorsqu'on élève la température. Éclat vitreux, tirant sur l'adamantin. Couleur offrant diverses teintes de bleu, depuis le bleu d'azur jusqu'au bleu indigo ou au bleu de Prusse. Poussière d'un bleu plus pâle. Fragile.

Dur. = 3,5 à 4. Dens. = 3,77 à 3,83.

Mêmes caractères chimiques que la malachite.

$2\dot{C}u\ddot{C} + \dot{C}u\dot{H}$; Acide carbonique 25,54 Protoxyde de cuivre 69,24 Eau 5,22.

Analyses de la chessylite : de l'Oural, *a*, par Klaproth; de Chessy, *b*, par Phillips, *c*, par Vauquelin; de Phenixville, *d*, par Smith.

	a	*b*	*c*	*d*
Acide carbonique	24	25,46	25,0	24,98
Oxyde de cuivre	70	69,08	68,5	69,41
Eau	6	5,46	6,5	5,84
	100	100,00	100,0	100,23
Densité :	»	»	»	3,88

L'azurite est presque toujours cristallisée; mais les cristaux simples et isolés sont fort rares; ordinairement ils sont groupés, soit irrégulièrement, soit en boules ou en masses réniformes ou stalactiques, dont la surface est hérissée d'individus plus ou moins parfaits, tandis que l'intérieur offre une structure bacillaire ou radiée; d'autres fois ils tapissent des calcaires, des schistes siliceux, des grès, etc. On la rencontre rarement à l'état terreux. Elle est associée à peu près partout à la malachite, qui pénètre fréquemment ses cristaux, et, en certains endroits, à des sulfures ou à des oxydes de cuivre et à de la céruse.

Les plus magnifiques cristaux ont été extraits, à partir de 1812, d'une couche de grès et de lithomarge, aux mines de Chessy près Lyon, qui ne fournissent plus maintenant que de la chalcopyrite.

On a aussi trouvé de beaux échantillons à Nischne-Tagilsk, aux mines Turjinsk près Bogoslowsk, et en beaucoup d'autres points dans l'Oural; à Riddersk et à Schlangenberg dans l'Altaï; à Neu-Moldova, Szászka, Dognacska et Oravicza en Banat; à Zinnwald en Bohème; à Schwatz en Tyrol; à Wheal Buller près Redruth en Cornwall; dans l'Australie méridionale; à Phenixville en Pennsylvanie; près de Mineral Point en Visconsin; à la mine Hughe, comté de Calaveras en Californie; à Aroa en Venezuela. Parmi les autres localités qui fournissent ou ont fourni de petits cristaux, avec une certaine abondance, on peut citer : Sainte-Marie-aux-Mines, département du Haut-Rhin; Rippoldsau, duché de Bade; Holzappel et Dillenburg, duché de Nassau; Wassenach au lac de Laach; Stadtberg en Westphalie; Freudenstadt en Wurtenberg; Saalfeld et Kamsdorf en Thuringe; Iberg et Lauterberg au Hartz; Badmer et Veitsch en Styrie; Gaisberg en Carinthie; Herrngrund en Hongrie; Leadhills et Wanlockhead en Écosse; San Jose del Oro, Mazipal, etc. au Mexique; l'île de Cuba, etc., etc.

De petites masses terreuses, pénétrant des schistes siluriens, sont exploitées au cap Garonne près Hyères, département du Var, où elles sont associées aux quartzites et aux grès dans les fentes desquels on a récemment découvert des cristaux d'Adamine, d'olivénite, de Lettsomite, etc.

Lorsque la matière est assez abondante, elle constitue un excellent minerai de cuivre qui, dans certaines localités, est traité par la voie humide.

Le Zinkazurit de Breithaupt est une substance en très-petits cristaux enchevêtrés les uns dans les autres, paraissant orthorhombiques, avec un clivage facile, d'un éclat vitreux, d'une couleur bleu d'azur avec une poussière plus pâle, d'une densité approximative de 3,49. D'après des essais de Plattner et de Richter, ils renferment de l'acide carbonique, de l'acide sulfurique, de l'oxyde de cuivre, de l'oxyde de zinc et un peu d'eau. On les a trouvés, avec le zincosite (sulfate anhydre de zinc) dans les filons de Baranco Jaroso, à la Sierra Almagrera en Espagne.

FAMILLE DE TITANIDES.

TITANOXYDE.

RUTILE. Schorl rouge; Romé de l'Isle. Sagénite; de Saussure. Crispite; Delaméthrie. Titane oxydé; Haüy. Peritomes Titan-Erz; Mohs.

Prisme droit à base carrée.

$b : h :: 1000 : 644{,}168 \quad D = 707{,}107.$

ANGLES CALCULÉS.

mm 90°
mh^7 171°52′
mh^4 165°58′
mh^3 161°34′
mh^2 153°26′
  153°30′ obs. Dx.
$mh^{3/2}$ 146°19′
mh^1 135°
h^7h^1 143°8′
h^7h^7 106°16′ sur h^1
h^7h^7 163°44′ sur m
h^4h^1 149°2′
h^4h^4 118°4′ sur h^1
h^4h^4 151°56′ sur m
h^3h^1 153°26′
h^3h^3 126°52′ sur h^1
h^3h^3 143°8′ sur m
h^2h^1 161°34′
h^2h^2 143°8′ sur h^1
h^2h^2 126°52′ sur m
  126°55′ obs. Dx. (1)
$h^{3/2}h^1$ 168°41′
$h^{3/2}h^{3/2}$ 157°22′ sur h^1
$h^{3/2}h^{3/2}$ 112°38′ sur m
h^1h^1 90°

pa^1 137°40′
a^1h^1 132°20′
a^1a^1 95°20′ sur p
  95°20′ obs. Koksch. (2)
$pa^{1/2}$ 118°46′
$a^{1/2}h^1$ 151°14′
$a^{1/2}a^{1/2}$ 57°32′ sur p

pb^1 147°13′

ANGLES CALCULÉS.

b^1m 122°47′
  122°52′ obs. Dx.
b^1b^1 114°26′ sur p
  114°26′ obs. Koksch.
$b^{1/3}m$ 152°38′ plan d'ass.

$pa_{1/3}$ 145°49′
ph^3 90°
$a_{1/3}h^3$ 124°11′

$pa_{2/3}$ 142°15′
pz 113°18′
$a_{2/3}h^{3/2}$ 127°45′
$zh^{3/2}$ 156°42′

h^1z adj. 154°15′
h^1b^1 112°31′ sur z
zb^1 138°16′
  138°16′ obs. Koks.
b^1b^1 adj. 134°58′
  134°58′ obs. Koks.

ma^1 118°26′
$ma_{2/3}$ 109°51′ sur a^1
$ma_{1/3}$ 100°14′ sur a^1
mb^1 90° sur a^1
$a^1a_{2/3}$ adj. 171°25′
  171°30′ obs. Dx.
$a^1a_{1/3}$ adj. 161°48′
a^1b^1 adj. 151°34′
$a^1a_{2/3}$ 131°43′ sur b^1
  132° obs. Dx.
$a_{2/3}a_{1/3}$ adj. 170°23′
  170°30′ obs. Dx.
$a_{2/3}b^1$ adj. 160°9′

ANGLES CALCULÉS.

$a_{1/3}b^1$ adj. 169°46′
*a^1a^1 123°8′ sur b^1
  123°8′ obs. Koksch.
$a_{2/3}a_{2/3}$ 140°18′ sur b^1
$a_{1/3}a_{1/3}$ 159°32′ sur b^1

$ma_{1/3}$ adj. 122°12′
$ma_{2/3}$ adj. 120°37′
mz adj. 139°50′

mz opp. 120°38′
$mb^{1/3}$ 90° sur z
$zb^{1/3}$ adj. 149°22′
zz 118°44′ sur $b^{1/3}$

$a_{1/3}a_{1/3}$ 150°54′ sur h^1
$a_{2/3}a_{2/3}$ 166°13′ sur h^1
zz 159°14′ sur h^1

h^2z adj. 155°42′
h^2a^1 adj. 129°43′
  129° env. obs. Dx.
h^2b^1 61°2′ sur a^1
za^1 adj. 154°1′
  154° obs. Koksch.

Dans la macle parall. à b^1

$h^1\,{}_1q$ 134°58′
  135° obs. Dx.
mm 114°26′
  115° obs. Dx.
$m\,{}_1q$ 171°39′

Dans la macle parall. à $b^{1/3}$

mm 54°44′

$$a_{1/3} = (b^1 b^{1/3} h^{1/3}); \quad a_{2/3} = (b^{1/2} b^{1/3} h^{1/3}); \quad z = (b^{1/2} b^{1/3} h^1)$$

Principales combinaisons de formes observées : $h^2 a^1$; $h^1 b^1$; $h^1 h^2 a^1$; $m h^1 b^1$; $m h^2 a^1$; $m h^1 a^1 b^1$ (Binnen); $m h^1 h^2 a^1 b^1$; $m h^1 h^2 h^3 a^1 b^1$; $h^1 h^2 h^3 a^1 b^1$ (Takowaya); $h^2 h^{3/2} p b^1 z$; $h^1 h^2 a^1 b^1 a_{1/3}$; $m h^1 a^1 b^1 a_{1/3} a_{2/3}$ (Magnet Cove); $h^1 h^{3/2} a^1 b^1 z$ (lavages de Nikolajewski ; $m h^1 h^2 a^1 b^1 a_{1/3} z$ (*fig.* 340, pl. LVII); $m h^1 h^2 a^1 a^{1/2} b^1 z$ (Binnen, *fig.* 339, pl. LVII ; $m h^1 h^4 a^1 b^1 a_{1/3}$ (lavages d'or de Nikolajewski).

La face $a^{1/2}$ est rare : elle a été signalée pour la première fois par

(1) Dx. ; angles observés par Des Cloizeaux.
(2) Koksch. ; angles observés par le général de Kokscharow.

RUTILE. N° 28.

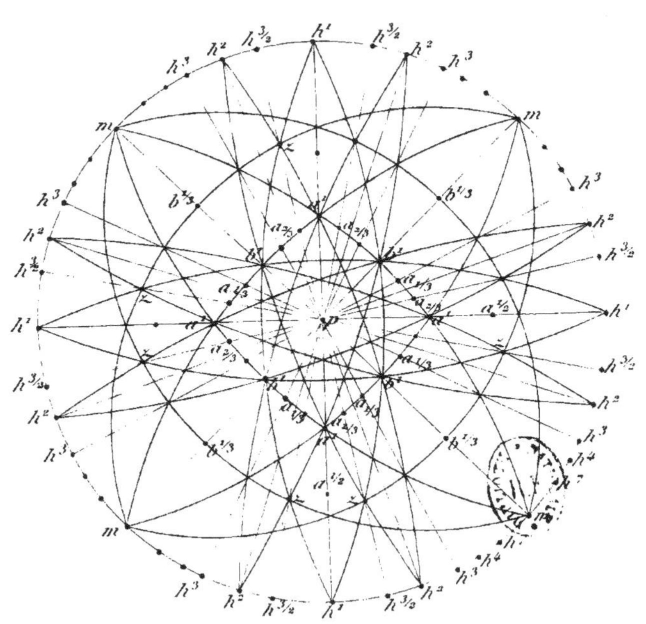

$$a_{2/3} = (b^{1/2} \ b^{1/3} \ h^{1/3})$$

$$z = (b^{1/2} \ b^{1/3} \ h^{1})$$

$$a_{1/3} = (b^{1} \ b^{1/3} \ h^{1/3})$$

M. Hessenberg sur des cristaux de la vallée de Binnen; $a_{2/3}$ a été observée sur des cristaux de Magnet Cove, Arkansas, par M. Hessenberg et par moi-même. La base est très-rare; d'après Haidinger, elle n'existe quelquefois que d'un seul côté sur des cristaux de Graves' Mountain, État de Georgia; ces cristaux sont alors hémimorphes et, en même temps, le dioctaèdre $a_{1/3}$ y est hémièdre; $b^{1/3}$ ne s'est jusqu'ici montrée qu'à l'état de plan d'assemblage, dans certaines macles. Les faces de la zone verticale sont striées parallèlement à leurs intersections mutuelles; h^1 est quelquefois inégale; $a_{1/3}$ porte des stries parallèles à son intersection avec a^1.

Macles fréquentes. 1° Plan d'assemblage parallèle à b^1. Tantôt deux individus égaux sont simplement géniculés sous un angle de 114°26', leurs faces perpendiculaires à la face d'assemblage se trouvant sur un même plan; tantôt ce genre d'accolement se répète sur trois, sur quatre (*fig.* 341, pl. LVII et même sur cinq individus; dans ce dernier cas, l'ensemble peut former, à l'aide d'un coin de remplissage dont un des côtés intérieurs serait très-voisin de p, un prisme irrégulier à six pans offrant cinq angles de 114°26' et un de 147°50'; tantôt enfin un individu prédominant est soudé à d'autres individus moins développés (*fig.* 342). Quelquefois l'ensemble est plus complexe, et une face m d'un des composants s'applique contre une face b^1 de l'autre composant (*fig.* 344. G. Rose a observé un échantillon de Grave's Mountain formé de huit secteurs assemblés autour d'un axe parallèle à une arête culminante de l'octaèdre b^1; cet assemblage représente une sorte de *scalénoèdre* à seize faces, dont chaque pyramide octogonale est composée de faces m se coupant sous un angle de 114°30' et dont les arêtes en zigzag sont tronquées par la face h^1.

2° Plan d'assemblage parallèle à $b^{1/3}$. Ce mode d'assemblage est assez rare. J'en ai observé un échantillon très-net, du Brésil, offrant une macle en cœur composée de deux individus aplatis parallèlement à la face m normale au plan de contact, et dont deux faces h^2 ont pris une étendue tout à fait prédominante (*fig.* 343). D'après M. Hessenberg, certains cristaux de Magnet Cove présentent à la fois les deux modes d'assemblage. Clivage parfait quoique interrompu suivant m et h^1; traces suivant a^1 et suivant z, d'après M. Miller. Cassure conchoïdale, parfois inégale. Transparent en lames très-minces; translucide; opaque. Double réfraction énergique à un axe *positif*. Éclat adamantin inclinant au métallique. Brun rougeâtre; rouge; jaune; noir, lorsqu'il contient une certaine proportion de fer. Poussière gris brunâtre.

Dur. = 6 à 6,5. Dens. = 4,277 (Damour); non modifiée par la calcination.

Au chalumeau, n'éprouve aucun changement. Avec le sel de phosphore, donne un verre incolore qui, au feu de réduction, prend une teinte violette lorsqu'il est refroidi; si l'échantillon contient du fer, le verre est brunâtre ou rougeâtre à chaud, et la couleur violette n'apparaît qu'après traitement du globule par l'étain.

Attaquable par le bisulfate de potasse. Soluble dans les acides après fusion avec un alcali ou un carbonate alcalin. La poudre très-fine s'attaque difficilement par l'acide sulfurique bouillant.

$\ddot{T}i$; Oxygène 39,52 Titane 60,48.

Analyses du rutile : rougeâtre de Saint-Yrieix près Limoges, *a*, par H. Rose, *b*, par Damour; noir, de Freiberg (nigrine), *c*, par Kersten.

	a	*b*	*c*
Acide titanique	98,47	97,60	96,75
Oxyde ferrique	1,53	1,55	2,40
	100,00	99,15	99,15
Densité :	»	4,209	4,242

Dans l'analyse *c*, une partie du fer était à l'état d'oxyde magnétique, séparable par le barreau aimanté.

M. H. Sainte-Claire Deville a constaté dans le rutile de Saint-Yrieix la présence de très-petites quantités d'acides vanadique, molybdique et stannique.

Ekeberg a trouvé de l'oxyde de chrome dans une variété verte de Käring Bricka en Suède.

Le rutile, presque toujours cristallisé, très-rarement amorphe, est disséminé dans les granites, les gneiss, les micaschistes, les schistes chloriteux, les syénites, les diorites et quelquefois dans le calcaire et la dolomie granulaires. Les cristaux, fréquemment aciculaires, pénètrent souvent des masses de quartz ou de feldspath et des cristaux de quartz; lorsque ces derniers renferment une grande quantité de filaments d'un blond doré, ils portent le nom de *cheveux de Vénus*. On trouve aussi de petits cristaux implantés sur des tables hexagonales d'oligiste; au val Tavetsch, canton des Grisons, ces cristaux, ordinairement aplatis, mais sur lesquels on peut constater les faces m, h^3, h^2, a^1, b^1, $a_{1/3}$, avec prédominance fréquente de h^3 ou de h^2, sont orientés, à partir du centre, tantôt perpendiculairement aux seules arètes $\frac{a^1}{p}$ sur chaque base de l'oligiste, tantôt perpendiculairement aux arètes $\frac{a^1}{p}$ et $\frac{a^1}{e^1}$; en même temps, comme l'angle $b^1\,m = 122°47'$ du rutile diffère seulement de quelques minutes de l'angle $a^1 p$ de l'oligiste, le prisme m du premier s'applique assez exactement sur la base a^1 du second, pour que la face b^1 du rutile paraisse, à l'œil, parallèle au rhomboèdre p de l'oligiste. Certaines tables hexagonales épaisses d'oligiste de Binnen portent sur leurs deux bases de très-nombreuses aiguilles de rutile, alignées parallèlement à leurs six arètes $\frac{a^1}{e_3}$. Enfin on rencontre souvent des cristaux isolés et roulés, dans les terrains d'alluvion et dans les sables aurifères et diamantifères.

La *sagénite* de de Saussure (*crispite* de Delaméthrie) est une sorte de tissu à mailles triangulaires formé par l'agrégation d'aiguilles très-fines d'un jaune d'or ou brunâtres, assemblées sous des angles de 60°. On la rencontre surtout sur des cristaux de quartz ou de calcaire.

Les principales localités, remarquables par l'abondance, la netteté ou la grosseur des cristaux sont : Caveradi près Chiamut, le mont Antonio, le Culm de Vi, Ruäras, etc., dans le val Tavetsch, canton des Grisons; Campo Longo, le val Bedretto, le val Tremola, la pointe Fibia, le mont Sella, etc., autour du Saint-Gothard; le val de Saas, Zermatt dans le val Saint-Nicolas, Imfeld dans la vallée de Binnen, canton du Valais; Gumuch Dagh en Asie Mineure (avec émeril et diaspore); Grossarl et Gastein en Salzbourg; Dobrowa, près Unterdrauburg en Carinthie (aiguilles enchâssées dans des tourmalines brunes); Osterwitz en Styrie; en Tyrol, Schwarzenstein et Rosskohr dans le Zillerthal, Windischmatrei dans le Pusterthal, etc.; Joachimsthal, Schlaggenwald et Schönfeld en Bohême; Nagy Röczc en Hongrie; en Norwége, Arendal (dans les couches de fer oxydulé), Krageroë (avec apatite), Modum et Snarum; Horssjöberget près Elfdalen en Suède; Takowaya, Poljakowski et Ekatherinburg dans l'Oural; Cairngorm et Craig Cailleach, près Killin en Écosse; les Graves' Mountain, comté de Lincoln, État de Georgia (magnifiques cristaux, avec Klaprothite); Magnet Cove, Arkansas; Barre en Massachusetts; Monroe en Connecticut; Edenville, Warwick et Amity, comté d'Orange, État de New-York, et beaucoup d'autres points des États-Unis; au Brésil, Cerro do Frio, Cuyaba, les environs de Bahia, etc. (cristaux souvent très-nets dans les sables diamantifères); Horcajuelo près Buitrago, province de Burgos en Espagne, et les environs de Saint-Yrieix, département de la Haute-Vienne en France (cristaux roulés, quelquefois très-gros); la rivière Sanarka dans l'Oural (cristaux basés associés à l'euclase dans les sables aurifères), etc.

La *nigrine*, variété ferrifère noire, se rencontre principalement : à Ingelsberg près Hofgastein en Salzbourg (petits cristaux ou grains cristallins formant avec ilménite, talc, feldspath et cristaux de dolomie, une petite couche dans le schiste chloriteux); à Malonitz et au Zoller-Bache près Bergreichenstein en Bohême (grains roulés associés à du fer titané, dans des alluvions); à Oláhpian en Transylvanie (dans des sables aurifères).

L'ilmenorutile offre l'octaèdre a^1, simple ou maclé parallèlement à une face b^1; son éclat est vif, sa couleur noire, sa densité $= 5{,}07$ à $5{,}13$. D'après Hermann, il contient approximativement

$\dddot{T}i$ 89,30 $\ddot{F}e$ 10,70. On l'a trouvé dans la miascite, avec phénacite, topaze et pierre des amazones, aux monts Ilmen.

M. Th. Scheerer a observé des cristaux prismatiques de rutile dans les fentes de la *sole* d'un haut fourneau.

M. H. Sainte-Claire Deville l'a obtenu sous forme d'aiguilles, en calcinant au rouge vif de l'acide titanique amorphe, dans de l'acide chlorhydrique gazeux.

Par l'emploi de l'acide fluorhydrique, M. Hautefeuille a reproduit à volonté des cristaux aciculaires jaunes ou bleus, et la *sagénite*.

ANATASE. Schorl bleu indigo; Bournon. Octaédrite; de Saussure. Oisanite; Delaméthrie. Titane anatase; Haüy. Pyramidales Titan-Erz.; Mohs. Octahedrite; Dana.

Prisme droit à base carrée.

$$b : h :: 1000 : 2513{,}242 \qquad D = 707{,}107.$$

ANGLES CALCULÉS.	ANGLES MESURÉS.
mm 90°	»
mh^1 135°	»
pa^{14} 165°45′	165°45′ Dx. (1)
$a^{14}a^{14}$ 151°30′ sur p	151°32′ Dx. 151°30′ Dau. (2)
pa^{10} 160°26′	»
$a^{10}a^{10}$ 140°52′ sur p	»
pa^2 119°22′	119°20′ Dx.; 22′ Kl. (3)
a^2a^2 58°44′ sur p	58°45′ Kok. (4)
*a^2a^2 121°16′ sur h^1	121°16′ Kl. 121°40′ Dx.
$a^{14}a^2$ 133°37′	134° Dx.
pa^1 105°43′	»
a^1a^1 148°34′ sur h^1	»
$pa^{2.3}$ 100°37′	100°35′ Dx.; 38′ Kl. 100°37′ Hess. (5)
$a^{2.3}a^{2.3}$ 158°45′ s^r h^1	158°47′ moy. Dx. 158°45′ Kl.
$a^2a^{2.3}$ 161°15′	161°15′ Dx.; 16′ Kl.
pb^{14} 169°49′	»
$b^{14}b^{14}$ 159°39′ sur p	»
pb^{10} 165°54′	166°16′ Gr. (6)
pb^7 160°15′	160°25′ Dx. 160°14′ Kl. 160°35′ Hess.
b^7b^7 140°30′ sur p	140°35′ Dx.
b^7b^7 39°30′ sur m	39°28′ Kl.
pb^6 157°16′	»
pb^5 153°19′	154° env. Dx.
b^5b^5 126°38′ sur p	»
pb^4 147°52′	147°48′ Kl. 149°22′? Gr.
b^4b^4 115°44′ sur p	116° env. Mar. (7)
b^7b^4 167°37′	167°25′ Kl.
$pb^{7/2}$ 144°19′	144°16′ Kl.
$b^7b^{7/2}$ 164°4′	163°59′ Kl.
pb^3 140°3′	»
b^3b^3 100°6′ sur p	100°30′ Dx.
b^7b^3 159°48′	159°50′ Kl.
$pb^{7/3}$ 132°54′	132°50′ Dau.
pb^2 128°31′	»
b^2b^2 77°2′ sur p	75° env. Mar.
b^2b^2 102°58′ sur m	103° Dx.
b^7b^2 148°16′	147°55′ env. Dx.
pb^1 111°42′	111°42′ Kl. 111°53′ Brz. 111°25′; 49′ Dx.
b^1b^1 136°36′ sur m	136°36′ Kl. 136°30′; 38′ Dx.
b^7b^1 131°27′	131°23′; 25′ Dx. 131°30′ Kl. 131°33′ Brz. (8)

(1) Dx. Des Cloizeaux; mesures prises sur des cristaux blancs ou bleus, du Brésil.
(2) Dau. Dauber; mesures prises sur des cristaux du Brésil ou de Tavistock.
(3) Kl. Klein; mesures prises sur des cristaux de Binnen.
(4) Kok. Kokscharow; mesures prises sur des cristaux de l'Oural.
(5) Hes. Hessenberg; mesures prises sur des cristaux du Brésil.
(6) Gr. Greg; mesures prises sur des cristaux de Snowdon.
(7) Mar. Marignac; mesures prises sur un cristal du Valais (*Wisérine*).
(8) Brz. Brezina; mesures prises sur des cristaux de Binnen.

ANGLES CALCULÉS.	ANGLES MESURÉS.
$b^6 b^1$ 134°26′	134°30′ Kl.
$b^4 b^1$ 143°50′	143°53′ Kl.
$b^{7/2} b^1$ 147°23′	147°28′ Kl.
$b^3 b^1$ 151°39′	151°30′ Dx.; 24′ Brz.
$b^2 b^1$ 163°11′	163°10′ Dx.
$b^{8/15} b^{8/15}$ 156°2′ sr m	156°4′ Brz.
$b^1 b^{8/15}$ 170°47′	170°54′ Brz.
ps 154°30′	154°35′ moy. Dx. 154°45′ Hess.; 36′ Kl.
$a^{14} a^{14}$ adj. 159°58′	159°58′ Dx. et Dau.
$a^{14} b^{14}$ 169°59′	169°45′ Dx.
$a^{10} a^{10}$ adj. 152°36′	»
$a^2 a^2$ adj. 103°55′	103°54′ Kl.
$a^1 a^1$ adj. 94°12′	»
$a^{2/3} a^{2/3}$ adj. 91°57′	»
$b^7 b^7$ adj. 152°22′	152°18′ Kl.; 35′ Dx.
$b^7 a^{14}$ 166°11′	166°10′ moy. Dx.
$b^6 b^6$ adj. 148°17′	»
$b^5 b^5$ adj. 142°58′	»
$b^5 a^{10}$ 161°29′	»
$b^4 b^4$ adj. 135°49′	138°? Mar.
$b^{7/2} b^{7/2}$ adj. 131°17′	»
$b^3 b^3$ adj. 125°59′	»
$b^{7/3} b^{7/3}$ adj. 117°36′	»

ANGLES CALCULÉS.	ANGLES MESURÉS.
$b^2 b^2$ adj. 112°49′	112°50′ Dx. 113°2′ à 14′ Dau. 110° env. Mar. 112°47′ à 49′ von Rath.
$b^1 b^1$ adj. 97°51′	97°51′ moy. Dau. 97°50′45″ Kok. 97°50′ Dx.
$b^1 a^2$ 138°55′30″	138°45′ Dx. 138°54′ Kl. 138°56′ Kok.
$m a^{14}$ 100°1′	»
ms adj. 110°59′	»
ms opp. 103°49′	»
$b^1 a^{14}$ adj. 121°20′	121°5′ Dx.
$b^1 a^1$ adj. 137°6′	»
ss adj. 170°19′	170°10′ à 20′ Dx. 170°3′ Hess.; 8′ Kl.
ss 152°22′ sur b^7	152°10′ Dx.
ss opp. 129°0′ sur p	129° Dx.
ss 144°33′ sur s et b^7	144°10′ Dx.
$s a^{14}$ adj. 168°10′	168°15′ Dx.
$s a^2$ adj. 144°9′	144°4′ Kl.
$s b^7$ adj. 166°4′	166°0′ Dx.; 12′ Kl.
$s b^7$ 158°28′ sur s	158°23′ Dx.
$s b^{7/2}$ adj. 160°24′	160°30′ Kl.
$s b^1$ adj. 131°48′	131°35′; 39′ Dx. 131°50′ Kl.
$s b^1$ 123°45′ sur s	123°35′ Dx.

$$s = (b^{1/2} b^{1/3} h^{1/19})$$

Principales combinaisons de formes observées : b^1; $p b^1$; $b^5 b^1$; $b^7 b^1$; $b^1 s$; $a^1 b^5 b^1$; $p b^7 b^1 s$; $p a^2 b^1$; $m p a^2 b^1$; $p a^2 a^1 b^1$; $p b^7 b^3 b^1$; $p a^2 b^7 b^1$; $p a^1 b^5 b^1 s$; $p a^2 a^1 b^7 b^1$; $p a^2 a^{2/3} b^1 s$ (*fig.* 335, pl. LVI); $b^7 b^1 s$ (*fig.* 336); $p b^5 b^3 b^1 m s$; $p a^2 a^{2/3} b^1$; $p a^{2/3} b^1 s$; $p a^{14} a^2 b^{14} b^7 b^1$; $p b^7 b^4 b^1$; $p a^2 a^{2/3} b^7 b^{7/2} b^1 s$; $b^7 b^6 b^3 b^1 b^{8/15}$; b[illegible] $b^2 h^1$; etc.

La forme b^{10} est donnée sur l'autorité de M. Greg, qui l'a observée sur des cristaux de Snowdon. Les formes b^6, b^4, $b^{7/2}$, $b^{8/15}$, ont été trouvées par MM. Brezina et Klein sur des cristaux de la vallée de Binnen. Les faces sont généralement brillantes et unies; m, b^4, b^2, et quelquefois b^1, portent des stries horizontales. Clivage très-net suivant p et b^1. Cassure conchoïdale. Transparente; translucide. Double réfraction assez énergique à un axe *négatif*. $\omega = 2{,}554$; $\varepsilon = 2{,}493$ ray. jaunes Miller. Éclat adamantin, inclinant au métallique. Bleu indigo; noire; rouge hyacinthe; jaune de miel; jaune brun; jaune verdâtre; blanc jaunâtre; un même cristal offrant souvent des zones de diverses couleurs. Poussière blanche. Fragile.

Dur. = 5,5 à 6. Dens. = 3,83 à 3,93; 3,88 (Damour, cristaux du Brésil). Une calcination prolongée peut élever cette densité jusqu'à 4,16.

Au chalumeau, infusible, mais phosphorescente. Mêmes caractères chimiques que le rutile.

$\ddot{T}i$; Oxygène 39,52 Titane 60,48.

Analyses de l'anatase : du Bourg d'Oisans, *a*, par H. Rose; du Brésil, *b*, par H. Rose, *c*, par Damour.

	a	*b*	*c*
Acide titanique	99,25	99,75	98,36
Oxyde ferrique	0,75	0,25	1,11
Oxyde stannique	»	»	0,20
	100,00	100,00	99,67

L'anatase se trouve en cristaux généralement très-petits, implantés dans les fentes des gneiss ou des micaschistes et quelquefois des granites : au bourg d'Oisans en Dauphiné, avec quartz, épidote, axinite, orthose, albite, ripidolite écailleuse, Crichtonite lamellaire et Brookite; en Suisse, dans les vallées de Maggia, canton du Tessin; de Tavetsch, canton des Grisons (notamment à Santa-Brigitta près Chiamut, au Brunnipass entre Dissentis et le val Maderan, à Caveradi, etc); de Griesern et de Maderan, canton d'Uri; de Binnen, canton du Valais (au Kollenhorn et à l'Alpe Lercheltiny); autour du Saint-Gothard (à la pointe Fibia, au mont Sella, etc.); dans le Salzbourg; à Lichtenberg et près de Hof dans le Fichtelgebirge; près de Tavistock en Devonshire, de Tremadoc et de Snowdon dans le pays de Galles, de Liskeard et de Tintagel Cliffs en Cornwall; en Norwége, à Krageröe et à Slidre Valders près Christiania (octaèdres b^1, bleu foncé, atteignant quelquefois 30 à 40 millim. de longueur); aux environs de Katharinenburg, Oural; dans la dolomie, à Smithfield, Rhode Island, États-Unis; dans et sur des cristaux de quartz, au Brésil (la plupart des cristaux du Brésil sont bleus, aplatis suivant la base, et ils ont souvent plus de 5 à 6 millim. de côté). Les sables diamantifères de Bahia et de Minas Geraes au Brésil renferment aussi quelquefois de petits cristaux blancs, fortement éclatants, sur lesquels j'ai observé les formes $a^{1/4}$, a^2, $b^{1/4}$, b^7, b^2, b^1, s. On en rencontre de noirâtres dans les sables aurifères de Nischne-Tagilsk et de Bissersk, Oural.

On a rapporté de Diamantino, au Brésil, des cristaux de diverses grosseurs, en octaèdres plus ou moins déformés, à faces rugueuses, à structure fibreuse ou réticulée, d'un jaune brunâtre, qui paraissent être de l'anatase pseudomorphosée en rutile.

D'après M. Wöhler, lorsqu'on chauffe dans un courant de vapeur d'eau les petits cristaux cubiques d'azoture de titane, qu'on trouve dans certains hauts fourneaux, il se transforment en un agrégat de très-petits cristaux d'anatase.

M. Hautefeuille a obtenu des cristaux très-nets d'anatase incolore ou d'un bleu violet, en décomposant le fluorure de titane par la vapeur d'eau, à une température d'environ 800°.

D'après G. Rose, on produit aussi de l'anatase en fondant l'acide titanique avec du sel de phosphore, au feu de réduction du chalumeau, et soumettant ensuite le verre au flamber.

Vers 1844, on avait cru devoir nommer *Wisérine* des cristaux d'un brun jaune, ressemblant beaucoup au zircon, et qu'on avait rencontrés en petite quantité, les uns dans la vallée de Binnen en Valais, les autres à la pointe Fibia, au Saint-Gothard. Ces derniers, qui offrent un prisme carré clivable suivant ses pans latéraux et surmonté d'un octaèdre dont les faces font entre elles un angle voisin de 123°, paraissent être du xénotime. Les premiers se rapportent aux deux types représentés par mes *fig.* 336 et 338, pl. LVI.

Le type de la *fig.* 336, dessiné d'après certaines anatases du Brésil, s'observe sur de petits cristaux éclatants, d'un jaune miel ou d'un brun clair, retrouvés depuis quelques années avec une certaine abondance au Kollenhorn et à l'Alpe Lercheltiny, vallée de Binnen, et dont les formes dominantes et les plus nettes sont p, b^7, b^1, s. M. Brezina, qui a décrit ces cristaux sous le nom de *Wisérine* (1), et M. Klein, qui a récemment démontré leur complète identité avec l'anatase (2), y ont en outre observé les octaèdres nouveaux b^6, $b^{7/2}$ et $b^{8/15}$, ainsi que b^4, dont on n'avait pu obtenir jusqu'ici que des incidences incertaines et assez variables.

Le type représenté *fig.* 338 se rencontre sur quelques petits cristaux restés fort rares et qui offrent le prisme h^1, à faces un peu bombées, avec deux octaèdres placés symétriquement sur ses angles solides et des traces d'un dioctaèdre arrondi et indéterminable. L'octaèdre supérieur a ses faces cannelées horizontalement; celles de l'octaèdre inférieur sont seulement ternes et finement striées dans la même direction. Sur un cristal isolé, donné par M. Alph. Favre à la collection de l'Académie de Genève, j'ai observé, au-dessous de l'octaèdre inférieur, deux plans de clivage inclinés l'un sur l'autre de 136°27′, et correspondant par conséquent aux clivages de l'anatase; les deux octaèdres striés, qui ne peuvent être mesurés qu'au goniomètre d'application, se rapprochent des formes b^4 et b^3 de ce minéral. La densité du cristal a été trouvée de 3,87 par M. Marignac.

BROOKITE; Lévy. Jurinite; Soret.

Prisme rhomboïdal droit de 99°50′.

$b : h :: 1000 : 361,279 \quad D = 765,109 \quad d = 643,901.$

---

(1) *Mineralogische Mittheilungen de Tschermak*, 1re livraison de 1872.

(2) *Neues Jahrbuch für Mineralogie*, etc., pour 1872, page 900.

ANGLES CALCULÉS.	ANGLES MESURÉS.
$*mm$ 99°50′	99°50′ K. (1) 99°40′ à 52′ M. (2) 100°35′ B. (3)
$mh^{13/9}$ 148°37′	148°14′ à 30′ K. 148°40′ Dx. O. (4)
$mh^{5/3}$ 151°48′	»
mh^{3} 162°44′	»
mh^{5} 169°13′	169°14′ Dx. (5)
mh^{1} 139°55′	140°15′ B.
$h^{13/9}h^{1}$ 171°18′	»
$h^{13/9}h^{13/9}$ 162°36′ sur h^1	163°8′ Dx. O.
$h^{5/3}h^{1}$ 168°7′	»
$h^{3}h^{1}$ 167°14′	»
$h^{3}h^{3}$ 134°22′ sur h^1	134°14′ M.
$h^{5}h^{1}$ 150°42′	150°55′ Dx.
$h^{5}h^{5}$ 58°36′ sur g^1	58°10′ Dx.
mg^{1} 130°5′	»
$h^{3}g^{1}$ 112°49′	»
pa^{2} 164°20′	164°21′ K.
$a^{2}h^{1}$ 105°40′	»
$a^{2}a^{2}$ 148°40′ sur p	148°43′ à 46′ M.
pa^{1} 150°42′	150°43′ K.
$a^{1}h^{1}$ 119°18′	»
$a^{1}a^{1}$ 121°24′ sur p	»
$a^{2}a^{1}$ 166°22′	166°23′ K.
$pe^{1/2}$ 136°38′	136°44′ Dx.
$e^{1/2}g^{1}$ 133°22′	133°15′ Dx.
$e^{1/2}e^{1/2}$ 86°44′ sur g^1	86°31′ Dx.
$pe^{3/8}$ 128°27′	»
$e^{3/8}g^{1}$ 141°33′	»
$e^{3/8}e^{3/8}$ 76°54′ sur p	77°13′ M.
$pe^{1/4}$ 117°54′	»
$e^{1/4}g^{1}$ 152°6′	»
$e^{1/4}e^{1/4}$ 124°12′ sur g^1	123°40′ Dx.
$e^{3/8}e^{1/4}$ 169°27′	169°26′ K.
$pb^{1/2}$ 143°45′	144°0′ M.
$b^{1/2}m$ 126°15′	126°12′ Dx. O.
$pb^{1/4}$ 124°17′	124°15′ M.
$b^{1/4}m$ 145°43′	145°44′ Dx. O.

ANGLES CALCULÉS.	ANGLES MESURÉS.
$pb^{1/8}$ 108°49′	»
$b^{1/8}m$ 161°11′	161°10′ Dx. O.
$b^{1/4}b^{1/8}$ 164°32′	»
$p\upsilon$ 147°14′	»
$p\alpha$ 117°23′	»
ph^{5} 90°	»
pu 110°9′	»
$p\zeta$ 157°8′	»
$p\beta$ 111°34′	»
$p\gamma$ 132°19′	132°21′ à 37′ M.
pn 114°28′	114°31′ M.
$p\lambda$ 142°24′	142° à 142°23′ M.
$p\delta$ 141°25′	141°36′ K.
$p\varepsilon$ 142°42′	»
$p\mu$ 101°17′	»
pw 105°59′	»
$p\theta$ 101°39′	»
$h^{1}\mu$ 109°13′30″	»
$h^{1}\theta$ 103°5′	»
$\mu\mu$ 141°33′ côté	141°38′ Dx. O.
$\theta\theta$ 153°50′ côté	»
$h^{1}w$ 108°0′	»
$h^{1}b^{1/8}$ 136°24′	»
$h^{1}u$ 132°35′	»
$h^{1}\beta$ 128°13′	128°20′ M.
$h^{1}n$ 117°42′	117°45′ M.
$h^{1}e^{1/4}$ 90°	»
$b^{1/8}b^{1/8}$ 87°12′ sur $e^{1/4}$	»
$b^{1/8}u$ 176°11′	176°22′ K.
$ne^{1/4}$ 137°25′	137°30′ M.
$\beta\beta$ 103°34′ sur $e^{1/4}$	»
un 165°7′	165°2′ K.
$ne^{1/4}$ 152°18′	152°24′ Dx. O.
nn 124°36′ sur $e^{1/4}$	124°30′ M. 124°47′ Dx. O.
$h^{1}\alpha$ 140°45′	»
$h^{1}b^{1/4}$ 129°12′30″	129°12′ M.

(1) K. Kokscharow; mesures prises sur des cristaux de l'Oural.

(2) M. Marignac; mesures prises sur des cristaux de Snowdon et de la Tête-Noire.

(3) B. Breithaupt; mesures prises sur des cristaux d'arkansite.

(4) Dx. O. Des Cloizeaux; mesures prises sur un cristal de l'Oural.

(5) Dx. Des Cloizeaux; mesures prises sur des cristaux d'arkansite.

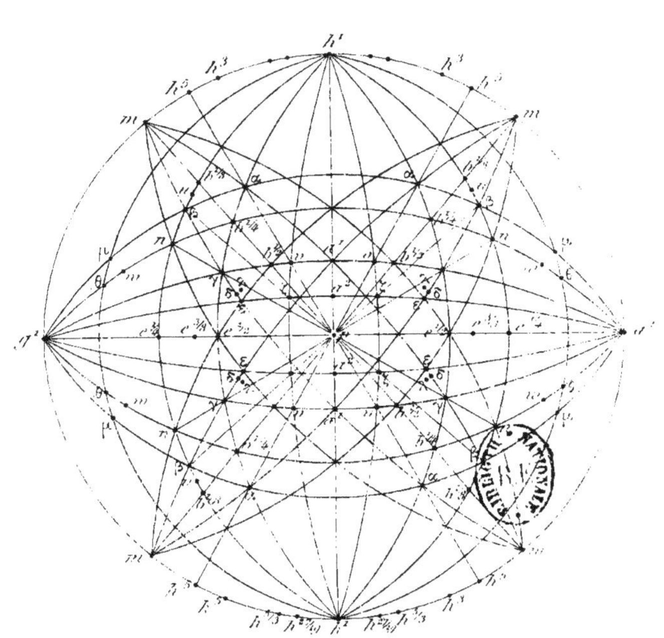

$\nu = (b^1 \ b^{1/5} \ h^{1/3})$

$\varkappa = (b^1 \ b^{1/5} \ h^1) = a_5$

$u = (b^1 \ b^{1/13} \ g^{1/2})$

$\zeta = (b^1 \ b^{1/7} \ g^{1/6})$

$\beta = (b^1 \ b^{1/7} \ g^1) = e_7$

$\gamma = (b^1 \ b^{1/3} \ g^1) = e_3$

$n = (b^{1/2} \ b^{1/6} \ g^1)$

$\lambda = (b^{1/10} \ b^{1/21} \ g^{1/10})$
ou
$\lambda = (b^{1/23} \ b^{1/31} \ g^{1/23})$

$\delta = (b^{1/4} \ b^{1/9} \ g^{1/4}) = e_{9/4}$
ou
$\delta = (b^{1/9} \ b^{1/19} \ g^{1/9}) = e_{19/9}$

$\varepsilon = (b^1 \ b^{1/2} \ g^1) = e_2$

$\mu = (b^{1/7} \ b^{1/13} \ g^1)$

$w = (b^{1/5} \ b^{1/9} \ g^1)$

$\theta = (b^{1/8} \ b^{1/12} \ g^1)$

ANGLES CALCULÉS.	ANGLES MESURÉS.
$h^1\gamma$ 112°11'30''	112°11' K. et M.
$h^1e^{1/2}$ 90°	»
$\alpha b^{1/4}$ 168°27'30''	168°25' Dx. O.
$b^{1/4}b^{1/4}$ 101°35' sr $e^{1/2}$	101°27' Dx. O.
$\alpha\gamma$ 151°27'	151°25' Dx. O.
$b^{1/4}\gamma$ 162°59'	162°53' à 163°3' Dx. O.
*$\gamma\gamma$ 135°37' sur $e^{1/2}$	135°37' K. 135°35' Dx. O. 135°10' à 38' M. 135°50' B.
$h^1\delta$ 104°6'	»
$\delta\delta$ 151°48' côté	151°23' K.
$h^1\lambda$ 105°28'	104° à 106° M.
$\lambda\lambda$ 149°4' côté	149°25' M.
$h^1\varepsilon$ 102°53'	»
$\varepsilon\varepsilon$ 154°14' côté	»
$h^1b^{1/2}$ 116°54'	»
$b^{1/2}b^{1/2}$ 126°12' côté	126°9' M.
h^1v 118°10'	»
$h^1\zeta$ 104°59'	104°40' M.
vv 123°40' côté	»
$\zeta\zeta$ 150°2' côté	»
$g^1b^{1/8}$ 127°33'	»
$b^{1/8}b^{1/8}$ 104°54' avant	»
g^1u 130°36'	»
uu 98°48' avant	»
$g^1\mu$ 157°29'	»
$g^1\beta$ 133°59'	»
$g^1\alpha$ 115°45'	»
$\mu\alpha$ 138°16'	»
$\mu\mu$ 45°2' avant	»
$\beta\beta$ 92°2' avant	»
$g^1\theta$ 162°21'	»
g^1w 155°33'	»
g^1n 141°29'	141°30' M.
$g^1b^{1/4}$ 122°8'	122°5' M.
$nb^{1/4}$ 160°39'	»
nn 77°2' avant	77°0' M.
$b^{1/4}b^{1/4}$ 115°44' avant	115°50' M.
$g^1\gamma$ 129°28'30''	129°27' M.
$g^1b^{1/2}$ 112°23'	112°24' M.

ANGLES CALCULÉS.	ANGLES MESURÉS.
g^1v 105°21'	105°22' M.
g^1a^1 90°	»
$\gamma b^{1/2}$ 162°54'	162°40' à 56' Dx. O.
γv 155°53'	155°53' K.
γa^1 140°31'30''	140°39' Dx. O.
$\gamma\gamma$ 101°3' sur a^1	101°6' à 40' M. 101°18' à 20' Dx. O. 101°30' Dx.
$b^{1/2}a^1$ 157°37'	157°36' K.
$b^{1/2}b^{1/2}$ 135°14' sr a^1	135°12' M. 136° env. Dx.
va^1 164°39'	164°39' K.
vv 149°18' sur a^1	149°48' K.
$g^1\lambda$ 123°47'	123°32' M.
$\lambda\lambda$ 113°26' avant	112°20' M.
$g^1\delta$ 125°2'	»
$\delta\delta$ 109°56' avant	»
$g^1\varepsilon$ 124°17'30''	»
$g^1\zeta$ 106°51'30''	»
g^1a^2 90°	»
$\varepsilon\varepsilon$ 111°25' avant	»
$\zeta\zeta$ 146°17' avant	»
mn adj. 149°16'	»
$me^{1/2}$ adj. 116°14'	»
$m\varepsilon$ 101°2' sur $e^{1/2}$	»
$mb^{1/2}$ 84°12' sur $e^{1/2}$	»
$m\alpha$ adj. 150°43'	»
ma^1 adj. 111°59'	»
$m\beta$ adj. 157°0'	»
$m\gamma$ adj. 134°18'	134°18' K.
$m\delta$ adj. 123°47'	123°30' K.
$\gamma\delta$ adj. 169°30'	169°35' K.
δa^1 post. 124°14'	124°24' K. 123°2' à 124°10' M.
$m\varepsilon$ adj. 122°15'	»
ma^1 post. 68°1'	68° à 68°15' M.
γa^1 post. 113°43'	113°40' à 50' M.
$e^{1/4}m$ adj. 145°21'	»
$e^{3/8}m$ adj. 120°47'	»
$m\mu$ adj. 147°51'	»
$m\theta$ adj. 141°53'	»
mw adj. 124°39'	»
$m\lambda$ adj. 123°53'	123°48' à 54' M.
$b^{1/4}a^1$ 143°11'	»

ANGLES CALCULÉS.	ANGLES MESURÉS.	ANGLES CALCULÉS.	ANGLES MESURÉS.
$b^{1/4}a^2$ 135°25′	»	$\mu\gamma$ 126°29′ sur $e^{1/4}$	126°30′ Dx. O.
$b^{1/4}\mu$ 144°4′	»		
$a^2\gamma$ adj. 138°36′	»	$e^{3/8}\lambda$ adj. 157°17′	157°30′ à 45′ M.
$a^2\lambda$ adj. 146°37′	146° à 146°28′ M.	$e^{3/8}\upsilon$ adj. 132°16′	»
$\gamma\lambda$ adj. 169°23′	»	$\gamma b^{1/8}$ adj. 151°25′	»
γa^2 post. 123°7′	123°10′ à 50′ M.	$\gamma\mu$ adj. 147°29′	»
λa^2 post. 133°42′	133°22′ à 45′ M.	γn adj. 162°10′	»
$a^2\delta$ adj. 144°56′	145°10′ K.	μn adj. 163°7′	»
		$n e^{1/4}$ adj. 137°25′	137°30′ K.
$\mu e^{1/4}$ adj. 155°15′	155°8′ Dx. O.	$\varepsilon b^{1/4}$ adj. 165°28′	165°23′ K.
$e^{1/4}\gamma$ adj. 151°16′	151°2′ Dx. O.	δe adj. 157°34′	157°35′ K.

$\upsilon = (b^1 b^{1/5} h^{1/3})$ $\beta = (b^1 b^{1/7} g^1) = e_7$ $\delta = (b^{1/9} b^{1/19} g^{1/9}) = e_{19/9}$
$\alpha = (b^1 b^{1/3} h^1) = e_5$ $\gamma = (b^1 b^{1/3} g^1) = e_3$ $\varepsilon = (b^1 b^{1/2} g^1) = e_2$
$n = (b^1 b^{1/15} g^{1/2})$ $x = (b^{1/2} b^{1/6} g^1)$ $\mu = (b^{1/7} b^{1/13} g^1)$
$\zeta = (b^1 b^{1/7} g^{1/6})$ $\lambda = (b^{1/13} b^{1/31} g^{1/15})$ $\omega = (b^{1/5} b^{1/9} g^1)$
$\theta = (b^{1/8} b^{1/12} g^1)$

Principales combinaisons de formes observées : $m\,h^1\,e^{3/8}\gamma\,\delta$ (Snowdon, *fig.* 345, pl. LVIII); $m\,h^1\,e^{3/8}\,b^{1/2}\gamma\,\upsilon$ (Snowdon, *fig.* 346); $m\,h^1\,g^1\,p\,e^{1/4}\gamma\,\varepsilon$ (Dauphiné, *fig* 347); $m\,h^1\,g^1\,a^1\,e^{3/8}\,b^{1/2}\gamma\,x$; $m\,h^1\,h^3\,g^1\,p\,a^2 a^1 e^{3/8} e^{1/4}\,b^{1/4}\,x\,\beta\,\gamma\,n\,\delta$; $m\,h^{13/9}\,g^1\,p\,b^{1/2}\gamma$; $m\,h^1\,g^1\,p\,a^2 e^{3/8}\gamma$; $m\,h^1\,p\,a^2 a^1 e^{1/4}\gamma\,n\,\mu$; $m\,h^1\,g^1\,a^2 a^1 e^{1/4}\,b^{1/2}\,b^{1/4}\gamma$ (Oural); $m\,h^1\,g^1\,a^2 a^1\,b^{1/2}\,b^{1/4}\alpha\,\gamma\,\mu$ (Oural); $m\,h^3\,h^1\,g^1\,p\,a^2 a^1 e^{1/4}\,b^{1/2}\,b^{1/4}\,b^{1/8}\gamma\,n$ (Oural, *fig.* 348); $m\,h^{13/9}\,a^2 a^1\,b^{1/4}\gamma$ (Oural); $m\,h^{13/9}\,a^2 a^1\,b^{1/4}\gamma\,n$ (Oural); $m\,h^{13/9}\,g^1\,p\,b^{1/2}\gamma$ (Oural); $m\,h^1\,g^1\,p\,a^2 e^{3/8}\gamma$ (Oural); $m\,h^1\,p\,a^2 a^1 e^{1/4}\gamma\,n\,\mu$ (Oural); $m\,h^{13/9}\,p\,a^1 e^{1/4}\,b^{1/2}\,b^{1/4}\,b^{1/8}\gamma\,n\,\mu$ (Oural); $m\,h^1\,g^1\,p\,e^{1/4}$ (Ellenville); $m\,h^3\,h^1\,g^1\,p\,a^2 a^1 e^{1/4}\,b^{1/2}\,b^{1/4}\gamma\,n$ (Ellenville); $m\,h^1\gamma$ (arkansite); $m\,h^1\,p\,a^1 e^{1/4}\,b^{1/2}\gamma$ (arkansite, *fig.* 350), etc. Les faces h^1, $h^{13/9}$ ou sa voisine $h^{27/19}$ (admise par M. de Kokscharow sur des cristaux de l'Oural), portent des stries parallèles à leur intersection avec m; δ et λ sont arrondies. Macles rares, formées, d'après M. Q. Sella, par l'entre-croisement régulier de deux cristaux aplatis suivant h^1, offrant la combinaison $m\,h^1\,p\,e^{1/2}\,b^{1/2}$, et disposés de telle façon que les faces m, qui se correspondent dans l'angle obtus de la macle (1), soient alignées sur un même plan (*fig.* 349). Clivage parallèle à g^1. Cassure inégale. La Brookite est translucide à divers degrés, et transparente en lames minces; l'arkansite est opaque. Double réfraction énergique. Orientation et écartement des axes optiques variables avec les plages des

---

(1) Théoriquement, l'une des faces d'assemblage est parallèle à m, tandis que l'autre, normale à la première, serait excessivement voisine du prisme inobservé g^6; mais, en réalité, les deux cristaux ne se traversent pas de part en part, et, comme je m'en suis assuré sur les échantillons de la collection de M. Wiser, à Zurich, deux individus séparés viennent s'appuyer sur un individu très-allongé dans le sens de la grande diagonale des bases, soit en établissant le contact entre la large face h^1 et une surface étroite voisine de g^1, soit par une pénétration plus ou moins profonde qui laisse subsister le parallélisme de deux faces m opposées.

cristaux et avec la température à laquelle ils *sont* ou *ont été* soumis. Bissectrice aiguë *positive* normale à h^1. Dispersion des axes très-forte; $\rho > v$, lorsque les axes sont situés dans un plan parallèle à la base, et $\rho < v$, lorsqu'ils sont situés dans un plan parallèle à g^1. La première orientation est généralement celle des axes, correspondant à toutes les couleurs du spectre, dans les cristaux de l'Oisans et de Snowdon; les lames de la Tête-Noire ont presque toujours leurs axes *rouges* orientés parallèlement à la base, tandis que leurs axes *verts* le sont parallèlement à g^1; il en est de même dans des plages, plus pâles que le reste du cristal, que l'on rencontre au milieu de quelques lames de l'Oisans. Si l'on chauffe les cristaux au-dessous du rouge, les axes orientés parallèlement à g^1 se rapprochent, et les axes orientés parallèlement à p s'écartent, d'une manière temporaire; mais si la température est portée avec précaution jusqu'au rouge vif, ces modifications deviennent permanentes. Éclat adamantin, inclinant au métallique. Couleur brun jaunâtre, brun rougeâtre, rouge hyacinthe, pour la Brookite; gris noir pour l'arkansite. Poussière blanc jaunâtre (Brookite); gris de cendre (arkansite). Cassante.

Dur. = 6. Dens. = 4,137 (Damour, cristaux de Snowdon); 4,16 (Kokscharow, cristaux de l'Oural); 4,08 (Damour, arkansite en fragments).

Au chalumeau, dans la flamme réductive, ou sur le charbon, la Brookite devient opaque, prend extérieurement l'aspect d'un fragment de tôle de fer, et, dans la cassure, la couleur noirâtre et l'éclat métallique de l'arkansite. Mêmes caractères chimiques que le rutile et l'anatase.

$\ddot{T}i$; Oxygène 39,52 Titane 60,48. L'arkansite paraît contenir un mélange de sesquioxyde de titane.

Analyses, de la Brookite de l'Oural, *a*, par Hermann, *b*, par Romanowsky; de l'arkansite, *c*, par Damour.

	a	*b*	*c*
Acide titanique	94,09	94,31	99,36
Oxyde ferrique	4,50	3,28	1,36
Silice	»	»	0,73
Perte au feu	1,40	1,31	»
	99,99	98,90	101,45
Densité :	3,81	4,216	4,08

La Brookite se présente en général associée à l'anatase, dans des fissures de roches schisteuses, sous forme de petites tables ou de cristaux fortement aplatis suivant h^1 : en Angleterre, à Fronolen, route de Bedgellert à Snowdon près Tremadoc, Carnarvonshire (magnifiques cristaux d'un beau rouge ayant quelquefois 25 millimètres de longueur et de largeur); à la mine *Virtuous-Lady* près

Tavistock, Devonshire, et à Craig Cailleach dans le Pertshire, Écosse; au Bourg d'Oisans, Dauphiné; à la Tête-Noire près Chamonix, Savoie; en Suisse, au val Griesern près Amsteg (avec rutile) et au val Maderan, canton d'Uri; au val Tavetsch, canton des Grisons; au Galenstock près le glacier du Rhône, et à Bettlibach près Viège, canton du Valais; à Biancavilla sur le Monte Calvario près l'Etna (cristaux rares et microscopiques); à la mine de plomb d'Ellenville, comté d'Ulster, État de New-York (avec chalcopyrite et galène). On la rencontre aussi, en cristaux isolés, dans les lavages d'or d'Atliansk près des usines de Miask, Oural; dans ceux de la Caroline du Nord, et dans les sables diamantifères de la province de Bahia, Brésil. L'arkansite n'a encore été trouvée qu'à Magnet Cove, Monts Ozark, État d'Arkansas, avec quartz, élæolite, grenat noir et schorlomite.

M. Shepard a nommé Eumanite de petits cristaux que M. Dana a rapportés à la Brookite. Les mesures *approximatives* de MM. Dana et Shepard conduisent à admettre les formes m, h^1, h^5, g^1, $e^{3/8}$, connues dans la Brookite, et les formes nouvelles $h^{13/5}$, $e^{3/5}$, $x = (b^{1/5} b^{1/13} h^{1/5}) = a_{13/5}$, $y = (b^{1/5} b^{1/13} h^{1/10})$, $z = (b^1 b^{1/7} g^{1/5})$, $\omega = (b^{1/3} b^{1/21} g^{1/5})$. Deux cristaux observés par M. Dana offraient les combinaisons de formes $m\, h^1 h^{13/5} h^5 g^1 e^{3/8} \omega\, x\, y$; $m\, h^1 h^5 g^1 e^{3/8} e^{3/5} \omega\, x\, y\, z$. Les incidences calculées, comparées aux incidences mesurées sont :

CALCULÉ.	OBSERVÉ.	CALCULÉ.	OBSERVÉ.
$m g^1$ 130°5′	130° à 130°30′ Da.	$h^{13/5} x$ 137°9′	140°20′ Da.
$m m$ 99°50′ avant	100° à 101° Da.	$h^{13/5} y$ 118°20′	119°30′ Da.
$h^{13/5} g^1$ 110°30′	108° à 110° Da.	$x y$ 161°41′	159°28′ Da.
$h^{13/5} h^{13/5}$ 139°0′ av.	140° à 140°15′ Da.		
$h^5 g^1$ 119°18′	118°26′ Da.	$g^1 \omega$ 128°34′	128°20′ à 30′ Da.
$h^5 h^5$ 121°24′ avant	123° Shep.	$g^1 x$ 104°53′	»
		ωx 156°19′	156°30′ Shep.
$g^1 e^{3/8}$ 141°33′	141°5′ Da.	$\omega \omega$ 102°52′ avant	»
$g^1 e^{3/5}$ 128°12′	127°40′ Shep.	$x x$ 150°14′ avant	150°12′ Da.
$e^{3/8} e^{3/8}$ 76°54′ sur p	77°49′ Da.		
$e^{3/8} e^{3/8}$ 103°6′ sur g^1	102°14′ Da.	$g^1 z$ 109°42′	»

Aucun essai n'a encore été fait sur la composition chimique de l'eumanite qu'on a trouvée, avec tourmaline rouge et pyrochlore, dans un filon d'albite, à Chesterfield en Massachusetts.

En variant les conditions accessoires de la décomposition du fluorure de titane par la vapeur d'eau, vers 900° C., M. Hautefeuille a obtenu la Brookite sous les divers aspects que présentent les cristaux naturels.

REVUE DE GÉOLOGIE

POUR LES ANNÉES 1868 ET 1869

PAR

M. DELESSE,
Ingénieur en chef des mines, Professeur à l'École normale et à l'École des mines,

ET

M. DE LAPPARENT,
Ingénieur des mines, ancien secrétaire de la Société géologique de France.

PRÉFACE.

Ce huitième volume continue la *Revue de Géologie* qui a été commencée dès l'année 1860.

Comme les années précédentes, nous avons cherché à y présenter une analyse succincte et méthodique des travaux si nombreux qui viennent enrichir la science. Parmi ces travaux, beaucoup sont épars dans des publications étrangères ou peu répandues et courent le risque de passer inaperçus; sous tous les rapports, il est donc avantageux de les faire connaître et de les résumer; et, d'un autre côté, leur rapprochement seul tend en quelque sorte à en augmenter la valeur.

Différentes personnes ont bien voulu nous faire quelques communications verbales ou manuscrites ; nous mentionnerons notamment MM. les ingénieurs Monnet, Comte-Grandchamps, Daguenet, Boisse, Descottes, Villot; nous mentionnerons aussi MM. Marion, Combes, Le Sèble et Ch. Mène.

De plus, nous donnons, comme dans les volumes précédents, diverses analyses de roches qui sont inédites et qui ont été faites dans les laboratoires, soit de l'École des Mines, soit de l'École des Ponts et Chaussées.

Nous espérons que ce huitième volume sera trouvé digne de la belle science dont il est destiné à enregistrer les progrès.

Chaque jour la géologie prend une place plus grande, non-seulement dans les préoccupations des savants, mais encore dans celles des ingénieurs et même des agriculteurs. Elle offre, en effet, la seule base sérieuse sur laquelle il soit possible de s'appuyer, tant pour l'exploitation des mines que pour la recherche des amendements minéraux.

Elle n'est pas moins utile aux officiers du génie qu'aux ingénieurs des chemins de fer et aux ingénieurs des ponts et chaussées.

Tous ceux qui étudient le sol, qui exploitent les mines, qui percent des puits ou des tunnels, qui exécutent des tranchées ou des travaux souterrains, ont donc intérêt à se tenir au courant de la géologie ; et c'est à eux que nous adressons notre huitième volume, avec l'espoir qu'il sera favorablement accueilli.

Paris, le 5 mars 1872.

DELESSE, **DE LAPPARENT.**

RÉSUMÉ DE LA TABLE DES MATIÈRES.

LITHOLOGIE.

GÉOLOGIE GÉOGRAPHIQUE.

EUROPE.

AFRIQUE.

ASIE.

OCÉANIE.

AMÉRIQUE.

GÉOLOGIE DYNAMIQUE.

ATMOSPHÈRE.

EAUX.

a. — EAUX SUPERFICIELLES.

Rivières.

Mers.

b. — EAUX SOUTERRAINES.

MODIFICATIONS DES ROCHES.

STRATIGRAPHIE SYSTÉMATIQUE.

Systèmes de montagnes, soulèvements, etc.

GÉOGÉNIE.

Paris. — Imprimerie Cusset et Cie, rue Racine, 26.

A LA MÊME LIBRAIRIE

REVUE DE GÉOLOGIE pour les années 1860 à 1869, par MM. Delesse, La[illegible] ingénieurs des mines. 8 vol. in-8. . . . .

ANNALES DES MINES. Recueil de mémoires sur la géologie, l'exploitation [illegible] bliés par les ingénieurs des mines sous les auspices du ministère des travaux publics. Années 1862 à 1871. . . . . 200 fr.

Les années 1816 à 1831 sont introuvables. — Les années 1832 à 1861 sont rares. — L'abonnement pour 1874, [illegible] fr. pour Paris, 24 fr. pour les départements.

BULLETIN DE LA SOCIÉTÉ DE L'INDUSTRIE MINÉRALE DE SAINT-ÉTIENNE. Publication technique et statistique sur l'industrie des mines. — Tomes I à IV et XII à XV, 1re série, et I et II, 2e série. . . . . 250 fr

Les tomes V à XI sont en réimpression.

L'abonnement au tome III (2e série); — 25 fr. pour toute la France.

NOUVEAUX OUVRAGES

DEBAUVE. Cours de géologie et de minéralogie (Extrait du *Manuel de l'ingénieur des ponts et chaussées*). 1 beau volume grand in-8 avec vignettes et planche. . . . . 10 fr.

SMITH MAURICE. De la houille et de son exploitation. In-8 avec nombr. vign., relié. . 15 fr.

MOISSENET. Parties riches des filons du Cornouailles. In-8 et atlas. . . . . 15 fr.

MEUNIER. Cours élémentaire de géologie. In-8, relié. . . . . 10 fr.

CORNWALL THOULET. Traité du chalumeau. Grand in-8 avec vignettes (*Sous presse*).

BOUTAN et D'ALMEIDA. Cours de physique. 4e édition. 2 vol. in-8. . . . . 18 fr.

DEBRAY. Cours élémentaire de chimie. 3e édition. 2 vol. grand in-8. . . . . 24 fr

KNAPP. Chimie industrielle. Les deux premiers volumes. . . . . 45 fr.

OLIVIER ROUCHÉ. Cours de géométrie descriptive. 2 vol. in-4 et 2 atlas. . . . . 22 fr.

EUDES. Éléments de géométrie. 2 vol. in-8. . . . . 6 fr. 25

OUVRAGES SUR LA GÉOLOGIE ET SUR LA MINÉRALOGIE

Adam. Tableaux minéralogiques. In-4 oblong. . . . . 10 »

Atlas du mineur, exécuté à l'École des mines de 1838 à 1842. 121 planches avec texte. . . . . 74 »

Belgrand. La Seine antéhistorique. 3 vol. in-4 reliés. . . . . 100 »

Boucheporn. Histoire de la terre. In-8. 7 50

Carte géologique *de France* en 6 f[lles]. 167 50

— explication des 2 premiers vol. . 33 75

— réduction en 1 feuille. . . . . . 5 »

— *du Cantal*. 1 feuille. . . . . . 10 »

— *du Cher*. 3 feuilles. . . . . . . 40 »

— *de la Hte-Marne*. 4 feuilles. . . . 60 »

— Études stratigraphiques, par MM. Élie de Beaumont et de Chancourtois. In-4. . . . . 5 »

— *du Haut-Rhin*. 1 carte, 4 coupes et 2 volumes d'explication, par MM. Delbos et Kœcklin. . . . . 30 »

— *de la Seine*. 4 feuilles. . . . . 20 »

— *du Var* et des autres parties de la Provence. 1 carte et coupe. . . 15 »

— *de Russie* (extrait des chemins de fer russes), par M. Collignon. . 5 »

De Chancourtois. Stratigraphie du département de la Haute-Marne. In-4. 5 »

Gouin. Mines de [illegible]. Gr. in-8. 5 »

Gras (Sc.). Stratigraphie des Alpes In-8. 3 »

Guillemin. Géologie de Madagascar. In-8, 2 pl. 3 50

Daubrée. Substances minérales. In-8. 5

Delesse. De l'azote et des matières organiques de l'écorce terrestre. In-8. . 5 »

Des Cloizeaux. Minéralogie, t. I, in-8 et atlas. . . . . 20 »

Des Cloizeaux. Emploi du microscope polarisant. In-8. . . . . 4 »

Domeyko. Géologie du Chili. In-8, pl. 4 »

Dorlhac. Géologie de la Lozère. In-8, pl. 4 50

Dubocq. Géologie des Ziban (Algérie). In-8. . . . . »

Dufrénoy. Terrains de transition de l'ouest de la France In-8. . . . . . 1 »

Élie de Beaumont. Poids des différents cercles du réseau pentagonal. In-8. . . . . 0 75

Fournel. Révolutions successives des monts Dores. In-8. . . . . 2 »

Fusch. Gîtes de fer de Norwége. In-8, pl. 2 50

— Gisements des vallées Trompeln. In-8, pl. 2 50

— Gisement de potasse de Stassfurt-Anhalt. In-8 et pl. . . . . 4 »

Garnier. Géologie de l'Océanie. — Ile Tahiti. In-8 et pl. . . . . 3 »

Garnier. Géologie de la Nouvelle-Calédonie. In-8 et planche coloriée. . . 5 »

De Hempel. Géologie de Kielce. — Chencing. — Malogoszez (Pologne). In-8 et carte. . . . . 3 »

Héron de Villefosse. Atlas de la richesse minérale. 65 pl. avec explication in-plano. . . . . 50 »

Jacquot. Géologie de la Serrana de Cuenca (Espagne). In-8 et pl. 4 50

Lagarde. Mines de la province de Cordoue. In-8 et pl. . . . . 3 »

De Lapparent. Géologie du Tyrol. In-8. 3 »

Laur. Gisement de l'or en Californie. In-8 et 6 pl. . . . . 10 »

Lévy et **Choulette.** Filon de psibram. In-8 et pl. 4 50

Mussy. Mines de Rancié (Ariége). In-8 et pl. . . . . 10 »

Paillette. Gîtes métallifères de Calabre et de Sicile. In-8 et pl. . . . . 3 »

Pecyanne. Réseau pentagonal. In-8 et planches. 2 50

Rivot. Mines de Vialas. In-8 et pl. . . 7 50

Ville. Gîtes minéraux de l'Algérie. In-8. 2 50

Ville et **Vatonne.** Sondages et sources minérales d'Algérie. 4 broch. in-8. . . 13 75

2275 — Paris. — Imprimerie Arnous de Rivière et Ce, rue Racine, 26.

www.ingramcontent.com/pod-product-compliance
Lightning Source LLC
LaVergne TN
LVHW010303190726
843502LV00014B/1108
9782329595498